플랑크톤 생태학
Plankton Ecology

대표저자 심재형

서울대학교출판문화원

머 리 말

해양의 생물계는 육상보다도 훨씬 다양한 생물분포와 물이라는 특수환경 내에서 매우 복잡한 생물학적 과정으로 유지되고 있으며, 그 생물학적 과정은 현미경적인 단세포 생물로부터 초대형인 고래에 이르기까지 여러 영양단계가 얽힌 먹이망 내에서의 생물적 및 무생물적 상호작용으로 이루어진다. 먹이망의 하위 영양단계는 압도적으로 미소생물의 세계로 이루어져 있고, 해양의 유기물질생산의 첫단계는 궁극적으로 기초생산을 담당하는 단세포 생물에서 시작된다. 이들 미소생물은 육안으로 인식이 불가능하여 인류가 현미경을 발명한 다음에야 바다의 식생이 부유생활을 하는 생물로 구성되어 있음을 알게 되었다. 그리고 이 단세포 식생을 섭식하는 섭식자의 존재를 확실하게 이해한 것은 비교적 근년의 일이고 그 인식작업은 지금도 진행중이다. 이들 동물의 대부분 또한 현미경적인 크기를 갖고 있으며, 영양단계가 하나 상승하면 일차 육식동물로 이루어져 하위 영양단계의 상한이 된다.

이러한 생물군은 통상 플랑크톤으로 총칭되는 부유생물세계를 형성한다. 플랑크톤 세계는 놀라울만큼 종 다양성이 큰 미소생물의 대보고임이 생물해양학 분야에서 증명되어 왔으나 아직도 미완성단계에 있다. 플랑크톤의 범주는 해양과 대규모 담수계에서 먹이망의 일차 단계를 대표하며, 플랑크톤의 성분은 인류에 의해 어획되는 어류와 수염고래 등을 포함하는 수많은 수산생물의 먹이가 된다. 또한 플랑크톤은 해양에서 화학원소순환에 주역할을 담당하고, 그것에 의해서 해수와 대기의 화학조성에도 큰 영향을 미친다. 플랑크톤이 풍부한 해양의 부위에서는 플랑크톤 종들의 잔해가 심해저 퇴적물의 중요 성분을 형성함으로써 고생물학적 기록을 이루어 지구역사를 재구성하는 데에도 크게 기여한다. 따라서 해양생물학과 생물해양학 분야에서 플랑크톤의 역할과 기능에 관한 이해는 가장 기초적으로 요구되는 부분이므로 동 · 식물플랑크톤의 분포와 종 다양성, 그리고 이들 생물군과 해양환경과의 관계를 파악하는 일은 해양에서의 생물학적 과정을 풀어 가기 위한 필수적인 문제이다.

이 책은 플랑크톤 생태학에 관한 적절한 교재나 참고서가 전무한 현실에 비추어 생물해양학 분야를 전공하는 대학의 상급생과 대학원생들의 교재로 사용할 수 있도록 집필하였으며, 일반 연구자들도 참고할 수 있도록 하였다. 책의 구성은 단순하게 5개 장으로 짜여 있는데, 제1장 서론에 이어 제2장에서는 식물플랑크톤의 분류학적 특성과 분포, 광합성, 성장, 일차 생산구조의 환경요인과의 관계를 다루었고, 제3장에서는 비교적 최근에 발전해 온 종속영양성 미세 플랑크톤의 역할과 해양 먹이망의 중심을 이루는 미세생물 고리의 이론을 설명하였으며, 제4장에서는 동물플랑크톤의 다양성과 시 · 공간적 변화, 이차 생산과 관련된 변화성과 기능을, 그리고 제5장에서는 환경과 플랑크톤의 관계를 조명하여 플랑크톤 생물군의 기능적 역할을 이해하도록 하였다.

이 책의 집필계획은 오래 되었으나 막상 본격적으로 착수한 시기가 짧아 그 내용이 본래 의도에 비해 미흡한 점들이 많이 발견된다. 앞으로 독자들의 편달과 조언을 수렴하여 판을 바꾸어 가면서 고치고 추가하여 보다 알찬 내용을 갖추도록 노력하고자 한다.

끝으로 여러 사람의 원고를 정리하는 데 많은 노고를 기울여 준 서울대학교 표영생태학연구실의 박재연 박사에게, 그리고 이 책의 출판을 기획하고 여러 어려운 여건에도 불구하고 책이 완성될 수 있도록 성의를 다해 도와 주신 서울대학교출판부 관계자들에게 참으로 고마운 마음을 전하는 바이다.

2003년 2월

심재형 씀

공동 저자 명단

대표저자 심재형 서울대학교 자연과학대학 지구환경과학부 명예교수
김웅서 한국해양과학기술연구원 원장
노　일 한국해양대학교 해양과학기술융합대학 해양과학융합학부 명예교수
박용철 인하대학교 자연과학대학 해양과학과 명예교수
박종규 군산대학교 해양과학대학 해양생물자원학과 교수
박　철 충남대학교 자연과학대학 해양환경과학과 명예교수
신윤근 상지대학교 디지털융합공과대학 지구환경공학과 교수
양성렬 전 광주대학교 간호대학 교수
양재삼 전 군산대학교 해양과학대학 해양생물자원학과 교수
여환구 전 한서대학교 공과대학 환경공학과 교수
유신재 국제해양연구위원회 의장
이동섭 부산대학교 자연과학대학 해양학과 교수
이원호 군산대학교 해양과학대학 해양생명응용과학부 명예교수
장　만 전 해양환경관리공단 이사장
정해진 서울대학교 자연과학대학 지구환경과학부 교수
조병철 서울대학교 자연과학대학 지구환경과학부 명예교수
차성식 전남대학교 자연과학대학 지구환경과학부 명예교수
최중기 인하대학교 자연과학대학 해양과학과 명예교수

차 례

머리말 iii

제1장 서 론 ······ 1
1. 플랑크톤의 정의와 크기 1
2. 플랑크톤의 부유 적응 3
2.1 식물플랑크톤 / 5
2.2 동물플랑크톤 / 9

제2장 식물플랑크톤 ······ 15
1. 종류 및 분류 15
1.1 식물플랑크톤의 일반적인 특징 / 18
1.2 식물플랑크톤의 종류 / 21
2. 채집과 처리 41
2.1 식물플랑크톤의 채집과 농축 / 42
2.2 식물플랑크톤의 고정, 보존 및 관찰 / 43
3. 광합성 색소의 특성 46
3.1 색소의 종류 및 구조 / 46
4. 성장과 배양 52
4.1 서론 / 52
4.2 배양의 형태 / 53
5. 광합성과 일차 생산 69
5.1 광합성 / 69
5.2 일차 생산 / 73
6. 일차 생산을 지배하는 요인들 88
6.1 빛 / 88
6.2 수온 / 94

6.3 영양염류 / 102
6.4 미량 원소 / 138
6.5 동물플랑크톤의 섭식 / 139

제 3 장 종속영양 미세 플랑크톤 …… 151

1. 해양 박테리아 152
1.1 해양 박테리아 / 152
1.2 해양 박테리아의 다양성 / 153
1.3 해양 박테리아의 개체수 및 생산력 측정방법 / 155
1.4 해양 박테리아의 분포 및 성장상태 / 161
1.5 종속영양 박테리아의 해수에서의 적응 / 164
1.6 박테리아 군집의 조성 / 166
1.7 복잡한 구조의 해양 미세생물 먹이망 / 171

2. 원생생물의 분류 174
2.1 편모충류 / 175
2.2 섬모충류 / 186
2.3 유공충류 / 190
2.4 방사족충류(放射足蟲類, Actinopodea) / 192
2.5 아메바 / 195

3. 영양특성 196
3.1 보조영양 / 196
3.2 혼합영양 / 197
3.3 삼투영양 / 198
3.4 섭식영양 / 199
3.5 공생관계 / 200

4. 분 포 201
4.1 종속영양 와편모류 / 202
4.2 미소 편모충류 / 203
4.3 육질충류 / 204
4.4 섬모충류 / 205

5. 미세생물 먹이망 208

제 4 장 동물플랑크톤 …… 219

1. 종류 및 분류 219
1.1 동물플랑크톤의 정의 / 219

1.2 크기에 따른 동물플랑크톤의 분류 / 220
1.3 동물플랑크톤의 생태학적 분류 / 220
1.4 동물플랑크톤의 종류 / 221

2. 동물플랑크톤의 채집과 처리 230
2.1 채집 / 230
2.2 생리실험용 시료채집 / 232
2.3 플랑크톤 네트 / 232
2.4 시료의 농축 / 234
2.5 고정과 보존 / 235
2.6 관찰 / 236
2.7 분할, 선별, 계수 / 236
2.8 종 검색 / 237
2.9 생체염색기법 / 238

3. 생물량과 화학조성 238
3.1 침전량과 배수량 / 239
3.2 습중량 / 239
3.3 건중량과 건조유기물중량 / 239
3.4 체장이나 용적과 중량의 관계 / 240
3.5 화학조성 / 240
3.6 열량 / 241

4. 분포의 시 · 공간적 변화 242
4.1 불균일한 무리분포 / 242
4.2 분포의 공간적 차이 / 244
4.3 분포의 시간적 변동 / 246

5. 군집구조의 천이 247

6. 수직분포와 수직운동 248

7. 이차 생산 252

8. 표영생태계의 먹이망 255
8.1 용어와 개념 / 255
8.2 고정된 탄소의 동태 / 258
8.3 먹이연쇄와 어업 / 264
8.4 먹이의 취득 / 267
8.5 섭식된 에너지의 분할이용 / 270

9. 경쟁과 공생 271

10. 어란 및 자치어 273

10.1 부유성 난 / 273
10.2 자치어 / 275
10.3 성장과 섭이 / 279
10.4 사망과 가입량 변동 / 283

제 5 장 환경과 플랑크톤 ············ 293
1. 환경조절자로서의 플랑크톤 293
1.1 열역학적 비평형과 생물의 역할 / 293
1.2 플랑크톤과 원시대기의 진화 / 295
1.3 현재의 대기조성과 플랑크톤의 역할 / 300
1.4 플랑크톤은 기후의 원격조절자인가? / 307
2. 중금속 오염 310
2.1 중금속의 정의 / 310
2.2 중금속의 분포에 영향을 주는 요소들 / 310
2.3 중금속 오염과 이동경로 / 312
2.4 중금속 오염과 플랑크톤 / 313
2.5 중금속의 독성 / 313
2.6 금속의 독성효과 / 314
2.7 플랑크톤의 대량 번식과 중금속 / 319
3. 적조와 독성 319
3.1 적조란 무엇인가? / 319
3.2 적조발생원인과 환경 / 320
3.3 적조원인생물 / 324
3.4 유독 적조생물의 발생 / 324
3.5 적조의 피해 / 328
3.6 적조대책 / 330
3.7 해양에서의 독성물질 / 335
4. 배양과 이용 340
4.1 1970년 이전에 시작된 식물플랑크톤의 실용적 이용연구 / 341
4.2 1970년 이후에 시작된 식물플랑크톤의 실용적 이용연구 / 343
4.3 우리나라에서의 식물플랑크톤의 실용적 이용연구 / 347
5. 온배수의 영향 348

찾아보기(국문) ············ 361
찾아보기(영문) ············ 371

제 1 장

서 론

1. 플랑크톤의 정의와 크기

플랑크톤(plankton)이란 담수나 해수 등에서 물의 유동에 따라 물에 떠 있거나 표류하는 생물체를 총칭하는 말이며, 생물개체는 플랑크터(plankter)라 한다. 플랑크톤은 스스로 수중에서 물의 이동을 거스를 만큼의 이동능력을 갖고 있지 않다는 점에서 유영동물(nekton)과 다르며, 수계의 바닥에서 생활하지 않고 수계의 수층에서만 생활한다는 점에서 저서생물(benthos)과 구별된다. 그러나 모든 분류체계가 그렇듯이 이러한 구분이 항상 명확한 것은 아니다. 뒤에 보게 되는 바와 같이 일부 플랑크톤은 스스로 운동능력을 갖고 있으며, 또 다른 플랑크톤은 물의 이동과 관계없이 재빠르게 수직으로 이동할 수 있다. 사실상 이동하는 플랑크톤은 소형 유영동물들로 구성되며, 수계의 바닥 또는 그 가까이 생활하는 일부 생물들은 그 생활사 중 표영생활을 함으로써 부유성과 저서성의 구별이 애매한 것도 있다. 따라서 플랑크톤이란 수중에서 자유롭게 떠돌면서 물의 이동에 따라 생활하는 생명체이며, 이들 중 일부는 수중에서 제한된 유영력을 갖고 물기둥 내에서 위치를 변화시킬 능력을 갖는 부유생물로 정의할 수 있다. 이러한 플랑크톤에는 원생생물, 동물, 식물 그리고 세균 등이 포함된다. 이 용어는 독일 과학자인 Hensen(1887)에 의해 처음 사용되었는데, 어원은 방랑의 의미인 고대 그리스어인 planktos에서 유래한다.

플랑크톤을 구성하는 생물은 종(種)수가 아주 많을 뿐 아니라 그 크기도 매우 다양하다. 세균종류인 박테리아 플랑크톤(bacterioplankton), 단독 및 군체성 단세포 조류로 이루어진 식물플랑크톤(phytoplankton), 각 분류군에 속하는 동물플랑크톤(zooplankton) 등이 있으며, 최근에는 동 · 식물의 구별이 되지 않는 원생생물 플랑크톤(protistan plankton)이 부각되고 있다. 또한 생활사의 전 기간을 통해 부유생활을 하는 종류를 평생(平生) 플랑크톤(holoplankton), 생활사의 어떤 기간에 한해서 부유생활을 하는 종류는 정기성(定期性) 또는 일시(一時) 플랑크톤(meroplankton), 그리고 본래 부착성 미세 조류이지만 물리적 힘에 의해 부착환경에서 떨어져 나와 부유생활을 하는 종류는 임시 플랑크톤(tychopelagic plankton)이라 부른다. 이러한 생물들은 수중생태계에서 대체로 하위 먹이단계를 구성한다. 플랑크톤과 유영동물이 주체가 되는 표영생태계(pelagic ecosystem)에서는 일반적으로 크기가 작은 생물을 먹이로 취하는 영양관계가 형성된다.

생물의 개체크기에 의한 플랑크톤의 구별방법은 여러 가지가 사용되어 왔는데, 그 가운데서 Sieburth(1978)가 제안한 것이 대표적이며 널리 사용된다(표 1.1). 이에 따르면 가장 작은 종류로부터 크기의 범위가 0.02~0.2μm인 것은 극초미소 플랑크톤으로서 바이러스가 이에 속하며, 0.2~2μm인 것은 초미소 플랑크톤으로서 박테리아와 소형 조류의 일부가 이에 속한다. 2~20μm인 것은 미소(微少) 플랑크톤으로 주로 조류, 원생동물 및 균류로 이루어진다. 20~200μm인 것은 소형 플랑크톤으로서 조류와 후생동물이 이에 속하고,

표 1.1 플랑크톤 생물의 크기구분

최대범위(μm)	명칭	플랑크톤 분류
0.02~0.2	극초미소 플랑크톤	Femtoplankton(바이러스)
0.2~2.0	초미소 플랑크톤	Picoplankton(박테리아, 소형조류)
2.0~20	미소 플랑크톤	Nanoplankton(조류, 원생동물, 균류)
20~200	소형 플랑크톤	Microplankton(조류, 원생동물, 후생동물)
200~2,000	중형 플랑크톤	Mesoplankton(조류, 후생동물)
2,000~20,000	대형 플랑크톤	Macroplankton(후생동물)
>20,000	거대 플랑크톤	Megaplankton(후생동물)

0.2～ 20mm인 것은 중형 플랑크톤으로서 역시 조류와 후생동물로 구성된다. 2～20cm인 것은 대형 플랑크톤으로서 주로 후생동물이며, 20cm 이상인 것은 거대 플랑크톤으로 후생동물로서 각각 구성된다. 관습적으로 수 μm～5μm 범위의 것을 미세(微細) 플랑크톤(ultraplankton)이라 하고, 소형 플랑크톤보다 큰 것으로서 플랑크톤 망(plankton net)에 의해 채집되는 생물들을 네트 플랑크톤(net plankton)이라고도 한다. 종류수와 현존량도 중형 플랑크톤 이하에 속하는 무리에서 가장 많다.

한편 플랑크톤 생물이 서식하는 수역에 따라서 각각 담수역에 사는 것은 담수 플랑크톤(淡水, freshwater plankton), 호수역에 사는 것은 호수(湖水) 플랑크톤(eulimnoplankton), 비교적 작은 연못에 사는 것은 못 플랑크톤(heleoplankton), 나중의 둘을 합쳐 호소(湖沼) 플랑크톤(limnoplankton)이라고도 한다. 하천이나 강에 사는 것은 강물 플랑크톤(potamoplankton), 기수역에 분포하는 것은 기수(汽水) 플랑크톤(hyphalomyraplankton 또는 brackish water plankton), 해수역에서 생활하는 것은 해양 플랑크톤(marine plankton)이라 부른다. 그리고 수역의 수평적 분포특성에 따라 연안성(沿岸性) 플랑크톤(neritic plankton), 해저 부근에 분포하는 것은 저서(底層) 플랑크톤(benthic plankton), 외양성(外岸性) 플랑크톤(oceanic plankton)으로 나눈다. 수층의 수직적인 분포특성에 따라서는 표면으로부터 수심 200m 이내에 분포하는 것은 표층(表層) 플랑크톤(epipelagic plankton), 200～1,000m 수심에 분포하는 것은 중층(中層) 플랑크톤(mesopelagic plankton), 1,000m 넘는 수심에 분포하는 것은 심층(深層) 플랑크톤(bathypelagic plankton)이라 부르며, 표층 플랑크톤 중에서도 유광층 상부에 분포하는 것은 양광성(陽光性) 플랑크톤(phaoplankton) 그리고 유광층 하부에 분포하는 것은 음광성(陰光性) 플랑크톤(knephoplankton)으로 각각 구별한다. 그리고 플랑크톤 가운데서 수심 1,000m가 넘는 해역의 해저 부근에 서식하는 것은 저층(底層) 플랑크톤(hypoplankton)으로 나누기도 한다.

2. 플랑크톤의 부유 적응

부유생활을 하는 생물들은 필연적으로 수층생활에 적응되고 수중에 남아 있을 뿐만 아니라 저층으로 침강하지 않는다. 광합성을 하는 독립영양생물은 광합성과 성장을 위해 유광층에 생물체를 유지시킬 필요가 있다. 이들 생물이 항상 유광층에서 보내야 되는 것은 아니지만, 그 수층으로부터 영구히 이탈된 세포는 종속영양능력을 갖고 있지 않는 한 생존이 불가능하다. 수층에 '떠 있는' 문제는 그러므로 실제의 문제이며, 플랑크톤이 수층에서 완벽한 적응을 하기 위해서는 이들의 침강속도가 '0'이 되어야 한다.

유체 중의 구형 입자의 침강속도는 스토크스의 법칙(Stokes' law)에 따라 다음과 같이 계산된다.

$$V = \frac{F}{6\pi n r}$$

여기서 F는 생물체의 무게(체적으로 곱한 생물체의 밀도)와 생물체에 작용하는 아르키메데스의 부력(생물체의 체적으로 곱한 유체의 밀도)과의 차이이며, n은 유체의 점성도이고, r은 입자의 직경이다. 스토크스 법칙은 직경 60μm 이하인 구형물에만 엄격히 적용되는 것이지만, 환경과의 밀도차이가 작은 경우에는 이 제한이 완화되어 직경이 더 커진다. 이 법칙은 플랑크톤과 주변 수층과의 물리적 관계를 볼 때 지침으로 이용할 수 있다. F의 감소는 침강속도를 감소시킬 것이고, 물에 비해 생물체의 밀도의 감소는 부유하는 데 유리할 것이다. 해수의 비중은 1.021~1.028 범위에 있는 데 반해 세포질의 비중은 1.03~1.10 사이(Smayda, 1970)에 있다. 또한 세포벽 물질은 1.5(셀룰로오스)로부터 2.6(규산염)을 거쳐 2.95(탄화칼슘)까지 높은 값을 갖는다. 따라서 분명히 세포는 침강한다. 실제로 갓 채집한 플랑크톤 시료에서 보면 일부 세포에 따라 침강하는 것도 있고, 중간층에 남아 있는 것과 표층에 부유하는 것이 있다. 동일한 종이라 하더라도 세포의 생리적 상태에 따라 수층에서의 위치가 다르다. 그러므로 세포가 그 밀도를 조절할 수 있다는 것은 사실로 나타난다. 그러나 식물플랑크톤인 *Oscillatoria*의 경우에는 액포가 단단해서 밀도의 미세한 조절에 이용되지 않으므로 단순히 부유하도록 해 줄 뿐이며, 밀도가 어떻게 조절되는지는 알려지지 않고 있다.

2.1 식물플랑크톤

조류(algae)는 표면으로부터 최소한 수심 200m까지 분포하며, 최적 수심은 약 15m이다(Walsby, 1978). 단단한 액포는 세포가 최소한 수심 120m까지 압력에 견뎌 오그라들지 않게 해 주고, 표층수로 되돌아 올 수 있으며, 부유력을 마련한다. 돌말류(diatoms)에서는 전체적으로 크기와 침강속도 간에 역의 상관관계가 있지만, 이는 매우 가변적이다. 예컨대 *Thalassiosira nana*와 *Rhizosolenia setigera*를 비교하면서 Smayda(1970)는 세포체적으로 3,200배의 차이가 있는 이 두 종이 활발히 성장할 때에는 침강속도가 유사함을 지적한 바 있다. 더구나 *Skeletonema costatum*, *Rhizosolenia setigera*, *Bacteriastrum hyalinum* 등과 같은 종에서는 동일한 세포가 24시간 동안 침강속도가 2~5배로 변한다. 이러한 관찰은 노쇠세포나 죽은 세포들은 건강한 세포에 비해 더 빨리 침강하는 현상과 함께 침강속도를 생리적으로 조절한다는 사실을 뒷받침한다.

Anderson and Sweeney(1978)는 *Ditylum brightwellii*가 광주기(light period) 동안 그 이온조성을 변화시키며 밀도를 높임으로써 침강속도가 점진적으로 증가함을 보여 주었다. 즉 이 종은 광주기와 암주기(dark period)가 8:16인 조건하에서 배양하였는데, 광주기 동안 Na^+와 K^+의 균형이 변화를 일으켜 K^+가 우세하게 되었다. K^+는 Na^+보다 무거운 이온이므로 광을 비추는 동안 세포의 침강속도가 증가한 것이다. 8시간 동안의 광주기가 끝날 무렵에 이르면서 침강속도는 다시 감소하기 시작하여 암주기에서는 낮아졌다. 와편모류인 *Noctiluca scintillans*에서는 무거운 2가 이온(특히 SO_2^{2-})을 배출하고 가벼운 1가 이온인 Na^+, K^+, NH_4^+ 등을 축적함으로써 세포질의 이온조성을 조절하는 좋은 증거를 볼 수 있다. *Noctiluca*는 독립영양생물이 아니라 돌말류를 섭취하여 영양을 취하는 생물임에 주의를 기울일 필요가 있다. *Pyrocystis noctiluca* 역시 와편모류로 독립영양생물이지만 운동성이 없으며, 이온비율을 조절함으로써 부유능력을 갖는다(Kahn and Swift, 1978).

또 다른 부유기작은 세포의 크기나 형태를 조절하는 것이다. 세포체가 클수록 체적에 비해 표면적이 작아지게 되기 때문에 큰 세포는 비교적 작은 마찰력을 갖게 된다. 따라서 마찰저항이 큰 소형 돌말류는 대형인 것보다 더욱 천천히 침강한다. *Oscillatoria*(*Trichodesmium*)의 경우에도 구형 가까운 군체는 세포의 사슬형 군체보다 물기둥 속에서 더 빨리 떠오른다(Walsby, 1978). 반대로 군체를 형성하는 돌말류는 *Skeletonema* 이외에는 침강속도가 증가한다. *Skeletonema*는 사슬을 이루는 세포들을 연결하는 수많은 규산질 가지들에 의해 특수한 와류가 일어나고, 이 와류가 마찰력을 증가시켜 결국 침강속도를 감소시키는 것으로 알려져 있다(Smayda, 1970).

세포의 외부형태 역시 크기가 작은 세포에서는 특히 침강속도에 영향을 미치는 것이 사실이다. 그러나 외형 및 크기와 생존세포의 부유성과의 상호관계가 뚜렷한 것은 아니다. 많은 돌말류에서 보이는 규산질 강모와 같은 돌기가 부유능력을 증가시키는 것으로 언급되어 왔으나, 규산질의 추가로 밀도가 증가하기 때문에 오히려 불리한 면도 있다. 그럼에도 불구하고 돌말류인 *Rhizosolenia setigera* 중 미세한 침(spine)이 있는 종류는 없는 종류보다 늦게 침강하는데, 이는 그러한 형태가 침강하는 세포에게 최대 저항력을 주기 때문인 것으로 생각된다.

식물플랑크톤 세포의 밀도는 일반적으로 해수의 밀도보다 크기 때문에 침강하기 마련이지만, 그 때문에 부유하기 위해 특수한 형태적 또는 생리적 적응이 필요하다고 가정하는 것은 옳지 않다. 그 이유는 유광대 내에서 특히 랭뮤어 순환(Langmuir circulation)에 의한 혼합과 관련된다. 여기서 중요한 점은 해수의 규칙적인 하강뿐만 아니라 규칙적인 용승이 있으며, 바람이 강하다면 이 순환이 혼합층의 대부분 또는 그 전체까지 확장될 수 있다는 사실이다. 활발하게 활동하고 있는 돌말류의 최대 침강속도는 실험실에서 매우 큰 종류인 *Ethmodiscus rex*를 제외하고 2.6～26m d^{-1}로 측정되었으며(Smayda, 1970), 바다에서 식물플랑크톤의 평균침강속도는 1m d^{-1}를 넘지 않는다(Bienfang, 1980; Sournia, 1982). 랭뮤어 대류 속에서 하강속도는 2.6103～5.2103m d^{-1}이며 용승속도도 유사할 것이다. 이러한 유속은 평균침강속도보다 훨씬 크므로 활발한 랭뮤어 순환은 입자들을 매우 효과적으로 떠 있게 해 준다. 급속히 침강하는 입자는 물의 흐름에 따라 편향되어 나선상 와류 속에 빠지게 된다. 그렇지만 침강속도가 순환속도에 관련하여 감소함에 따라 순환 속으로 입자의 유입이 증가하게 될 것이다(그림 1.1). 이러한 현상은 그림에서 보여 준다. 여기서 R값은 침강속도 : 순환속도의 비율을 의미한다. 요컨대 수층이 오랫동안 고요하면 세포는 유광대를 통해 침강하여 사라지게 되지만, 와류가 랭뮤

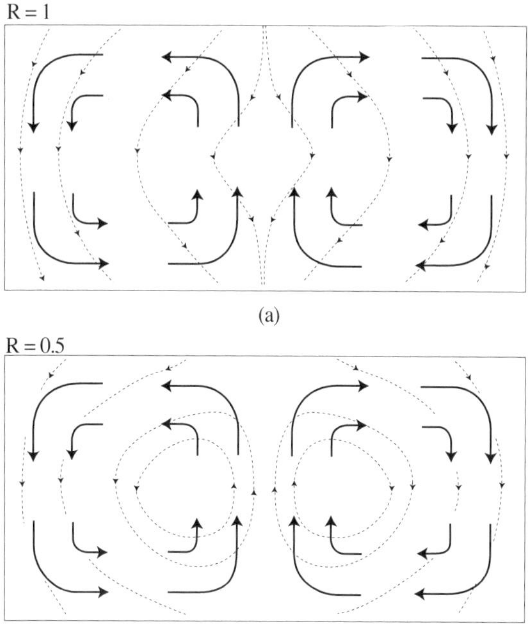

그림 1.1 대류를 일으키는 물의 순환(실선 화살표)**과 그 속에서 침강하는 소형 입자의 운동**(점선 화살표)**을 보여 주는 모형.** (a) 침강속도와 용승속도가 같을 때는 두 속도의 비(R)가 1이며, 입자는 단지 편향하여 침강한다. (b) 침강속도가 최대 용승속도보다 작을 때, 예컨대 R = 0.5인 경우에는 입자가 대류층 속에 잡히는 체류대가 형성되고 입자의 운동은 폐쇄된 곡선을 그린다. 이 체류대의 크기는 R값에 역비례한다(Stommel, 1949).

어 순환을 증가시키면 식물플랑크톤의 상당 부분은 표면 가까이 남게 된다.

만일 부유능력이 조절될 수 있다면, 생물체는 왜 항상 떠 있지 않는가? 이 의문의 해답은 비운동성 세포가 천천히 침강하는 것은 영양염류의 국지적 결핍을 방지하는 데 유리하다는 사실에 있다. 만일 세포가 영양염류를 확산에 의해 공급되는 것보다 빨리 섭취한다면 세포 주변에서 영양염류의 국지적 결핍이 일어날 것이다. Smayda(1970)에 의하면 돌말류에 보통으로 나타나는 침, 돌기 및 군체형성은 영양염류에 대한 노출을 강화하도록 적응된 것이다. 이러한 견해가 매력적인 반면, 상반되는 견해도 있다. Bienfang *et al.*(1982)은 영양염류 결핍이 침강속도를 변경시킨다는 가설을 직접 시험한 바 있다. 4종의 돌말류와 NO_3^-, PO_4^{3-}, SiO_2를 갖고 실험한 결과 SiO_2의 결핍이 4종 모두에게서 침강속도를 증가시킨다는 것이 발견되었다. 그러나 *Coscinodiscus wailesii* 의 경우에만 NO_3^-와 PO_4^{3-}의 결핍시 침강속도 증가가 나타난 반면, *Skeletonema costatum*과 *Ditylum brightwellii*의 경우는 NO_3^-의 결핍이 실제로 침강속도를 감소시켰다. 따라서 영양염류 결핍이 침강속도에 영향을 미치는 것은 사실이지만, 이것이 새로운 영양염류 공급에 접근하기 위한 적응반응인지는 분명치 않다.

대부분의 와편모류(dinoflagellates)는 운동성을 갖고 있기 때문에 부유의 문제가 상당히 다르다. 이들 생물의 유영속도는 175～360μm s^{-1}로 측정된 바 있다(Hand *et al.*, 1965). 광범위한 실험자료를 토대로 평균속도는 250μm s^{-1}, 약 1m h^{-1}이며 하루에 22m를 유영한다. 22m d^{-1}의 속도는 돌말류의 침강속도의 최고치에 해당하며, 수직순환속도와 비교하면 작은 값이다. 와편모조류 유영은 물기둥 속에서의 위치에 영향을 미치는 침강과 상승에 관해 이로운 것이지만, 보통의 와류 혼합에 비해 보면 여전히 약한 수준이다.

Dodge and Hart-Jones(1974)는 북해 영국 북부 외양역에서 와편모류의 출현과 수심선호도를 연구한 결과 양과 다양성의 최대값이 여름과 가을에 나타났고, 최대 개체수는 대략 10m 수심에서 출현하였음을 보고하였다. 상이한 종들은 상이한 최적 수심을 보여 주지만, 전반적으로는 물기둥 내에서 균일하게 분포한다. 와편모류가 표면 부근에서 대량으로 결집하는 것은 적조의 결과이다. 이 현상은 기상상태가 고요할 때 나타나는데, 그 발생기작은 이제 겨우 이해되기 시작한 실정이다. Cullen and Horrigan(1981)에 의하면 *Gymnodinium splendens*는 낮 동안에는 표면을 향해 이동하지만 질소의 결핍시 이 행동의 변화를 일으켜 표면광도의 10% 수준의 수심에 머무르며, 이와는 대조적으로 *Gonyaulax polyedra*는 질소결핍시에도 표면에 분포한다. 일반적으로 와편모류는 낮에는 활발한 광합성을 위해 표면으로 이동하고, 밤에는 질소부족을 보충하기 위하여 10～15m 수심에서 보낸다. 와편모류는 카로티노이드(carotenoid)가 풍부하며, 또한 이들 물질은 광흡수에 참여하여 광산화 피해로부터 색소계를 보호하는 역할을 일부 담당한다(Kirk, 1994). 이러한 기작은 표면 부근에 밀집하는 종들에게는 매우 유리하다.

2.2 동물플랑크톤

동물플랑크톤은 그 수직분포에 있어서 직접 광에 의존하지는 않지만 대다수가 식물플랑크톤을 먹이로 취하는 소형 초식동물이므로 식물플랑크톤이 밀집하는 표층 가까이에 머무르지 않으면 안 된다. 그렇지만 이들 초식동물의 많은 수가 광이 투과되는 곳에 항시 머무르지 않고, 물기둥 내에서 어두워지면 먹이를 취하기 위해 상승하고 낮 동안에는 깊은 곳으로 하강하면서 상하로 이동한다. 또한 많은 육식성 동물플랑크톤도 흔히 상당한 거리에 걸쳐서 수온과 압력의 범위를 넘어서 상하이동을 한다. 따라서 이들 생물은 수중에서 자신의 위치를 조절할 능력을 갖고 있으며, 상이한 수심에서 상태에 적합하도록 필요한 적응을 할 수 있어야 한다. 일반적으로 동물플랑크톤이 물기둥 속에서 부유하는 능력은 크게 두 가지 방법, 즉 유영과 부유조절로 이루어지며, 대부분의 경우 이 두 가지 방법이 함께 작용한다. 다양한 동물플랑크톤은 크기에 관계없이 거의 끊임없이 유영함으로써 위치를 조절한다. 실험실에서 보면, 요각류(copepods)는 거의 일정하고 쉴새없이 유영을 하며 때로 돌발적인 이동을 나타내기도 한다. 그러면서 잠시 쉬는 경우에는 보통 서서히 침강한다. Bainbridge(1952)는 수중탐사기술을 이용하여 바다현장에서 요각류를 관찰한 결과 *Calanus*가 마치 긴 촉수(antennae)에 매달린 듯이 상하로 움직이지 않은 채 조용히 일정한 위치를 지킬 수 있음을 볼 수 있었다. 그러나 대형 갑각류에 속하는 많은 동물플랑크톤은 쉬지 않고 유영을 하지만, 유영을 정지했을 때는 급속하게 침강한다. 예컨대 난바다곤쟁이류(euphausiids)와 심해새우류(sergestids) 등이 그러한 부류에 속한다.

부유성과는 달리 유영이동은 여러 가지 다른 중요한 기능도 수행한다. 먹이를 쫓아가거나 포식자로부터 도망가는 데 분명히 유영은 중요하며, 많은 종류에서 유영은 섭식활동과 호흡을 위한 물의 흐름을 일으키는 데 기여한다.

일부 동물들은 유영에 대한 대안으로 어떤 형태의 부유장치를 이용한다. 몇몇 종들, 예컨대 부표생물(pleuston)은 공기를 채운 기포체(float)를 갖고 있어서 부유생활을 하며 수표면으로 떠오른다. 관해파리류(siphonophore)의 기포체(pneumatophore), 표영 말미잘류의 족판(pedal disc) 등은 좋은 보기이다.

또한 복족류인 *Janthina*는 점액 분비물 속에 채워진 기포로 이루어진 부낭(浮囊, raft)에 부착해서 표면으로 뜨는데, 만일 이 부낭을 떼어 내면 침강하게 되고 다시 떠오르지 못한다.

수표면 바로 밑에서 생활하는 동물은 물(담수 또는 해수)의 밀도에 맞추어 전반적인 밀도를 조절하는 방법을 갖고 있어서, 이를 통해 중성 부력을 얻어 떠 있게 된다. 이것은 보통 조절 가능한 기강(氣腔, gas cavity)의 형태로 이루어진다. 일부의 기포체를 갖고 있는 동물플랑크톤은 구멍으로 기체를 방출할 수가 있는데, 예컨대 관해파리류인 *Nanomia*는 기포체 속으로 공기를 분비함으로써 부력을 조절한다. 이 경우와 몇몇 관해파리류에 있어서 기체의 흥미로운 점은 이 기체가 일산화탄소를 포함하고 있고, 이로 인해 물에 대한 기체의 용해도를 낮출 수 있다는 것이다. 방산충류(radiolaria), 일부의 관해파리류, 많은 요각류와 어란 등을 포함하는 많은 플랑크톤은 유포(油胞, oil vacuole)나 유강(油腔, oil cavity)를 갖고 있어서 부력조절에 이용하는 것으로 알려져 있다.

가장 흔한 다세포성 동물플랑크톤은 갑각류이다. 이들 생물은 모두 외골격(exoskeleton)을 갖고 있으며, 따라서 비교적 몸체가 무겁다. 이 무게는 흔히 외골격을 많은 가시(spine)로 확장함으로써 균형을 유지한다. 간단한 예는 연안지대에 흔한 게의 유생이다. 그 위에 가시는 평평한 창끝 모양으로 변형되기도 한다. 극피동물의 유생은 긴 가지나 돌기를 많이 갖고 있어서 표면적/체적의 비가 크다. 이들 중에는 석회질 골격축을 갖고 있는 것도 있고, 유영을 위해 돌기의 유연성을 갖는 것도 있다. 무수한 가시를 지닌 방산충류는 퇴적층의 연니에서는 가시가 없는 데 비해 플랑크톤 생활을 하는 살아 있는 종류는 석회질 골편이 방사상으로 무수히 나와 있어 부유생활을 돕는다. 표영성 다모류인 *Tomopteris*는 표면적을 확장하고 대신에 잘 발달된 옆다리(parapodium)를 갖고 있어서 유영생활에의 적응을 나타낸다(그림 1.2). 연체동물은 대부분이 각을 지니고 있으므로 플랑크톤으로서 불리한 점이 있다. 연체동물의 일반적인 유생형태는 피면자 유생(veliger)으로, 커다란 잎 모양의 피막(velum)을 발달시킨다. 이 피막은 체표면을 크게 증가시켜서 마치 낙하산처럼 작용하고, 섬모의 활동범위를 넓혀 유영과 섭식에 사용된다. 요각류는 가시보다는 깃털 모양의 강모(plumose setae)를 발달시켰다. 또 많은 종류의 요각류는 얇은 잎 모양의 돌기를 발달시켜 표면적/체적의 비를 크게 증

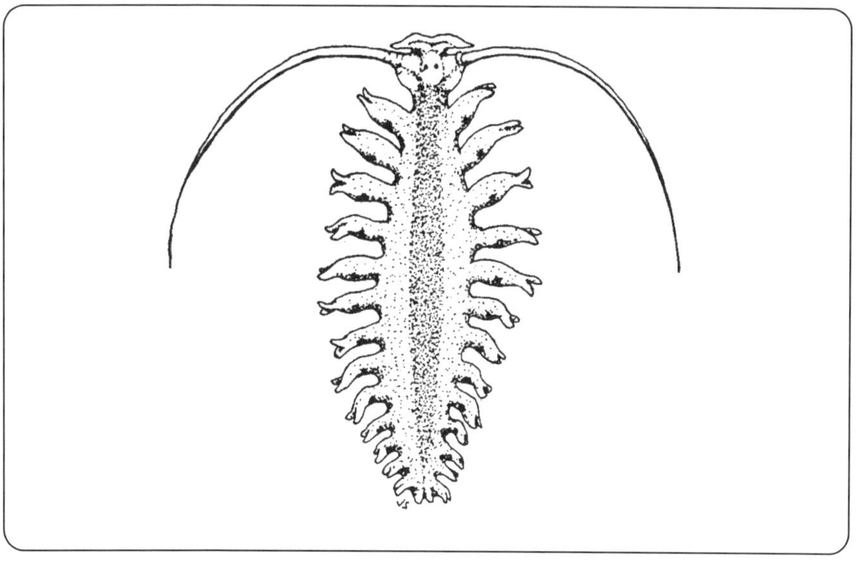

그림 1.2 ***Tomopteris rolasi*** **표영성 다모류의 일종**

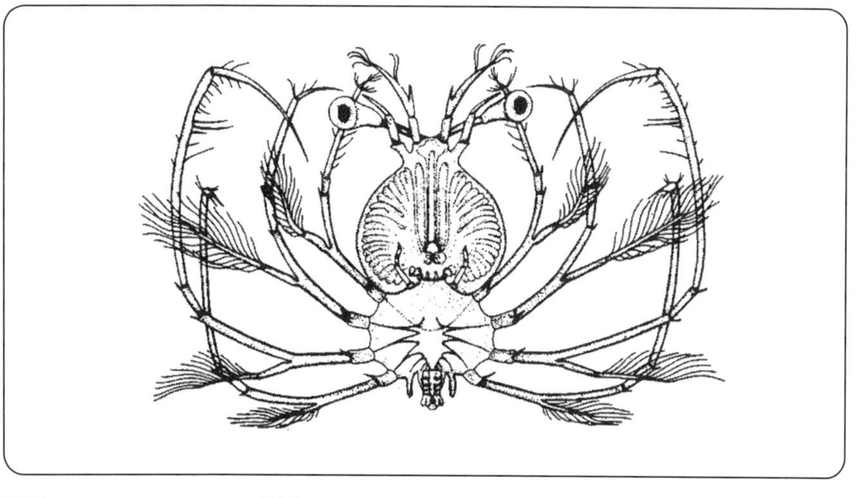

그림 1.3 ***Phyllosoma*** **유생**

가시킨다. 이러한 형태의 궁극적인 모형은 *Phyllosoma*(그림 1.3)에서 볼 수 있는데, 이 명칭 자체가 엽체(leaf-body)라는 뜻이다. 잘 알려져 있는 해파리는 낙하산의 원리로 부유생활을 한다.

위에서 설명한 부유는 침강속도를 감소시키는 기작으로서 양성 부력요인은

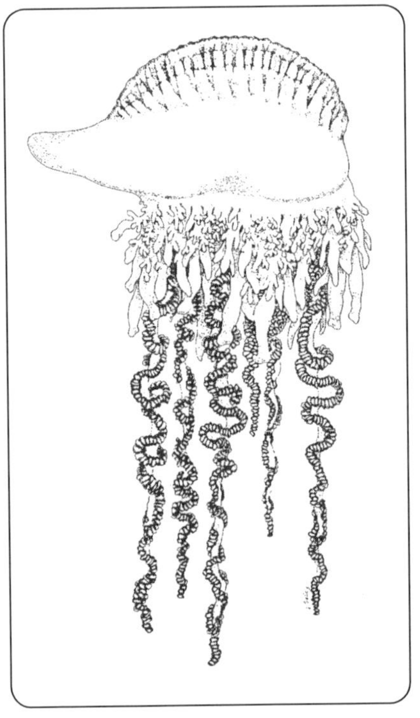

그림 1.4 *Physalia physalis* 관해파리류의 고깔해파리

아니다. 일부 동물플랑크톤은 양성 부력장치를 발달시켰는데, 특히 연체성 동물에게 나타난다. 가장 대표적인 양성 부력장치는 어류의 부레처럼 공기로 채워진 주머니이며 산소, 이산화탄소, 질소 등의 혼합체를 함유한다. 이 주머니의 효과는 생물체의 무거운 조직의 무게와 균형을 이루어 중성 부력상태를 유지하는 것이다. 강장동물의 여러 종류에서는 공기를 채운 기포체를 진화시켜 왔으며, 잘 알려진 예는 대형 동물플랑크톤인 *Physalia*(그림 1.4)로서 군체배열의 꼭대기에 색깔이 있는 커다란 난형 수축성 기포체(contractile float)가 발달한다. 이 부대 속 기체는 산소, 질소, 아르곤 및 이산화탄소가 각각 14.5%, 74.5%, 1.1% 및 0.4%로 구성되어 있으며, 가장 특이한 것은 일산화탄소가 보통 9%, 경우에 따라서는 20% 이상 포함되어 있는 점이다. 또 다른 수표생물인 *Vellela*(그림 1.5)와 *Porpita*는 기포실(gas chamber)을 갖고 있으며, *Vellela*는 복부 표면에

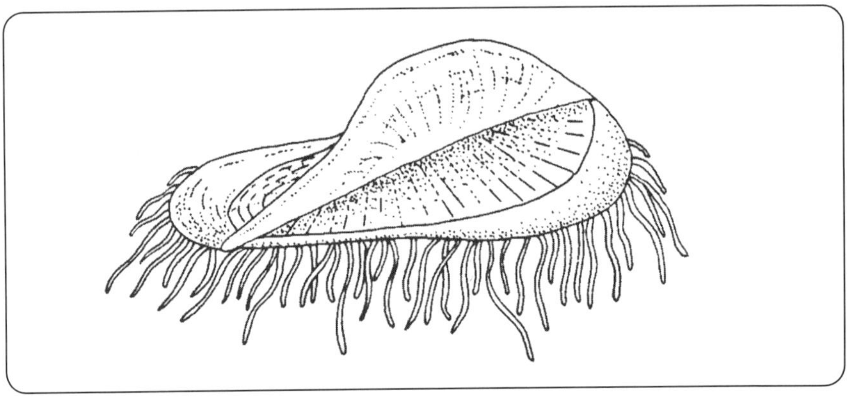

그림 1.5 *Vellela vellela* 해파리와 유사한 자포류의 일종

돛과 같은 구조를 돌출시켜 부유생활에 이용한다.

수표면 밑에서 생활하는 관해파리류는 기포체를 갖고 공기를 조절하는데, *Nanomia bijuga*는 1시간에 약 300m까지 상승할 수 있는 것으로 알려져 있다. 이는 수직이동거리의 바닥에서 팽창된 기포체를 유지하기 위해서는 30기압을 유지하여야 함을 의미한다. 이 경우 조정은 괄약근(sphincter muscle)에 의해 조절되는 정단공(apical pore)에서 이루어진다. 기포의 공기는 일산화탄소를 80~90% 정도 포함한다. 표영성 복족류인 *Janthina*는 *Vellela*를 먹이로 하는 종류인데, 예외적인 부유기작을 나타낸다. 체내에 기포실을 갖고 있지 않고 점액성을 띤 일련의 거품을 분비하여 거품부대를 형성하고 그 곳에 부착하여 부유한다.

일부의 동물플랑크톤은 체내에 공기 대신 물보다 밀도가 알맞게 낮은 조직이나 먹이 저장물을 갖고 있다. 대다수의 어류는 부유생활을 하는 알을 낳는데, 이 알들은 수동적으로 이동하기 때문에 반드시 양의 부력을 필요로 한다. 어란의 경우에는 난막 안에 난황으로 된 먹이 저장물, 분산된 유적 또는 1~2개의 대형 유구(油球, oil globules)를 갖고 있으며, 이 유구의 크기와 성질은 어란을 동정하는 데 중요하다. 또한 갑각류의 많은 종류가 체내에 상당량의 지방조직을 갖고 있으며, 특히 초식성과 잡식성 종류에서 두드러지게 나타나는데 심해성 갑각류에서는 항상 체내에 통상량보다 많은 양을 갖는 것으로 보인다. 해파리류, 유즐동물류, 일부의 연체동물, 미색 동물류 그리고 일부의 유형동물류는 몸의 상당 부분이 점액질로 되어 있고, 이 점액질 조직은 동물플랑크톤의 부유기능에 대해서 보조적으로 작용한다.

중성 또는 양의 부력을 지닌 동물과는 별도로 침강을 방지하는 것은 동물플랑크톤에 있어서 반드시 극복해야 할 문제이다. 일반적으로 중성 부력을 갖는 동물에서는 노력을 필요로 하지 않으나, 그 외의 동물에게는 왕성한 유영이 요구된다. *Sagitta enflata*와 *Creseis acicula*를 함께 배양했을 때, 두 생물 사이에는 현격한 차이가 있다. 전자는 보편적인 난수성 모악류로 투명하고 연성 체질이며 중성 부력을 갖고 어쩌다가 돌진하곤 하는 데 반해, 후자는 유각 복족류로서 비교적 무거운 각을 지니고 있어 수층에 위치를 유지하기 위해서는 '날개' 모양의 구조로 아주 왕성하게 유영하지 않으면 안 된다.

참고문헌

Anderson, L.W.J. and Sweeney, B.M. 1978. "Role of Inorganic Ions in Controlling Sedimentation Rate of a Centric Diatom, *Ditylum brightwellii*," *J. of Phycol.* 14. pp. 204-214.

Bienfang, P.K. 1980. "Phytoplankton Sinking Rates in Oligotrophic Waters off Hawaii, USA," *Mar. Biol.* 61. pp. 69-77.

Bienfang, P.K., Harrison, P.J., and Quarmby, L.M. 1982. "Sinking Rate Response to Depletion of Nitrate, Phosphate, and Silicate in Four Marine Diatoms," *Mar. Biol.* 67. pp. 295-302.

Cullen, J.J and Horrigan, S.G. 1981. "Effects of Nitrate on the Vertical Diurnal Migration, Carbon to Nitrogen Ration, and Photosynthetic Capacity of the Dinoflagellate *Gymnodinium splendens*," *Mar. Biol.* 61. pp. 81-89.

Dodge, J.D. and Hart-Jones, B. 1974. "The Vertical and Seasonal Distribution of Dinoflagellates in the North Sea," *Botanica Marina* 17. pp. 113-117.

Hand, W.G., Collard, P.A., and Daverport, D. 1965. "The Effects of Temperature and Salinity Change on Swimming Rate in the Dinoflagellates, *Gonyaulax* and *Gymnodinium*," *Biol. Bull.* 128. pp. 91-101.

Hensen, V. 1887. "Üer die Bestimmung des planktons order des im Mesre treibenden Materials in Pflanzen und Thieren," *Wiss. Meeresunters. Berlin* 5. pp. 1-108.

Kahn, N. and Swift, E. 1978. "Positive Buoyancy through Ionic Control in the Non-motile Marine Dinoflagellate *Pyrocystis noctiluca* Murray ex Schuett," *Lim. and Oceanogr.* 23. pp. 649-658.

Kirk, J.T.O. 1994. *Light and Photosynthesis in Aquatic Ecosystems*. 2nd ed. New York: Cambridge University Press, p. 509.

Sieburth, J. McN. 1978. *Sea Microbes.* New York: Oxford University Press.

Smayda, T.J. 1970. "The Suspension and Sinking of Phytoplankton in the Sea," *Oceanogr. and Mar. Biol. Ann. Rev*. 8. pp. 353-414.

Sournia, A. 1982. "Form and Function in Marine Phytoplankton," *Biol. Rev*. 57. pp. 347-394.

Walsby, A.E. 1978. "The Properties and Buoyancy-providing Role of Gas Vacuoles in *Trichodesmium ehrenbergi*," *British Phycol. J.* 13. pp. 103-116.

제 2 장

식물플랑크톤

1. 종류 및 분류

산소발생-광합성(oxygenic photosynthesis) 능력이 있는 독립영양 원생생물(autotrophic protists) 또는 진정세균(eubacteria) 가운데 물 속에 떠서 사는 종류들을 총칭하여 식물플랑크톤(부유식물 또는 식물부유생물)이라 한다. 식물플랑크톤이라는 용어는 대상 생물군의 세포생물학적인 특성보다는 수계 생태학적 특성을 반영하고 있다. 이와 같은 식물플랑크톤의 종류들은 매우 다양하여, 분류학적으로도 남세균문, 원록조문, 홍조식물문, 황갈조식물문 및 녹조식물문 등을 포함한 광범위한 분류군(分類群, taxonomic group)들의 일부를 구성하고 있다(표 2.1). 수계 내에 서식하고 있는 총생물량으로 보아 돌말류(diatoms 또는 硅藻類), 와편모류(渦鞭毛類, dinoflagellates), 은편모류(隱鞭毛類, cryptomonads), 규질편모조류(硅質鞭毛藻類, silicoflagellates), 석회비늘편모류(coccolithophorids 또는 鱗鞭毛類), 남세균류(藍細菌類, cyanobacteria 또는 blue-green algae), 원록조류(原綠藻類, prochlorophytes) 등이 중요하다. 이 가운데 남세균류와 원록조류는 진정세균이다. 수심이 깊은 해양역에서는 바닥에서 뿌리를 내리고 사는 다세포 식물체가 생존할 수 없으므로, 이들 식물플랑크톤이 광합성을 통하여 일차 생산해 낸 유기물량이 대부분의 해양생물들

표 2.1 해양 식물플랑크톤 종들이 소속된 주요 상위 분류군 (Tomas, 1993)

분류군 명	특 징
PROTOKARYOTA(原核生物)	진정한 핵이 없음
Cyanophyta(藍細菌門)	색소: c-phycocyanin, c-phycoerythrin 편모 없음
Cyanophyceae(남세균강)*	
Chroococales	
Nostocales	
Prochlorophyta(原綠藻門)	색소: chlorophyll b, phycobilin은 없음
Prochlorophyceae(원록조강)	편모 없음
Prochlorales	
EUKARYOTA(眞核 生物)	진정한 핵이 있음
Rhodophyta(紅藻植物門)	색소: r-phycocyanin, r-phycoerythrin
Bangiophyceae(원시홍조강)	편모 없음(ACONTA)
Porphyridiales	
Glaucophyta(灰藻植物門)	색소: c-phycocyanin, c-phycoerythrin
Glaucophyceae(회조강)	편모 있음(CONTOPHORA)
Glaucocales	담수종(3종)만 보고됨
Chromophyta(黃色藻植物門)	색소: 카로티노이드
Cryptophyceae(은편모조강)	편모 있음(CONTOPHORA)
Cryptomonadales	
Dinophyceae(와편모조강)	
Prorocentrales	
Dinophysiales	
Gonyaulacales	
Peridinales	
Prymnesiophyceae(=Haptophyceae 착편모조강)	
Isochrysidales	
Coccolithophorales	
Prymnesiales	
Pavlovales	
Chrysophyceae(황갈조강)	
Bicosoecales	
Ochromonadales	
Synurales	
Chrysosphaerales	
Sarcinochrysidales	

표 2.1 계속

분류군 명	특 징
Dictyochophyceae(규질편모조강)	
Rhizochromulinales	
Pedinellales	
Dictyochales	
Bacillariophyceae(돌말강)	편모 없음
Biddulphiales	중심돌말(centric diatom)
Bacillariales	깃돌말(pennate diatom)
Rhaphidophyceae(침편모조강)	
Chattonellales	
Chlorophyta(綠藻植物門)	색소: chorophyll b
Euglenophyceae(유글레나강)	편모 있음(CONTOPHORA)
Euglenales	
Prasinophyceae(담록조강)	
Mamiellales	
Chlorodendrales	
Chlorophyceae(녹조강)	
Volvocales	
Chlorococcales	

*일반적으로 cyanobacteria라 한다.

을 위한 먹이의 총량을 좌우하게 된다. 즉 육상생태계에서 고등식물이 담당하고 있는 대부분의 생태적인 역할을 수중생태계에서는 현미경적 크기의 식물플랑크톤이 담당하고 있는 것이다. 이로 인해 이들 식물플랑크톤의 종류와 분포 그리고 현장활성 등에 관한 정확한 정보는, 실용적인 측면에서만 보더라도 해양생태계의 거시적인 관리 및 각종 해양생물들의 장기적인 전 지구적 생물량 변동예측 등의 사업을 위한 필수적인 기초자료가 된다. 아마도 해양 식물플랑크톤을 처음 관찰하여 기록한 사람은 Anthony van Leeuwenhoek일 것이라 하는데, 그는 1676년 여름 덴마크 연안의 해수시료 중에서 관찰한 *Mesodinium rubrum*에 대하여 묘사하였다(Taylor *et al.*, 1971). 이 연대는 최초의 과학적 광학현미경이 고안된 시점 부근이며, 이로부터 해양 식물플랑크톤 연구의 역사가 300여 년 정도임을 알 수 있다.

1.1 식물플랑크톤의 일반적인 특징

대부분의 식물플랑크톤은 단세포 조류이다. 대형인 군체형태는 보통 구조와 외형이 균일한 다수의 개체세포들로 구성된다. 일부 돌말류, 와편모류 등은 느슨하게 연결된 세포들의 고리를 이루지만 일부 담조류는 사상군체를 형성한다. 일반적으로 조류의 동정은 다음과 같은 세포특징을 관찰해서 이루어진다.

(1) 세포모양

일정하거나 변화성이 있으며, 세포의 유연성은 세포벽의 강도와 관련된다.

(2) 세포크기

세포크기의 측정은 현미경의 대안렌즈와 대물판의 측정장치를 사용한다.

(3) 세포벽

관찰하기 위해 고배율 현미경이 필요하다. 최외각 유기성분인 펙틴은 루테뮴 레드(Ruthemium red) 염색약으로 세포를 염색하여 보면 핑크층으로 나타난다. 많은 식물플랑크톤은 무기화된 세포벽을 갖는다. 돌말류의 세포벽은 흔히 복잡한 무늬로 이루어진 규산질로 되어 있으며, 규산질 또는 탄산칼슘으로 무기화된 표면비늘(scale)들이 갈색 편모류 중에서 관찰되지만, 올바르게 식별하기 위해서는 투과 및 주사현미경으로 확대할 필요가 있다. 복잡한 무늬를 갖는 유기성 비늘의 표면은 일부 갈색 및 녹색 편모류에서 보이나, 역시 전자현미경을 사용해야 한다. 속과 종이 종종 표면비늘의 외형으로 결정되기 때문에 전자현미경은 이러한 연구에 필수장비이다. 원형질 막의 변용은 유글레나류에서 외피(pellicle)를 구성한다. 각(theca)은 원형질 막에서 분리된 비생명 경계막이다. 세포벽이 없는 세포는 다당류의 일종으로 쌓여 있는 수도 있다.

(4) 점액층

세포벽 계통의 확장이며 세포나 세포군체가 인디아 잉크(Indian ink) 현탁액에 들어 있을 때 겨우 볼 수가 있다(그림 2.1).

(5) 엽록체

세 가지의 기본적인 특성(즉 색, 수, 형태)을 고려하여야 한다. 색은 표 2.1에서 보인 존재하는 색소배열의 표현으로 나타난다. 붉은 점으로 보이는 소

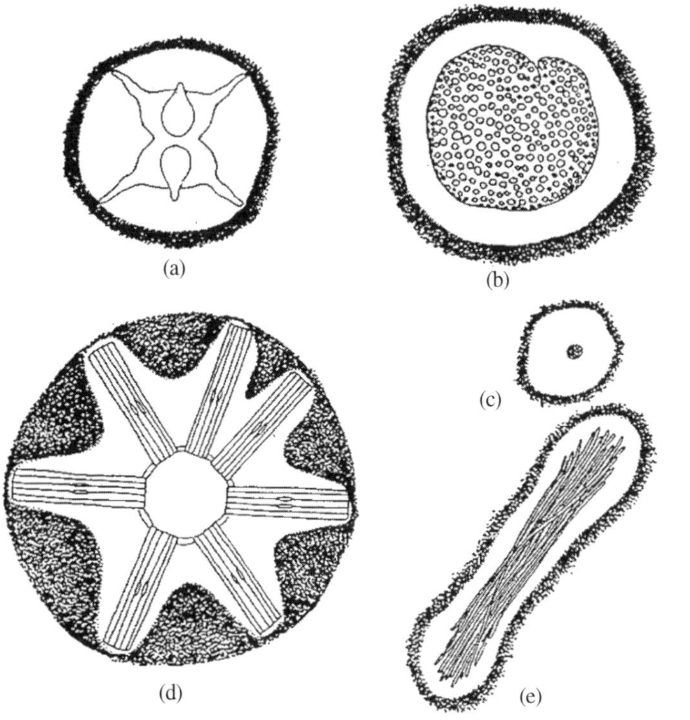

그림 2.1 부유성 조류의 점액질초(mucilaginous sheath). (a) *Staurastrum*, 장구말의 일종, (b) *Coelosphaerum*, 군체성 남조류의 일종, (c) *Coelosphaerum*의 개체세포, (d) *Tabellaria*, 돌말류의 일종, (e) 남조류인 *Aphanizomenon flos-aquae*의 사상체

위 안점(stigma)은 흔히 엽록소와 연결되지만 세포 속에 분리되어 존재하기도 하는데, 세포의 정위(定位)를 돕는 것으로서 광을 감지하는 소기관이다. 엽록체는 또한 비색소성 단백질체인 피레노이드(pyrenoid)를 포함한다. 피레노이드는 저장물질을 저장하는 곳으로서, 녹조류에서는 전분을 저장한다. 엽록체의 중요한 특징은 틸라코이드(thylakoid) 구조와 틸라코이드로 이루어진 라멜라(lamella) 구조이다.

(6) 편모

중요한 특징은 세포당 편모 수, 돌출하는 부위, 편모가 1개 이상일 때의 상대적 길이, 강모나 미세한 털처럼 뻗은 털들의 유무, 그리고 추가적인 편모구조인 착편모(着鞭毛, haptonema)의 존재 등이다. 착편모는 보통 나선형이고

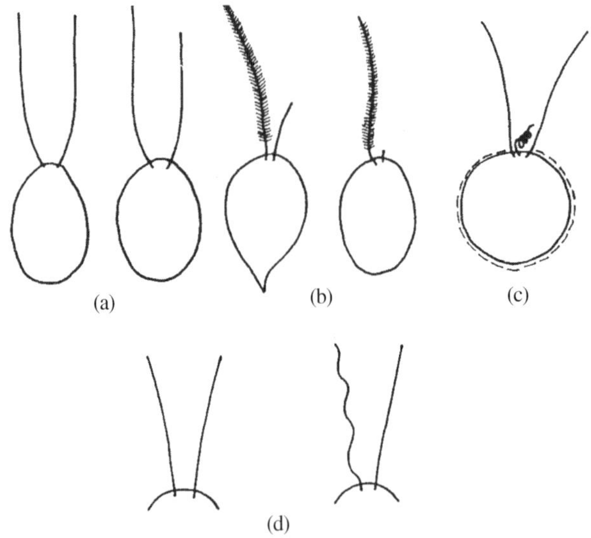

그림 2.2 단세포 조류의 편모. (a) 좌측: 같은 길이의 곧은 편모, 우측: 길이가 다른 곧은 편모, (b) 좌측: 길이가 다른 편모로서 긴 편모에는 미세한 돌기들이 나 있다. 우측: 짧은 편모는 퇴화되어 있다. (c) 같은 길이의 곧은 편모와 그 사이에 나선형 착편모(coiled haptonema)가 있다. (d) 좌측: 진동유형이 같은 상동편모(homodynamic flagella), 우측: 진동유형이 다른 이질편모(heterodynamic flagella)

2개의 편모 사이에 나온다. 편모의 파동양상 역시 종 동정에 특징을 이룬다(그림 2.2).

(7) 저장물질

전분, 기름 및 크리솔라미나린(chrysolaminarin)이 식물플랑크톤 세포 속에 있는 기본저장물질이다. 전분과 크리솔라미나린은 화학적으로 관련이 없는 다당류이다. 전분은 α-1,4-glucan과 α-1,6-glucan이고, 크리솔라미나린은 β-1, 3-glucan이다. 녹조류의 전분은 고등식물에서처럼 요오드로 처리하면 짙은 남색 반응을 나타낸다. Prasinophyceae류의 전분 저장물은 요오드로 적갈색을 나타낸다. 유글레나 편모류는 녹조류이지만 그 저장물질인 파라마일론(paramylon)은 고형인 β-1,3-glucan이다. 크리솔라미나린은 식물플랑크톤 중 갈조류 또는 황갈조류의 기본저장물질이며 액포 속에 저장된 액체이다. 이것은 단세포 식물에서는 가장 풍부한 저장물질이다. 남세균은 난형 또는 막대형의 글리코겐, 지질 소구체(lipid globules), 시아노피신 과립(cyanophycin granules), 폴리인산체와 카르복시솜(carboxysome) 등 다양한 저장물질을 갖고 있다.

(8) 기타 세포특징

어떤 강 내의 종류는 추가적인 특징들, 즉 세포액포, 세포에서 돌출한 모포(trichocysts), 뚜렷한 고랑(burrow)의 유무 등이 있다.

1.2 식물플랑크톤의 종류

1.2.1 돌말류(硅藻類, diatoms)

돌말류는 황색조식물문(Chromophyta)의 돌말강(Bacillariophyceae)에 속하며(표 2.1), 계통발생적으로는 황갈조강(Chrysophyceae) 생물과 가장 가깝다. 세포막 밖에 유기물질의 세포벽 층과 2개의 뚜껑(valve)구조로 된 규질 외각층(피각, frustule)을 갖는다는 점에서 다른 종류들과 뚜렷이 구별된다. 그리고 그 뚜껑면(valve surface)의 모양을 기준으로 돌말류를 크게 두 종류로 나누는데, 그 모양이 원판형이면 중심돌말(centric diatom; Biddulphiales)이라 하고, 그 모양이 깃 모양이면 깃돌말(pennate diatom; Bacillariales)이라 한다.

그 밖의 돌말류의 일반적 특징들을 표 2.2에 제시하였는데, 운동성이 있는 종류가 포함되어 있으며 서식환경이 극히 다양한 점 등으로 미루어 볼 때, 이들 돌말류의 영양형태가 단순한 산소발생성 광합성에만 국한되지 않을 수도 있음을 짐작할 수 있다. 돌말을 관찰한 사실에 대한 최초의 기록은 1703년의 것이라 한다(Round *et al.*, 1990). 그러나 이명법에 의한 학명을 사용하여 돌말

표 2.2 돌말류의 일반적인 특징

항 목	특 징
크기	현미경적 크기(수 μm~2mm)
조직	단세포성이며, 흔히 군체를 이룬다.
편모	1개의 편모가 웅성 배우세포에만 있다.
색소	Chlorophyll a & c, β-carotene, fucoxanthin, diatoxanthin, diadinoxanthin
저장물질	Chrysolaminarin, oil droplet
운동성	등줄면(raphe valve) 돌말에서 나타남
서식환경	해수-담수, 얼음 속-온천, 토양 내-공기 중-수중-퇴적물 표층, 생물체 내-생물체 표면

을 기록하기 시작한 것은 그보다 70여 년 후의 일이며(Müller, 1786), 이는 적충류(滴虫 類, Infusoria)가 제7동물류로 추가된 Carl von Linné의 "Systema Naturae"의 제13판이 나오기 2년 전의 일이다(L. Kalbe, 1984). 해양 식물플랑크톤으로 보고된 돌말의 종류는 1,500여 종으로 추산되며(Sournia *et al.*, 1991), 이 가운데 약 500여 종류가 우리나라 주변해역에서 보고되었다(Lee and Cho, 1985a; 심, 1994).

1.2.1.1 돌말류의 구조 및 명칭

중심돌말의 기본적인 구조는 둥근 도시락 모양으로 2개의 뚜껑(valve)이 배

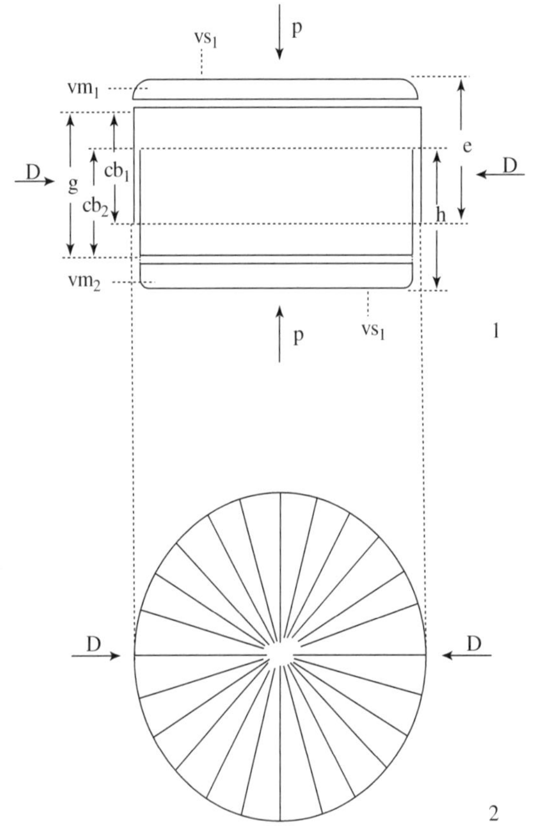

그림 2.3 중심돌말의 피각과 세부 명칭. 1. 옆보기(girdle view), 2. 내려보기(valve view); 세부명칭: e – 위뚜껑(epitheca), h – 아래뚜껑(hypotheca), vs – 뚜껑면(valve surface), vm – 각투(valve mantle), g – 둘레띠(girdle); cb_1 – 위둘레띠(epicingulum), cb_2 – 아래둘레띠(hypocingulum)

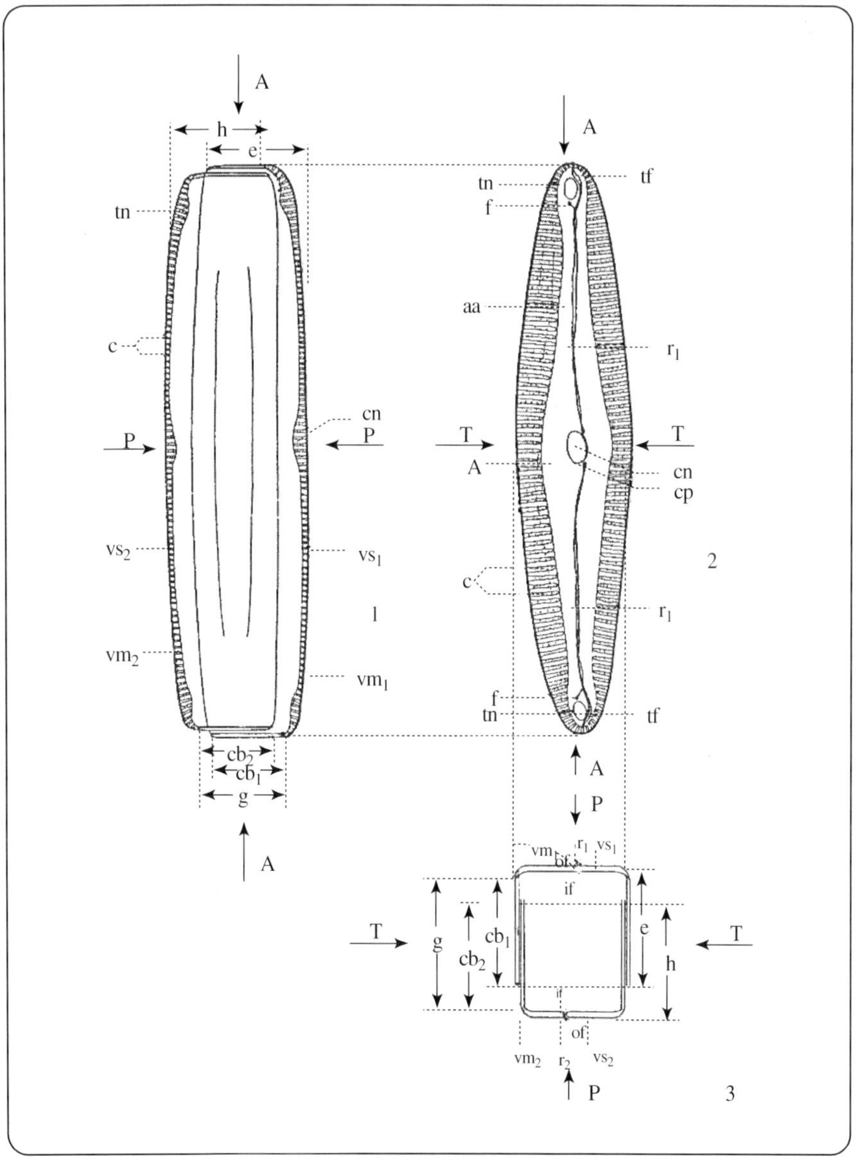

그림 2.4 깃돌말의 피각과 세부 명칭. 1. 넓은 옆보기(broad girdle view), 2. 내려보기(valve view), 3. 좁은 옆보기(narrow girdle view); 세부명칭: e - 위뚜껑(epitheca), h - 아래뚜껑(hypotheca), vs - 뚜껑면(valve surface), vm - 각투(valve mantle), g - 둘레띠(girdle), cb_1 - 위둘레띠(epicingulum), cb_2 - 아래둘레띠(hypcingulum), cn - 중앙혹(central nodule), tn - 끝혹(terminal nodule, polar nodule), r - 등줄(raphe), f - 깔때기틈(funnel cleft), cp - 중심구멍(central pore), aa - 장축역(axial area), ca - 중앙역(central area), c - 늑맥(costae)

열된 꼴이며(그림 2.3), 이 피각(frustule) 안에 세포벽을 포함한 세포 내용물이 들어 있다.

깃돌말의 기본적인 구조는 납작한 타원형 도시락 모양으로 2개의 뚜껑(valve)이 배열된 꼴이어서, 옆보기의 방법에 따라 둘레띠의 모양이 크게 달라진다(그림 2.4). 또한 2개 또는 1개의 뚜껑면에 갈라진 틈(등줄, 背線, raphe)이 장축(apical axis) 방향으로 배열하는 경우가 있다.

1.2.1.2 돌말류의 생식

돌말류의 생식은 주로 이분법에 의한 식물성장(vegetative growth)을 통해 이루어지나, 배우자가 관련되는 유성생식을 거치는 경우도 있다(그림 2.5). 세포분열시에는 두 딸세포가 모세포의 피각 속에서 형성되고, 각기 모세포의 피각 중 한 쪽씩(위뚜껑 또는 아래뚜껑)을 받아 자신들의 위뚜껑으로 삼는

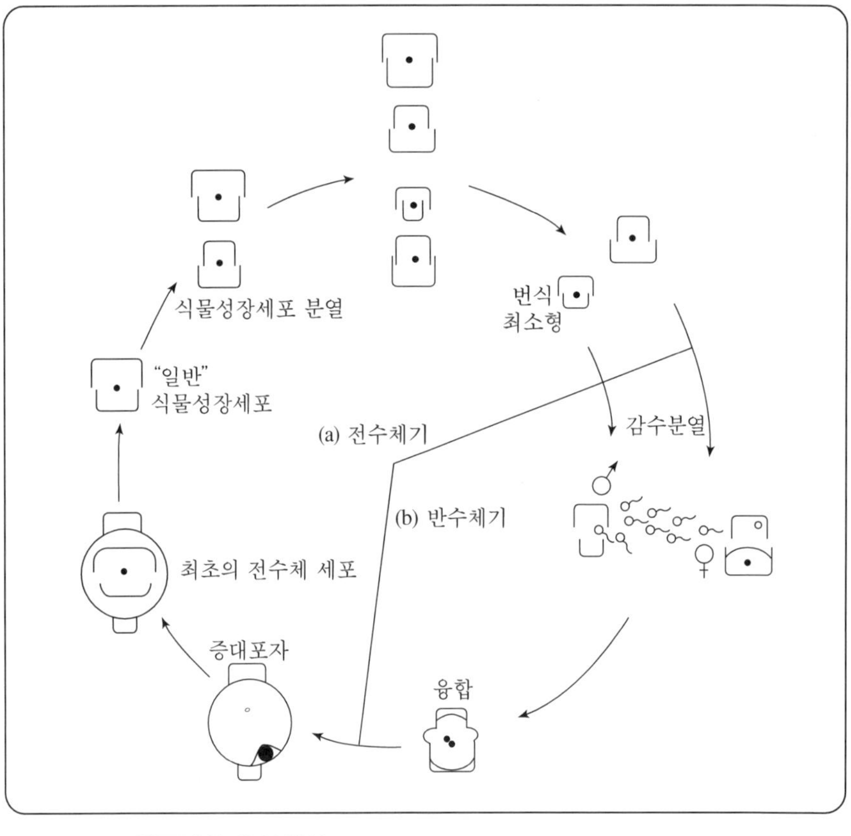

그림 2.5 중심돌말의 유성생식. (a) 전수체기(diploid stage), (b) 반수체기(haploid stage)

다. 각 딸세포에서 새로운 아래뚜껑을 분비함으로써 세포분열이 끝나게 된다. 이런 과정이 반복될 경우, 여러 세대에 걸쳐 계속적으로 모세포의 아래뚜껑을 받아온 계열의 뒷 세대 가운데는 세포크기가 생식최소형(minimal fertile size)에 이르는 경우가 나타나게 된다(그림 2.5의 (a)). 이러한 크기의 세포들은 후세들의 세포를 정상적인 크기(최대 세포크기)로 회복시켜야 하는데, 이때 증대포자(auxospore)를 형성하게 된다. 증대포자 형성은 보통 최대 세포크기의 3분의 1 정도 크기인 세포들에서 나타나는데, 유성생식과정(그림 2.5의 (b))을 거치기도 하고 단순히 영양생식단계만을 통해 이루어지기도 한다. 유성생식과정은 중심돌말(난접합, oogamy)과 깃돌말(대부분은 동형접합, isogamy; 일부 무등줄 종에서는 이형접합, anisogamy)에서 방식이 서로 다르다. 증대포자는 피각을 벗어나서 최대 세포크기가 될 때까지 성장하고, 새로운 피각을 형성하여 다음 세대의 모세포가 된다.

돌말은 주위 환경이 자신의 영양생식에 적합하지 않으면 휴면포자(resting spore)를 만들어 그 속에 있다가, 다시 환경여건이 호전되면 발아한다. 보통 해양 중심돌말에서는 휴면포자의 형성이 흔하지만, 해양 깃돌말에서는 드문 현상이다. 발아에 소요되는 시간도 중심돌말에서는 수일 이내인 반면, 깃돌말에서는 수주간의 동면을 거친 후에만 발아가 가능한 종이 있다. 휴면포자는 그 구조에 따라 외생 휴면포자(exogenous resting spore: 모세포의 피각에서 분리된 휴면포자), 반내생 휴면포자(semiendogenous resting spore: 포자의 아래뚜껑이 모세포의 피각에 싸여 있는 휴면포자) 및 내생 포자(endogenous resting spore: 포자 전체가 모세포의 피각 속에 들어 있는 휴면포자) 등 세 가지 유형으로 구분한다.

1.2.2 와편모류(渦鞭毛類, dinoflagellates)

와편모류는 황색조식물문(Chromophyta)의 와편모강(Dinophyceae)에 속하며(표 2.1), 계통발생적으로는 '다중연속 내공생이론(theory of multiserial endosymbiosis)'의 초기 단계 내공생체(=광합성 와편모류)의 모델로서 중요한 생물군이다. 즉, 종속영양성 와편모류가 엽록체를 가진 담록조 또는 황갈조 세포를 섭식한 후 색소체를 획득함으로써 광합성 와편모류로 진화하였다는 것이다. 외부 형태적으로 와편모류는 가로홈(transverse groove 또는 cingulum)에 꼬인 편모가 둘러 있고, 후미홈(longitudinal groove 또는 sulcus)에는 종

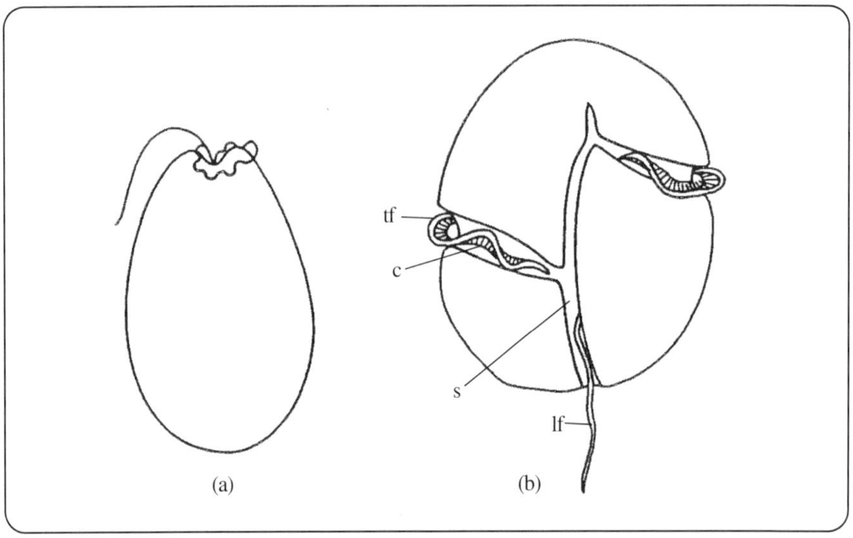

그림 2.6 정단와편모류와 측와편모류의 특징. (a) 정단와편모류, (b) 측와편모류; 세부명칭: c - 가로홈(cingulum 또는 transverse groove), s - 후미홈(sulcus 또는 longitudinal groove), tf - 꼬인편모(transverse flagellum), lf - 종편모(longitudinal flagellum)

편모가 세포의 뒤쪽에 있다는 점에서 다른 종류들과 뚜렷이 구별된다(그림 2.6). 이와 같은 기본구조에서 홈의 개수, 편모의 위치, 세포벽의 유무 및 세포벽 판의 배열 등의 각종 변형정도를 기준으로 와편모류를 세분한다.

이 외의 와편모류의 일반적인 특징들을 표 2.3에 제시하였다. 핵의 특이성,

표 2.3 와편모류의 일반적인 특징

항 목	특 징
영양형태	광합성, 종속영양, 혼합영양 및 요구영양(auxotrophic)
조직	단세포성이며, 군체를 이루기도 한다.
편모	2개의 이형편모
핵	대부분의 종은 반수체, 핵막과 핵인은 상존함. 전체 간기 중 응축된 띠 형태의 염색체(dinokaryon)
색소	Chlorophyll a & c_2, β-carotene, peridinin, fucoxanthin 및 유도체, 기타 xanthophyll(공생자인 경우 더욱 다양함)
저장물질	Starch(polyglucan), oil(C_{14}, C_{16}, C_{18} 및 C_{22} 불포화 지방산)
세포벽	다중막과 소포(vesicle)가 얽힌 복합체
서식환경	해수-담수, 부유성, 부착성, 공생-기생

다양한 영양형태 그리고 공생과 기생에 이르는 서식방법 등으로 미루어 볼 때, 이들 와편모류가 진화적으로 오래 전부터 매우 다양하게 발달되어 왔음을 알 수 있다. 와편모류를 관찰한 사실에 대한 최초의 기록은 1753년의 것이며, 흔히 야광충이라 불리던 *Noctiluca*에 관한 것이다(Taylor, 1987). 현생 해양 식물플랑크톤으로 보고된 와편모류 종류는 1,000여 종으로 추산되며, 이외에도 1,000여 종의 비광합성 현생 와편모류와 2,000여 종의 화석종에 대한 기록이 있다(Taylor, 1987). 약 150여 종의 와편모류가 우리나라 주변해역에서 보고되었다(Lee and Cho, 1985b; 심, 1994).

1.2.2.1 와편모류의 구조 및 명칭

편모의 위치에 따라 와편모류는 크게 정단와편모류(頂端渦鞭毛類, Desmokont)와 측와편모류(側渦鞭毛類, Dinokont)로 나눈다. 전자는 상이한 두 종류의 편모가 정단부(apex)에서 나온 종류이고, 후자는 가로홈과 후미홈에 각기 꼬인편모와 종편모가 있는 종류이다(그림 2.6).

와편모조류는 세포벽 판(thecal plate)들이 모여 이루어진 세포벽의 유무에 따라 유각류(armoured 또는 thecate group)와 무각류(unarmoured, naked 또는

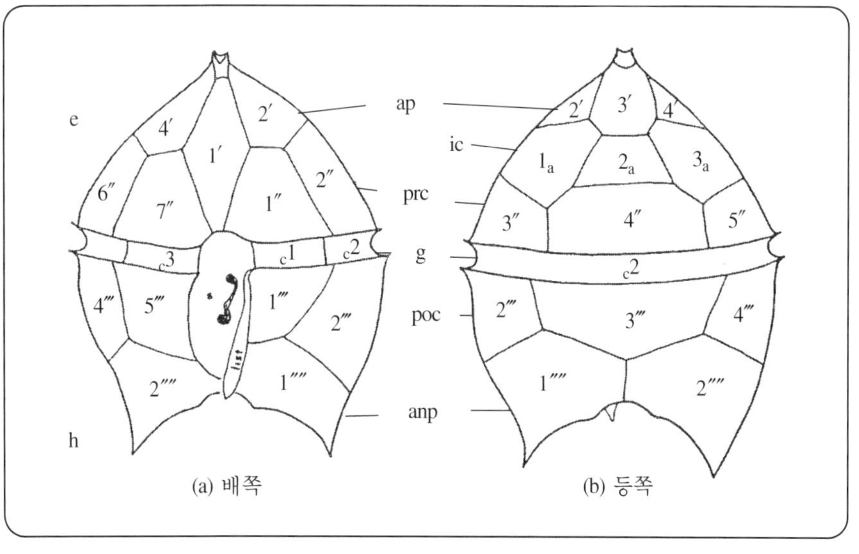

그림 2.7 세포벽 판의 종류와 명칭의 예. (a) 배쪽, (b) 등쪽; 세부명칭: e – 상각(epitheca), h – 하각(hypotheca), ap – 정단판(apical plate), ic – 중간판(intercalary plate), prc – 전대판(precingular plate), g – 가로홈판(girdle plate), poc – 후대판(postcingular plate), anp – 후단판(antapical plate)

non-thecate group)로 나눈다. 정단와편모류는 대부분 유각류에 속하며, 측와편모류에는 유각류와 무각류가 모두 포함되어 있다. 유각류의 분류에는 세포벽 판의 형태와 배열양상이 중요한 검색열쇠로 자주 쓰이는데, 이에 따라 종류별로 독특한 판 배열식(tabulation 또는 plate formula)이 있으며, 세포벽 판의 종류별 명칭이 있다(그림 2.7).

1.2.2.2 와편모조류의 생식

와편모조류의 생식은 주로 이분법에 의해 이루어지나, 배우자가 관련되는 유성생식을 거치는 경우도 있다(그림 2.8). 세포분열시에는 모세포가 종단면,

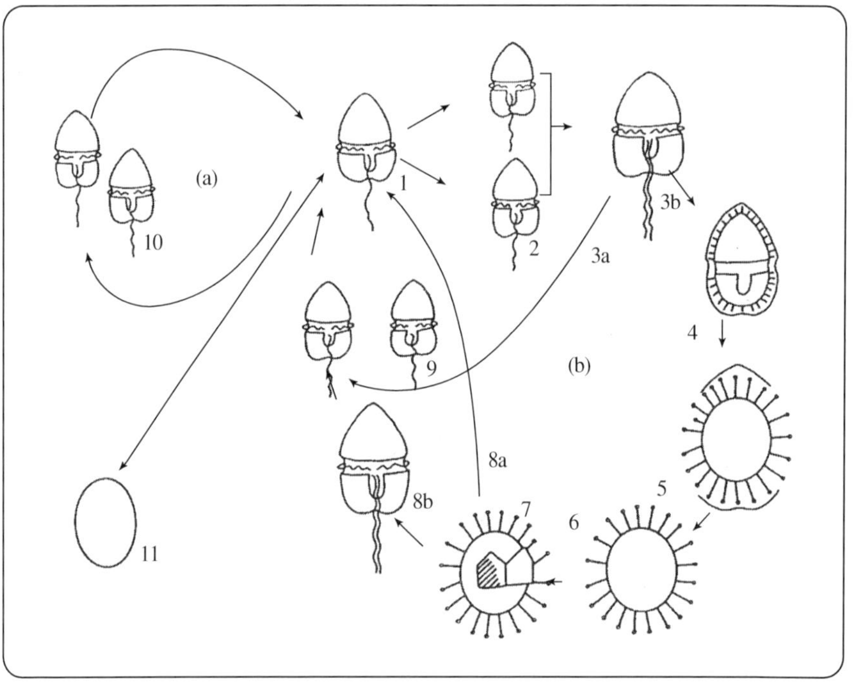

그림 2.8 휴면접합자를 생산하는 와편모류의 일반적인 생활사. (a) 무성생식단계의 운동성 반수체 세포(1)가 이분법으로 세포분열하거나(10) 비운동성인 일시성 포자를 형성한다(11). (b) 유성생식단계의 시작인 운동성 반수체 세포가 분열하여(1) 한 쌍의 배우자가 생기고(2) 이들이 융합하여 운동성 접합자가 된다(3). 이 운동성 접합자는 감수분열하여(3a) 다시 운동성 반수체 세포를 만들거나(9) 포자를 만드는데(4) 이 포자가 커지게 되면(5) 휴면접합자가 된다(6). 휴면접합자는 발아하여(7) 다시 운동성 접합자가 되어(8b) 감수분열 후 다시 운동성 반수체 세포를 만들거나(1) 혹은 발아 중 감수분열이 일어나(8a) 직접 운동성 반수체 세포가 되기도 한다.

횡단면 또는 경사면 등을 중심으로 양분되어 두 딸세포가 형성된다. 이 경우 두 딸세포가 모세포의 세포 외곽구조(cell covering 또는 amphiesma)의 일부를 물려받는지의 여부 또는 그 방식에 따라 세 가지 유형으로 구분된다. 이 가운데 세포벽 판을 딸세포가 물려받지 않는 유형에서 세포분열이 진행되는 중 세포벽으로부터 세포가 분리되는 단계를 탈각(ecdysis)이라 한다.

유성생식시 이형접합이 이루어지는 경우도 있으나, 대부분의 와편모조류는 반수체이기 때문에 주로 동형배우자의 접합을 거치게 된다. 수중에 질소 영양염이 부족한 환경에서는 배우자 형성이 잘 유도된다. 두 배우자가 융합하여 2배수체의 운동성 접합자(planozygote)가 되고, 이 접합자는 두꺼운 세포벽 물질을 분비하여 휴면접합자(hypnozygote 또는 dinocyst)가 되어 해저면에 가라앉아 동면상태로 들어간다. 발아할 때는 감수분열이 일어나 또다시 반수체로서 수중에 나타난다. 보통의 반수체 와편모류가 불리한 환경을 만나게 되면 탈각한 후 세포막 외 물질을 분비하여 일시성 포낭(temporary cyst)이 되는데, 이는 해저면에 가라앉지 않고 수중에 부유상태로 존재한다(그림 2.8).

1.2.3 남세균류

남세균류(藍細菌類, cyanobacteria 또는 blue-green bacteria, 이전 명칭: 남조류, 藍藻類, Cyanophyceae)는 원핵세포생물이면서도 산소발생-광합성 능력을 가진 특이한 생물군이다(표 2.1). 진화적으로는 유기물이 풍부하다 하여 "premordial soup"이라 불리는, 소위 원시해양 내의 초기 혐기성 종속영양세균과 진핵성 식물의 중간적 단계의 생물군이다. 따라서 광합성기구를 제외한 나머지의 세포생물학적 특성은 세균과 유사하고, 종류에 따라서는 질소고정능을 가진 경우도 있어, 여타의 진핵성 식물플랑크톤보다 생태적으로 더 유리한 조건을 갖춘 셈이다.

남세균류의 일반적인 특징들을 표 2.4에 제시하였다. 이들 남세균은 다양한 서식환경, 극도로 작은 크기(단세포 남세균 중 다수 종이 picophytoplankton에 속함), 질소고정능력, 고온 내성 등의 장점으로 인해 30여 억 년 이상의 장구한 기간 동안 지구상에서 번성해 왔으며, 현재의 대양역에서 아직도 최대의 우점 식물플랑크톤군을 이루고 있다. 우리나라 주변해역에서의 해양 남세균에 관한 보고는 매우 빈약하여, 현재까지 *Richelia*, *Oscillatoria* 및 *Trichodesmium*속의 도합 3종이 기록되었다(심, 1994). 그러나 단세포 남세균

표 2.4 남세균류의 일반적인 특징

항 목	특 징
영양형태	산소발생-광합성(oxygenic photosynthesis)
세포조직	원핵성 세포조직
편모	없음
틸라코이드	낱개로 떨어져 있음
색소	Chlorophyll a, phycocyanin, phycoerythrin, β-carotene, zeaxanthin, echinenone, canthaxanthin, oscillaxanthin
저장물질	Cyanophycin(아미노산 중합체), cyanophytan starch
세포벽	다당류 질의 껍질층(sheath)으로 단독세포나 남조사(藍藻絲, trichome)를 둘러싼다.
서식환경	해수-담수-육상, 암석 표면-암석 내부

의 편재성과 미동정된 한국산 단세포 남세균 클론을 보유한 실험실(박, 1997; 성, 1997) 등을 감안하면 새로운 종에 대한 추가적인 보고가 예상된다.

남세균은 형태적으로 크게 염주체목(Nostocales)의 사상체형(filamentous) 남세균류와 소구체목(Chroococales)의 비사상체형(non-filamentous) 남세균류

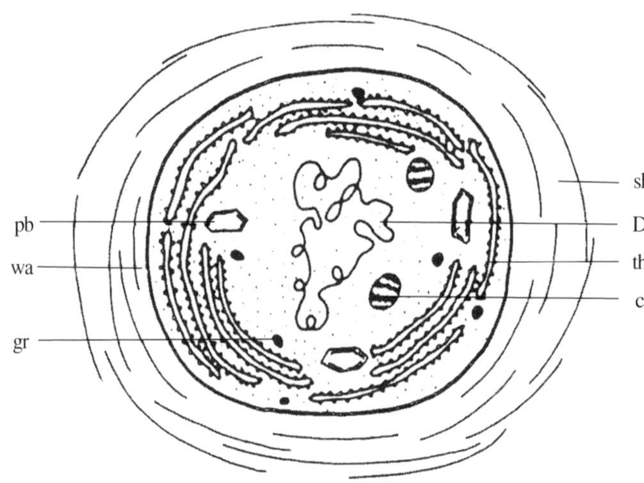

그림 2.9 소구체목 남세균 세포의 단면. sh - 다당류 껍질층(sheath), wa - 세포벽(cell wall), th - 피코빌리솜이 붙은 틸라코이드(thylakoid with phycobilisome), cg - 시아노피신 입자(cyanophycin granule), pb - 카르복시솜(carboxysome 또는 polyhedral body), gr - 기타 입자

로 양분한다(표 2.1). 사상체형 남세균은 이질세포(heterocyst: 황록색의 큰 세포로 그 내부에서 질소고정이 이루어진다)나 후벽포자(厚壁胞子, akinete: 영양생식기 말에 생성되는 동면세포로 두꺼운 세포벽이 있어 무겁고 보통 영양생식세포보다 크다)를 가진 이질세포류(heterocystous group)와 비이질세포류(non-heterocystous group)의 둘로 세분된다. *Oscillatoria*, *Trichodesmium*, *Spirulina* 등이 비이질세포류에 속하며, *Anabaena*, *Nostoc* 등이 이질세포류에 속한다. 비사상체형 남세균은 고립세포(*Synechcoccus*, *Synechocystis*, *Cyanothece* 등), 군체(*Microcystis* 등), 규칙정렬(*Agmenellum*, *Gomphospaeria* 등) 등의 배열유형을 나타낸다. 세포의 일반적인 구조(그림 2.9)는 각종 환경조건에 따라 크게 변하므로, 아직도 남세균의 분류체계는 매우 가변적인 편이다.

1.2.4 홍조류(紅藻類, rhodophytes)

홍조식물문은 진핵세포생물군 중 진핵성 '9+2' 편모가 전혀 없는 특징적인 종류로서, 대형 조류는 많은 종들이 보고되었으나 이제까지 식물플랑크톤으로 보고된 종류는 원시홍조강(Bangiophyceae)의 붉은돌목(Porphyridiales)에 속한 수종뿐이다(표 2.1). *Porphyridium*(그림 2.10), *Rhodella*, *Rhodosorus*속 등

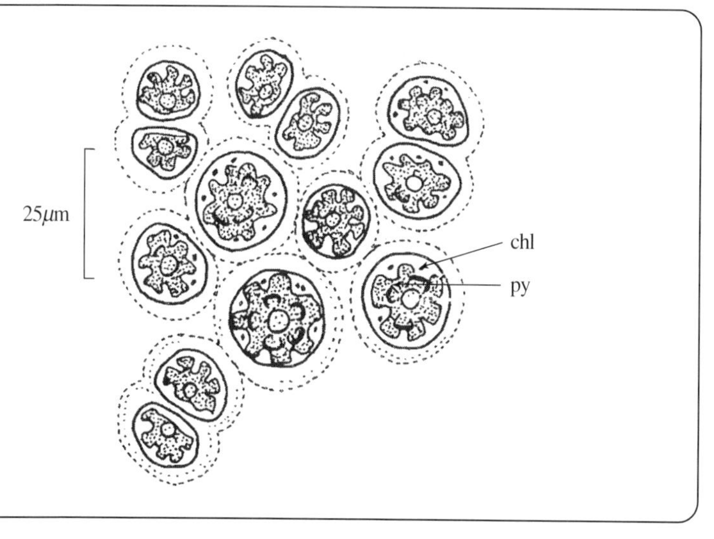

그림 2.10 ***Porphyridium purpureum.*** chl - 별 모양 엽록체(stellate chloroplast), py - 피레노이드(pyrenoid)

표 2.5 붉은톨목(Porphyridiales) 홍조류의 일반적인 특징

항 목	특 징
색소	Chlorophyll a, r-phycocyanin, r-phycoerythrin, α-carotene, β-carotene, zeaxanthin
개체의 조직	단세포성(느슨한 덩이 또는 군체를 형성하기도 함)
편모	없음
엽록체	1개(별 모양 엽록체)
저장물질	Floridean starch(홍조녹말)
세포간 연락	막공도관(膜孔導管, pit connection)이 전혀 없다.
생식	무성생식(세포분열)

표 2.6 기타 편모류의 일반적인 공통점

항 목	특 징
운동성	뛰어남(편모)
세포크기	Nanoplankton(2~20μm), 일부는 picoplankton(1.5~2.5μm)
영양형태	광합성, 종속영양, 혼합영양
편모의 특징	수, 모양, 미세구조, 용도, 비늘의 특징 등이 종 검색의 열쇄임
생식	흔히 이분열. 종류에 따라 다양(다분열, 동형접합, 포자형성)
생태적 중요성	해양 세균섭식자, 섬모충류 및 유생의 먹이

의 종들(Chretiennot-Dinet, 1990)이 소속된 붉은톨목에 해당되는 일반적인 특징들을 표 2.5에 제시하였다.

1.2.5 기타 편모조류

황색류(黃色藻類, chromophytes) 중 앞 절에서 이미 언급한 돌말류(硅藻類, Bacillariophyceae)와 와편모류(渦鞭毛藻類, Dinophyceae)의 두 가지 생물군을 제외한 은편모류(隱鞭毛藻類, crptomonads), 착편모류(着鞭毛藻類, haptophytes), 황갈조류(黃褐藻類, chrysophytes), 규질편모류(硅質鞭毛藻類, silicoflagellayes) 및 침편모류(針鞭毛藻類, raphydophytes) 등과 녹조류(綠藻類, chlorophytes)에 속한 편모류를 포함한 기타 편모류들에게는 표 2.6에 나타난 공통점이 있다.

이 가운데 석회질 비늘이 있어 이미 지난 세기에 화석종이 먼저 발견되었고 후에 현생종이 발견된 석회비늘편모류(coccoilthophorids)를 제외한 일반 무각편모류(naked falgellate)들은 금세기 들어서야 본격적으로 연구되기 시작했

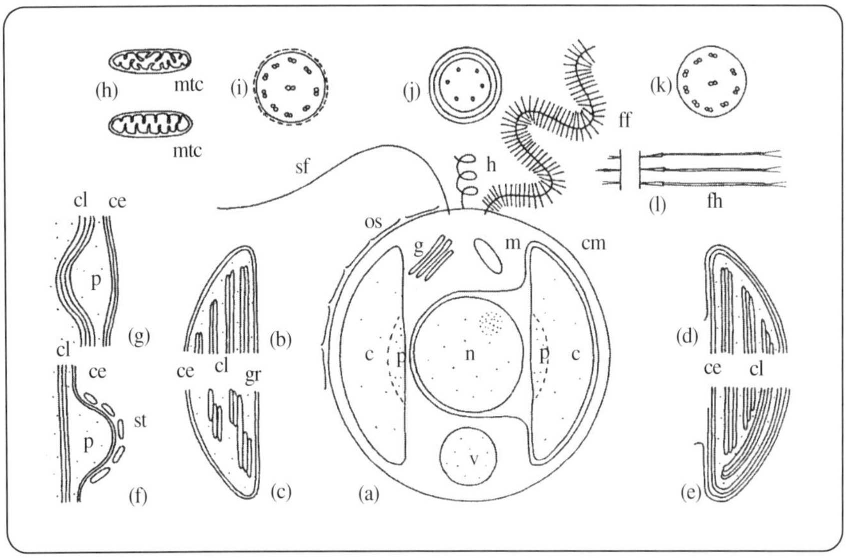

그림 2.11 편모류의 특징적 미세구조. (a) 일반 편모류의 단면 모식도로서 민편모(sf: smooth flagellum 또는 naked flagellum), 잔털편모(ff: flimmer flagellum), 착편모(h: haptonema), 유기질 비늘(os: organic scales), 세포막(cm: cell membrane) 등이 외부에 있다. 내부에는 2개의 엽록체(c: chloroplast)가 있는데, 하나는 핵(n: nucleus)과 외막을 공유하고 있다. 이외에도 골지체(g: Golgi complex), 미토콘드리아(m: mitochondrion) 그리고 액포(v: vacuole) 등이 보인다. (b)~(e) 엽록체의 부분 단면도: (b) 은편모류의 이중의 엽록체 막(ce: chloroplast envelope)과 2층의 틸라코이드로 된 엽록체 박층(cl: chloroplast lamellae), (c) 녹조강의 그라나(gr: grana) 유사구조, (d) 유글레나류와 와편모류의 3층의 틸라코이드로 된 엽록체 박층 및 3중의 엽록체 막, (e) 황갈조강의 3층의 틸라코이드로 된 엽록체 박층 및 4중의 엽록체 막(최외막은 핵과 공유함); (f), (g) 두 종류의 피레노이드: (f) 은편모류의 녹말(st: starch)층과 피레노이드, (g) 전분층이 없이 내려앉은 피레노이드; (h) 관형볏 미토콘드리아(mtc: mitochondrion with tubular cristae)와 민볏 미토콘드리아(mfc: mitochondrion with flattened cristae)의 단면 모식도; (i), (j) 편모의 단면 모식도: (i) 비늘 있는 편모, (j) 민편모; (k) 착편모의 단순 모식도; (l) 잔털편모 위의 편모잔털(fh: flagella hair)

다는 점, 동물학자와 식물학자들 간의 같은 종류에 대한 이견, 색소체가 있는 종류와 없는 종류 간의 높은 구조적 유사도 등의 이유로 아직도 더욱 정리되어야 할 부분이 많이 남아 있다(Tomas, 1993). 이들의 편모에서 발견되는 다양한 특징과 기타 강 수준의 주요 검색열쇠가 되는 세포기관들의 특징을 그

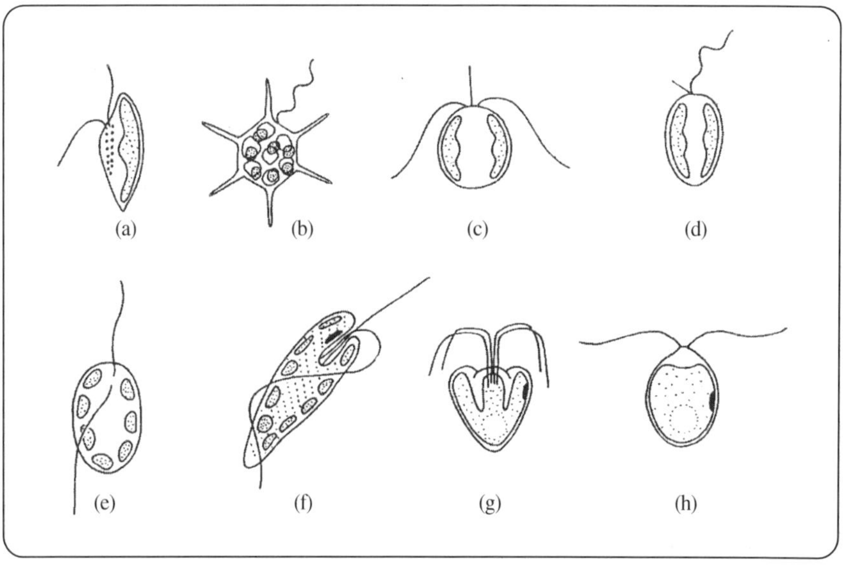

그림 2.12 기타 편모류(naked flagellates)들의 소속 강별 형태적 특징(Modified from Tomas, 1993). (a) 은편모강, (b) 규질편모조강, (c) 착편모조강, (d) 황갈조강, (e) 침편모조강, (f) 유글레나강, (g) 담록조강, (h) 녹조강

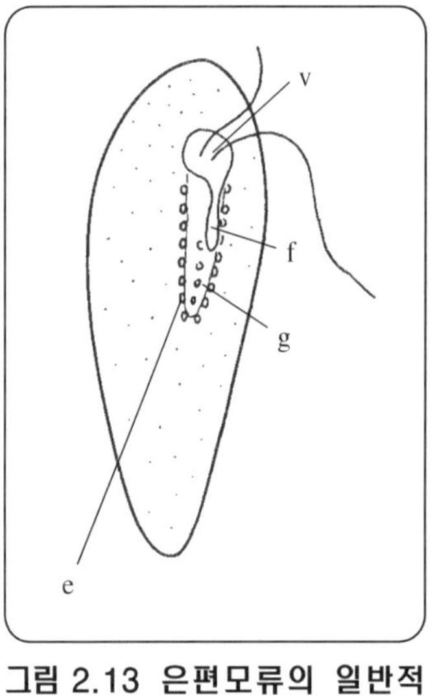

그림 2.13 은편모류의 일반적인 형태. v-입(vestibulum), f/g-세포홈(furrow/gullet), e-사출포(ejectsome)

림 2.11에 나타내었다. 또한 해양 부유성 무각편모류들(naked flagellates)의 소속 강별 형태적 특징을 그림 2.12에 나타내었다.

1.2.5.1 은편모조강(隱鞭毛藻綱, Chryptopyceae)

은편모류는 세포의 외형이 "한 쪽이 패인 납작한 콩 모양"으로 비대칭적인 특징을 나타내고, 사출포(ejectosome 또는 trichocyst)로 둘러져 있는 세포홈(gullet 또는 furrow)의 위쪽에서 편모가 나온다(그림 2.13). 색소체는 엽록소 외에 phycocyanin, phycoerythrin, carotene, xanthophylls와 같은 색소로 인해 종에 따라 남색에서 황색에 이르는 여러 가지 색상을 나타낸다. 약간 부영양화된 담수나 기수역에서 대번식을 일으키나, 원

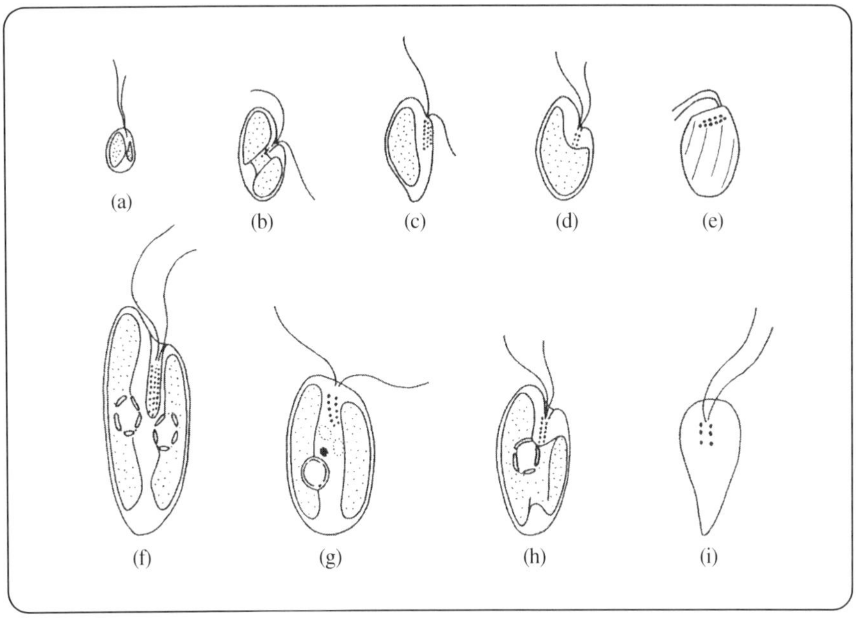

그림 2.14 대표적인 해양 은편모류속. (a) *Hilea,* 2~2.5μm, (b) *Hemiselmis,* 4~8.5μm, (c) *Plagioselmis,* 5.5~8μm, (d) *Rhinomonas,* 5~10μm, (e) *Goniomonas,* 5~10μm, (f) *Cryptomonas,* 15~40μm, (g) *Chroomonas,* 4~20μm, (h) *Rhodomonas,* 10~30μm, (i) *Leucocryptos,* 15~18μm

양역에서도 발견된다. 극도로 퇴화된 은편모류 일종을 세포 내생공생자(endosymbiont)로 갖고 있는 광염성 섬모충인 *Mesodinium rubrum*은 적조원인 생물일 뿐 아니라, 진화적 의미나 원생생물의 영양형태적 특성 면에서도 매우 특이하고 중요한 종류이다(Lindholm, 1985). 대표적인 해양 은편모조류들은 10여 속에 이르며, 그 세포크기는 picoplankton과 nanoplankton의 범주에 속한다(그림 2.14).

1.2.5.2 황갈조강(黃褐藻綱, Chrysophyceae)

주보조색소인 fucoxanthin에 의해 색소체가 덮여 있어 세포는 황갈색을 띠며, 대부분이 담수에 서식하지만 기수역이나 내만역과 같은 저염 환경에서도 발견된다. 그러나 *Ochromonas*와 같이 극소형 황갈조류들은 대양역에서도 흔하고 중요함이 최근 밝혀졌다. 대체로 공 모양 또는 조롱박 모양이며, 규산질의 세포덮개(cell covering)나 셀룰로오스질 또는 키틴질의 갑각(lorica)이 있는 경우도 있다(그림 2.15). 포자는 세포 속의 SDV(silica deposition vesicle, 규산

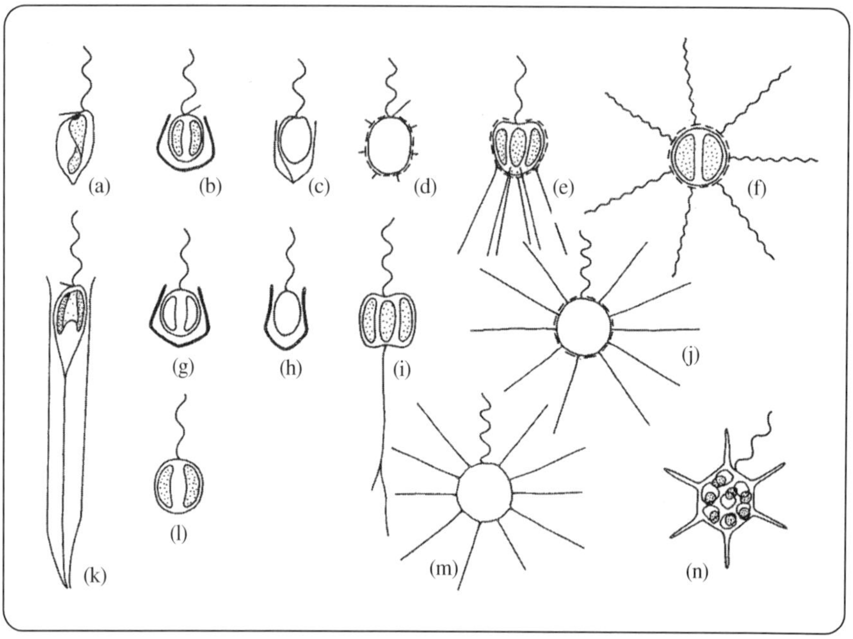

그림 2.15 해양 황갈조류(a, b, c, d, f, g, h, k, l) 및 규질편모조류(e, i, j, m, n). (a) *Ochromonas,* 3~10μm, (b) *Pseudokephyrion,* 세포 5~7μm, 갑각 9~11μm, (c) *Bicosoeca,* 세포 4~6μm, 갑각 10~30μm, (d) *Paraphysomonas,* 2~20μm, (e) *Apedinella,* 7.5~10μm, (f) *Meringosphaera,* 4~9μm, (g) *Kephyrion,* 세포 5μm, 갑각 4.5~18μm, (h) *Calycomonas,* 세포 3~8μm, 갑각 4~15μm, (i) *Pseudopedinella,* 3.5~8μm, (j) *Parapedinella,* 7~15μm + 방사족, (k) *Dinobryon,* 세포 7~11μm, 갑각 19~64μm, (l) *Chromulina,* 3~10μm, (m) *Actinomonas,* 6~9μm + 방사족, (n) *Dictyocha,* 10~45μm + 골침

질 침적낭)라는 특수한 주머니 안에서 생성된다.

1.2.5.3 규질편모강(硅質鞭毛藻綱, Dictyochophyceae)

규질편모류는 구조적으로 원형질 막 바깥에 움푹한 그릇 모양의 규산질 골격이 있고, 그 안쪽에 원형질체를 둘러싼 점액질 덮개층(mucilage sheath)이 붙어 있다. 거미줄 모양으로 흩어진 다공의 원형질체의 중앙부에는 핵과 골지체 등이 있고, 외곽의 많은 작은 주머니에는 엽록체들이 분포한다. 생활사 가운데 규산질 골격이 없이 구형의 편모세포인 시기도 있다. 전 대양에서 발견되지만 고위도 또는 저위도의 겨울에 흔히 출현한다.

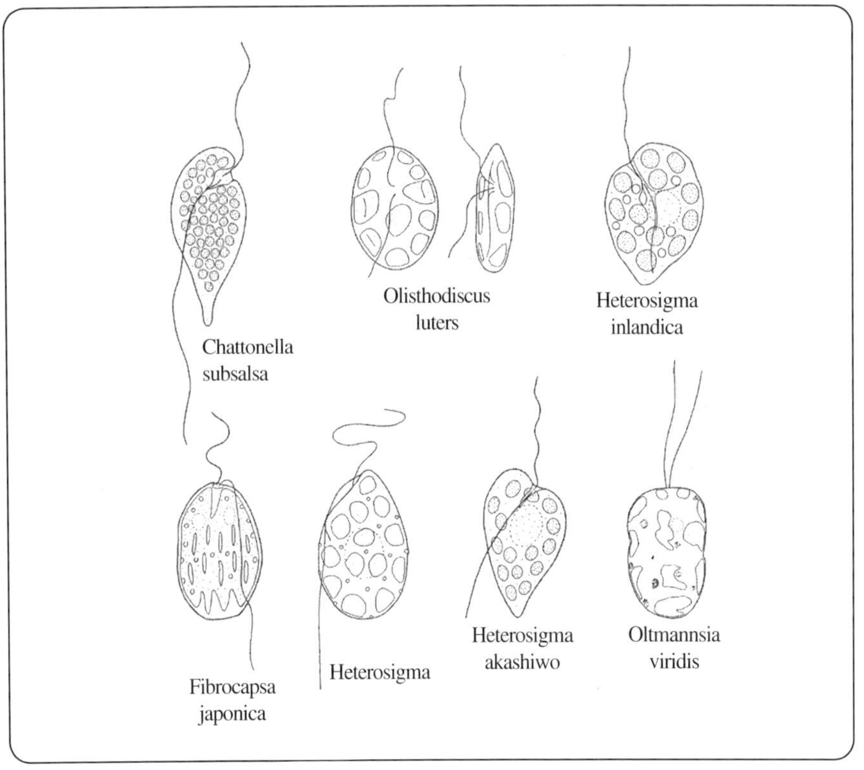

그림 2.16 주요 침편모조류 종

1.2.5.4 침편모강(針鞭毛藻綱, Rhaphydophyceae)

다수의 타원형 엽록체가 세포 외곽에 분포하고, 세포벽이 없으며, 편모가 거의 앞끝 부분에 달려 있는 침편모류는 담수와 해수 양쪽 환경에서 발견된다. 10~50μm 크기인 세포의 외형은 약간 납작한 달걀 모양 또는 조롱박 모양으로 비대칭형이며(그림 2.16), 주된 보조색소는 β-carotene과 fucoxanthin이다. 해양성 침편모조류 중 *Chattonella*, *Fibrocapsa* 등 속의 종들은 고온기에 연안역에서 유해적조를 일으키기도 한다. 특히 *Chattonella* 속의 일부 종에서는 겨울철에 퇴적층 내에서 휴면상태로 월동한 후, 이듬해 초여름에 다시 발아하는 생활사가 보고된 바 있다(Imai and Itoh, 1987).

1.2.5.5 착편모강(着鞭毛藻綱, Prymnesiophyceae 또는 Haptophyceae)

착편모류에는 2개의 민편모 사이에 착편모(haptonema)가 있어, 평소 운동 중에는 용수철 모양으로 감겨 있다가 세포를 다른 물체의 표면에 부착시킬 때에는 직선으로 길게 편다(그림 2.17의 (c)와 (d)). 또한 세포의 표면에는 직

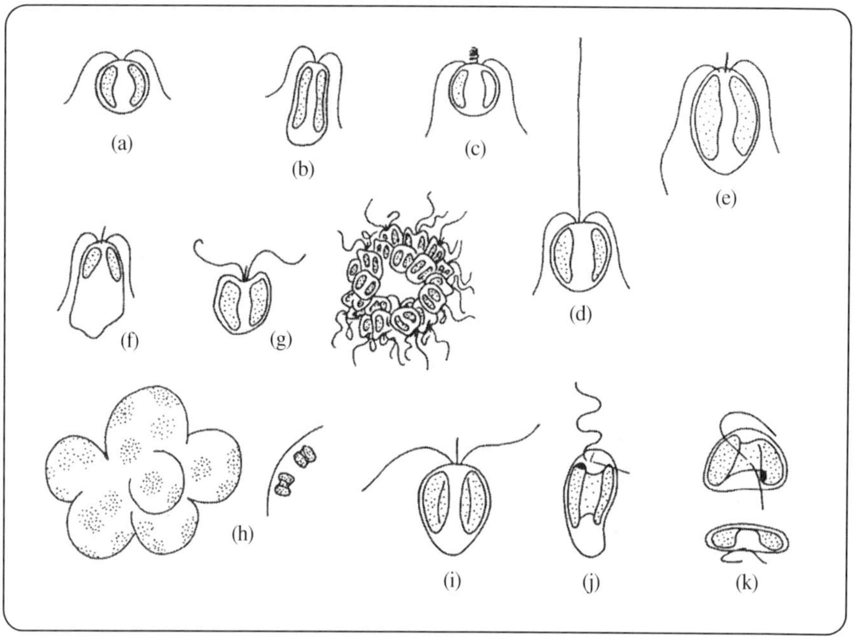

그림 2.17 석회질 비늘이 없는 주요 해양 착편모류. (a) *Dicrateria/Imantonia,* 3~8μm, (b) *Isochrysis,* 5~6μm, (c), (d) *Chrysochromulina,* 4~26μm, (e) *Prymnesium,* 6~18μm, (f) *Platychrysis,* 6~12μm, (g) *Corymbellus,* 8~11μm, 군체 200μm, (h) *Phaeocystis*, 비운동성 군체 2,000~8,000μm 이상, (i) *Phaeocystis*, 운동성 4.5~8μm, (j) *Pavlova* 4~10μm, (k) *Diacronema,* 3~6μm

경 1μm 내외의 매우 작은 셀룰로오스질 비늘로 덮여 있는데, 비늘의 구조나 배열방식이 종에 따라 매우 특징적이다. 종류에 따라서는 이 유기질 비늘층 바깥쪽에 석회질 비늘(coccolith)을 갖는 종류가 있어 이를 석회비늘편모류(coccolithophore)라 부른다(그림 2.18). 현생 착편모조류에는 75개 속의 500여 종이 있으며, 해양 극소형 식물플랑크톤의 중요한 구성분자로서 온수 원양역의 일차 생산에 크게 기여한다. 일부 종에서는 생활사 중 저서생활단계가 포함된 종류들도 있어, 이 때에는 비운동성 생물이 된다. 또한 화석종의 석회비늘편모류는 지층의 층서 및 연대결정에 있어 중요한 지표가 된다.

1.2.5.6 유글레나강(Euglenophyceae)

유글레나류는 구조적으로 원형질 막 안에서 세포 전체를 나선형으로 감고 있는 여러 개의 연접된 단백질 박막띠(pellicula)가 있어 외형상으로 나선형

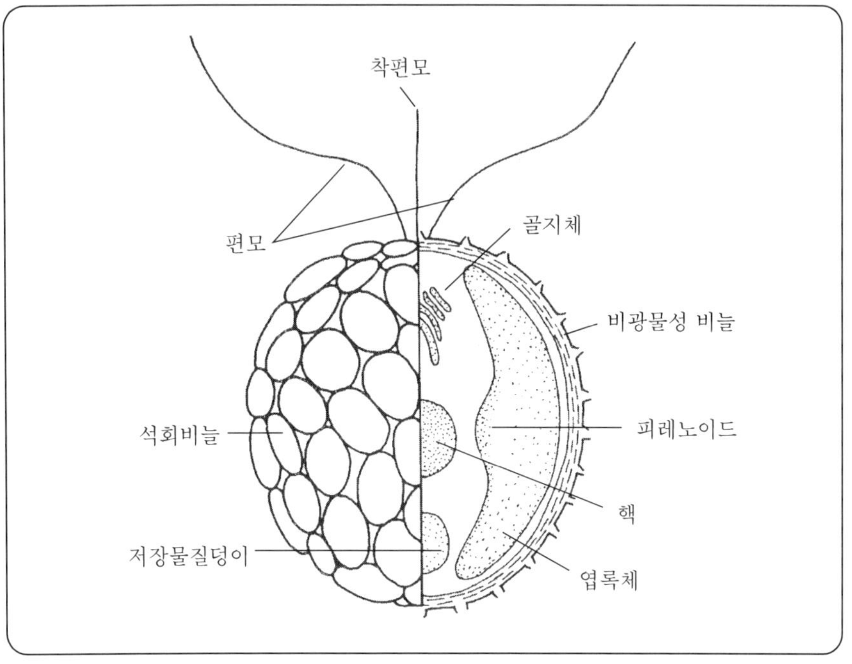

그림 2.18 운동성 석회비늘편모류 세포의 구조

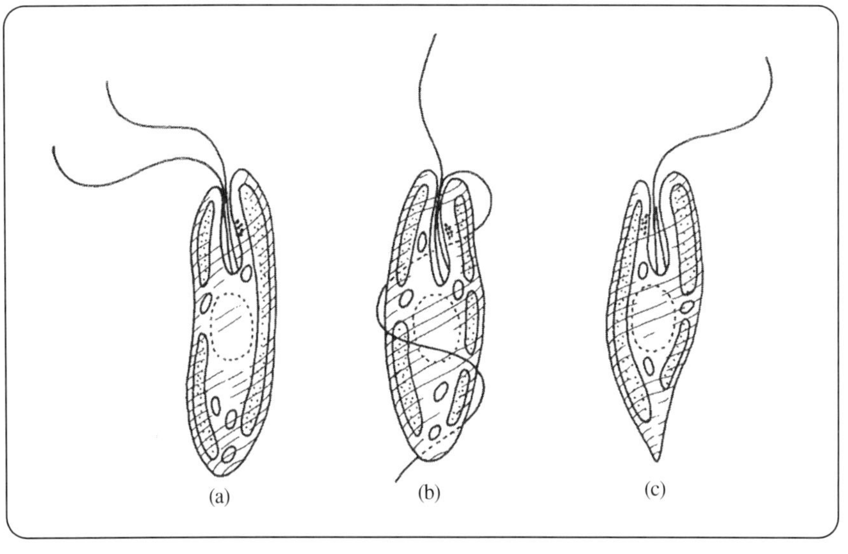

그림 2.19 대표적인 해양 유글레나속들의 형태적 특징. (a) *Eutreptia,* 20～120μm, (b) *Eutreptiella,* 17～115μm, (c) *Euglena,* 45～70μm

줄무늬를 연출한다(그림 2.19). 또한 엽록체와 분리된 안점이 있으며, 박막띠가 나선형 방향으로 움직이며 원형질이 이동하는 '유글레나 운동(metaboly)'이라는 특이한 원형질 유동에 의해 움직인다. 많은 종류가 담수산이지만, 유글레나목(Euglenales)의 몇 종은 해산이다. 유글레나류는 연안역에서 돌말에 의한 춘계 대번식 직후 또는 하계에 크게 증식하는 경우도 있다.

1.2.5.7 담록조강(淡綠藻綱, Prasinophyceae)

녹조류와는 대조적으로 담록조류는 담록색을 띠며, 모양이 사각형 또는 길죽한 좌우대칭형이고, 편모는 보통 세포 표면의 패인 부분에 달려 있다(그림 2.20). 세포 외층이 있는 경우에는 유기질 비늘이 세포와 편모의 표면을 덮고 있으며, 편모에는 이 외에도 잔털이 있어 강하고 두툼한 인상을 준다. 담록조류에는 16속 180여 종이 있으며, 담수 · 기수 · 해수 등에서 발견된다. 크기가 수 μm인 극소형들은 원양역에서 다른 분류군에 속한 극소형 식물플랑크톤들

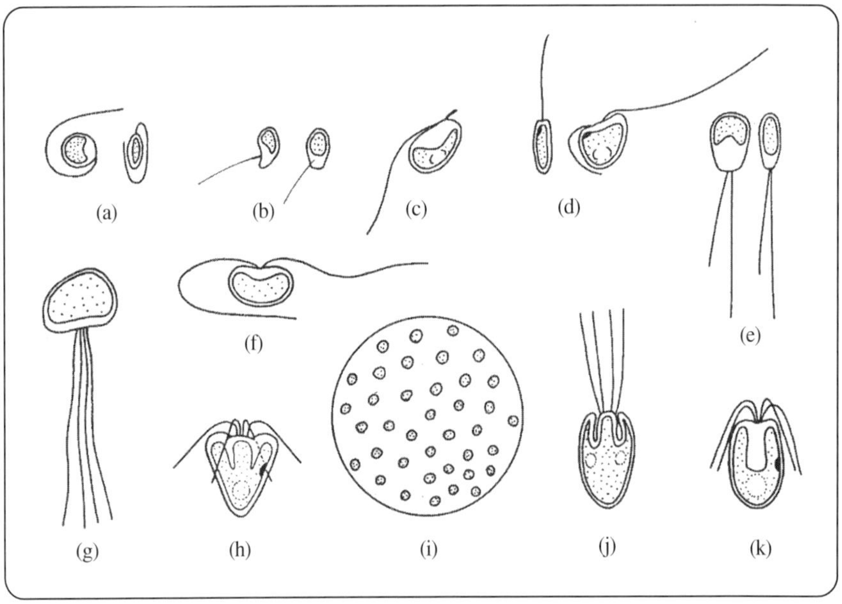

그림 2.20 대표적인 해양 담록조류속들의 형태와 크기. (a) *Resultor utre*, 1.5~2.5μm, (b) *Micromonas*, 1~3μm, (c) *Mantoniella*, 3~5μm, (d) *Nephroselmis*, 3.5~6.5μm, (e) *Pseudocourfieldia*, 3~5μm, (f) *Mamiella*, 4~6.5μm, (g) *Pachysphaera/Pterosperma/Cymbomonas*, 7~12~16μm, (h) *Pyramimonas*, 4.5~16~35μm, (i) *Halosphaera*, 점착군체 시기(phycoma stage), 800μm 이상, (j) *Halosphaera*, 운동시기, 10~28μm, (k) *Tetraselmis*, 4.5~25μm

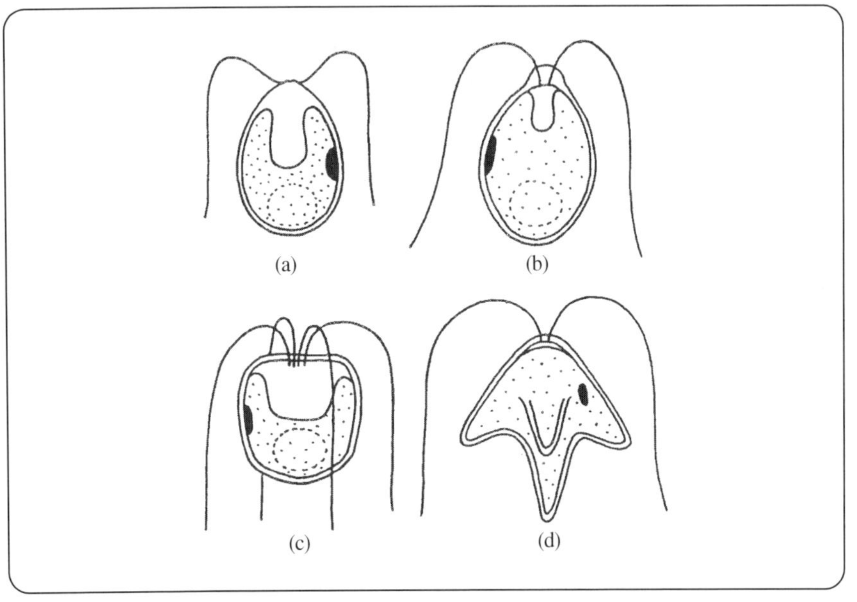

그림 2.21 대표적인 해양 녹조류속들의 형태와 크기. (a) *Unaliella*, 5∼24μm, (b) *Chlamydomonas*, 4.5∼29μm, (c) *Carteria*, 7∼32μm, (d) *Brachiomonas*, 15∼48μm

과 함께 중요한 일차 생산자라고 평가된다. 또한 담록조류 중에서 다양한 해양 종속영양생물체 내에 광합성 공생자(photosynthetic endosymbiont)인 종류들도 여러 종이 보고되었다.

1.2.5.8 녹조강(綠藻綱, Chlorophyceae)

같은 녹조식물문 내의 담록조류와는 달리 녹조류는 밝은 녹색을 띠며, 외형은 대체적으로 공 모양 또는 달걀 모양이고(*Brachiomonas*는 예외적으로 '자루 달린' 형임), 대부분 민편모를 갖는다(그림 2.21). 세포벽이 있는 종류에서도 유기질 비늘은 없다. 현생 녹조류 2,700여 종 가운데 거의 대부분이 담수에 서식하나, 극히 일부 종들은 기수 또는 해수에서 발견된다.

2. 채집과 처리

식물플랑크톤의 채집, 처리 및 연구방법론에 관한 상세한 내용을 다룬 문헌으로는 *UNESCO Phytoplankton Manual*(Sournia, 1978)이 있다. 그러나 식물플랑크톤의 종류가 극히 다양하고 각 종류마다 독특한 생물특성을 나타내기 때문에, 식물플랑크톤의 주요 군별로 채집과 처리방법이 다소 다르다. 실제 문헌으로는 돌말류(Round *et al.*, 1990; Tomas, 1996), 와편모류(Steidinger, 1979; Matsuoka *et al.*, 1989; Hallegraeff *et al.*, 1995; Tomas, 1996) 및 기타 미소 편모류(Tomas, 1993; Hallegraeff *et al.*, 1995; Lindholm and Oehman, 1996) 등이 있다.

2.1 식물플랑크톤의 채집과 농축

식물플랑크톤은 대부분 현미경적인 크기이므로(수 μm~수백 μm), 해수 1*l* 중에 10^3~10^8세포의 농도로 존재한다. 따라서 크기계급에 따라 채집하고 농축하는 방법이 다르다. 또한 세포의 신축성이나 운동성 등에 의해서도 방법이 달라지게 된다.

2.1.1 식물플랑크톤의 채집

보통의 채수병으로 채집하는 경우에는 식물플랑크톤의 천연적인 조성이 바뀌지 않는다는 장점이 있으나, 매우 낮은 농도로 존재하는 종류들을 빠뜨릴 가능성이 있다. 이를 보완하기 위해 양수기로 뿜어 올려 채수하는 방법도 있으나, 이 경우에는 양수기의 날개로 세포의 일부분이나 군체를 깨뜨릴 위험성이 있다.

식물플랑크톤 망(phytoplankton net)으로 채집하면, 망목크기와 망의 예인속도에 따라 현장의 전체 식물플랑크톤 종류 중 일부분만을 얻게 된다. 돌말 채집시에는 망목 25μm인 식물플랑크톤 망이 가장 쓸모 있다. 망에 의한 채집을 하면 종 동정연구에 필요한 충분한 양의 식물플랑크톤을 얻는 장점이 있으나, 매우 작거나 세포 표면이 부드러운 종류들을 빠뜨리게 된다. 바다 속의 바위틈이나 해빙 주변의 식물플랑크톤을 채집하기 위해서는 연구자가 직접 잠수하여 특별한 공간 내의 식물플랑크톤을 채집하거나 수중 흡입펌프를 이용하여 매우 좁은 틈 안의 식물플랑크톤을 채집하기도 한다. 이 때에는 저속-고성능 펌프와 식물플랑크톤 망을 함께 사용한다.

2.1.2 식물플랑크톤의 농축과 단종배양

식물플랑크톤을 연구하려면 대개 채수시료를 농축해야 한다. 식물플랑크톤 시료의 농축을 위해 침전법, 원심분리법 및 여과법 등이 사용된다(Sournia, 1978). 이 중 침전법은 대개 고정된 시료에 적용하고, 나머지는 고정된 시료나 생시료에 모두 적용할 수 있다.

보통 한 채집점에서 고정된 시점에 채집한 시료 내에 있는 식물플랑크톤들은 대체로 생활사 중의 같은 단계에 이른 개체군들의 모임이다. 따라서 생활사 전체에 걸친 형태 및 크기변화나 휴면포자의 형성과 같은 현상을 관찰하기 위해서는 천연시료 내의 식물플랑크톤 세포를 단종배양하여 증식시킬 필요가 있다. 이를 위해 먼저 희석배양(dilution culture) 또는 원시료배양(crude culture)을 할 수도 있으나(Sournia, 1978), 미세 피펫으로 세포를 하나씩 분리하여 부영양배양액 내에서 배양하는 것이 더욱 바람직하다(Stein, 1973).

2.2 식물플랑크톤의 고정, 보존 및 관찰

식물플랑크톤을 바다에서 채집한 다음 살아 있는 채로 즉시 관찰하는 경우도 있으나, 많은 경우에 시료 내의 모든 생물을 고정하여 보존하다가 편리한 때에 관찰하게 된다. 채집 직후의 생세포 관찰을 통해서는 군체의 모양이나 색소체의 특징을 생생하게 볼 수 있고, 운동성이 큰 종류들은 특징적인 운동유형을 쉽게 파악할 수 있는 이점이 있다.

2.2.1 식물플랑크톤의 고정과 보존

돌말을 고정할 경우에는 pH 7 이하의 고정액을 써서 규질 외각의 용해를 막아야 한다. 특히 돌말시료를 장기간 보존하려면, 중급 재질의 유리로 된 시료병을 택하여 병벽에서 녹아 나온 충분한 양의 규산이온 덕분에 돌말의 규질 외각이 잘 보존되도록 해야 한다. 돌말이나 튼튼한 세포벽 판을 가진 와편모류를 고정할 때 흔히 사용하는 포르말린은 헥사민(hexamin 또는 hexametylenetramine)으로 중화하거나 초산으로 산성화할 수 있다. 루골용액을 사용하는 경우에는 시료보관시에 강한 빛과 금속성 병마개를 피해야 한다(표 2.7).

표 2.7 고정액의 성분 및 사용법

고정액 명칭	성 분	사용법
산성 포르말린	40% HCHO와 100% 초산을(acetic acid) 같은 부피씩 섞음	망 채집시료 70ml에 20ml; 100ml 해수시료에 2ml(=0.4% HCHO)
알카리성 포르말린	40% HCHO와 증류수를 같은 부피씩 섞음; 용액 1 l에 헥사민 100g 넣음	망 채집시료 70ml에 20ml; 100ml 해수시료에 2ml(=0.4% HCHO)
루골용액(Lugol's solution)	증류수 1 l에 KI 100g, I_2 50g, 빙초산 100ml 순으로 녹임	해수시료 100ml에 0.2~0.4ml; 망 채집시료에는 담갈색이 되도록 넣어 줌

세포벽이 없거나 약한 편모류를 고정할 때에는 0.5~1%의 포르말린 용액, 1~2% OsO_4액, 글루탈알데하이드 완충용액(sodium cacodylate로 완충한 2% GTA) 또는 GTA/OsO_4 완충용액을 사용한다.

2.2.2 식물플랑크톤의 관찰

돌말의 규질 외각의 미세한 구조를 관찰하기 위해서는 외각을 제외한 유기물을 제거할 필요가 있다. 이러한 규각세척방법에는 대략 세 가지가 있다(표 2.8). 이 가운데 아세톤과 pancreatin 효소를 이용하는 방법으로는 규각의 손상을 최소화할 수 있는 반면, 시간과 노력이 많이 든다. 규각보다 굴절률이 더 큰 고굴절 수지에 세척한 규각을 넣으면 해수 속에서보다 더욱 선명한 규각

표 2.8 규각세척법

세척법	과 정	참 고
von Stosch법	시료를 매우 농축하고, HNO_3 동량, H_2SO_4 3배량을 넣고 3분간 끓인 후 세척, 산 제거	신속한 방법
Simonsen법	시료를 증류수 세척 후 동량의 $KMnO_4$ 첨가/진탕/하루 방치. 동량의 HCl 넣고 가열 후 세척	보다 시간이 소요되나, 더 좋은 방법임
아세톤, pancreatin 효소법	아세톤 : 물(3:1) 용액 처리. pH 7.6, 40℃의 2.5~5% pancreatin 용액에서 3일간 침지	매우 좋은 방법이나, 시간과 노력이 필요함

표 2.9 광학현미경 관찰을 위한 고굴절 수지

수지명	굴절률	용 매	생산자
Clearax	1.67	Xylene, acetone	G.T. Gurr
Naphrax	1.72	Xylene, toluene, acetone	Northern Biological Supplies
Pleurax	1.74	Alcohol	(von Stosch, 1974 참조)

구조를 관찰할 수 있는데, 이를 위한 수지에는 몇 가지 종류가 있다(표 2.9).

와편모류 세포벽 판의 미세구조를 관찰하기 위해서는 먼저 세포벽 판과 나머지 세포 내용물을 분리하여야 한다(세포를 덮개유리 아래에 놓은 다음, 덮개유리를 살짝 눌러 준다). 현미경의 명시야에서 유각 와편모 세포의 세포벽 판배열이나 봉합면을 관찰하려면 trypan blue(0.2~0.3%)와 같은 화학적 염색을 하거나, 위상차를 이용한 광학적 염색효과가 필요하다. 보다 섬세하고 연약한 유각와편모 세포의 세포벽 판을 연구하려면 형광색소인 Calcofluor (Sigma USA)로 처리한 시료를 표면형광현미경법으로 관찰해야 한다(Fritz and Triemer, 1985).

전자현미경 관찰을 위한 시료의 전 처리에는 단순 공기중 건조법(큰 규격의 돌말류) 및 동결건조법(Williams, 1953) 그리고 최상의 임계점 건조법 (Cohen, 1974; 미세한 편모류) 등이 있다. 식물플랑크톤 가운데는 유기질 비늘의 미세구조가 중요한 종 동정특징인 종류들이 있다. 이들 유기질 비늘은 규산질 비늘이나 석회질 비늘과 같은 광물화된 비늘과는 달리 조심스런 전처리가 필요한데, 이들의 구조를 전자현미경으로 연구하기 위해서는 먼저 오스뮴산(osmic acid, OsO_4)이나 uranyl acetate로 염색해야 한다.

현장에서 채취했거나 실험실에서 단종배양한 시료이거나 간에, 살아 있는 식물플랑크톤을 관찰하면 색소, 유영행동, 세포학적 특징, 분열방식, 세포의 방향성, 크기 및 형태 등의 여러 면에서 천연상태의 정확한 정보를 얻을 수 있다. 이와 함께 후에 처리할 다량의 시료를 고정하고 분석하는 보다 효율적인 방법을 결정하는 데 필요한 예비지식을 얻게 된다. 많은 경우에 신종의 발견은 생시료의 관찰에서 비롯되었다(Lindholm and Oehman, 1996). 살아 있는 편모류 세포를 보다 쉽게 관찰하기 위해 생세포를 마취시키거나 행동을 정지시킬 필요가 있다. 이를 위해 시료를 슬라이드 유리판에 떨어뜨린 후 덮개유리로 덮어 온도 4°C의 냉장고에 3분 가량 넣어 두거나, 시료에 uranyl acetate

를 떨어뜨려 최종농도가 0.004%가 되도록 하거나, 메틸 셀룰로오스(methyl cellulose) 또는 MS-222(Sandoz, Basel)를 사용하거나, EDTA(0.1~1mM) 또는 옥살산(oxalic acid, 0.5mM)으로 처리한다(Lindholm, 1982). 이 때에는 처리 후 즉시 관찰해야 하는데, 이는 시간이 경과할수록 세포가 파열될 가능성이 높기 때문이다.

3. 광합성 색소의 특성

3.1 색소의 종류 및 구조

식물플랑크톤에 존재하는 광합성 식물색소는 크게 chlorophyll 계열과 carotenoid 계열 그리고 남조류에 존재하는 phycobilin 계열로 나뉜다. 해양 식물플랑크톤의 색소를 표 2.10에 나타내었다.

3.1.1 Chlorophylls

광합성 색소의 대표적인 색소계열로서 모든 광합성 식물플랑크톤에 존재하는 chlorophyll a, 녹조류에 존재하는 chlorophyll b, 돌말류에 존재하는 chlorophyll c가 있으며, 분해산물로서는 식물플랑크톤의 노후한 세포에서 흔히 보이는 chlorophyllide a, 동물플랑크톤의 섭이작용에 의해 생성되는 phaeophytin a, chlorophyll 계열 색소의 최종분해 산물인 phaeophorbide a가 있다. Chlorophyllide a는 porphyrin ring에 부착된 phytol 꼬리가 떨어져 나간 상태이며, 이 chlorophyllide a와 chlorophyll a의 비율이 높을수록 군집의 노후도가 심화되었음을 말

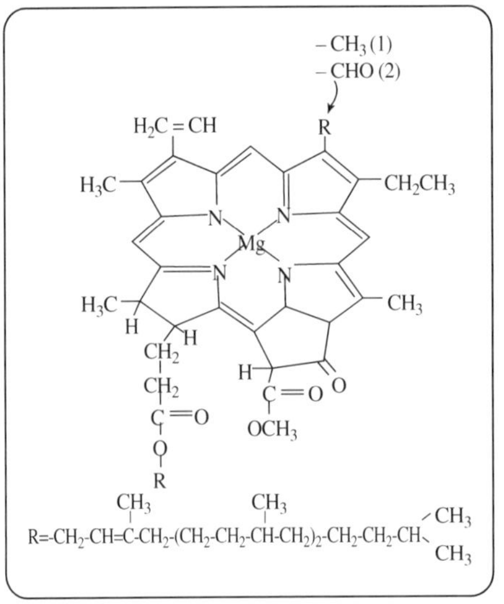

그림 2.22 Chlorophyll a(1), b(2)의 구조식

표 2.10 해양 식물플랑크톤의 광합성 색소 (Barnes and Hughes, 1998)

	Cyanobacteria	Chlorophyta	Xanthophyta	Chrysophyta	Bacillariophyta	Cryptophyta	Dinophyta	Euglenophyta	Prasinophyta	Haptophyta
Chlorophyll a	+	+	+	+	+	+	+	+	+	+
Chlorophyll b		+						+	+	+
Chlorophyll c			?	+	+	+	+			+
α carotene		+				+			+	
β carotene	+	+	+	+	+		+	+	+	+
γ carotene		+							+	
ε carotene					+	+				
Fucoxanthin			+	+	+		+			+
Neofucoxanthin				+	+					+
Diadionoxanthin			+	+	+		+			+
Diatoxanthin			+	+	+					+
Dinoxanthin							+			
Peridinin							+			
Neoperidinin							+			
Lutein	+	+		+					+	
Zeaxanthin		+							+	

표 2.10 계속

	Cyanobacteria	Chlorophyta	Xanthophyta	Chrysophyta	Bacillariophyta	Cryptophyta	Dinophyta	Euglenophyta	Prasinophyta	Haptophyta
Flavoxanthin		+								
Violaxanthin		+	+	+					+	
Neoxanthin		+	+					+		
Alloxanthin						+				
Monodoxanthin						+				
Crocoxanthin						+				
Siphonoxanthin									+	
Myxoxanthophyll	+								+	
Myxoanthin	+									
Anthraxanthin	?									
Astaxanthin		+						+		
Oscilloxanthin	+									
Echinenone	+							+		
Phycocyanins	+					+				
Phycoerythrins	+					+				
Others		+	+			+	+		many	+

해 준다. Phaeophytin a는 chlorophyll a의 porphyrin ring 한가운데의 Mg^{++} 이온이 유리된 형태로서 산환경에서 일어나는 현상으로 동물플랑크톤이나 어류의 위장 내에서의 chlrorophyll a의 변환형태이다. Phaeophorbide a는 상기한 chlorophyllide a와 phaeophytin a의 분해가 진행될 때의 최종산물로서 보통 이차 생산자의 위내 환경에서도 생산될 수 있으나, 비교적 장기간에 걸친 chlorophyll a의 분해산물로서 일광의 강도가 감소할수록 증가하는 사실이 Yentch(1966)에 의해 발견되었다. 이 phaeophorbide a는 한 가지 구조로 이루어진 것이 아니고 a1부터 a5까지 5개의 이성질체로 이루어져 있음이 HPLC 분석으로 밝혀 진 바 있다(Noh, 1991).

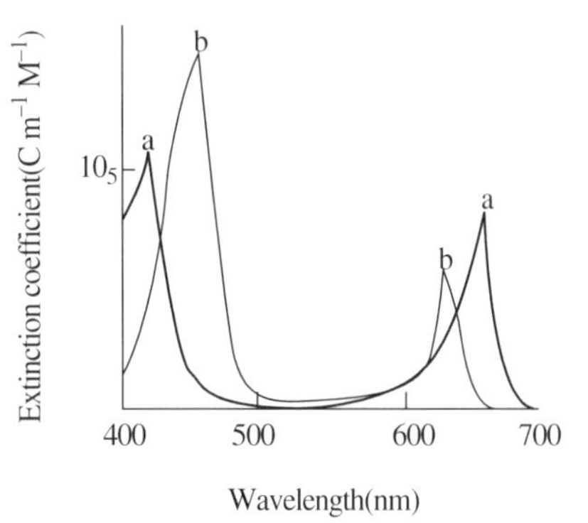

그림 2.23 Chlorophyll a와 b의 흡수스펙트럼

Chlorophyll a와 b에 대한 구조식은 그림 2.22에 나타냈으며, 이 밖에도 chlorophyll c($c_1 + c_2$)가 있다. Chlorophyll 계열 및 carotene 계열 색소를 90% 아세톤에 추출했을 때의 흡수계수를 표 2.11에 나타내었다. Chlorophyll a 흡수스펙트럼을 그림 2.23에 나타냈는데 430nm 부근에서 제1 최고점(peak)이 보이고, 660nm 부근에서 제2 최고점을 보인다. Chlorophyll b는 460nm 부근에서

표 2.11 90%의 아세톤에 추출된 엽록소 및 카로티노이드 색소의 흡수계수
(Richard and Thompson, 1950)

색소 \ 파장(mm)	655	645	630	510	480	450	420
Chlorophyll a	66.7	16.4	11.9	2.6	1.9	8.9	70.7
Chlorophyll b	6.5	45.6	12.7	3.5	13.6	54.0	26.8
Chlorophyll c	1.1	4.4	10.4	2.1	5.4	78.5	37.3
β-carotene	0	0	0	45.3	293	224	148
Fucoxanthin	0	0	0	45.6	203	249	169
Astacin-type pigment	0	0	0	169	249	221	147
Non-astacin type pigment	0	0	0	45	203	246	171

제1 최고점을 보이고, 630nm 부근에서 제2 최고점을 보이고 있다.

3.1.2 Carotenoids

카로틴계열 색소는 녹황계열의 색소로서 거의 모든 식물플랑크톤의 색소체계에 존재한다. 식물플랑크톤 중 돌말류의 대표적인 카로틴계열 색소는 퓨코잰틴(fucoxanthin)으로서 그 구조식은 그림 2.24에 나타내었으며, IUPAC 번호매김을 그림 2.25에 나타내었다. 카로틴계열 색소는 광합성 보조색소로서 태양광으로부터 받은 에너지를 chlorophyll a로 전이시키는 역할을 하는 색소이다. 한편 카로틴계열 색소는 식물플랑크톤 종마다 특이한 조성을 보이므로 biomarker로서의 가치가 크다.

돌말류에 존재하는 카로틴계열 색소는 퓨코잰틴(fucoxanthin), 다이아디노잰틴(diadinoxanthin), 다이아토잰틴(diatoxanthin), 베타-카로틴(β-carotene) 등이며 *Emiliania huxleyi*로 대표되는 coccolithophore와 *Phaeocystis* sp. 같은 primnesiophyte에 특이하게 존재하는 카로틴계열 색소는 19′-hexanoyloxyfucoxan-

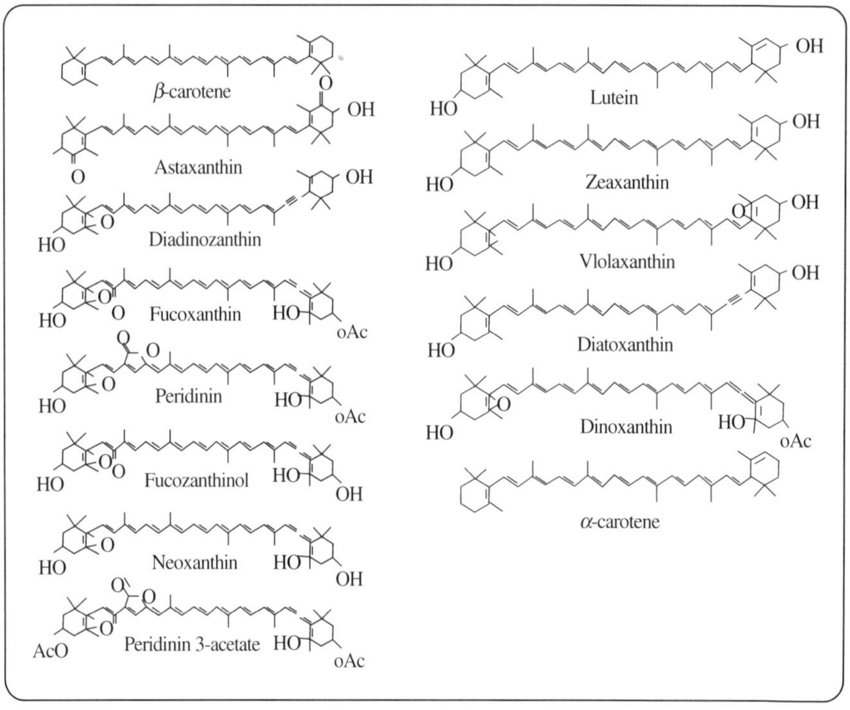

그림 2.24 카로틴계열 색소들의 구조식

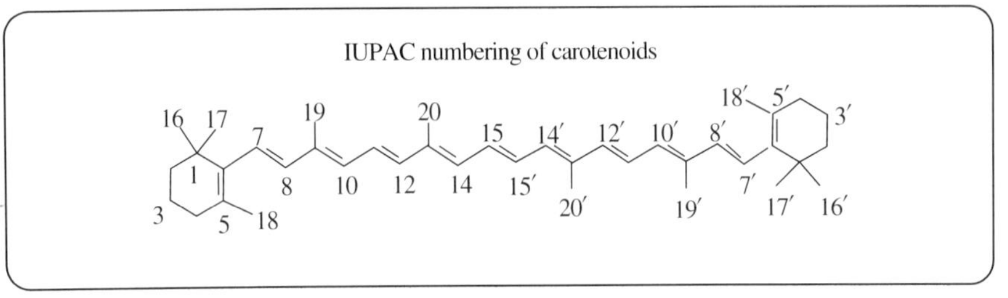

그림 2.25 카로티노이드의 IUPAC 번호매김

thin이다. 규질편모조류(silicoflagellate)에 특이하게 존재하는 카로틴계열 색소는 19′-butanoyloxyfucoxanthin이다. 카로틴계열 색소 중 violaxanthin, neoxanthin, lutein 등은 육상식물 중 고등식물류와 식물플랑크톤 중 녹조류에 특이하게 존재하는 색소이다. 노랑색인 zeaxanthin은 남조류에 많이 존재하는 색소로서, 강한 태양광으로부터 세포손상을 막는 광차단역할을 함으로써 남조류가 표층에 서식할 수 있게 한다. 카로틴계열 색소의 흡수스펙트럼(그림 2.26)을 살펴보면 대체로 450nm의 최고점을 단 1개 가지고 있으나, 종류에 따라서는 450nm 주위에 2개의 근접한 최고점을 갖는 것도 있다.

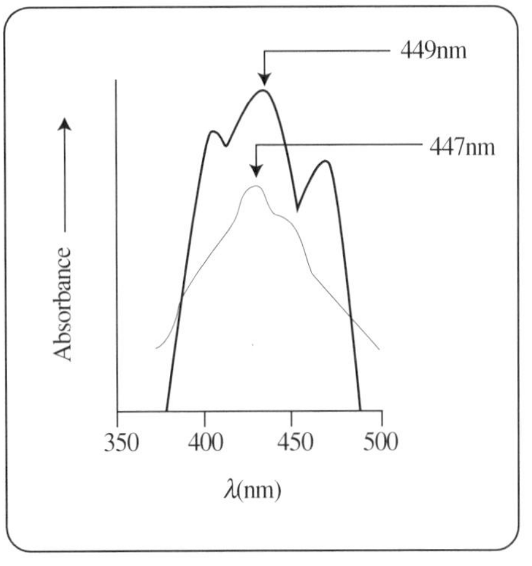

그림 2.26 카로틴계열 색소의 흡수스펙트럼

3.1.3 Phycobilin

Phycobilin에는 적색의 phycoerythrin과 청색의 phycocyanin이 있으며, 두 색소 모두 남조류와 같은 박테리아류에 존재하는 색소이다.

4. 성장과 배양

4.1 서론

현미경으로만 관찰할 수 있는 매우 작은 크기의 담수 및 해양 식물플랑크톤은 계절에 따라, 공간의 차이에 따라, 심지어 동일한 수역 내에서조차 영양염, 빛, 온도, 섭식 등과 같은 환경인자들의 차이에 의해 종조성과 현존량이 수시로 변화한다. 이러한 정성 및 정량적 변화들은 다른 생명과학 못지않게 복잡하여 설명하기가 쉽지 않다. 식물플랑크톤은 바다와 호수와 같은 거대한 수역에서 모든 다른 형태의 생명체들이 의존하는 유기물질의 일차 생산자이기에 어업생산은 궁극적으로 식물플랑크톤에 의해 만들어진 유기물에 의해 영향을 받는다. 부영양화로 인해 와편모조류나 남세균과 같은 식물플랑크톤이 급격히 성장하면 수질을 악화시켜 어패류 채취를 생계수단으로 삼고 있는 어민들과 이를 용수로 사용하는 이들에게 막대한 손해를 주고, 관광자원으로서의 가치를 떨어뜨리는 등 국민경제에도 상당한 피해를 줄 수 있기 때문에 식물플랑크톤 생태에 대한 이해는 경제적인 측면에서도 상당한 가치가 있다. 일차 생산자의 성장과 분포를 제어하는 환경인자들의 복잡한 과정을 이해하여 일차 생산을 조절하고 예측하고자 하는 것이 해양과 담수 식물플랑크톤 생태학의 중요한 목적이 된다.

식물플랑크톤을 구성하는 조류의 성장을 위한 기본필요조건(물, 빛, 무기영양염, 섭식등)은 다른 광합성 식물들과 동일하다. 하지만 육상생태계와는 달리 수상생태계에서 빛은 단지 표층에서만 이용 가능한 반면, 일부 필수 영양염들은 빛이 없어 일차 생산이 불가능한 깊은 물에 충분하여 빛과 영양염의 농도가 식물플랑크톤의 성장과 분포에 제한인자로 작용하게 된다. 이와 같은 불균형 환경 속에서 식물플랑크톤의 성장을 제한하는 환경인자들과 식물플랑크톤의 분포의 상호관계에 대한 개략적인 정보는 식물플랑크톤 개체군과 이에 영향을 주는 환경인자들을 현장조사하는 것으로 어느 정도 가능하다. 하지만 식물플랑크톤의 성장과 분포에 영향을 주는 환경인자들의 정확한 생태학적 정보들을 현장조사를 통해 얻기에는 환경인자들이 너무도 다양하고 복잡한 과정을 지니고 있다.

실험실에서 한 환경인자를 제외한 나머지 환경인자들을 제어한 상태에서 인공배양으로 자란 식물플랑크톤을 재료로 하여 제한인자를 변화시키면서 얻어진 실험실 연구결과들은 환경인자들이 식물플랑크톤의 성장과 분포에 어떠한 영향을 주는가 하는 생태학적 정보들을 제공한다. 인위적으로 환경인자를 단순화시켜 얻은 정보로 자연환경에서 일어나는 복잡한 현상들을 그들 자체로는 설명하기에 충분하지 않다.

자연상태에서 식물플랑크톤 생태계에서 일어나는 다양한 현상에 대한 완전한 이해는 현장조사와 배양실험을 통해 얻어진 결과를 종합하여 얻을 수 있다. 실험실에서 얻어진 정보들과 자연환경에서 지배적인 이화학상태에 대한 지식을 토대로 어떻게 식물플랑크톤 개체군이 변화될지 예견할 수 있도록 하는 중요한 연구분야가 모델링이다. 하지만 아직도 알지 못하는 어떤 것들 때문에 종종 예측과 실제 관측 사이에 상당한 차이가 생기고, 일부 현상은 너무도 복잡하여 현재의 모델링 기술로 해결하지 못하고 있는 등 앞으로 해결하여야 할 과제가 많다.

4.2 배양의 형태

조류의 배양실험은 일정한 빛, 온도, 공기주입상태를 유지하며, 조류에게 필요한 영양염을 포함하는 제한된 배양액 내에서 수행된다. 연구의 목적에 따라 식물플랑크톤을 배양하는 형태는 매우 다양하나, 크게 폐쇄계에서 수행하는 일괄배양(batch culture)과 규칙적으로 혹은 연속적으로 새로운 배양액을 공급해 주는 개방계에서 실험하는 연속배양(continuous culture)으로 나눌 수 있다.

4.2.1 일괄배양

일반적으로 많이 사용하는 방법은 초기에 충분한 영양염을 공급하고 폐쇄된 계에서 배양하는 일괄배양인데, 이 배양의 장점은 단순성이다. 하지만 몇 가지 단점을 지니고 있다. 첫째, 배양의 진행과정에서 식물플랑크톤이 성장함에 따라 영양염을 흡수하고, 산소를 방출하며, 체외분비물을 발생시켜 화학적 성분을 변화시키고, 식물플랑크톤 밀도가 조밀해짐에 따라 각 세포가 받는 빛의 양은 감소할 뿐 아니라, 불충분하게 완충제로 처리된 배양액에서는 커다란 pH 변화가 일어나는 등 이화학적 환경특성과 식물플랑크톤 개체수가 계속적으로 변화하기 때문에 식물플랑크톤의 생리적인 특성을 해석하는데 문제가 있다. 둘째, 제한영양염의 농도가 낮은 자연상태와 비교하여 지나치게 높은 영양상태에서 배양한다는 점에서 자연환경과 차이가 크다는 점이다. 셋째, 자연상태에서는 주어진 한순간의 영양염 농도보다도 영양염 유입률에 의해 성장제한 정도가 결정되기 때문에 외부로부터의 유입이 없는 일괄배양방법은 자연환경과 상당한 차이가 있다. 정지배양인 경우는 incubator, 진탕배양인 경우에는 왕복진탕기 혹은 회전진탕기를 사용하고, 조명이 필요한 경우에는 형광등이나 백열등을 설치하듯이 연구목적에 맞게 추가적인 장치를 한다.

4.2.2 연속배양

일괄배양이 가지고 있는 문제점들을 피하기 위해 몇몇 연구자(Droop, 1961; Guillard *et al.*, 1973)는 낮은 영양염의 농도에서 세포가 매우 희석된 상태로(m*l*당 수백 개의 세포를 지닌) 실험을 수행하였다. 하지만 이 배양형태는 성장실험에서만 성공적이었으나 다른 연구를 위해 상당한 크기의 개체군을 얻기 위해서는 높은 농도의 영양염을 공급하거나 배양용량을 비정상적으로 크게 하는 단점이 존재하였다. 일괄배양이 가지는 문제점을 보완하여 동일한 생화학조성과 생리적 상태인 평형상태를 유지할 수 있게 개발된 특수한 배양형태가 연속배양이다. 연속배양은 규칙적 또는 지속적으로 공급되는 신선한 배양액에서 성장하고, 공급된 양만큼 계에서 배출되어 제거된다는 점에서 일괄배양과는 다르다.

연속배양에는 탁도조절배양(turbidostat: 세포농도가 일정하게 유지되게 하기 위해 배양액의 공급률을 변화시키는 배양방법)과 성분조절배양(chemostat: 배양계로 공급되는 배양액의 공급비율이 일정하여 공급되는 제한영양염의 농도에 의해 세포밀도가 결정되는 배양방법) 두 가지 형태가 있다. 연속배양이 평형상태에 도달하면 탁도조절배양의 희석률과 성분조절배양에서의 세포농도는 거의 변하지 않게 되어 동일한 생화학적인 구성과 생리상태에서 세포들의 생산이 계속적으로 유지된다.

그림 2.27은 연속배양계를 단순하게 설명한 그림이다. 성분조절배양은 식물플랑크톤이 자라는 배양용기, 신선한 배양액을 담고 있는 용기, 배양액을

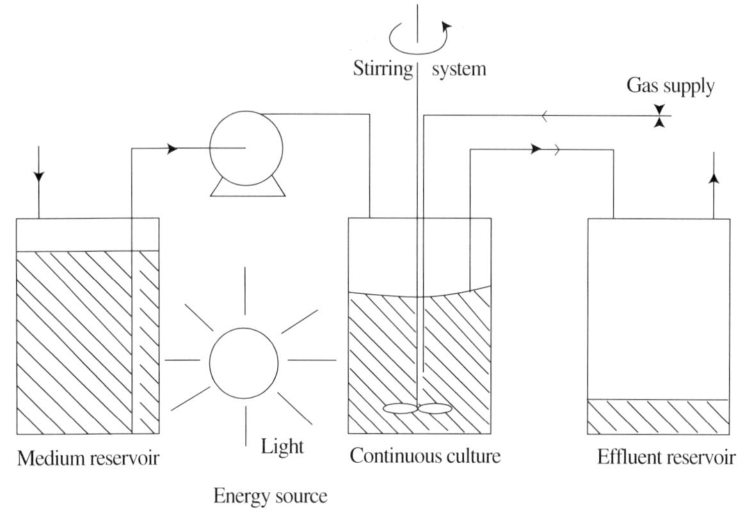

그림 2.27 성분조절배양/항광배양의 단순 모식도

일정한 속도로 배양용기에 공급하는 미량 정량펌프, 배양용기에 공기를 주입하는 공기주입장치와 공기 속의 미생물이나 불순물을 제거하는 공기여과장치, 배양액을 혼합시켜 주는 교반장치, 성장에 필요한 광을 제공하는 형광등과 같은 광원 등을 갖추어야 하고 이를 지원하는 다양한 기구들을 필요로 한다. 탁도조절배양은 세포의 밀도를 측정하는 장치를 배양용기와 연결된 소형의 용기에 부착하여 밀도의 변화에 따라 컴퓨터 제어장치가 작동하여 미량 정량펌프의 주입속도를 조절하도록 추가장치들을 필요로 한다.

4.2.3 배지

식물플랑크톤 생태학을 연구하고 있는 활동적인 생리학자들은 담수조류와 해양조류를 성공적으로 배양할 수 있는 자기 자신의 독특한 배지를 만들어 사용하기 때문에 매우 다양한 배지들이 존재한다. 배지를 선택하는 데 중요하게 고려해야 하는 항목은 pH, 다량 영양염의 농도, 질소원, 비타민 B_{12}와 같이 성장을 촉진시키는 성장인자들, 미량 영양염의 조성 등이다. 배지를 선택하는 가장 일반적인 기준은 각 항목의 특성이 배양하고자 하는 조류가 서식하고 있는 자연환경이나 조류 자체의 성분과 얼마나 유사한가를 고려하는

표 2.12 Beijernick 배지 pH 6.8

a. 원액 I	100ml/l	d. Micronutrients	1ml/l
NH_4NO_3	1.5g/l	H_3BO_3	1.0g/ml
K_2HPO_4	0.2	$CuSO_4 \cdot 5H_2O$	0.15
$MgSO_4 \cdot 7H_2O$	0.2	EDTA	5.0
$CaCl_2 \cdot 2H_2O$	0.1	$ZnSO_4 \cdot 7H_2O$	2.2
b. 원액 II	40ml/l	$MnCl_2 \cdot 4H_2O$	0.5
K_2HPO_4	9.07g/l	$FeSO_4 \cdot 7H_2O$	0.5
c. 원액 III	60ml/l	$CoCl_2 \cdot 6H_2O$	0.15
K_2HPO_4	11.61g/l	$(NH_4)_6Mo_7O_{24} \cdot 4H_2O$	0.10

표 2.13 Bold Basal 배지(Bristol solution으로 알려짐) pH 6.6

a. Macronutrients	10ml each/940ml	c. Iron	1ml/l
$NaNO_3$	10g/400ml	$FeSO_4 \cdot 7H_2O$	4.98g/l
$CaCl_2 \cdot 2H_2O$	1	H_2SO_4	1.0ml/l
$MgSO_4 \cdot 7H_2O$	3	d. Boron	1ml/l
K_2HPO_4	3	H_3BO_3	11.42g/l
KH_2PO_4	7	e. Micronutrients	1ml/l
NaCl	1	$ZnSO_4 \cdot 7H_2O$	8.82g/l
b. EDTA	1ml/l	$MnCl_2 \cdot 4H_2O$	1.44
EDTA	50g/l	MoO_3	0.71
KOH	31	$CuSO_4 \cdot 5H_2O$	1.57
		$Co(NO_3)_2 \cdot 6H_2O$	0.49

표 2.14 Bozmiak Community 배지 pH 8.0

a. Macronutrients	1ml each/l	c. Vitamins	1ml each/l
$Ca(NO_3)_2 \cdot 4H_2O$	24.4g/l	Thiamine · HCl	1×10^{-6} g/l
$MgSO_4 \cdot 7H_2O$	1.0	Cyanocobalamin	10×10^{-6}
$NaHCO_3$	16.5	d. Micronutrients	
$K_2HPO_4 \cdot 3H_2O$	0.8	K_2cro_4	0.0037g/l
KH_2PO_4	0.8	$CoCl_2 \cdot 6H_2O$	0.020
Na_2SIO_3	5.8	$MnCl_2 \cdot 4H_2O$	0.890
$H3BO_3$	0.5	$ZnCl_2$	0.0104
Na_2EDTA	10.0	$VOSO_4 \cdot 2H_2O$	0.0039
b. Citrate - citric acid	1ml each/l	MoO_3	0.0075
Ferric cirtate	1.0g/l	$CuSO_4$	0.00125
Citric acid	1.0		

표 2.15 Chu no. 10 배지 pH 6.5~7.0

$Ca(NO_3)_2$	0.04g/*l*
K_2HPO_4	0.01
$MgSO_4 \cdot 7H_2O$	0.025
Na_2CO_3	0.02
Na_2SiO_3	0.025
$FeCl_3$	0.8mg/*l*

표 2.16 Rodhe VIII 배지 pH 7.0~7.5

$Ca(NO_3)_2$	60mg/*l*
$MgSO_4$	5
Na_2SiO_3	20
K_2HPO_4	5
Ferroc citrate	1.0
Citric acid	1.0
$MnSO_4$	0.03

것이다. 배지는 화학조성이 알려진 인공적인 배지이므로, 분명한 영양염 요구를 알지 못하는 경우에는 아직 알려지지 않은 어떠한 화학성분들에 의해 식물플랑크톤의 배양이 실패하는 경우가 생겨난다. 이런 문제점을 해결하기 위해 배양하고자 하는 조류가 서식하는 곳의 물을 자연적인 배지로 만들어 첨가하기도 한다. 배지를 만드는 데 사용되는 화학약품들은 최상품을 사용하여야 하며, 시약의 무게를 측정하는 것도 매우 정밀하게 하여야 한다. 일반적으로 배지는 미리 만들어진 원액(stock solution)으로부터 정해진 양을 취하여 일정한 용량의 물에 첨가하여 만든다.

몇 가지 중요한 배지들의 조성비를 살펴보면 표 2.12~2.17과 같다.

4.2.4 배양에서의 식물플랑크톤의 성장

4.2.4.1 일괄배양에서의 식물플랑크톤의 성장

일괄배양에서의 세포수의 증가는 그림 2.28과 같이 5단계로 나타난다.

(1) 준비단계

명백한 세포의 증가가 일어나지 않는다. 접종한 조류들의 대부분이 비활동적이면 세포분열의 준비기는 분명하게 나타난다. 상당한 수의 세포가 분열할

표 2.17 Woods Hole MBL pH 7.3

a. Macronutrients	1m*l* each/*l*
$CaCl_2 \cdot 2H_2O$	36.76g/*l*
$MgSO_4 \cdot 7H_2O$	36.97
$NaHCO_3$	12.60
K_2HPO	8.71
$NaNO_3$	85.01
$Na_2SiO_3 \cdot 9H_2O$	28.42
b. Micronutrients	1m*l* each/*l*
$Na_2 \cdot EDTA$	4.36g/*l*
$FeCl_3 \cdot 6H_2O$	3.15
$CuSO_4 \cdot 5H_2O$	0.01
$ZnSO_4 \cdot 7H_2O$	0.022
$CoCl_2 \cdot 6H_2O$	0.01
$MnCl_2 \cdot 4H_2O$	0.18
$Na_2MoO_4 \cdot 2H_2O$	0.006
c. Vitamins	
Thiamine · HCl	0.1mg/*l*
Biotin	0.5μg/*l*
Cyanocobalamin	0.5μg/*l*
d. Tris-use	2m*l*/*l*
Tris(hydroxymethyl)-aminomethane	50g/200m*l*
HCl로 pH를 7.2로 조정	

수 있는 상태가 될 때까지 세포의 수는 거의 정체된 상태로 남아 있을 것이다. 비록 대부분의 세포가 활동적이라 할지라도 즉시 분열할 수 있는 상태가 되는 것은 아니다. 특히 먼저 접종하는 세포가 오래 배양된 것이라면 효소가 비활성상태이고 대사물질들의 농도가 세포분열을 하기에는 불충분한 상태로 감소한 상태여서 활발히 성장을 하기 전에 이들 물질을 재조성하는 시간이 필요하다. 이 시기에 세포의 크기는 커지게 된다. 조류의 준비단계에 대한 자세한 연구는 *Phaeodactylum tricornatum*을 대상으로 Spencer(1954)에 의해 이루어졌다. 그림 2.29에서와 같이 *Phaeodactylum tricornatum*의 준비단계 길이는 접종한 세포의 연령에 의존하는 것으로 밝혀졌으며, 이런 경향은 모든 조류에서 나타날 것이다. 만일 지수적인 성장단계의 세포를 접종하면 준비단계 없이 바로 기하급수적 성장을 할 것이다. Eberly(1967)는 *Oscillatoria agardii*를

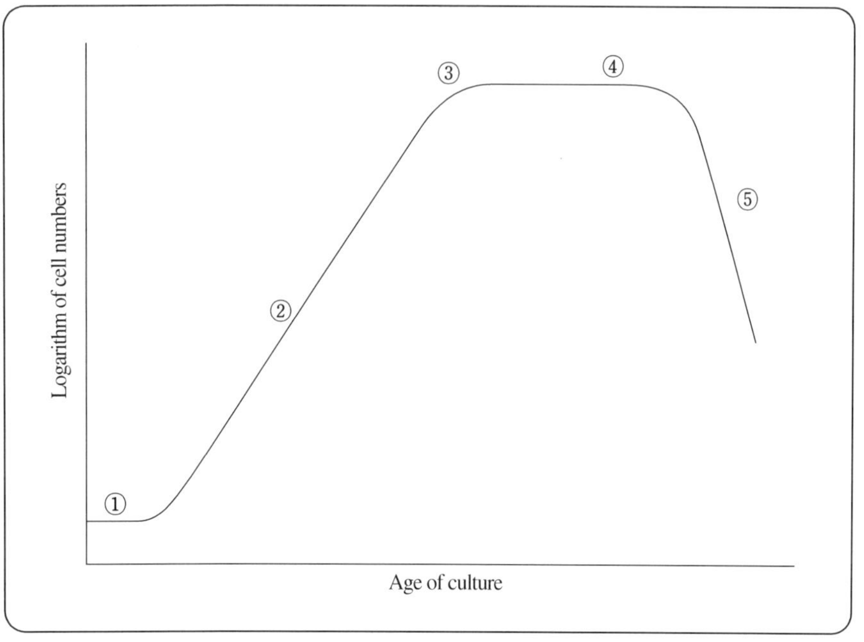

그림 2.28 제한된 배양액 용적 내에서 단세포 조류가 나타내는 성장특성유형.
① 잠복기, ② 지수성장기, ③ 상대성장률 감소기, ④ 정지기, ⑤ 사멸기

대상으로 접종하는 양이 감소함에 따라 준비단계의 길이가 길어지는 것을 발견하였다.

(2) 기하급수적 성장단계

지수적으로 성장하는 기간 동안 성장은 자체성장에 필요한 양보다 더 많은 물질을 생산한 결과이기 때문에 실제성장률은 계속적으로 가속화된다. 이것은

$$W = W_0 e^{\mu t}$$

로 표시할 수 있는데 W_0는 시작할 때 세포물질의 총량이고, W는 t시간이 지난 후의 물질량이며, μ는 상대적 성장률이다. 세포의 분열이 동시에 일어나지 않는 커다란 개체군에서 단위부피당 세포수의 증가는

$$N = N_0 e^{\mu t}$$

로 나타낼 수 있고, 이 식에서 상대적 성장률은

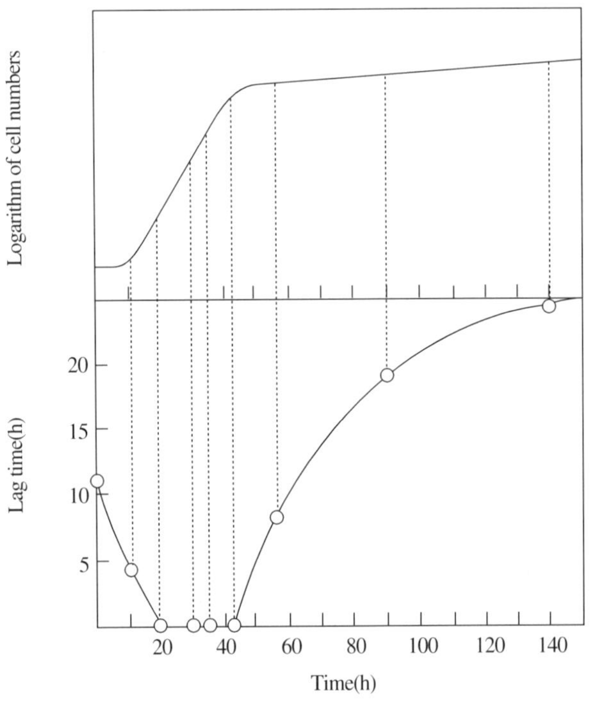

그림 2.29 접종주의 연령에 따른 잠복기의 변화. *Phaeodactylum tricornurum*을 항광, 공기주입상태에서 19°C에서 배양한 경우

$$\mu = (\ln N - \ln N_0)/t$$

로 표현할 수 있다. 여기서 N_0는 초기의 세포수, N은 t시간이 지난 후의 세포수이다. 세포수가 두 배로 증가하는 시간(G)은

$$G = \ln 2/\mu$$

로 표현된다.

(3) 상대적 성장감소단계

불균형의 성장은 지속적으로 유지될 수 없어 지수적인 증가는 중지되고 상대적 성장이 감소하게 된다. 성장을 감소시키는 원인은 여러 가지로, 이를 요약하면 다음과 같다.

① 영양염의 고갈: 배양이 오래되면서 질산염 또는 철 등이 성장을 제한하게 된다. 만일 제한된 영양염을 다시 공급한다면, 다른 원소가 제한될 때까지 지수적인 성장을 계속 유지할 수 있다.

② 이산화탄소 또는 산소의 공급률: 정지된 배양액으로 대기에서 이산화탄소가 확산되는 비율이 낮아 제한될 수 있다. 진탕과 휘젓는 행동으로 공기주입을 원활하게 하면 개선되어진다. 조류의 종속영양적 배양에서는 산소가 제한될 수 있으나 역시 공기주입으로 해결할 수 있다.

③ 수소이온농도의 변화: 만일 질소원으로 암모늄염이 공급되면 암모니아 이온을 흡수함에 따라 점점 산성화되고, 질산염의 경우에는 반대로 pH가 증가한다. 하지만 배양액이 완충능력을 가지고 있으면 조류의 성장에 영향을 줄 정도는 되지 않는다. 만일 이산화탄소가 제한되면 광합성을 위해 중탄산염을 이용하여 pH가 증가하게 된다.

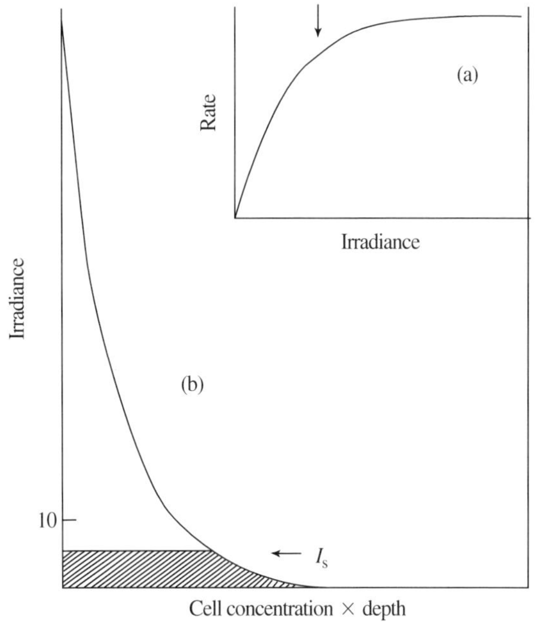

그림 2.30 고밀도 미소조류 배양체의 빛에 대한 반응. (a) 조도와 광합성률 간의 관계에서 광포화를 위한 최저 조도인 I_s를 나타내었다. (b) 세포농도와 배양체 층의 두께를 곱한 값의 함수로서의 배양체 내부의 조도감소

④ 자체적인 차광효과로 인한 빛 강도의 감소: 그림 2.30은 세포의 밀도가 큰 조류배양에서 수심에 따른 광의 투과율이 기하급수적으로 감소하는 것을 나타낸 것이다. 만일 배양을 통해 세포농도가 점점 조밀해지면 표층의 조류들만 포화광도의 빛을 이용할 수 있고, 대부분의 조류들은 광이 제한된 상태에 있게 될 것이다.

⑤ 자가저해현상: 일부 조류에서 그들의 대사과정에서 스스로에게 독성을 나타내는 물질을 만들어 이들 물질의 축적으로 성장을 저해하는 증거가 있다. 자가저해현상의 예를 들면 *Chlorella vulgaris*(Pratt and Fong, 1940), *Nitzschia palea*(von Denffer, 1948) 등이 있다.

(4) 성장정지단계

정체기에서 얻어지는 마지막 생산물은 제한요인의 특성에 따라 달라진다. 만일 영양염이 제한요인이라면 생산은 초기에 공급된 영양염의 농도에 비례할 것이다. 그림 2.31은 배양액의 비타민 B_{12} 농도에 따른 *Pavlova*

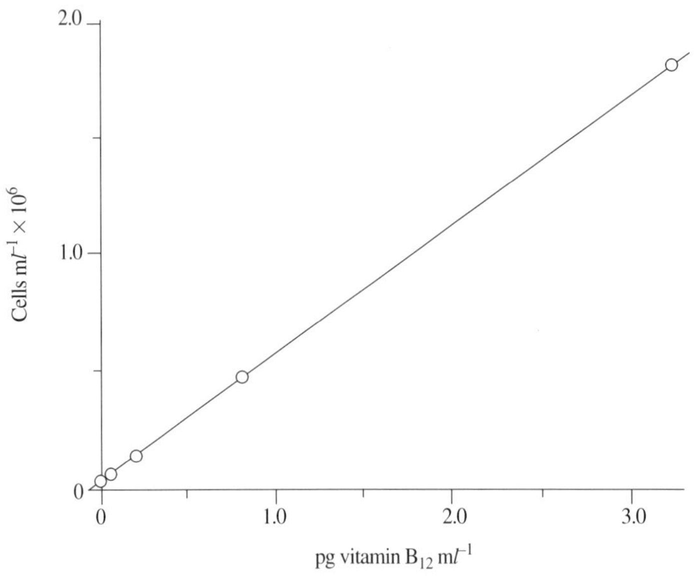

그림 2.31 배양액의 비타민 B_{12} 농도와 *Pavlova*(*Monochrysis*) *lutheri*의 최종 생물량과의 관계. 배양체를 2,000 lx 광도에서 15°C의 조건으로 유지하였다.

(*Monochrysis*) *lutheri*의 최종 생산물과의 관계를 나타낸 것이다. 비타민의 농도가 높을수록 최종적인 생산이 비례하여 커지는 것을 알 수 있다. 기하급수적으로 성장하는 단계에서 성장정지단계로 바뀌면서 대사와 세포의 조성패턴이 상당히 변화한다.

(5) 사망단계

조류가 성장정지단계에서 수주 동안 유지할 수 있는 경우도 있고, 어떤 경우에는 급격히 감소되어 끝나기도 한다.

4.2.4.2 연속배양에서의 식물플랑크톤 성장

탁도조절배양에서는 무기영양염이 과잉으로 공급되므로 성장률은 배양에 사용하는 특별한 빛과 온도의 영역에서 나타나는 조류의 본질적인 요소들에 의해 지배되기 때문에 탁도조절배양에서 조류는 보통 최대 성장률 또는 최대 성장률 근처의 성장을 나타낸다. 상대적인 성장상수는 일괄배양에서 지수적인 성장을 묘사하는 것과 유사한 표현에 의해 주어진다.

$$\mu = (\ln V_t - \ln V_o) / t$$

V_0와 V_t는 각각 배양 초기와 t시간이 지난 때의 총배양부피를 나타낸다. 반면 제한요소인 영양염의 공급비에 의해 성장상수 μ가 결정되는 성분조절배양에서의 생물량 변화율은

$$dX / dt = \mu X - DX$$

식과 같이 주어지는데, X는 생물

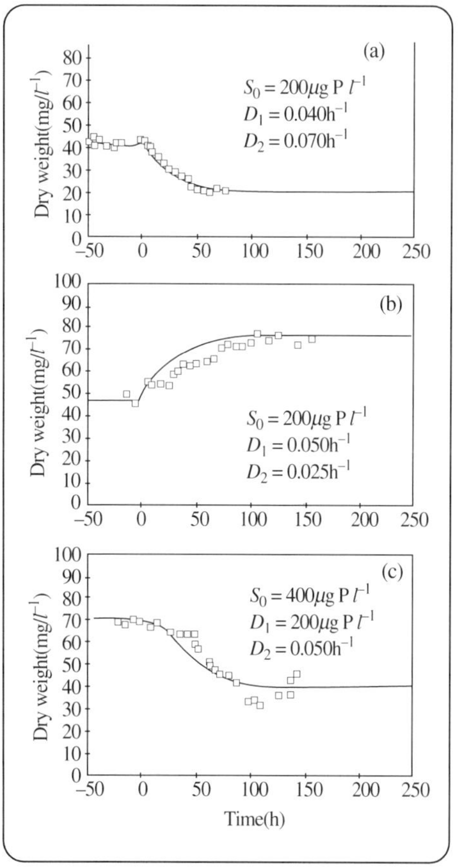

그림 2.32 성분조절배양시 희석률(D)과 유입 배양액의 농도(S_0)변화의 미소 조류 생물량에 대한 효과. $S_{0,1}$, D_1과 $S_{0,2}$, D_2는 각기 S_0, D의 초기치 및 이후치이다.

량 농도이고, D는 희석비율이다. 정의에 의하여 정상상태에서 X는 상수이므로 상대적 성장률은 희석률과 같게($\mu = D$) 된다. 성분조절배양에서 생물의 성장률이 배양액의 희석률에 의해 단독으로 결정된다는 것과 세포의 농도가 유입되는 배양액의 제한 영양염의 농도에 의해 결정된다는 것은 항상 완전한 것은 아니다. 따라서 배양액 농도를 변화시키는 것이 주어진 영양염이 성분조절배양에서 실제로 생물의 성장을 제한하는지 아닌지를 시험하는 좋은 방법이다. 그림 2.32는 X에 대한 D의 관계를 설명하고, 변화된 유입농도와 D의 효과를 보여 준다.

(1) 성장률과 기질의 농도

생물의 상대성장률과 제한자원의 농도 사이의 관계가 비선형으로 인식된 것은 오래 전부터이다. Monod(1942)는 이들의 관계를 다음과 같이 쌍곡선 함수로 제안하였다.

$$\mu = \mu_{max} \frac{S}{K_{\mu} + S}$$

여기서 μ_{max}는 μ의 최대값, S는 제한영양염의 외부 농도, K_{μ}는 $\mu = 1/2\mu_{max}$

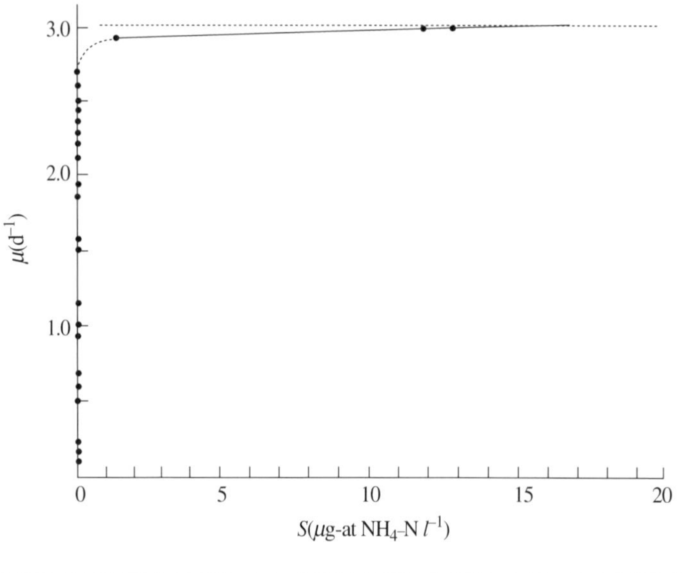

그림 2.33 암모늄 이온농도의 함수로서의 *Thalassiosira pseudonana*(3-H)의 평형상태 성장률(μ)

일 때의 농도상수를 의미한다. 이 함수는 상당히 광범위하게 인정받아 미생물분야에서 널리 이용되고 있다. 조류의 연속배양실험의 경우 Monad의 함수를 이용하는 데에는 영양염의 농도가 매우 낮은 상태에서도 성장률이 포화되기 때문에 문제가 있다. 이와 같은 문제의 예는 Goldman and McCarthy(1978)에 의해 수행된 암모니아가 제한상태에서의 *Thalassiosira pseudonana*의 성장률 변화를 들 수 있다(그림 2.33).

(2) 성장률과 내부 농도

Droop(1968)은 비타민 B_{12}가 제한하는 성분조절배양실험에서 *Pavlova lutheri*의 성장 쌍곡선이 원점을 지나지 않고 수평적으로 이동하는 현상(그림 2.34)을 발견하고, 이것이 내부 비타민 B_{12} 농도와 관련이 있음을 규명하였다. 그는 내부 농도를 표현하기 위해 단위생물량에 대한 내부 영양염의 무게의 비율로 정의하는 세포함량(cell quata: Q)이라는 용어를 사용하였다. 세포에 생존하기 위해 필요로 하는 최소량을 K_q란 용어로 사용하였는데, 이는 성장률이 0일 때의 Q값으로 정의한다. 내부 농도를 고려한 성장률은 다음과 같은 식으로 설명할 수 있다.

$$\mu = \mu'_m \frac{Q - K_q}{Q}$$

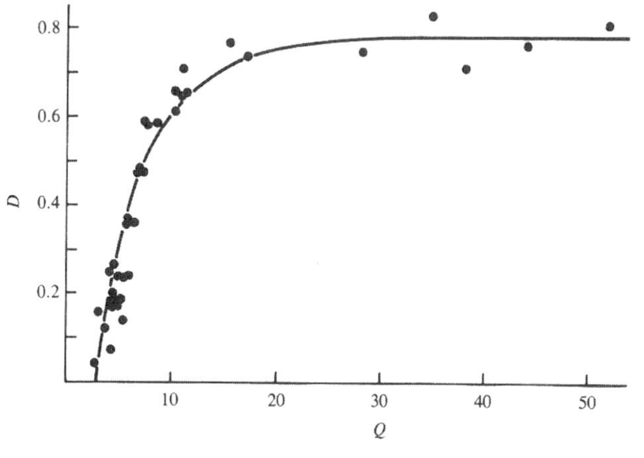

그림 2.34 비타민 B_{12} 제한 성분조절배양에서의 *Pavlova(Monochrysis) lutheri*: 희석률(*D*)과 세포함량(*Q*)과의 관계

μ: 성장률 상수
μ'_m: Q가 무제한일 때의 성장률
Q: 세포함량
K_q: 생존에 필요한 최소함량

세포함량모델은 다양한 제한요인상태에서 다양한 조류를 대상으로 행한 성분조절배양실험 결과들에 잘 적용되었으나(Droop, 1983), 몇몇의 경우에는 잘 맞지 않았다(Caperon and Meyer, 1972; Laws and Caperon, 1976; Goldman and McCarthy, 1978).

(3) 영양염의 흡수와 기질농도

조류가 주위 영양염 공급에 반응할 수 있는 정도는 자체의 흡수능력에 의존한다. Dugdale(1967), Eppley and Coatsworth(1968)의 연구들은 식물플랑크톤에 의한 영양염 흡수율을 영양염의 외부농도의 쌍곡선 함수로서 표현할 수 있음을 보였다.

$$V = V_{\max} \frac{S}{K_s + S}$$

V: $\frac{dV}{dt} \cdot \frac{1}{V}$ 로 정의되는 흡수율
$V_{\max}$: 최대 섭식률
S: 기질(영양염)농도
K_s: $V = 1/2\, V_{\max}$인 점에서의 영양염의 농도(상수)

많은 일괄배양와 연속배양실험을 이용하여 지속적으로 식물플랑크톤들의 K_s와 $V_{\max}$의 값이 구해지고 있다. 흡수동력학이 흥미를 가지게 하는 한 가지 이유는 다른 영양염상태의 수계에서의 조류의 분포를 K_s와 $V_{\max}$로 설명할 수 있기 때문이다. 예를 들면 Eppley *et al.*(1969)은 *Thalassiosira pseudonana*(3H)의 연안 영양계(clone)보다 외양 영양계에서 질산염과 암모늄을 흡수하는 K_s값이 낮았으며, 세포크기와 K_s값 사이에 직접적인 상관관계가 있음을 규명하였다.

4.2.5 성분조절배양의 활용실례

자연환경에서 하나 이상의 제한요인에 의해 성장에 제한을 받는 경우가 종

종 있다. 예를 들면 질소와 인이 동시에 결핍될 수 있으며(Terry, 1982), 물리적 제한요인들과 영양염들 사이의 관계는 생태학적으로 매우 밀접한 관련성을 지니고 있다. 성분조절배양이 이와 같은 여러 종류의 제한요인에 의해 영향을 미치는 환경에서 식물플랑크톤의 성장을 연구하는 데 특히 유용한데, 그 이유는 조류가 최대 성장률에 가깝게 성장할 수 있게 할 뿐만 아니라 영양염 농도를 다르게 계속적으로 공급하는 상태에서 자라게 할 수 있기 때문이다.

성분조절배양실험의 결과들은 제한 영양염에 의한 조류의 성장이 다제한요인에 의해 영향을 받기보다 한계(threshold)가 존재하여, 한 영양염에서 다른 영양염으로 제한요인이 명백하게 전환된다는 점을 입증하고 있다(Rhee, 1978; Terry, 1982; Droop, 1983). 그림 2.35는 *Scenedesmus*를 대상으로 수행된 Rhee(1978)의 연구결과인데 N:P=30:1을 중심으로 제한인자로서의 인과 질소의 역할이 바뀌고 있음을 보여 주며, 이것은 가장 최소로 공급되는 영양염에 의해 성장이 조절되기 때문에 두 영양염이 동시에 식물플랑크톤의 성장을

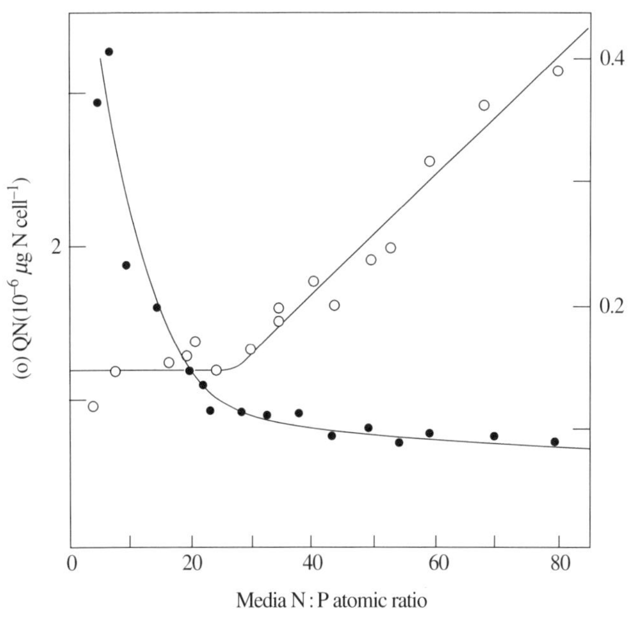

그림 2.35 유입 배양액 내의 질소 : 인 영양염 비를 다르게 하고, *Scenedesmus* sp.를 배양하여 평형상태에 성장에 이른 다음 측정한 질소와 인의 세포 함량

제한할 수 없음을 나타내는 확실한 증거이다.

다른 활용의 예로 빛의 제한상태가 조류의 성장에 어떠한 영향을 주는가 하는 연구를 들 수 있다. 이 연구에서는 반드시 성분조절배양 또는 항광배양장치(photostat) 배양액의 영양염은 충분히 공급되어야 하고, 정상상태에서 세포밀도는 희석률에 반비례한다. 이 연구의 예로는 van Liere *et al.*(1979), Rhee and Gotham(1981a, b), van Liere and Walsby(1982) 등을 들 수 있다.

4.2.6 결과해석의 주의점

실험실의 배양을 통해 얻은 결과들을 호수나 해양에서 일어나고 있는 현상들을 해석하는 데 적용하는 것에는 많은 함정이 있기 때문에 늘 조심하여야 한다. 우선 실험실에서 연구대상이 되는 대부분의 조류들은 대부분은 토양성이거나 비플랑크톤성 생물이지만 이런 조류의 배양이 때때로 플랑크톤성으로 묘사되는데, 단지 인공상태에서 자유부유상태로 자라는 것을 암시하기 때문에 그 종의 특성이 플랑크톤 종의 특성을 대표한다고 할 수 없다. 심지어 클로렐라속에서 발견된 생리적 행동의 다양성은 이러한 형태의 배양을 가지고 얻어진 정보가 다른 조류에 대해 그대로 적용되지 않을 수 있음을 시사하며, 실제로 진정 플랑크톤 생활을 하는 종들을 배양하여 얻은 정보는 비플랑크톤성의 클로렐라의 성장과 생화학적 특성들이 다르다. 많은 플랑크톤 그룹의 대표성들이 최근에 배양에서 얻어졌다(비록 돌말류가 우세한 경향이 나타남에도 불구하고). 그들 사이에 생리학적 행동 그리고 생화학적 능력에 대단한 다양성이 있지만, 이 범위가 모든 가능성을 포함할 것 같지는 않다. 아직도 플랑크톤 조류의 대다수는 그들이 필요로 하는 것들을 알지 못하기 때문에 현재의 배양기술로 자라게 할 수 없다. 또한 분리시켜 배양하는 종이 그 종의 모든 개체군을 반드시 대표하는 것도 아니다. 물론 배양실험에 이용된 종이 자연 개체군과 상당히 다른 것을 보여 주는 주목할 만한 증거는 거의 없다. 하지만 생태학적으로 중요한 해양 돌말류인 *Skeletonema costatum*의 457영양계(clone)들의 효소전기전동에 의한 실험을 통해 겨울 개체군들이 유사한 형태학을 가짐에도 불구하고 여름 개체군과 유전적으로 아주 다른 것을 발견한 Gallagher(1982)의 연구는 분리시켜 배양한 종의 특성이 모든 군집을 대표할 수 없음을 보여 준다.

5. 광합성과 일차 생산

5.1 광합성

해양 광영양 플랑크톤(marine phototrophic plankton)도 일반 식물과 마찬가지로 광합성작용을 통해 이산화탄소를 환원시켜 탄수화물을 생성함으로써 여타 종속영양 생물군들의 영양활동을 뒷받침하고 있다.

$$CO_2 + H_2A + \text{빛} \xrightarrow[\text{생물세포}]{\text{광합성 색소}} (CH_2O) + A + \text{화학 에너지} \qquad (1)$$

이는 무기물로부터 유기물이 생성되는 또 하나의 생화학적 과정인 화학합성과 함께 일차 생산을 위한 독점적인 생물반응이다.

$$\underset{\text{환원기질}}{AH_2} + H_2O \xrightarrow{\quad\quad} \underset{\text{탈수소효소 산화산물}}{AO} + \underset{\text{환원능}}{4[H^+ + e^-]} \qquad (2)$$

$$4[H^+ + e^-] + CO_2 \xrightarrow{\quad\quad} \underset{\text{탄수화물}}{(CH_2O)} + H_2O \qquad (3)$$

해양환경 내에서 광합성 생물과 화학합성 생물의 상대적인 양과 활동성을 고려하면, 실제로 전체 해양 일차 생산의 대부분은 광합성작용에 의한 것이라 할 수 있다.

광합성의 일반식 (1)에서 전자제공자인 H_2A의 종류에 따라서 광합성을 두 유형으로 나눈다. 즉 H_2A 분자에 산소가 포함되어 있지 않으면(예를 들어 H_2S 등) 산소 비발생성 광합성(anoxygenic photosynthesis)으로,

$$CO_2 + H_2S + \text{빛} \xrightarrow[\text{생물세포}]{\text{광합성 색소}} (CH_2O) + S + H_2O + \text{화학 에너지} \qquad (4)$$

H_2A 분자가 산소를 포함한 물이면(H_2O) 산소 발생성 광합성(oxygenic photosynthesis)으로 구분한다.

$$CO_2 + H_2O + 빛 \xrightarrow[\text{생물세포}]{\text{광합성 색소}} (CH_2O) + O_2 + 화학\ 에너지 \quad (5)$$

전자는 주로 혐기성 세균에 의하여 이루어지는 과정으로 해양 내의 제한된 공간에서만(무산소 및 저산소 환경) 가능하므로, 후자에 비해 부유생물 생태계 내에서의 양적인 중요성은 미미한 편이다.

산소발생성 광합성과정은 색소분자(엽록소)에 의한 광양자 에너지의 흡수과정, 전자적 흥분상태(electronic excited state) 형성과정, 흥분된 전자를 이용한 화학물질의 환원을 통한 ATP와 같은 고에너지 분자형성과정 등의 명반응과정과 환원 고에너지 분자를 이용한 유기분자 형성과정, 즉 암반응과정으로 일반화할 수 있다(그림 2.36). 이 과정은 모두 틸라코이드 구조체를 중심으로 이루어진다(그림 2.37).

빛 에너지를 흡수하여 전달하는 색소로부터(촉수색소: 엽록소 b, 피코빌리솜 등) 제2광계(Photosystem II, 그림 2.37 (b))의 반응중심 색소(특수엽록소 a)에게 광양자 에너지가 전달되면, 이 에너지의 작용으로 물분자의 광화학적 분해가 일어나 산소분자(O_2), 전자(e^+) 그리고 프로톤(H^+)이 생성된다. 물의 분해가 수반되지 않는 제1광계(Photosystem I, 그림 2.37 (b))에서도 반응중심 색소에 전달된 에너지는 전자전달계를 순환하는 전자의 흥분준위를 높여 주는 역할을 한다.

물분자의 광화학적 분해과정을 통해 틸라코이드 내강(그림 2.37 (a), tylakoid space)에 집적된 프로톤의 농도경사 에너지에 의하여 ADP와 인산염이온이 결합하여 ATP가 생성된다. 흥분된 전자는 전자전달계를 지나는 동안 ATP를 생성하고(광인산화과정), $NADP^+$를 환원하는 반응을 위한 화학적 에너지로 작용한다.

명반응과정에서 발생된 고에너지 분자들과 프로톤을 이용하여 CO_2를 환원함으로써 무기물로부터 유기물을 생성하는 과정인데, 이를 Calvin cycle, reductive pentose phosphate pathway 또는 PCR cycle(광합성 탄소 환원사이클, photosynthetic carbon reduction cycle) 등 여러 가지로 부르고 있다(그림 2.38). PCR cycle에서 효소인 RuBP carboxylase(Rubisco)가 관여하여 CO_2를 고정하는 카르복실화 반응은 ribulose biphosphate(RuBP) 분자와 CO_2가 결합하여 3-phosphoglyceric acid(3-PGA)를 형성하는 것이다(그림 2.38). 반응 결과물이 탄소

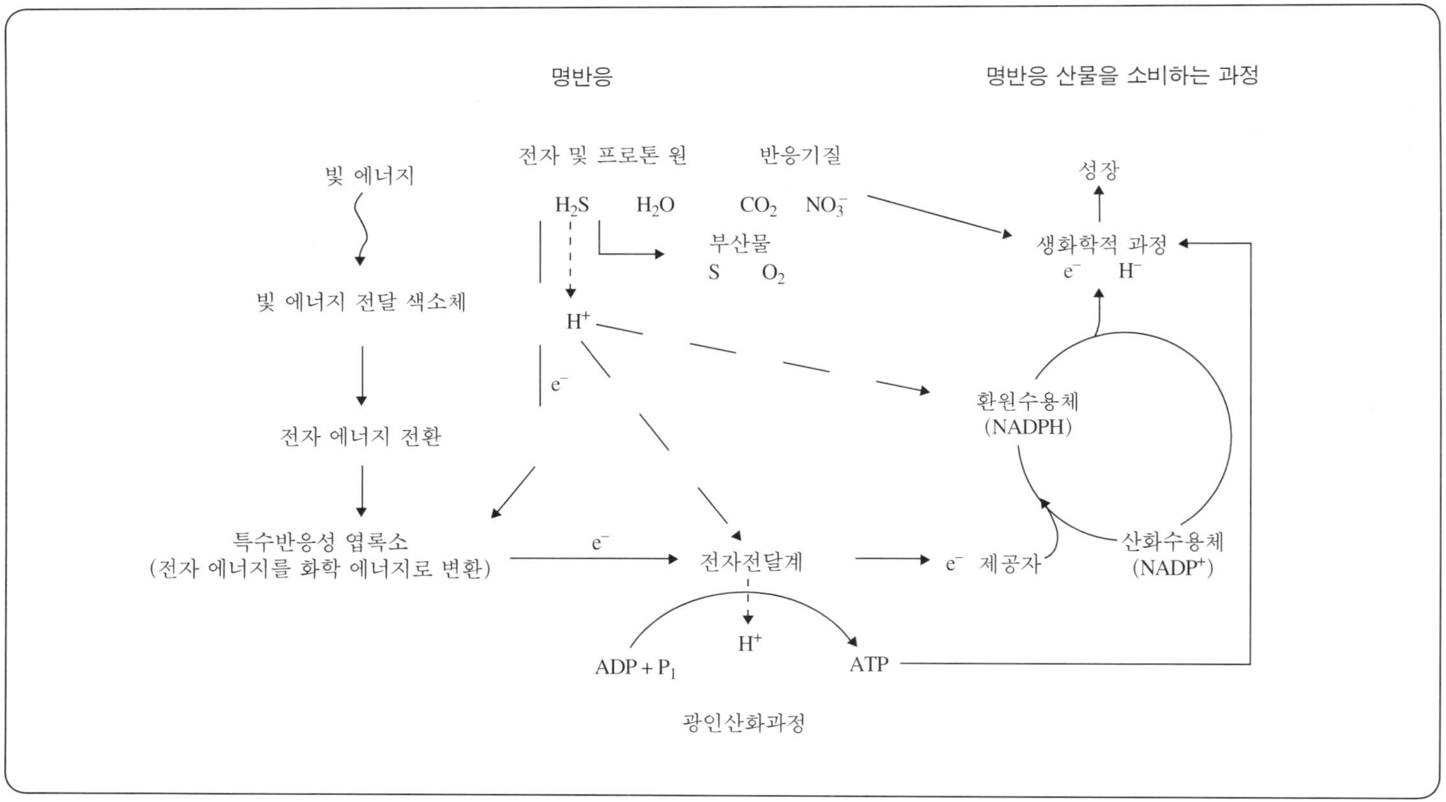

그림 2.36 광합성 개요도

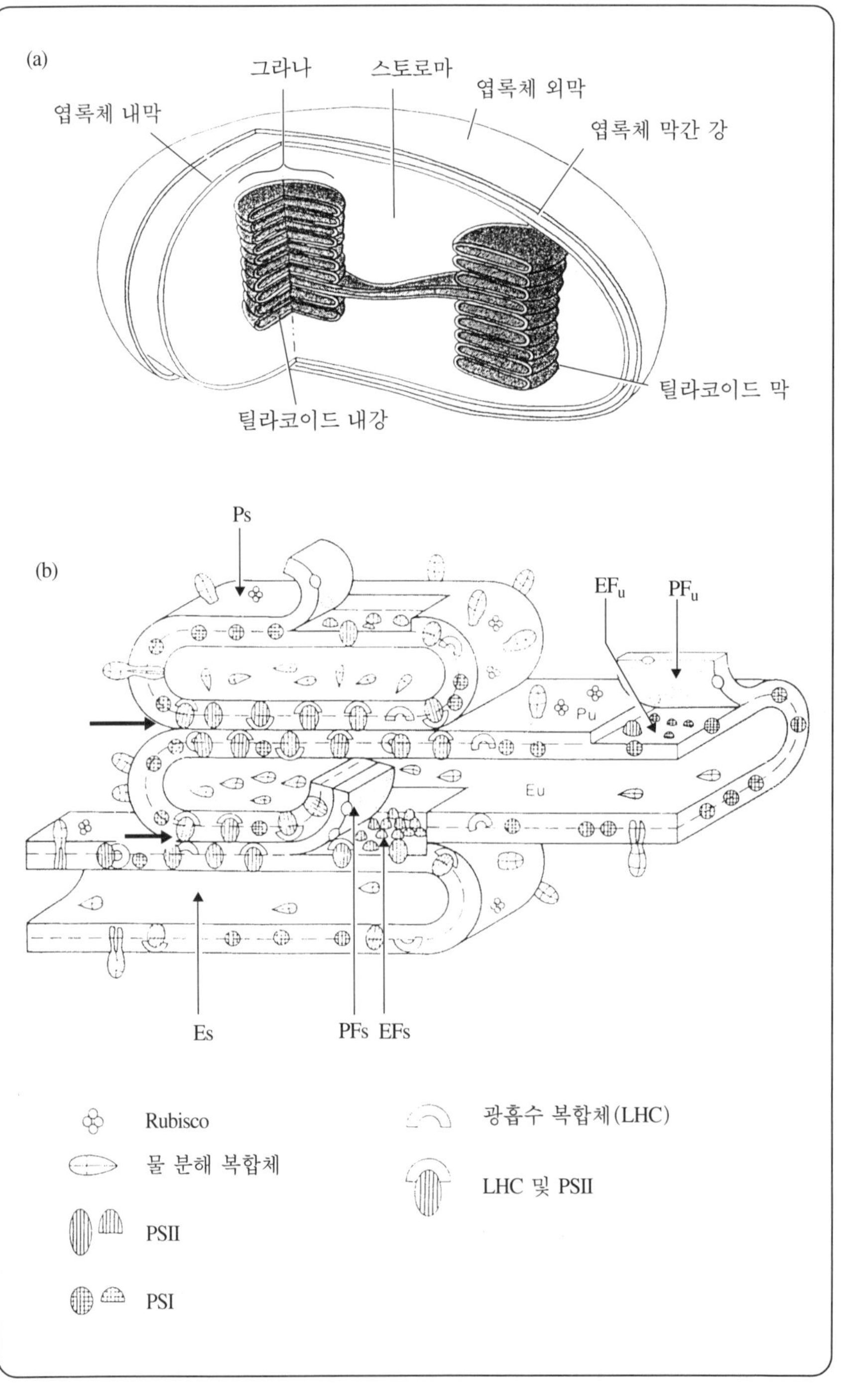

그림 2.37 진핵세포 생물의 엽록체의 구조모형(a) 및 틸라코이드 낭의 미세구조(b)

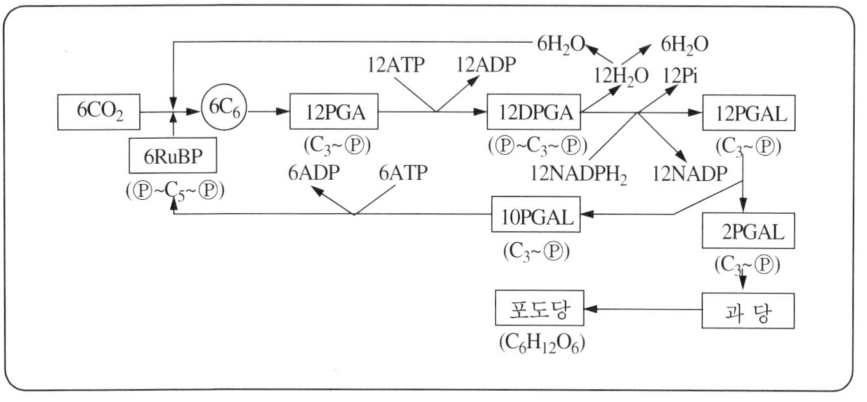

그림 2.38 암반응

3개로 된 3-PGA뿐이므로, 이를 'C3 광합성'이라고도 부른다.

PCR cycle에 CO_2를 공급하는 과정에 관여하는 중간산물로써 '4탄소 유기산'을 생성하고, 필요시에 이를 CO_2와 '3탄소 유기산'으로 분해하여 PCR cycle을 위해 필요한 CO_2를 추가적으로 공급할 수 있는 식물도 있다. 이러한 추가적인 반응을 위해 강한 빛이 요구되는 종류를 'C4 광합성 식물'이라 부르고, 이와는 반대로 빛이 없는 상태에서만 관련 반응이 가능한 종류를 'CAM(crassulacean acid metabolism) 광합성 식물'이라 한다.

해양 식물플랑크톤은 모두 'C3 광합성 식물'적 특성을 나타내어, 대기 중 CO_2 농도의 증가에 의하여 'C4 광합성 식물'과는 달리 일차 생산이 증가하는 경향을 나타내었다(Curtis *et al.*, 1989). 아직까지 이론의 여지는 있으나, 전 지구적 대기 중 CO_2 농도 증가현상에 의한 생태계 충격은 육상에서보다 해양 부유생물 생태계에서 더 클 것으로 우려된다(Valiela, 1995).

5.2 일차 생산

식물은 생존과 증식을 위하여 광합성을 한다. 광합성은 태양의 복사 에너지를 화학 에너지로 저장하는 과정이며, 식물에 의해 고정된 에너지는 먹이사슬을 통하여 생태계 내부에서 이동한다(Odum, 1993). 지구상의 모든 생물의 기능은 극히 예외적인 경우를 제외하면 궁극적으로 태양 에너지에 의존하게 된다. 따라서 지구에 존재하는 거의 대부분의 생태계가 광합성에 의해 유지된다고 볼 수 있다. 광합성은 엽록체에서 일어나므로 총광합성 또는 총일차 생산은 일차적으로 식물량과 광량 그리고 광합성 효율에 의해 좌우된다. 따라서 수계에서 일어나는 광합성량을 정확히 평가하기 위해서는 광량, 생물량, 광합성 효율을 알고 있어야 한다. 아래에서 이들 변수의 성질과 측정방법을 살펴본다.

5.2.1 생물량

생물량(biomass)은 어떤 공간에 존재하는 생체의 양을 말하며, 무게, 체적, 표면적, 세포수, 생화학적 지표 등에 의해 측정된다(Round, 1981). 생물현상은 개체를 단위로 하여 일어나므로 세포수는 생태학적 과정에 대해 중요한 정보를 제공한다. 세포수는 채수시료를 Utermöhl 방식 등으로 농축하여 현미경으로 관찰 계수한다(제2절 채집과 처리 참조).

한편 식물플랑크톤은 그 크기에 있어 대략 1～1,000μm라는 큰 범위를 가진다. 이를 체적으로 바꾸면 1～10^9의 범위를 가진다. 유기물의 생산과 같이 양이 중요한 변수일 때 세포수만 고려한다면 큰 편차를 가져오게 될 것이다. 예컨대 1μm 크기의 세포는 100μm 크기의 세포에 비해 체적이 10^{-6}에 불과하다. 따라서 같은 조건으로 생산을 한다고 가정할 경우 큰 세포는 작은 세포에 비해 10^6배의 생산력을 가질 것이다. Zeitzschel(1970)은 캘리포니아만의 조사에서 돌말류가 전체 세포수의 10%를 차지하였으나 탄소량으로는 51%를 이룬다고 보고하였다.

근래에는 계수와 크기분포를 동시에 측정할 수 있는 기기들이 널리 쓰인다. Coulter 계수기는 전기저항을 이용하고, 레이저 플로우사이토미터(Laser flowcytometer)는 광학적 특성을 이용하는 기기이다.

무게를 재는 경우 건중량과 습중량을 재지만, 시료에서 식물플랑크톤만을 골라 내기가 어렵다. 생화학적 지표들은 식물플랑크톤의 생리적 과정을 나타내므로 생리적 상태를 측정할 수 있는 이점이 있다. 유기형태의 탄소량, 질소량, 색소량, ATP 등이 그 예이다. 이 중에서 색소는 광합성에 필요하고 식물에서만 존재하므로 식물플랑크톤의 생물량을 재는 데 있어 가장 편리하다. 특히 모든 식물세포가 가지는 엽록소 *a*는 광합성과정에 있어 핵심이 되는 물질이므로 가장 널리 쓰인다(Round, 1981).

ATP는 탄소 대비율변화가 크지 않으나 모든 생물이 가지고 있으므로 그

근원을 정확히 가리기가 어렵다. 엽록소는 무엇보다 광합성과정에 중요한 물질이고 식물만 가지고 있으며 추정이 용이하므로 널리 쓰인다. 그러나 종류에 따라 엽록소 : 탄소의 비율이 다르고, 같은 종이라 하더라도 생리상태(즉 암적응, 명적응)에 따라 10배까지 차이가 날 수 있다는 문제가 있다(Falkowski, 1981). 엽록소 *a*를 측정할 경우의 또 다른 문제점은 엽록소 분해물질(phaeopigments)에 의한 오차인데, 이들은 광학적으로 엽록소와 유사한 특성을 가지므로 엽록소를 정량할 때에 주의하여야 한다. 엽록소 분해물질은 많은 경우 엽록소보다 농도가 높은 것으로 보고되고 있다.

엽록소를 측정하는 기기로는 크게 분광광도계(spectrophotometer), 형광계(fluorometer), HPLC(high performance liquid chromatography: 고성능 액체 크로마토그라피) 등이 있다. 이때 색소를 아세톤과 같은 유기용매에 추출한 다음 측정하게 된다. 형광법은 추출된 색소뿐 아니라 생체 그대로 측정이 가능하나 그 경우 형광효율이 일정하지 않으므로 주의해야 한다.

엽록소 *a*를 측정하는 방법은 주로 세 가지 방법이 쓰이는데, 엽록소 *a*의 흡광특성을 이용한다. 엽록소 *a*는 440nm 부근에서 흡광계수가 최대이고, 670nm에서도 두 번째 최대값을 보인다. 따라서 몇 개의 밴드를 선택하여 흡광계수의 관계식을 만들면 엽록소의 농도를 비교적 정확히 측정할 수 있다. 화학분석 실험실에 흔히 있는 분광광도계를 쓰는 것이 가장 보편적인 방법이다(Parsons *et al.*, 1984a).

가장 널리 쓰이는 식은 다음과 같다.

$$\text{Chlorophyll a} = 11.85E_{664} - 1.54E_{647} - 0.08E_{630}$$

엽록소 *a* 분자는 흡수한 광량자의 일부를 형광으로 방출하는데, 최대 방출은 683nm에서 일어나므로 엽록소 시료에 빛을 투사하고 방출되는 형광을 측정하면 엽록소 농도를 측정할 수 있다. 이때 광학필터를 써서 여기시키는 빛을 청색대로 하고(< 500nm), 형광측정을 적색대(> 600nm)에서 하면, 여기광이 산란에 의해 형광으로 감지되는 것을 막을 수 있다. 형광계 측정은 분광법보다 정확도와 감도가 높고 간편하다는 장점이 있다. 형광법은 생체시료도 측정할 수 있는 장점이 있어 수중 형광계(submersible fluorometer)를 쓰면 물기둥 내의 엽록소 밀도의 수직분포를 쉽게 측정할 수 있다. 그러나 생체의 형광효율은 일정하지 않으므로 해석에 주의해야 한다(Cullen and Lewis, 1995;

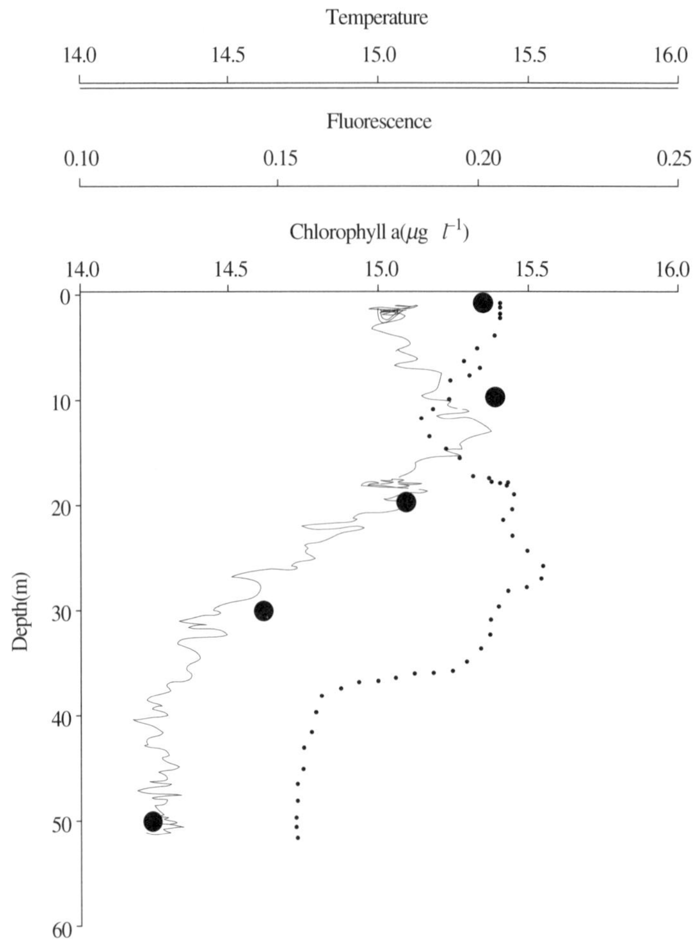

그림 2.39 황해의 한 정점에서 관측된 수중 형광계에 의한 엽록소, 수온, 형광의 수직구조(유, 미발표 자료)

Falkowski and Raven, 1997). 그림 2.39는 황해에서 측정된 수중 형광과 실제 엽록소 밀도를 비교한 그림이다. 표층에서 오차가 큰데, 이는 표층의 높은 광도에 의해 형광효율이 낮아졌기 때문이다.

형광법이나 분광법을 쓸 때 엽록소의 분해물질을 구분하기 위해서는 시료의 흡광이나 형광을 측정한 뒤, 염산과 같은 산화제를 넣어 시료 내의 엽록소를 완전히 산화시키고 다시 흡광이나 형광을 재어 그 차이를 비교하면 엽록소와 분해색소를 구분할 수 있다. 분광법이나 형광법은 기타의 보조색소에 의해 오차가 생길 수 있다. HPLC는 색소분자를 분리하여 흡광을 측정하므로 가장 정확하게 측정할 수 있으나, 측정노력과 비용이 많이 들므로 자연시료의 일상적 분석보다는 분광이나 형광법의 보정에 주로 쓰인다.

5.2.2 일차 생산

총광합성 또는 총일차 생산(gross photosynthesis 또는 gross primary production)은 단위면적 또는 부피에서 단위시간 동안에 고정되는 탄소량의 속도로 정의된다(Platt and Sathyendranath, 1995). 광합성에 의해 고정된 탄소 중 일부는 식물세포의 호흡에 의해 분해되므로 광합성에 의해 고정된 탄소 전부가 유기물로 먹이사슬의 다음 단계로 전달되는 것은 아니다. 이러한 관점에서 광합성과 기초생산을 구분하여 다음과 같이 정의할 수 있다(Falkowski and Raven, 1997).

$$P_N = P_G - R_L$$

여기서 P_G는 총광합성, R_L은 광합성이 일어난 동안의 호흡, 즉 빛이 비친

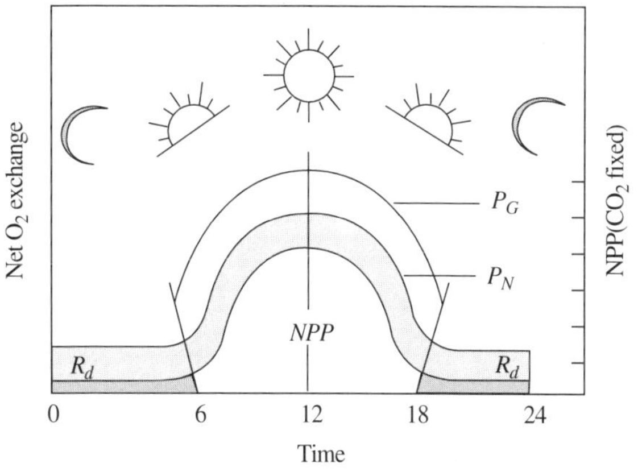

그림 2.40 하루 동안의 총광합성(P_G), 순광합성(P_N), 순일차 생산(*NPP*)의 관계. 밤(검은 부분으로 표시) 동안의 호흡에 의해 산소의 순소비가 일어난다. 순광합성에 낮 동안의 호흡을 더한 것이 총광합성이고, 밤 동안의 호흡을 뺀 것이 순일차 생산이다(Falkowski and Raven, 1997).

상태에서의 호흡이며, P_N은 순광합성(net photosynthesis)으로 광합성과정 중에 생산되어 가용한 탄소유기물의 양이다. 한편 광합성이 일어나지 않는 밤에도 호흡은 계속되므로 기초생산자에서 다른 영양단계로 넘어가는 생산량은 순광합성에서 밤 동안의 호흡을 뺀 부분이 되며, 이를 순일차 생산(net primary production)이라고 한다(그림 2.40).

광합성은 msec(10^{-3}초) 단위에서 일어나지만, 광합성과정이 누적되어 생기는 기초생산은 초에서 년에 이르는 광범위한 시간규모를 가진다. 어떤 해역의 기초생산을 추산하려면 각 점의 광합성 특성을 측정하여 수심별 광합성을 시간과 공간적으로 적분하여야 한다.

5.2.2.1 광합성의 측정

전통적으로 광합성을 측정하는 방법으로는 병에 식물을 넣고 일정 시간 빛 아래에서 배양한 뒤 병 내부에서의 산소나 탄소농도의 변화를 측정하는 것이다(Carpenter and Lively, 1980; Harris, 1980). 이때 투명한 병과 빛을 차단한 병을 동시에 쓰면(명암법, light and dark method) 광합성 동안의 호흡량(R_L)을 추정할 수 있다. 그러나 실제로는 빛을 차단한 병에서도 식물세포가 아닌 박테리아 등에 의해 호흡이나 탄소고정이 일어나므로 이러한 호흡량의 추정은 오차가 따른다. 짧게는 30분에서 길게는 24시간까지의 기간 동안 배양한다. 시간이 짧으면 짧을수록 총광합성에 가까워지고, 길면 순광합성이나 순생산에 접근하게 된다. 현장에서 실험할 때, 대개 낮 기간과 24시간 동안 배양하여 호흡량을 추정하고 순일차 생산을 추산한다.

해양 일차 생산력의 연구는 1950년대 이래 방사성 동위원소인 ^{14}C을 이용한 방법을 주로 써 왔다. 이 방법은 산소를 이용한 방법보다 훨씬 민감하여 널리 이용되어 왔으나, 측정치가 의미하는 바와 방법론적 문제점에 대해 오랫동안 논란이 있어 왔다(Carpenter and Lively, 1980; Peterson, 1980).

현장 해수 내에서 배양할 때 광량은 날씨, 하루 중의 시간 등에 따라 크게 변하므로 배양시점의 광합성을 추정할 수 있을 뿐이다. 광합성을 결정하는 일차적 요인은 생물량과 광량이다. 따라서 다양한 광조건에서의 광합성을 측정하면 다양한 광량에 대한 광합성을 알 수가 있다. 빛의 세기에 대한 광합성의 관계를 P-I 곡선(Phototosynthesis-Irradiance curve; 또는 P-E로도 표기함)이라고 한다(Gallegos and Platt, 1981; Kirk, 1994). 단위생물량(엽록소)에 대해 표준화하면 실제 관측되는 곡선의 변이는 크게 줄어든다. 그림 2.41은 황해에서 한 배양실험의 결과이다(유와 신, 1995). 작은 원으로 표시된 것이 각 광도에서의 실제의 광합성률이다. 이 값은 주어진 광도로(광도의 단위는 초임을 유의하라) 1시간 동안 일어난 광합성량이다. 이 값들은 광량의 증가와 함께 증가하다가 일정한 광량에 이르면 포화되거나(그림 2.41 (a)) 감소되기도(그림 2.41 (b)) 한다. 이렇게 높은 광도에서 오히려 광합성률이 감소하는 것을 광저해(photoinhibition)라고 한다(Falkowski and Raven, 1997).

높은 광도에서 일어나는 광저해현상은 자연의 광조건에서 일어날 수 있으므로 충분히 고려되어야 한다. 특히 일정한 수심에 서식하므로 어느 정도의 적응이 가능한 대형 조류와는 달리, 물기둥 내를 수직적으로 순환하는 식물플랑크톤은 광범위한 광량조건을 경험하게 되므로 광저해현상의 정도가 커지게 된다. 광저해가 나타나는 데는 약간의 시간지연이 있으며, 노출시간이 경과함에 따라 정도가 심해지게 된다. 또한 온도가 높을수록 정도가 심해지는 것으로 알려져 있다. 낮은 광조건으로 옮겼을 때 회복되는 시간은 강한 광도에 노출된 시간에 비례하여 길어지게 된다. 광저해는 주로 UV에 의해 일어나는 것으로 보이며, 고등식물과 같은 기작으로 일어난다고 가정할 경우 외양해에서는 UV에 의한 효과가 약 50%, 가시영역에 의한 효과가 50%가 될 것으로 추정된다(Kirk, 1994). CDOM의 농도가 높은 연안역에서는 UV의 효과가 상대적으로 줄어들게 될 것이다.

그림 2.41 (a)에서처럼 포화상태의 광합성률을 P_m(광합성 용량, photosynthetic capacity)이라고 한다. P_m은 온도뿐 아니라 영양염 등의 요인에 의해 결정된다(Cullen *et al.*, 1992; Falkowski *et al.*, 1992). 얼마나 빨리 포화상태에 이르는가는 초기 기울기 α에 달려 있다. 이러한 광합성률을 광도의 함수로 표현한 광합성 모형의 예가 표 2.18에 있다. 가장 흔히 쓰이는 모형은 지수함수형으로 광양자가 광계에 흡광되어 일어나는 과정을 푸아송(Poisson) 분포로 가정한 것이다(Cullen, 1990).

α^B와 최대값 P_m^B의(여기서 위첨자 B는 생물량에 대해 표준화한 경우를 의미한다) 값은 대개 일정한 범위를 가진다. P_m^B는 동화수(assimilation number)라고도 한다. α^B는 대개 0.005~0.5mg C (mg Chl-a)$^{-1}$ · (μE m^{-2} s^{-1})$^{-1}$ h^{-1}이며, P_m^B는 대략 0.5~20mg C (mg Chl-a)$^{-1}$ h^{-1}의 값이 일반적이다. 이 매개변수들이 의미하는 바는 다음과 같다.

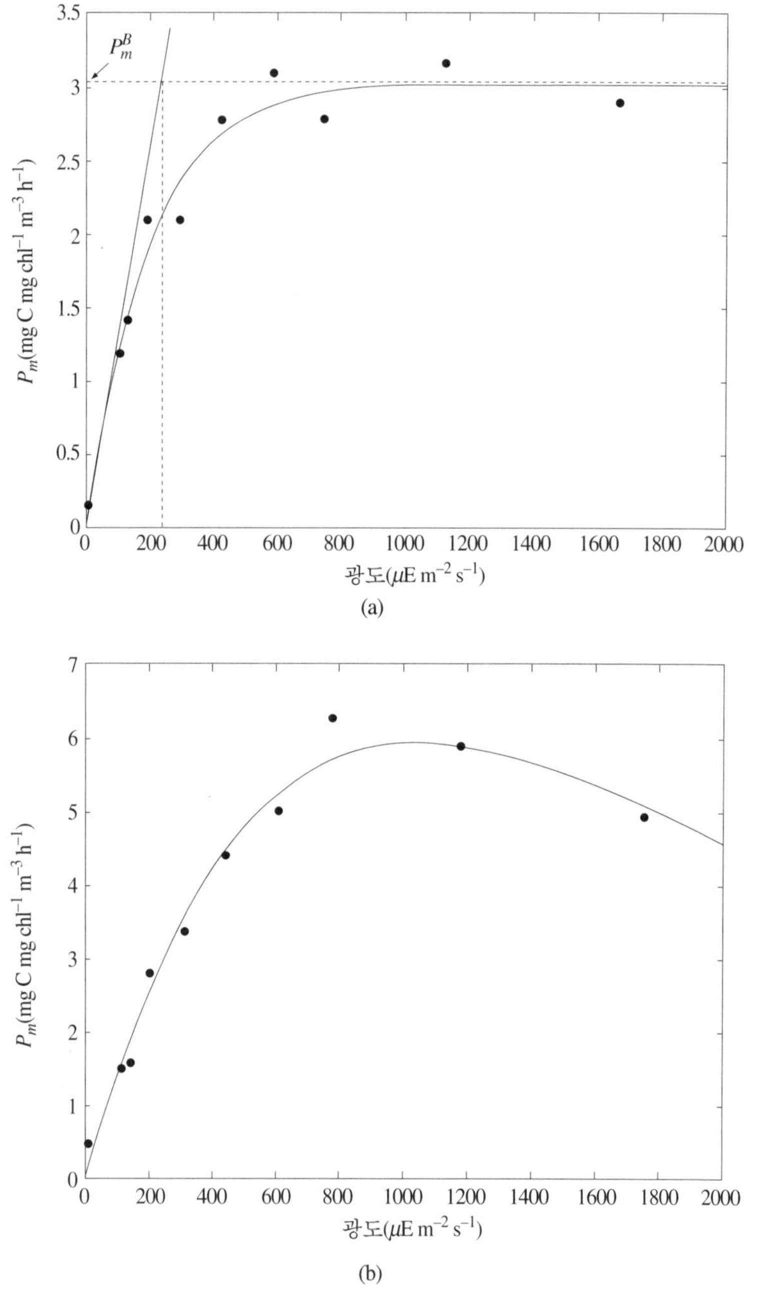

그림 2.41 태안반도 연안에서 측정된 P-I 곡선(유와 신, 1995). (a) 광저해가 없는 경우, (b) 광저해가 있는 경우. 광도의 증가에 따라 동화수가 감소한다.

표 2.18 흔히 쓰이는 광합성 모형 (Falkowski and Raven, 1997)

$P = P_m\left(\dfrac{\alpha E}{P_m + \alpha E}\right)$	직각쌍곡선
$P = P_m\left(\dfrac{\alpha E}{\sqrt{P_m^2 + (\alpha I)^2}}\right)$	이차함수
$P = P_m\left(1 - e^{\alpha E / P_m}\right)$	지수함수
$P = P_m\left(1 - e^{\sigma_{PSII} \cdot \tau \cdot E}\right)$	지수함수
$P = P_m \tanh\left(\dfrac{\alpha E}{P_m}\right)$	쌍곡탄젠트

$$\alpha^B = a^O \phi_m = n\sigma_{PSII}$$

$$P_m^B = \frac{n}{\tau}$$

위에서 a^O는 광학적 흡광단면, ϕ_m은 최대 양자계수, n은 단위엽록소당 PSII의 밀도, σ_{PSII}는 PSII의 광학적 단면(optical cross-section), τ는 전자전달속도(전환율)이다. 즉 초기 기울기는 단위시간당 흡광된 광양자 중 탄소고정에 이용되는 비율이며, 이는 흡광률과 광자효율의 곱이다. P_m^B는 단위시간당 전자가 전달되어 탄소고정이 일어나는 비율이다. 또한 α^B와 P_m^B에서 광적응 변수 I_k를 정의할 수 있으며 다음과 같다.

$$I_k = \frac{\alpha^B}{P_m^B}$$

I_k의 값은 대개 50~500μE m^{-2} s^{-1}의 값을 가진다(Kirk, 1994).

배양법이 가지는 문제는 용기효과(bottle effect)이다. 해수시료의 채취과정에서 아연이나 구리 같은 미량 금속이 용기 안에 유입되어 광합성을 저하할 수 있다(Fitzwater *et al.*, 1982). 이 문제는 특히 빈영양해역에서 심각하다. 배양용기에 해수시료를 넣을 때 식물플랑크톤뿐 아니라 박테리아나 동물플랑크톤이 같이 들어가게 되므로 용기 안에서 광합성과정과 상관 없는 유기물 대사가 일어나는 것도 측정값을 낮추는 오차를 유발한다.

위의 방법들은 용기효과의 영향을 받을 뿐 아니라 배양기간 동안 고정된 수심에만 머무는 등의 인위적 효과가 있고, 배양실험에 있어 시간과 노력이 많이 든다는 문제점이 있다. 자연형광법(natural fluorometry)이나 고속반복형광법(fast repetition rate fluorometry)은 엽록소가 자연광 아래에서 내는 형광을 순간적으로 측정하여 엽록소 밀도나 일차 생산을 추정할 수 있다.

엽록체 내의 광화학계 II에 흡광된 광 에너지는 전자를 흥분시켜 광합성에 이용되지만, 나머지의 일부는 열로 소실되고, 그 나머지는 형광으로 방출된다(Harris, 1980). 자연광 조건하에서 엽록체가 내는 형광은 광합성 및 형광양자수율(fluorescence quantum yield)과 엽록소의 흡광계수에 달려 있으므로 형광을 측정하면 역으로 엽록소 밀도나 광합성을 추정할 수 있다(Kiefer *et al.*, 1989).

자연형광법은 683nm 부근의 빛을 측정하는 것이므로 이 파장대에 영향을 주는 요인은 오차를 유발할 수 있다(Chamberlin *et al.*, 1990). 예컨대 엽록소 밀도가 대략 5mg m^{-3} 이상일 때 형광의 재흡수가 커지고, 무기성 부유물질은 산란을 많이 하므로 표층의 적색광에 영향을 미칠 수 있다.

자연형광은 위에서 언급한 단점 이외에도 광합성과정의 속도를 결정하는 전자전환율 τ를 측정할 수 없다는 제한점이 있다. 고속반복형광법은 가장 최근에 개발된 방법으로(Kolber and Falkowski, 1993) 이러한 점을 보강한 방법이다. 엽록소에 강한 빛을 가하면 반응중심(reaction center)이 광양자를 흡수하므로 이 에너지가 전자전달계로 넘어가는 짧은 순간 동안 다른 광양자에 대해 '닫혀 있게' 된다. 수십 ms의 짧은 간격으로 연속해서 섬광을 주게 되면 점차적으로 많은 반응중심이 닫혀 가게 되어 형광이 증가하게 된다. 이때 형광증가곡선의 기울기와 형태에서 양자효율(quantum efficiency), σ_{PSII}, τ 등을 계산해 낼 수 있다.

5.2.2.2 물기둥 일차 생산의 추산

물기둥 내에서의 광합성은 각 수심에서 일어나는 광합성의 합이다(그림 2.42). 따라서 물기둥 내의 광합성은 수심에 대해, 그리고 일출에서 일몰까지의 시간에 대해 적분하여 구하게 된다. 파장에 따라 광합성 효율이 달라지므로 광질의 변화도 고려할 수 있다.

면적당 광합성은 물기둥 내에 들어온 광량과 물기둥 내의 식물플랑크톤 군집의 광합성에 비례한다. 물기둥 내의 광량을 적분하면 K_d에 비례하므로 엽록소 밀도가 수심에 관계없이 일정하다고 가정하면, 면적당 광합성을 P_A로

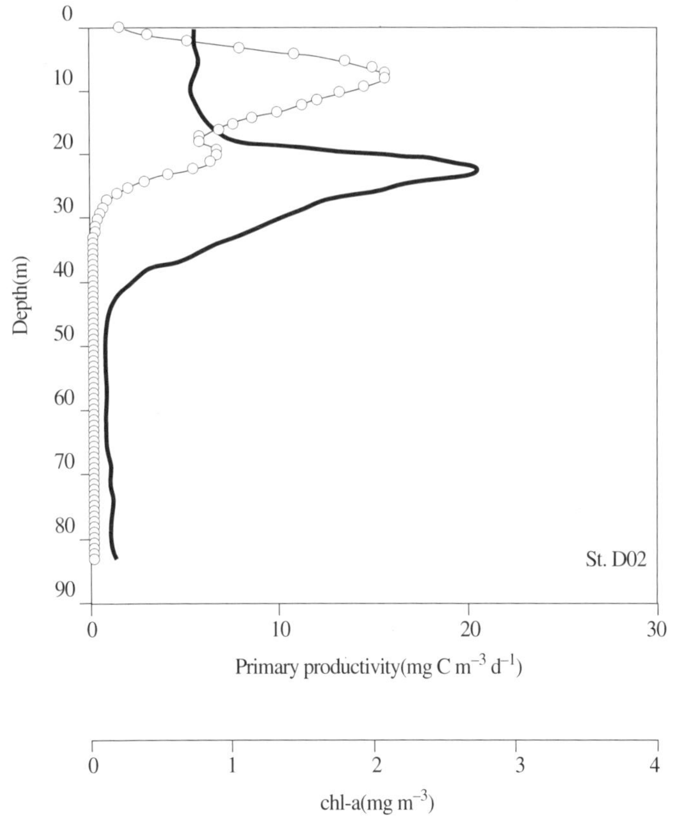

그림 2.42 동중국해에서 측정된 엽록소와 일차 생산(유, 미발표 자료). 실선은 엽록소 농도, 동그라미는 일차 생산이다. 엽록소 농도는 저층에서 더 높으나 광량은 지수적으로 감소하므로 표층의 일차 생산이 더 크다.

표기하면 다음과 같이 나타낼 수 있다(Ryther and Yentsch, 1957).

$$P_A = a\frac{P_m}{K_d} = a\frac{B_C P_m^B}{K_d}$$

여기서 a는 광량에 대한 광합성의 비례상수이고, B_c는 엽록소 밀도이다. a값은 경험적으로 도출하였다. Talling(1957)은 a를 표층광량과 매개변수 I_k의 함수로 다음과 같이 표시하였다.

$$P_A = \frac{B_C P_m^B}{K_d} \ln\left[\frac{E_d(0)}{0.5I_k}\right]$$

여기서 $E_d(0)$은 표층의 PAR이며, 위 식은 비교적 광범위한 자료에 잘 맞았다. 위 식은 시간당 일차 생산이므로 하루 중 일차 생산은 위 식을 일광시간(D)으로 곱해 주면 된다. 하루 중 광량이 변하므로 이를 고려해 보정해 주면 된다. Talling은 다음과 같이 위 식을 변형하였다.

$$daily\ \ P_A = 0.9D\frac{B_C P_m^B}{K_d} \ln\left[\frac{E_d(0)}{0.5I_k}\right]$$

위 식은 가장 단순한 형태의 모델로 수심별로 일정한 엽록소 분포, 광질(분광구성), 하루 중 일정한 광량을 가정하는 것이다. 이 요인들은 일정하지 않다. 예를 들어 성층이 일어난 경우 대개 저층에 엽록소 최대층이 형성된다(Cullen, 1982). 이러한 요인들을 변수로 하면 크게 네 가지의 적분방식이 가능하다. Behrenfeld and Falkowski(1997)는 이러한 적분방식에 따라 기존의 일차 생산모델을 크게 네 가지로 분류하고 있다(표 2.19). 시간이 적분된 형태인 III, IV 유형에서는 호흡이 암시적으로 포함되어 있다. 최 등(1988)은 유형 III의 방법을 써서 황해 중서부 해역의 연간 일차 생산력을 141g C m^{-2} yr^{-1}로 추정하였다.

표 2.19 적분방식에 의한 순일차 생산모델의 분류 (Falkowski and Raven, 1998)

I. 파장분해모델(생물광학적 모델)

$$NPP = \int_{\lambda=400}^{700}\int_{t=sunrise}^{sunset}\int_{Z=0}^{Z_{eu}} \Phi(\lambda,z)\cdot PAR(\lambda,t,z)\cdot a^*(\lambda,z)\cdot Chl(z)d\lambda\ \ dt\ \ dz - R$$

II. 파장적분모델

$$NPP = \int_{t=sunrise}^{sunset}\int_{Z=0}^{Z_{eu}} \Phi(z)\cdot PAR(t,z)\cdot Chl(z)dt\ \ dz - R$$

III. 시간적분모델

$$NPP = \int_{Z=0}^{Z_{eu}} P^B(z)\cdot PAR(z)\cdot DL\cdot Chl(z)dz$$

IV. 수심적분모델

$$NPP = P_{opt}^B \cdot PAR(0)\cdot DL\cdot Chl\cdot Z_{eu}$$

5.2.3 원격탐사

지금까지 한 정점에서 어떻게 일차 생산을 추정하는지를 살펴보았다. 해양 일차 생산의 추정에 있어 근본적인 문제점은 이러한 점 측정의 결과를 어떻게 시 · 공간적으로 외삽, 내삽하는가 하는 문제이다.

해양에서의 일차 생산의 특징은 비교적 적은 양의 단세포 식물에 의해 이루어진다는 점과 따라서 시 · 공간적 변이가 크며 전환율이 매우 크다는 점이다. 즉 생물량과 일차 생산력이 불과 며칠의 기간 동안 완전히 달라질 수 있다(Parslow and Harris, 1990).

식물플랑크톤은 빠르면 하루에 한 번 이상 분열하므로 개체수의 변동은 하루~수일의 규모에서 공간적으로는 수백 m에서 수백 km에 걸쳐 일어나게 된다. 식물플랑크톤 개체군이나 군집의 변동을 이해하고 예측하기 위해서는 이러한 변동규모에 따른 적절한 규모에서 관측이 이루어져야 한다. 따라서 식물플랑크톤을 1개월이나 계절간격으로 관측해서는 이들의 변화양상과 요인을 충분히 파악할 수 없다. 조사선에 의한 전통적인 조사방법은 시간적으로나 공간적으로 제한되어 조사선에 의한 해양조사만으로는 해양의 생태학적 과정이 일어나는 시간적 · 공간적 규모범위의 조사가 어렵게 된다. 따라서 광역을 동시에 관측할 수 있는 방법이 필요하며 원격탐사를 활용할 수 있다. 원격탐사는 시료를 채취하지 않고 대상 물질의 특성을 감지하는 기술을 말한다(유와 정, 1999).

1970년대 말에 시작된 지구관측위성에 의한 해양관측은 관측기술의 새로운 지평을 열었다. 극궤도위성은 지구를 한 바퀴 도는 데 약 100분 정도 걸린다. 해양관측위성이 지구 표면 전체를 훑는 데는 수일이면 족하다.

일차 생산을 결정하는 기본요인 중 엽록소 밀도, 일사량, 수온 등은 인공위성 관측이 가능하다(Lewis, 1992). 표층수온(sea surface temperature: SST)은 지표면이 방출하는 열복사 에너지가 가장 큰 10~13μm 부근의 원적외선대를 측정한다. NOAA 위성의 AVHRR 같은 센서가 그 예이다. 원적외선은 해수 표면의 0.02mm의 박막에서 나오므로 SST를 표면온도(skin temperature)라고도 한다. 그림 2.43은 한반도 주변의 SST 분포를 보여 주고 있다.

해수와 같은 수체에는 물분자뿐 아니라 식물플랑크톤 세포, 광물입자, 유기물 등을 포함하고 있으며 각각의 성분의 양에 따라 수색이 달라지게 된다.

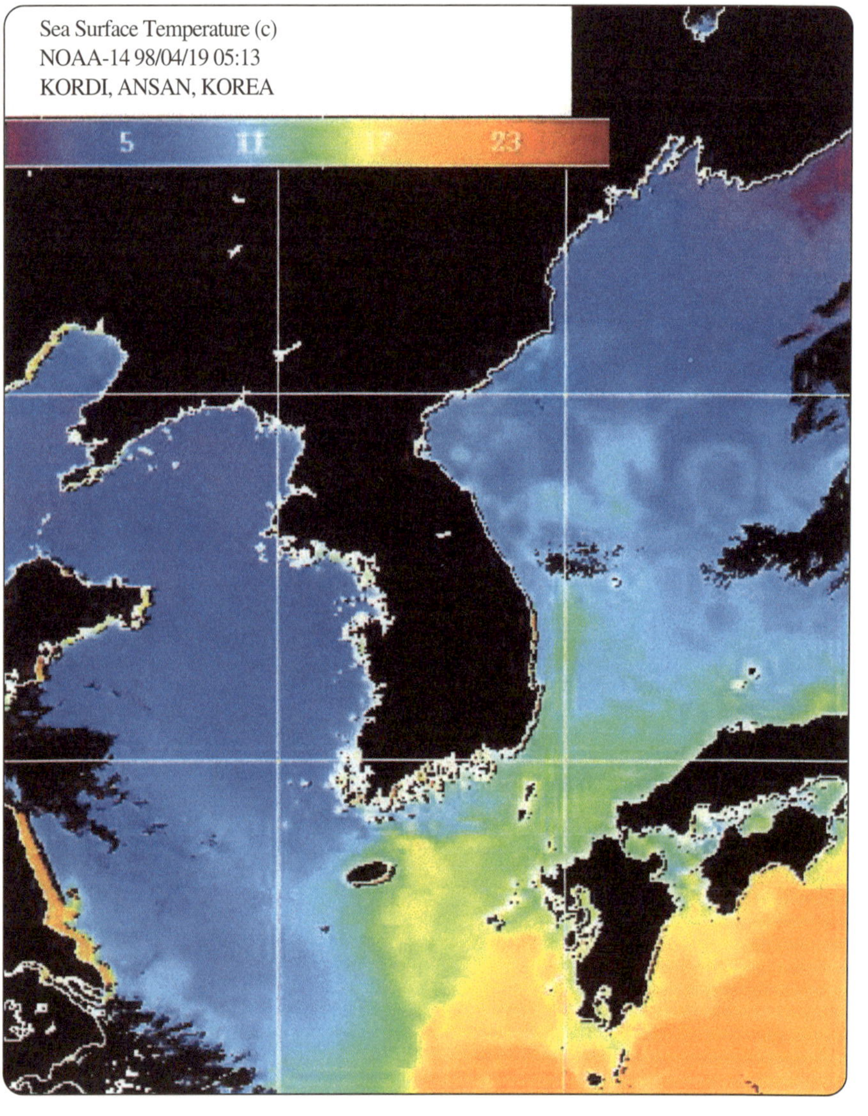

그림 2.43 1998년 4월 19일자 한반도 주변해역의 표층수온분포. 대마난류와 동중국해 대륙붕수사의 전선과 동해 극전선을 볼 수 있다.

물질의 분자구조에 따라 파장에 있어 선택적인 흡광과 산란이 일어나게 된다. 가시영역(400~700nm)에서 물질들이 색깔을 띠는 것은 이러한 선택적 흡광과 반사의 결과이다. 미세한 해색의 차이를 센서로 감지하여 색의 변화에서 식물농도의 변화를 추산하는 것을 해색원격탐사(ocean color remote sensing)

라고 한다. 센서를 항공기나 인공위성에 실어 다양한 공간범위와 주기로 엽록소를 관측할 수 있으며, 대개 수십 m~1km 정도의 해상력을 얻을 수 있다(유와 정, 1999). SST와는 달리 해색은 소광계수의 역수에 해당하는 깊이의 정보를 가지고 있다. 예컨대 세키(Secchi) 투명도가 10m인 바다에서는 표층 7m의 엽록소 밀도를 관측할 수 있다.

센서에 관측된 광량에서 엽록소 밀도를 추정하는 계산과정을 알고리듬이라고 하며, 대기보정 알고리듬(atmospheric algorithm)과 수중 알고리듬(in-water algorithm)이 있다. 인공위성센서에서 관측된 신호에는 해색보다 5~10배 큰 대기잡음이 포함되어 있어 대기보정은 매우 중요하다. 해색관측에는 400~1,000nm 중 20nm 이하의 좁은 폭을 가지는 여러 개의 파장대가 이용된다. 이 중에서 600~1,000nm에 속하는 밴드들은 대기보정에, 400~600nm에 속하는

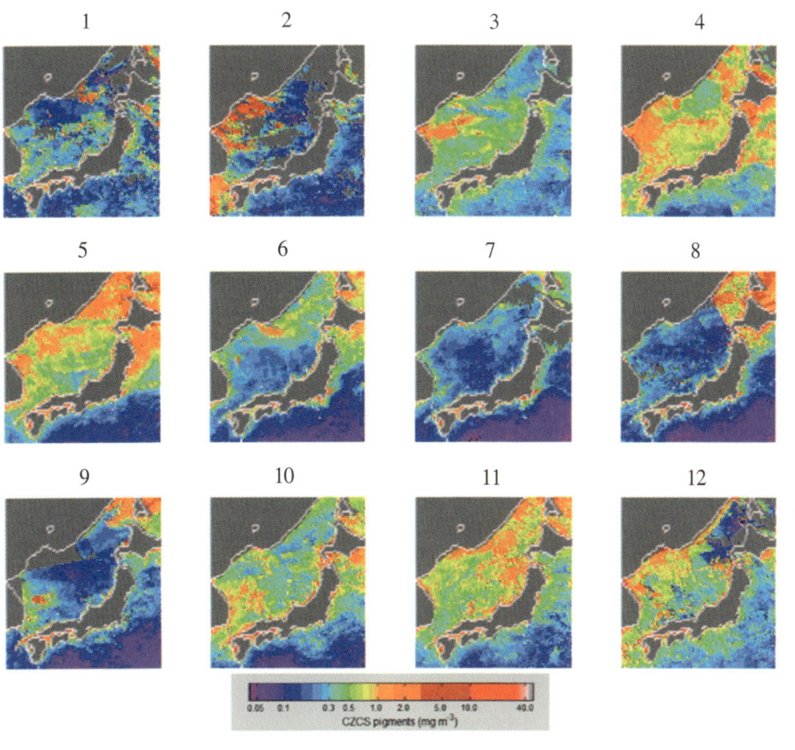

그림 2.44 CZCS 자료에 의한 1979~1985년 간의 평균 엽록소 분포(유와 손, 1998; CZCS 자료는 미국 NASA/DAAC에서 제공)

밴드들은 해양정보의 분석에 이용된다.

그림 2.44는 1978년에 발사되어 1986년까지 작동한 최초의 해색센서인 CZCS(Coastal Zone Color Scanner)가 관측한 동해의 월별 엽록소 분포이다(유와 손, 1998). Beherenfeld and Falkowski(1997)는 8년간의 CZCS 자료를 써서 전세계 해양의 연간 탄소고정량을 43.5Pg C yr^{-1}로 추정하였다. Sathyendranath *et al.*(1991)은 CZCS와 AVHRR 자료를 이용하여 대서양에서의 일차 생산과 신생산을 추정하였다. 이들은 CZCS에서 엽록소 농도를 구하고, AVHRR 자료에서 얻은 표층수온에서 f-비율(f-ratio)을 구하였다.

1996년 8월에 발사된 일본 지구관측위성 ADEOS에 해색수온센서 OCTS(Ocean Color and Temperature Sensor)가 실려 1997년 6월까지 작동되었고, 1997년 8월에 미국 NASA에서 해색위성센서 SeaWiFS(Sea-viewing Wide Field-of-view Sensor)를 발사하여 현재 작동중에 있다. 1999년에 발사된 한국의 다목적 위성에도 해색센서인 OSMS(Ocean Scanning Multispectral Scanner)가 실리는 등 해색자료의 활용이 현실화되고 있다.

6. 일차 생산을 지배하는 요인들

6.1 빛

6.1.1 태양 에너지

지구는 태양에서 적당한 거리에 있어 생명을 유지하기에 적절한 양의 복사 에너지를 받고 있다. 지구에 사는 생물의 대부분은 생존에 필요한 에너지를 태양에 의존하고 있다. 태양에서 핵융합반응 때 나오는 에너지가 복사 에너지로 지구까지 전달된다. 태양 에너지는 태양에서 일어나는 핵융합반응에서 나오는 전자기파이다. 이 전자기파는 덩어리 같은 단위로 되어 있어 광양자라고도 부른다. 태양 내부에서는 4개의 수소원자가 융합하여 하나의 헬륨 원자로 되는 과정에서 에너지가 광양자(photon, 光量子)와 중성미자의 형태로 방출된다. 광양자는 전자기파이므로 파장에 따라 가지는 에너지는 다음과 같이 표현된다.

$$E = h\frac{c}{\lambda}$$

E는 에너지, h는 플랑크 상수(6.63×10^{-34}W s^2), c는 광속, λ는 파장이다. 즉 에너지는 파장에 반비례한다. 에너지가 큰 감마선은 태양 내부에서 밖으로 나올 때 대부분 흡수되어 태양 표면에서 방출되는 광량자는 주로 가시영역에 속하는 것이다.

지구대기 밖에 도달하는 태양의 복사에너지는 태양-지구 평균거리를 기준으로 연평균 1,373W m^{-2}이며, 이를 태양상수라고 한다(Kirk, 1994). 태양상수는 비교적 일정한 값을 가지며 연중 변동도 대략 50W m^{-2} 정도에 불과하다. 이 에너지를 파장별로 보면 50%는 가시영역(파장 400~700nm), 40%는 자외선대(400nm 이하), 10%는 적외선대(700nm 이상)이다. 자외선대는 UV-A (400~320nm), UV-B(320~280nm), UV-C(< 280nm)로 나눈다(Falkowski and Raven, 1997). 햇빛은 해수면에 도달할 때까지 오존층과 대기층의 수증기나 기타 기체에 의해 흡광 또는 반사되어 감소하게 된다. 해수면에서의 태양광의 분광분포는 그림 2.45와 같다. 자외선은 오존층에서 많이 흡수되지만 최근 오존층의 희석으로 지구 표면에 도달하는 자외선대의 양이 늘고 있으며, 특

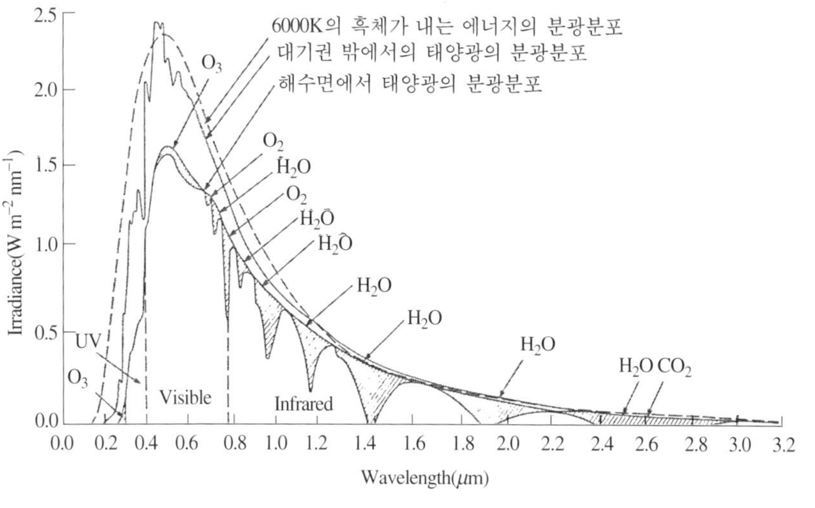

그림 2.45 태양 복사 에너지의 분광분포. 대기권 밖에서와 해수면에서의 복사 에너지 분포와 6000K 흑체의 복사 에너지 분포를 비교하였다(Kirk, 1994).

히 UV-B의 증가가 식물플랑크톤에 미치는 영향이 큰 것으로 알려져 있다 (Falkowski and Raven, 1997).

자외선 중 파장이 가장 짧은 UV-C는 성층권을 지날 때 산소에 의해 대개는 흡수된다. UV-B 역시 오존에 의해 대부분 흡수되나 근래에 와서 할로겐 화합물에 의해 오존층이 얇아져서 지상에 떨어지는 UV-B의 강도가 증가하는 것이 심각한 환경문제로 대두되고 있다. 특히 남극 상공의 오존층에 구멍이 생긴 것이 인공위성에 의해 관측되고 있다. UV-B는 에너지 준위가 높아 분자의 이온화를 일으키므로 DNA 염기배열의 이상을 초래할 수 있어 생체에 피부암과 같은 문제를 일으킬 수 있다. 남빙양에서는 20m까지도 상당량의 UV-B가 들어가는 것이 관찰되었다. 식물플랑크톤에는 광화학계 II와 DNA를 파괴하는 것으로 알려져 있고, UV-B의 증가는 광합성을 저해하는 것이 보고되었다. 식물플랑크톤은 보조색소로 UV-B를 차단하는 기능을 가지고 있다. UV-B의 증가가 기초생산을 저해하여 해양생태계에 영향을 미칠 것을 우려하기도 하나, 아직 구체적인 증거는 없으며 더 많은 연구가 필요하다.

광합성에는 주로 300~720nm의 빛이 이용되는데 이를 PAR(photosynthetically active radiation: 광합성 유효광)이라고 하며, 이 중 식물에 의해 흡수된 빛 에너지를 PUR(photosynthetically usable radiation: 광합성 사용광)이라고 한다. 400~700nm 범위 밖의 빛분포는 비교적 적고 바닷물 속에서 급격히 흡수되므로 바다에서의 PAR은 실질적으로는 400~700nm의 빛을 의미한다. PAR은 해수면 위에 도달한 태양 에너지의 약 44% 정도를 차지한다.

6.1.2 빛의 측정

빛의 세기를 재는 방법은 세 가지로서 에너지, 광양자, 조도를 재는 것이다. 에너지를 재는 방법은 가시영역 내외의 전 파장영역에서 측정이 가능하며, 측정단위로는 watts sec^{-1}, erg, g-cal 등의 에너지 단위가 쓰인다. 에너지를 재는 계기를 복사계(radiometer)라고 한다. 파장별로 에너지를 측정하는 계기를 분광복사계(spectroradiometer)라고 한다. 같은 양의 에너지라도 파장이 짧을수록 광양자 수는 적어지므로 에너지를 재는 것만으로는 광양자의 양을 알 수 없다. 그러나 광합성과 같은 광화학적 작용은 에너지보다는 광양자 수에 좌우되므로 에너지보다는 광양자량을 재는 것이 더 의미가 있을 수 있다. 1몰의 광양자, 즉 6.02×10^{23}개의 광양자를 1Einstein(1E)이라고 한다. 광양자의 양을 재는 기구를 광양자계(quantum meter)라고 한다.

단위면적의 표면에 복사되는 빛의 세기를 평면 피복사도(plane irradiance)라고 하며, 이는 코사인 법칙을 따른다. 평면 피복사도는 W m^{-2}, g-cal cm^{-2} d^{-1}, μE m^{-2} s^{-1} 등으로 표시한다. 스칼라 피복사도(scalar irradiance)는 공간의 한 점에 조사되는 광량이며 빛의 입사각도에 영향을 받지 않는다(Kirk, 1994). 식물플랑크톤은 수중에서 빛에 대해 무작위적 방향을 가지므로 식물플랑크톤이 받는 광밀도는 스칼라 피복사도가 된다. 1g-cal cm^{-2}는 1 ly(langley, 랭글리)라고 한다. 맑은 날 지구 표면에 떨어지는 광량은 계절과 위도에 따라 다르나 연중 50~700 ly d^{-1} 정도이다.

조도는 인간의 눈에 느껴지는 밝기의 정도를 의미한다. 조도는 조도계(photometer)로 간편하게 잴 수 있고, 단위로는 룩스(lux: lx)를 쓴다. 조도계로 측정하는 빛은 400~750nm 파장대 영역을 포함하며, 최대 감도는 555nm 부근이며 그 양쪽으로 갈수록 낮아진다. 따라서 조도는 실제의 복사 에너지와 다르며, 광원이 달라지면 빛의 세기를 비교하기가 어려운 단점이 있다.

과거에는 광양자계나 복사계가 보편화되지 않아 조도계가 많이 쓰였으나, 현재는 광양자계나 복사계가 상용화되어 있어 손쉽게 구할 수 있으므로 과학적 측면에서 가급적 조도계보다 광양자계나 복사계를 쓰는 것이 바람직하다. 조도, 복사 에너지, 광양자량은 빛의 파장분포에 따라 달라지므로 변환치(conversion factor)는 일정하지 않다.

해수면에서의 일광은 기상조건에 관계없이 1W = 4.6μE m^{-2} s^{-1}의 변환값을 적용할 수 있으며 오차는 수 %이다(Morel and Smith, 1974). 일광에 대한 복사도, 조도, 광양자값 사이의 관계는 다음과 같다.

$$1\text{W m}^{-2} \simeq 4.6\mu\text{E m}^{-2}\text{ s}^{-1}$$

$$1\text{ lx} \simeq 6 \times 10^{-6}\text{ ly min}^{-1}$$ (Parsons *et al.*, 1984b)

$$1\text{W m}^{-2} \simeq 240\text{ lx}$$

$$1\mu\text{E m}^{-2}\text{ s}^{-1} \simeq 52\text{ lx}$$

백색 형광등(cool white)의 경우 다음과 같이 변환된다.

$$1\text{ lx} \simeq 5 \times 10^{-6}\text{ ly min}^{-1}$$ (Parsons *et al.*, 1984b)

$$1\text{W m}^{-2} \simeq 287\text{ lx}$$

$$1\mu\text{E m}^{-2}\text{ s}^{-1} \simeq 63\text{ lx}$$

광학적 특성이 다른 다양한 해수 내에서도 복사도와 광량은 ±10% 내의 오차로 1W m^{-2} = 4.15μE m^{-2} s^{-1}의 값을 적용하여 변환할 수 있다(Morel and Smith, 1974).

6.1.3 수중에서의 빛의 변화

해수면에 도달한 햇빛은 일부가 수면에서 반사되고(해수면이 잔잔할 때는 수 %, 파도가 심할 때는 약 30%까지), 물 속에 들어간 빛은 해수 자체와 기타 용존물질, 부유물질 등에 의한 흡광과 산란으로 인하여 수심이 깊어지면서 점차 약해지게 되며, 이는 Lambert-Beer의 법칙에 따른다. 즉,

$$I_z = I_o \times e^{-kz}$$

이다. 여기서 I_o는 표층의 광도, I_z는 깊이 z에서의 광도이고, k를 소광계수(extinction coefficient 또는 beam attenuation coefficient)라고 한다.

수중에서 빛의 성질은 물분자와 기타 수중성분의 흡광과 산란특성에 따라 결정된다. 흡광은 주로 해수, 엽록소와 같은 식물색소, 유색 용존유기물(colored dissolved organic matter) 등에 의해 일어나며 이들의 분광특성은 각기 다르다(그림 2.46). 해수는 주로 적색대에서 흡광을 하며 엽록소는 443nm, 675nm 부근에서 양봉형의 흡광특성을 가진다. 용존유기물은 짧은 파장대로 갈수록 흡광이 지수적으로 증가한다.

결과적으로 물 속의 성분에 따라 소광계수는 파장별로 크게 달라진다. 비교적 맑은 대양에서는 해수가 광학특성을 좌우하므로 청색대 400~500nm(최대점 480nm)에서 가장 적게 흡광된다. 청색대의 빛이 가장 깊은 곳까지 들어가며 반사산란(backscatter)이 크다. 바닷물이 푸르게 보이는 것도 이 때문이다. 연안역에서는 부유입자와 유기물의 흡광과 산란에 의해 최대 투과파장이 더 긴 쪽, 즉 녹색이나 황색 쪽으로 이동하게 되며 투과광량도 크게 줄어들게 된다. 그림 2.47은 경기만에서 측정된 각 파장대에서의 수중의 빛의 변화이다. 불과 6m 깊이에서 표층광도의 1/100~1/1,000까지 감소하는 것을 볼 수 있다. 가장 빨리 감소하는 파장은 412nm로, 이는 용존유기물과 부유사의 흡광 때문이다. 반면에 물 자체의 흡광률과 유기물의 흡광률이 비교적 낮은 555nm대가 가장 감소율이 낮다.

엽록소는 청색대와 적색대에서 선택적으로 흡광하므로 비교적 흡광이 없는

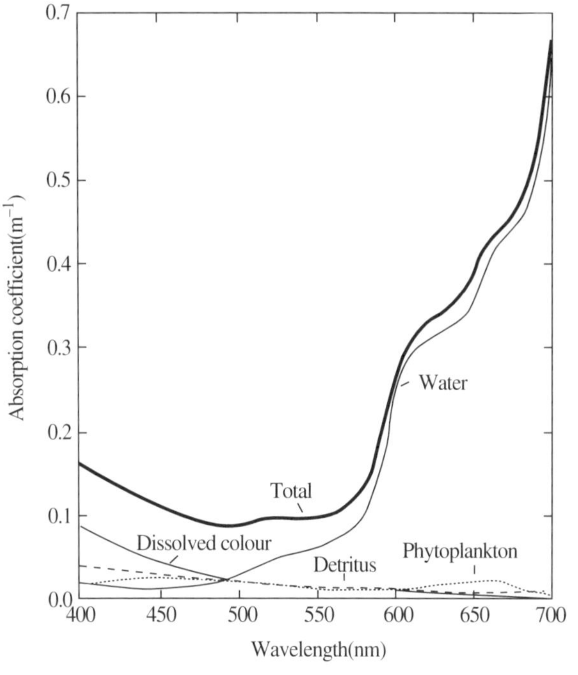

그림 2.46 생산적인(엽록소 a 농도 1mg m^{-3}) 원양 해수의 흡광계수(Kirk, 1994). 각 구성성분에 의한 흡광계수도 함께 표시하였다.

녹색대와 광량을 비교하면 엽록소의 양을 알 수 있다. 이러한 원리를 이용하여 비행기나 인공위성에서 해양의 엽록소 수평분포를 측정하는 것이 해색원격탐사이다. 소광계수의 측정은 특히 물기둥 전체의 광합성량을 추정하거나 물의 탁도를 측정하기 위해 필요한데, 광양자계 등을 써서 수심별 광량을 직접 측정하여 위의 식에서 구하면 된다. 기초생산의 추정에 필요한 PAR의 소광계수, 즉 KPAR는 아래 식에 의해 추산이 가능하다(Kirk, 1994).

$$K_D(PAR) = K_W + K_G + K_{TR} + K_{PH}$$

측정계기가 없을 경우 세키 투명도판(secchi disk)을 이용하여 다음의 경험식에서 계산하기도 한다.

$$K_{PAR} = \frac{1.7}{D_s}$$

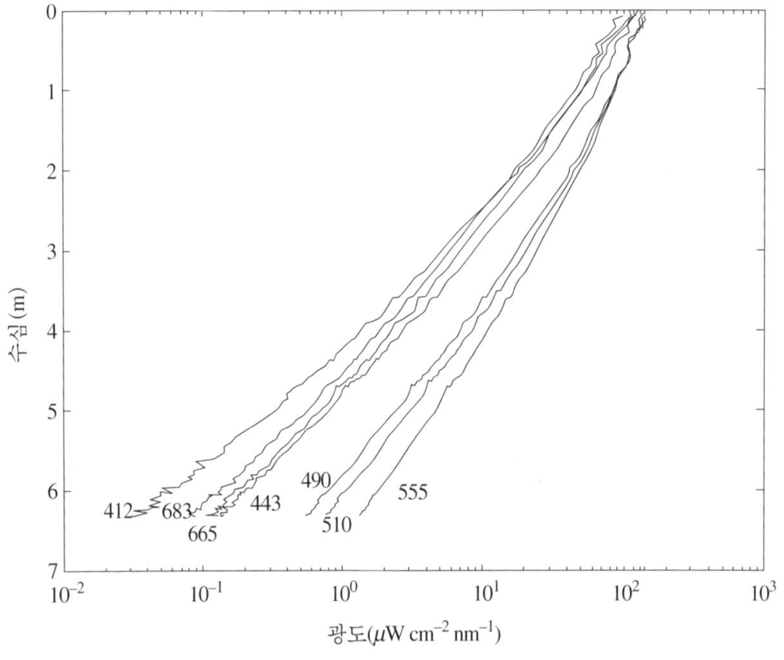

그림 2.47 경기만에서 측정된 K_D(유, 미발표 자료)

여기서 D_s는 세키깊이이고, 탁도가 심할 때는 1.7 대신 1.4를 쓸 수 있다. 위의 관계식은 정확도가 낮으므로 가급적 수중 복사계나 광양계로 측정하는 것이 바람직하다.

6.2 수온

온도는 모든 식물에 있어 광합성 속도를 조절하는 중요한 요인이다. 식물 플랑크톤은 고등식물을 연구대상으로 할 때 발생할 수 있는 복잡성이 없어, 온도에 대한 기본적인 광합성 반응들을 연구하는 이상적인 연구재료이다. 게다가 조류는 광합성 식물이 서식할 수 있는 춥고 더운 어떤 환경조건에서도 존재할 수 있다. 예를 들면 남 · 북극의 빙하에 존재하는 조류는 –2°C의 온도에서도 순생산을 할 수 있고, 남극의 토양 내에 존재하는 조류는 –7°C의 낮은 온도에서도 광합성을 유지할 수 있다. 반면, 온천에 존재하는 호온성의 남조류는 75°C에 이르는 고온에서도 광합성을 할 수 있다. 조류는 서식지 차이에 따른 평균수온의 차이 외에도 조석에 의하여 야기되는 수직 · 수평적인 빠른 변동, 해류들의 특징인 일변동, 계절에 따른 변동, 온실효과와 같은 인류의 영향이나 자연적인 기후순환에 의한 연변동 등 많은 다른 시간규모의 수온변동을 겪는다. 자연환경에 대한 식물플랑크톤의 반응을 완전히 이해하기 위해서는 수온환경에 대한 이상의 모든 측면들을 고려하여야 한다.

식물플랑크톤은 분류군이 다양하고 서식지도 매우 넓기 때문에 여기에서는 식물플랑크톤에 대한 온도효과를 아래의 세 가지 측면에서 살펴보았다.: 1) 광합성 대사에 대한 단기간 영향, 즉 조류가 고온 또는 저온에 갑자기 노출되었을 때의 광합성 반응, 2) 다른 수온에서의 성장에 따른 광합성 대사의 표현형 변화, 3) 다른 수온환경에 서식하는 조류간의 유전자형 차이.

6.2.1 광포화조건에서 광합성에 대한 온도의 단기간 영향

광포화상태에서 온도에 대한 식물플랑크톤의 전형적인 반응은 온도의 증가에 따른 광합성 활동의 증가로 나타난다. 광합성에 의한 탄소동화작용은 효소에 의하여 조절되는 반응이기 때문에 온도에 크게 의존한다. 분자간의 충돌에 의존하는 이러한 효소촉매반응의 온도에 대한 민감성은 고전적으로 Arrhenius 수식으로 설명하고 있다.

$$k = Ae^{-E_a/RT}$$

여기에서 k는 반응속도, A는 기질의 농도, E_a는 반응에 요구되는 최소 에너지(activation energy), R은 Boltzmann의 기체상수, T는 절대온도이다. 이 Arrhenius 수식을 온도에 대하여 적분하면 아래와 같이 정리할 수 있다.

$$\log k_1 / k_2 = E_a / (2.3R)[(T_2 - T_1) / T_2 T_1]$$

여기에서 k_1, k_2는 각각 온도 T_1, T_2에서의 반응속도이다. 10°C 온도차에 대한 반응속도의 비(Q_{10})는 종종 이러한 온도의 효과를 기술하는 데 유용하게 이용된다. 만약 수온에 대한 반응함수가 직선인 구간에서 수계 내 광합성 생물이 수분 내의 빠른 수온변화를 겪는다면, 광포화상태에서 최대 광합성률은 10°C 온도변화에 대하여 약 2배 정도의 변화를 보인다($Q_{10} \fallingdotseq 2$). Eppley (1972)는 다양한 담수 조류와 해수 조류의 비연속배양에서 획득한 성장률과

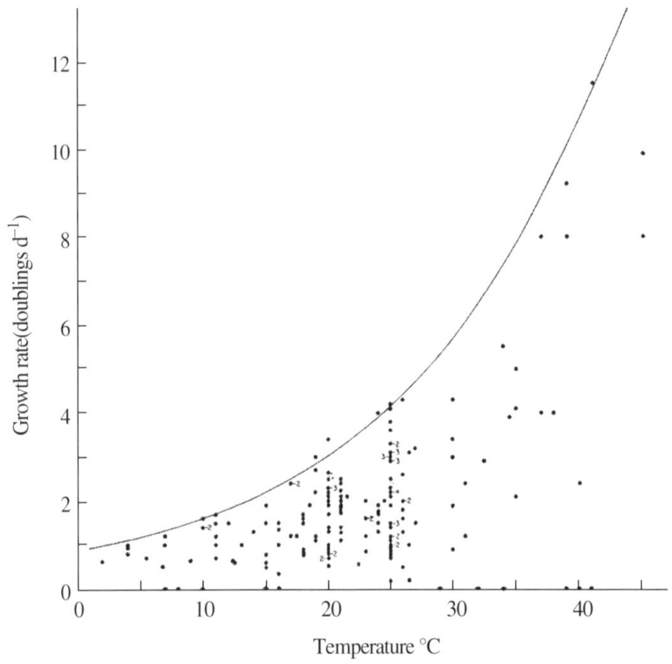

그림 2.48 비연속배양에 의한 담수 · 해수 조류의 상대성장률에 대한 온도의 영향

온도에 대한 자료를 정리하여, 조류의 최대 성장률은 0°C에서 40°C 사이의 온도범위에서 아래와 같은 경험식을 가지는 것으로 보고하였다(그림 2.48).

$$\mu = 0.851(1.066)^t$$

여기에서 μ는 최대 성장률이고, t는 수온이다. 이 수식에 따르면 Q_{10}은 1.88이다. 이에 대하여 Goldman and Carpenter(1974)는 연속배양을 통하여 획득한 자료를 정리하여 그림 2.49와 같은 조류 성장률의 온도 의존성을 확인하였으며, 이때 Q_{10}값은 2.08인 것으로 나타났다. 하지만 위의 결과들과는 달리 Q_{10}값이 2와 크게 다른 경우도 보고되고 있는데, Verity(1981)는 돌말류인 *Leptocylindrus danicus*의 광합성에 대한 연구에서 Q_{10}값이 5.4에 이르는 높은 값을 가지는 것으로 보고하였다. 식물플랑크톤의 광합성 활동은 넓은 수온범위에 대하여 반드시 지속적으로 증가하는 관계를 가지는 것은 아니다. 일반적으로 최적온도에 이를 때까지 계속 증가하다가, 그 이상의 온도에 이르면

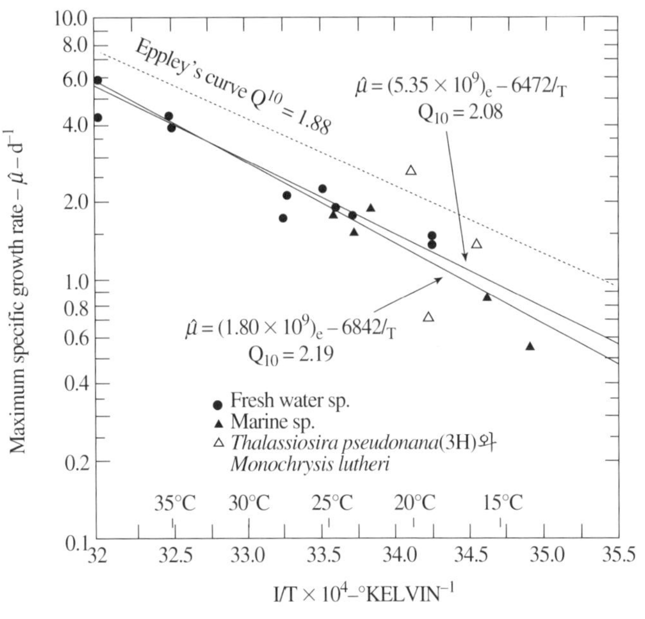

그림 2.49 연속배양에 의한 담수 · 해수 조류의 상대성장률에 대한 온도의 영향

빠르게 감소한다. 일부 호온성 종을 제외하면 30~35°C 이상의 온도에서 식물플랑크톤 활성의 감소가 나타나며, 극지방에 서식하는 일부 종의 경우에는 이보다 훨씬 낮은 수온에서 활성이 감소한다.

광포화상태에서 광합성을 제한하는 요인은 광합성-온도곡선의 부위에 따라 다르다. 광합성의 속도는 전자전달계나 탄소대사의 여러 측면에서 제한받는 것으로 여겨지는데, 탄소대사에서 속도를 제어하는 요인들로는 Rubisco (ribulose-1, 5-biphosphate carboxylase oxygenase)에 의한 탄소의 고정이나 sucrose의 합성속도를 들 수 있다. Sucrose의 합성속도는 엽록체로 이송되는 무기인의 양을 조절하여 결국 ATP의 재생산속도를 조절하는 역할을 한다. 효소촉매반응의 속도(υ)는 일반적으로 Michaelis-Menten 수식을 따르는데, 최대 반응속도(V_{max})와 Michaelis 상수(K_m) 그리고 기질농도([S])에 의존한다.

$$\upsilon = V_{max} \frac{[S]}{(K_m + [S])}$$

따라서 속도제한효소에 대한 온도의 영향을 고려할 때, 온도에 크게 의존하지만 온도와 무관하게 나타나는 V_{max}와 K_m의 반응을 고려하는 것도 중요하다. 게다가 확산, 세포 내 pH와 같은 물리적 과정들이나 다른 효소들에 대한 온도의 효과는 효소의 활성에 직접 영향을 미치기도 하지만 효소의 지질농도에 대한 영향을 통하여 간접적인 영향을 주기도 한다. 만약 기질농도가 충분히 낮고 불포화상태에서 온도가 감소하면 기질농도에 대한 친화력을 증진시켜 온도 의존성을 감소시킴으로써 V_{max}의 감소를 보상할 수 있다. 이러한 반응들은 남극 돌말류의 Rubisco에서 보고되었다. 무기탄소의 이용도도 광합성-온도반응의 형태에 영향을 미칠 수 있다. 비록 무기탄소의 흡수에 대하여 충분하게 이해되지는 않았지만, 광합성 속도를 전반적으로 조절할 수 있는 온도에 민감한 과정들로는 확산, 탄산탈수효소의 활성, 엽록체 막이나 plasmalemma를 가로지르는 HCO_3^-의 능동수송(active transport) 등을 들 수 있다.

낮은 온도는 전자전달이나 탄소고정과정에서 빛을 이용할 수 있는 능력을 떨어뜨리는데, 그 결과로 나온 여분의 빛 에너지는 PSII 기구에 손상을 주어 광저해를 야기한다. 이런 과정은 한기에 민감한 고등식물에서 매우 활발하게 연구되었으며, 단세포성 조류에서도 보고되고 있다. 반면, 단세포성 녹조인 *Dunaliella*는 저온에서 성장할 때 PSII로 이동하는 에너지를 줄이는 기작을 통하여 저온이 야기하는 광저해현상을 피하고 있다. PSII는 광합성기구 중에서 가장 온도에 불한정한 특성을 가지는 것으로 믿어지는데, 최적온도 이상에서는 광합성의 감쇄를 일으키기도 한다.

높은 온도는 광포화조건의 광합성에서 광호흡에 영향을 미친다. 온도가 증가함에 따라 Rubisco의 O_2에 대한 K_m은 CO_2에 대한 K_m보다 더 늦게 증가하는데, 이는 광호흡에 대한 잠재 가능성을 증가시킨다. 이러한 효과는 온도에 따라 O_2와 CO_2의 상대적인 용해도가 변화함으로써 더욱 확대된다. 많은 조류들은 'CO_2 축적기작'(Badger, 1987)을 통하여 광호흡효과를 저감하고 있다. 하지만 약간의 광호흡은 불가피하여 온도에 대한 광합성반응은 영향을 받게 된다.

6.2.2 광제한조건에서 광합성에 대한 온도의 단기간 영향

온도에 대한 광합성반응은 조류가 이용할 수 있는 광량에도 의존하여 광제한조건하에서의 반응은 광포화조건 때와는 매우 다르게 나타난다. 비록 초기 광화학반응은 분자간 충돌에 의존하지 않으므로 온도와 무관하지만, 광인산화 효소들이나 전자전달효소 및 전자전달체의 확산 등 광합성과 관련된 다양한 측면들이 온도와 관련되어 있다. 이러한 이유 때문에 광합성-광량곡선의 초기 광제한구역의 경사인 광수득률 α도 온도에 따라 변화한다. 예를 들면, 북극해 빙하 규조는 배양온도가 증가함에 따라 α가 감소한다. 그 반면, 암호흡(dark respiration)은 증가한다. 이런 변화는 두 가지 중요한 결과를 유도하는데, 온도가 증가함에 따라 첫째 보상점(I_c)에 이르는 데 필요한 광수준이 증가하고, 둘째 불포화 광에서 측정한 순생산력이 감소하거나 광포화상태보다 천천히 증가한다. 자연상태에서 조류 개체군들은 광제한조건에 자주 빠져 들기 때문에 불포화 광에서 광합성에 대한 이러한 온도의 효과는 생태적으로 중요한 의미를 가진다. 하지만 광수득률 α에 대한 단기간 온도변동의 효과는 상대적으로 크지 않은 편이다.

온도에 대한 광합성의 단기간 반응은 온도에 대한 조류성장의 장기간 반응을 추론하는 데 자주 이용되었다. 하지만 불행하게도 온도에 대한 광합성의 단기간 반응을 성장과 관련하는 것은 매우 어렵다. 일반적으로 광합성에 대한 최적온도는 성장에 대한 최적온도보다 수 ℃ 이상 높아서, 수십 분 또는 수시간 동안 측정한 양의 순생산량은 장기간 생존에 필요한 온도의 상부한계치보다 훨씬 높은 온도에서 나타날 수 있다. 조류의 광합성활동이 성장을 조절하는 유일한 요인이 아닌 것은 명백하며, 암호흡의 속도나 유기탄소의 유출과 같은 다른 대사들도 성장에 이용되는 고정탄소의 양에 영향을 준다. 광합성과 성장의 단기간 반응에 대한 온도의 영향이 일치하지 않는 가장 중요한 이유는 아마도 성장온도의 변화에 대응하여 조류가 광합성과 다른 중요한 대사활동의 표현형의 변화(순화, acclimation)를 실현할 수 있는 능력을 소유하였기 때문인 것으로 보인다. 온도순화 후에 실현된 광합성률은 성장률과 비슷한 반응을 보인다.

6.2.3 온도에 대한 광합성 순화

일반적으로 다른 온도에서 수일 또는 수주일 동안 성장한 식물들은 광포화상태의 광합성반응에서 배양온도의 단기간 변화의 결과와는 다른 반응을 보인다. 고온에서 성장한 식물에 비하여 저온에서 성장한 식물은 최대 광합성률이 증가하고, 저온이 유도한 광저해에 대하여 저항할 수 있는 능력이 증가하고, 온도변화에 대한 민감도가 떨어지며, 광합성에 대한 최적온도가 낮아질 뿐만 아니라, 고온에 대한 내성도 감소한다. 이러한 변화의 순효과는 실현된 광합성률이 단기간 반응에서 예측한 것보다 온도에 대하여 덜 의존적이거나 완전히 독립적으로 되었다는 것이다. 비록 광합성의 온도순화에 대한 기록은 단지 수종에 불과하지만, 온도-광합성반응과 세포 내 효소활성의 계절변화에 대한 보고는 많이 있다. 이는 순화가 대부분의 조류에서 있어 중요하게 자리잡고 있다는 것을 의미한다.

많은 경우, 광합성의 온도순화는 Rubisco와 Calvin cycle 효소의 세포 내 활성변화와 관련되어 있는데, 낮은 온도에 순화된 조류에서는 이들이 증가하여 효소분자의 활동감소를 보상한다. 이와 달리 *Synechococcos lividus*는 Rubisco의 활동은 변화하지 않고 전자전달속도에 변화가 있다. 낮은 온도에 순화된 *S. lividus*에서는 전자전달속도가 증가하여 광합성능력을 증진시킨다. 광합성의 상위 온도내성은 PSII의 온도에 대한 안정성에 의하여 결정되는데, 이는 다시 틸라코이드 막 지방산의 포화도와 관련되어 있다. 남조류인 *Anacystis nidulans*와 *S. lividus*에서는 이들이 성장한 온도에 따라 틸라코이드 막의 지방산 조직에도 차이가 있다. 이러한 변화에 의하여 Arrhenius 도표의 기울기 변화가 일어나는 한계온도가 결정되며, activation energy(E_a)도 조절된다(그림 2.50). 광합성의 속도를 조절하는 측면에서 E_a의 변화는 모든 광합성 식물에서 Q_{10}의 차이가 나는 점을 설명할 수 있다. 일반적으로 한계온도는 최적성장온도보다 약 10°C 정도 낮으며, 지방산의 길이가 길고 포화도가 높을수록 더 높아지는 것으로 알려져 있다.

온도순화는 불포화 광에 대한 광합성반응에서도 나타난다. 앞에서 살펴보았듯이 온도상승에 따른 단기간의 효과는 광합성의 순생산을 달성하기 위하여 요구되는 광량의 증가와 광합성률의 감소이다. 홍조 *Chondrus crispus*와 갈조 *Laminaria saccharina*의 경우, 고온에서 순화한 조류는 α의 증가, 암호흡의 절대치와 Q_{10}값의 감소를 통하여 이 효과를 보상하고 있다. 여기에서 호흡의 절대치의 변화는 속도조절 호흡효소의 활성변화에 기인하지만, 호흡의 Q_{10}값 변화는 미토콘드리아 막 지방산의 포화도의 변화에 의하여 조절된다.

고온에서 성장한 식물의 경우, 광수득률의 온도순화는 광합성 색소의 증가와 관련되어 있다. 15°C에서 자란 *L. saccharina*는 5°C에서 자란 조체보다 PSII 반응중심이 더 많고 PSU(photosynthetic unit)의 크기도 더 크다. 반면,

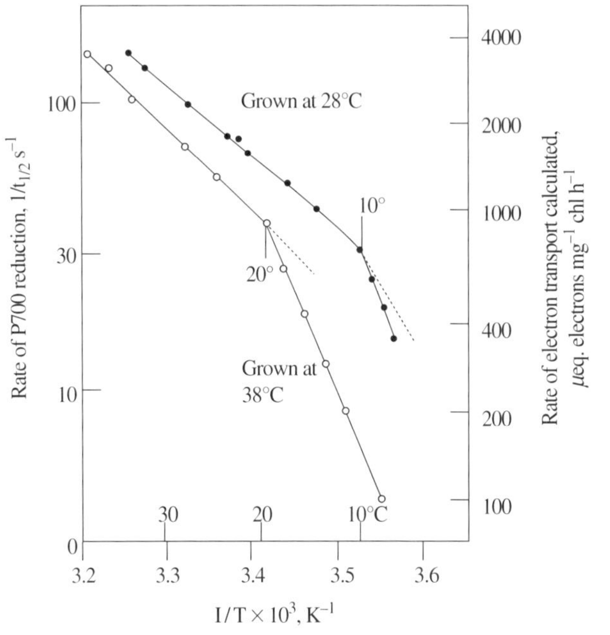

그림 2.50 Thylakoid 막 성분의 활성에 대한 온도의 영향

*Chondrus*는 성장온도에 따라 PSI와 PSII의 농도는 영향받지 않지만, chl α : P700, phycocyanin(PC) : allophycocyanin(APC), phycoerythrin(PE) : APC의 비가 5°C에 자란 조체보다 20°C에서 자란 조체에서 훨씬 더 높게 나타난다. 홍조에서는 대부분의 chl α가 PSI(P700)와 관련되고, PSII와 관련된 phycobillisome은 일정한 양의 APC를 가지므로 20°C에서 자란 조체의 PSI, PSII가 모두 더 많다. 따라서 이상에서 살펴본 PSU의 크기나 개수의 증가는 고온에 순화한 식물의 증가된 광수득률을 설명한다. 성장온도에 반응하여 나타나는 광합성 색소조직의 변화는 녹조 *Chlorella*와 남세균 *Anabaena*에서도 보고되었다. 이러한 자료 외에도 성장온도와 색소농도 간의 직접적인 상관관계가 폭넓게 출현하는 것은 광수득기구의 온도순화가 조류의 일반적인 현상인 것을 의미한다.

온도순화에 대한 대부분의 연구는 순화된 온도에서 몇 주 이상 배양한 조류를 이용하고 있어 순화의 속도에 대해서는 거의 알려진 바가 없다. 소수의 연구에 따르면, 순화는 온도변화에 노출된 뒤 수시간 내에 시작하는 것으로 알려져 있다. 북극의 빙하 조류는 주위 수온보다 높은 온도에서 3시간 배양 후 Rubisco 활성의 감소가 나타났다. 자연환경에서의 온도변화는 종종 많은 연구실에서 수용하고 있는 것보다 더 짧은 시간규모로 일어나기 때문에 이러한 온도변화에 따른 광합성의 순화속도에 대한 정보는 매우 중요하다.

6.2.4 온도에 대한 광합성 적응

조류의 광합성-온도반응에 있어서 유전적 차이는 온도환경이 광합성기구에 대하여 강한 선택압으로 작용한다는 것을 의미한다. 일반적으로 저온환경에서 자란 조류는 고온에서 자란 조류보다 낮은 온도에서 높은 광합성률을 보이고, 광합성에 대한 최적온도가 낮으며, 상위 온도한계치도 낮다. 온도반응에 대하여 유전적 적응이 일어난 곳에서는 그들의 생리적 기초가 종종 한 종 내에서의 온도순화와 비슷하다. 다른 온도수역에서 자란 조류는 그들의 광합성효소의 역학적 성질에 차이가 있다. 예를 들면 Rubisco에 대한 최대 기질친화력(K_m)은 남극 규조의 효소에서는 4.5°C에서 나타났고, 온대종의 효소에서는 20°C에서 나타났다.

온도에 대한 조류 광합성의 단기간의 반응과 성장온도의 변화에 대하여 그들의 광합성기구를 순화시킬 능력에 대해서는 잘 정리되어 있지만, 온도에 대한 광합성반응의 여러 다양한 측면들은 더 많은 연구를 요구한다. 예를 들어 온도에 대한 광합성반응의 순화와 적응에 관련된 생리적 기작은 아직 완전히 이해되지 않고 있다. 또한 온도에 대한 광합성의 반응을 고려할 때, 빛과 같이 다른 중요한 환경요인도 반드시 고려되어야 하며, 자연환경과 매우 유사한 정보를 제공할 수 있는 실험도 고안하여야 한다.

6.3 영양염류

해양생태계에서 식물플랑크톤의 성장과 분포에 미치는 영향이 가장 큰 요인 중의 하나는 영양염류이다. 영양염류는 해양생물의 제반 생화학적 대사과정에 긴밀히 연결되어 있는 친생물원소로 조성되어 있다. 광범위한 의미로 볼 때, 친생물원소는 해수 중의 일부 주요 원소(C, Ca, O, S 등)와 필수 미량 금속(Co, Cu, Fe, Mg, Mn, Zn 등) 등도 포함하나 전통적으로 영양염류에 해당되는 친생물원소는 질소와 인 그리고 규소를 뜻하며, 해양에서 대부분 용

표 2.20 각 원소의 식물플랑크톤 생체농도와 표층해수 평균농도와의 비율 (Millero and Sohn, 1992)

원소	식물플랑크톤의 생체농도 (μg/100mg 건중량)	표층해수의 평균농도 (μg/l)	해수농도/생체농도 비율
N	5	0.3	0.06
P	0.6	0.03	0.05
Si	10	0.5	0.05
C	30	28	0.9
O	47	90	1.9
Mg	0.4	1,300	3,250
S	1	900	900
Ca	0.5	420	840

존무기물의 형태로 존재한다. 이러한 영양염류는 해수 중에서 질소의 경우 암모니아염(NH_4^+), 아질산염(NO_2^-)과 질산염(NO_3^-)으로 존재하며, 인의 경우 인산염(HPO_4^{-2}) 그리고 규소의 경우 규산($Si(OH)_4$)으로 존재한다.

친생물원소 중에서 질소와 인 그리고 규소는 각기 해수 중의 농도에 대한 해양식물 생체농도의 비율이 다른 주요 친생물원소와 비교할 때 대체로 매우 낮은 편으로, 해양식물의 성장을 제한하는 주된 요인으로 작용한다(표 2.20). 영양염류는 또한 해양미생물의 유기물 분해과정, 해양동물로부터의 분비과정 등에 의해 해수 중에서 재생산되기도 하며, 식물플랑크톤에 의한 흡수 · 제거과정이 시 · 공간적으로 상이하게 나타나기 때문에 해수 중에 존재하는 친생물원소 중에서 시 · 공간적인 분포의 변화가 가장 큰 편에 속한다. 이 장에서는 식물플랑크톤의 성장과 분포를 결정하는 주요 원소로서 질소, 인과 규소를 중심으로 논하고자 한다.

6.3.1 영양염류의 시 · 공간적 분포

해양에서 영양염류의 시 · 공간적인 분포를 결정하는 주된 요인은 유입과정과 제거과정이다. 이러한 과정들은 물리화학적, 지화학적 그리고 생물학적 과정으로서 상호 영향을 주는데, 이 중 가장 중요한 것은 생물학적 과정이다. 그 이유는 반응속도 면에서 생화학적 반응일수록 물리화학적 또는 지화학적 반응보다 매우 빠르고, 생물활동과 관련된 친생물원소일수록 해수 중에 존재하는 90여 개의 원소들 중에서 시 · 공간적인 변화가 가장 크게 나타나며, 또한 생화학적 반응의 결과에 따라 산-염기, 산화-환원 그리고 용해도 등 물리화학적 그리고 지화학적 환경이 좌우되기 때문이다.

영양염류의 일반적인 주요 유입과정은 육상기원 유기물의 분해, 인위적인 오수 또는 농공용수 유입과 육상기원 암석의 지화학적 풍화(geochemical weathering)로부터 생성된 영양염류가 하천을 경유하여 유입(riverine input)되는 과정과 유기물의 해수 중에서의 분해, 해양동물의 대사활동에 따른 분비(excretion), 수괴간의 수평 및 수직 이류(advection)와 확산(diffusion)에 의한 유입, 그리고 저층 퇴적물 내에서 상부 수괴로의 유입(benthic flux) 등의 과정이 있다. 그 나머지 기타 유입경로로서 대기로부터의 유입(atmospheric input), 빙하의 용해(glacial melting), 해저면에서의 지화학적 풍화, 그리고 해저화산활동(submarine volcanic activity)에 기인된 열수분출 등의 과정을 통하여 유입되기도 한다. 이 중에서 국지적으로 대기로부터의 영양염류 유입은 하천으로부터의 유입에 못지않게 중요한 경우도 있는데, 우리나라의 서해의 경우 중국으로부터의 황사와 오염된 대기에 포함된 영양염류가 낙진(dry precipitation) 및 강우(wet precipitation)의 형태로 서해로 침전되는 영양염류의 연간 대기유입량이 하천유입량과 거의 같거나 이보다 상회하는 것으로 알려져 있다. 일반적으로 수괴 자체 내에서 유기물이 미생물에 의해 분해되거나 대사활동에 따른 분비 또는 물리화학적인 용해 등에 의해 무기영양염류가 생성되는 과정을 총칭하여 재생산과정(regeneration process 또는 remineralization)이라고 부른다.

한편 영양염류의 일반적인 주요 제거과정 중에서 해양식물, 특히 식물플랑크톤에 의해 흡수 · 제거되는 경로가 양적으로 가장 크고 중요하다. 그 결과 일차적으로 생성된 생물체는 이차적으로 상위 포식자에 의해 섭이되어 입자배설물(fecal pellet) 등의 입자체 형태로 침전 · 퇴적되는 과정에서 분해가 되지 않은 나머지 부분은 수괴로부터 제거된다. 영양염류 제거과정에 있어서 입자체 형성 및 침전 그리고 후속적인 재생산과정은 영양염류의 수직분포를 결정하는 데 있어서 매우 중요한 요인이다. 그 이외의 기타 제거과정으로는 이류와 확산에 의한 유출, 규산과 인산염의 경우 점토입자 표면에서의 물리화학적인 이온교환 흡착-제거과정, 그리고 대기로의 방출 등의 과정이 있다.

영양염류의 시 · 공간적인 분포는 상기에 열거한 유입과 제거과정들이 복합적으로 또는 독립적으로 일어나 결정되는데, 전체적으로 이러한 분포특성을 이해하고 예측하기 위해서는 해양물리적인 물질이동은 물론 각 과정마다 생지화학적 속도함수(플럭스)에 대한 동적 정보(kinetic information: 반응상수, 반응속도 등)들을 알아야 한다. 그러나 이러한 생지화학적 속도함수는 대부분 실험에 의해 밝혀져야 하기 때문에 상당한 시간과 노력이 따라야 하는 어려움이 있다. 따라서 각 생지화학적 과정의 속도함수에 대한 정보 없이는 영양염류의 시 · 공간적인 변화의 원인을 정량적으로 밝힐 수 없으며, 또한 영양염류의 변동에 따른 해양생태계의 변화를 정량적으로 예측할 수 없기 때문에 최근에는 이에 대한 연구가 활발히 진행되고 있는 편이다. 그런데 일정 상태(steady-state)를 가정할 경우에는 다양하고 복잡한 속도함수정보들이 필요한 동적 모델(kinetic model)보다 상대적으로 단순히 평형상수와 농도만이 필요한 평형모델(equilibrium model)이 보다 유용할 수도 있다. 해양에서 원소의 물질수지는 장기적으로 볼 때 대부분의 경우 유입속도와 제거속도가 같은 일정 상태를 유지하나, 생지화학적 변화가 큰 유기물과 영양염류 등은 단기적으로 비일정 상태(non-steady-state)인 경우가 많다.

영양염류의 시간적 분포는 일정 상태가 유지되는 경우 일반적으로 규정된 일정 기간 내에서의 시간변화에 따른 반복적인 분포를 뜻하는데, 일정 기간은 조사해역에 따라 달라진다. 예를 들어 기수역(estuary)의 경우 조석변화에 따라 담수와 해수의 교환이 조석주기마다 일어날 때의 일정 기간은 1일 이내가 될 수 있고, 온대의 4계절 변화가 뚜렷한 연안해역의 경우 일정 기간은 1년이 될 수 있다. 일반적으로 영양염류의 계절변화는 식물플랑크톤의 성장이 큰 하계에 밀도약층 상부의 유광대에서 영양염류가 대부분 흡수되어 낮게 나타나며, 식물플랑크톤의 성장이 상대적으로 낮은 동계에는 식물플랑크톤에 의한 흡수과정은 감소되는 반면, 수괴의 혼합에 따른 표층으로의 공급증가와 유기물 분해에 따른 재생산과정은 지속되어 대부분의 수층에서 영양염류가 높게 나타나기도 한다.

영양염류의 공간적인 분포는 수직분포와 수평분포로 나눌 수 있는데, 시간적인 분포와 마찬가지로 흡수와 재생산에 관련된 생물활동에 따라 공간적인 농도분포가 크게 달라진다. 우선 수직적인 면에서 볼 때 성층이 잘 발달되어 있는 대부분의 해양환경에서 영양염류는 표층혼합층에서 식물플랑크톤의 활발한 흡수에 의하여 고갈된 상태로 나타나고, 저층에서는 표층혼합층에서 형성된 입자체가 침강된 후 재생산에 의해 풍부하게 나타난다. 이러한 영양염류의 현저한 수직분포차이를 결정하는 주요 요인은 식물플랑크톤에 의한 흡수과정과 입자체 형성 및 침강 그리고 저층에서의 재생산과정인데, Broecker (1974)의 일정 상태를 가정한 단순한 상자모델(box-model)은 이를 잘 보여주고 있다. 이 모델은 다음과 같은 가정하에 도식화될 수 있다(그림 2.51).

가정: ① 일정 상태(유입속도는 제거속도와 같다.)

② 유입의 형태는 하천에 의한 유입으로 단순화한다.

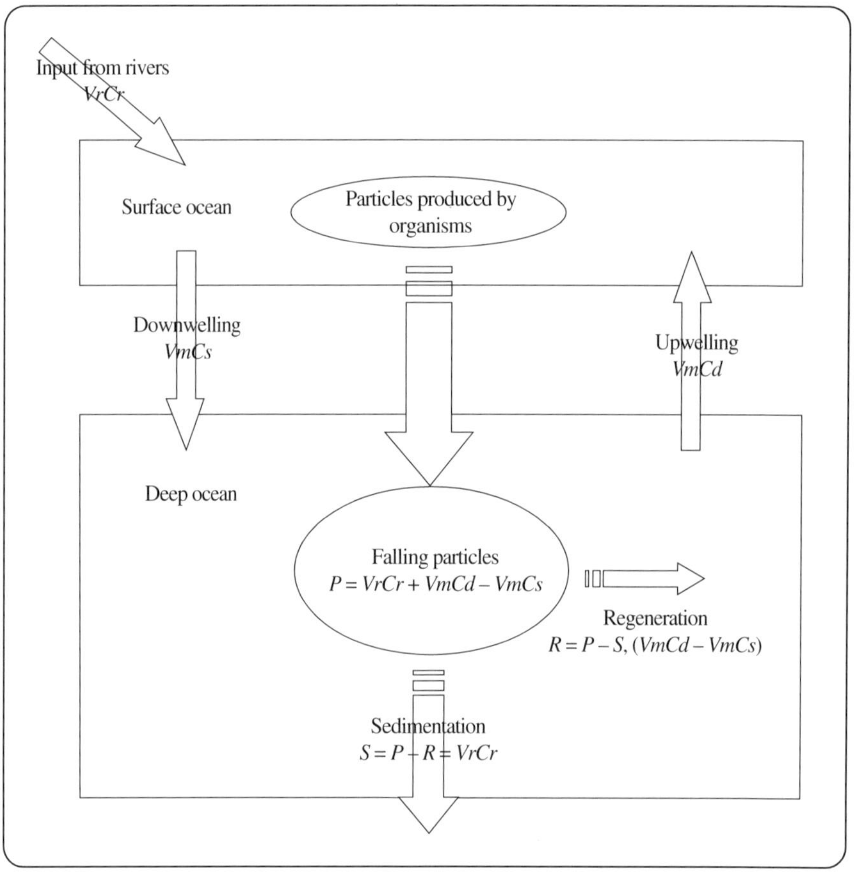

그림 2.51 친생물원소의 주요 플럭스(유입 및 제거속도)를 보여 주는 상자모델 (from Broecker, 1974). *Vr*: 하천유입속도, *Vm*: 해양의 수직혼합속도(*Vr*의 20배), *Cr*: 하천의 원소농도, *Cs*: 표층의 원소농도, *Cd*: 저층의 원소농도, *P*: 저층으로의 입자체 침강플럭스, *R*: 저층의 재생산플럭스, *S*: 퇴적플럭스

③ 해양에서 생성되는 입자체는 생물활동에 의하며, 침강된 후 일부분은 퇴적되어 제거되고, 나머지는 분해 또는 용해되어 재생산된다.

상기의 상자모델에서 표층상자를 중심으로 일정 상태를 가정하면 표층의 유입플럭스($Flux_{IN}$)와 제거플럭스($Flux_{OUT}$)는 동일하게 되며, 따라서 입자체 침강플럭스는 다음과 같이 정리된다.

$$Flux_{IN} = \text{Riverine Flux} + \text{Upwelling Flux}$$

$$Flux_{OUT} = \text{Settling Particle Flux} + \text{Downwelling Flux}$$

$$VrCr + VmCd = P + VmCs$$

$$P = VrCr + VmCd - VmCs$$

여기에서 표층으로 유입되는 영양염류 플럭스 중 생물체에 흡수되어 입자체로 전환되는 부분의 비율을 f_P라 할 때, f_P는 다음과 같이 정리된다.

$$f_P \frac{P}{Flux_{IN}} = \frac{VrCr + VmCd - VmCs}{VrCr + VmCd} = 1 - \frac{\dfrac{VmCs}{VrCr}}{1 + \dfrac{VmCd}{VrCr}}$$

한편 저층으로 침강된 입자체의 일부는 질소와 인의 경우 미생물에 의해 유기입자체가 분해되어 최종적으로 질산염과 인산염으로 재생산되고, 돌말류의 각질은 용해되어 규산으로 재생산되며, 그 이외에 분해되지 않은 입자체는 퇴적되어 최종적으로 해양에서 제거된다. 퇴적플럭스는 해양 전체를 하나의 상자모델로 보면 하천 유입플럭스($VrCr$)와 같게 된다. 이때 입자체의 침강플럭스 중 퇴적되는 부분의 비율을 f_S라 할 때, f_S는 다음과 같이 정리된다. 이때 입자체의 침강플럭스 중 재생산되는 부분의 비율 f_R은 $1-f_S$가 된다.

$$f_S = \frac{S}{P} = \frac{VrCr}{VrCr + VmCd - VmCs} = \frac{1}{1 + \dfrac{Vm}{Vr}\left(\dfrac{Cd}{Cr} - \dfrac{Cs}{Cr}\right)}$$

$$f_R = \frac{R}{P} = \frac{P - S}{P} = 1 - f_S$$

현재의 해양을 기준으로 Vm은 Vr의 약 20배이므로 하천과 해양표층 및 저층의 농도만 알면 f_P와 f_R의 값을 구할 수 있다. 여기에서 중요한 것은 f_P와 f_R 값의 의미인데, f_P는 생물체에 의한 흡수정도를 그리고 f_R은 재생산정도를 나타낸다고 볼 수 있다. 즉 f_P와 f_R이 1에 가까울수록 그 원소는 영양염류원소인 질소, 인 그리고 규소와 같은 친생물원소로서 수직적인 농도분포의 변화가 매우 크게 나타나게 된다. 영영얌류의 경우 f_P와 f_R은 각각 0.95~0.97 그리고 0.97~0.99인 데 비하여, 칼슘의 경우는 0.10과 0.84이다. 한편 비친생물원소인 주요 원소들은 f_P와 f_R이 거의 0에 가깝게 나타난다.

상기에 소개된 모델은 가정상 매우 단순화되어 있기 때문에 표층에서 대기와의 유·출입, 수직적인 확산 또는 동물플랑크톤의 분비에 의한 재생산과정과 식물플랑크톤에 의한 분비물의 신속한 흡수과정 등의 여러 기타 요인이 고려되어 있지 않다. 그러나 여기에서 해양생태계와 연관하여 영양염류의 수직분포의 특성을 좌우하는 가장 중요한 기작으로 강조되어야 할 점은, 식물플랑크톤이 표층에서 용존태의 영양염류를 입자태로 전환하여 원소의 수직적인 침강 및 제거속도를 가속화한다는 사실이다. 이러한 입자체의 침강은 영양염류의 수직분포 이외에도 대양의 원소순환은 물론 먹이제공 면에서 저층 미생물생태계 및 저서생태계에도 매우 중요하다.

한편 수심이 낮고 조석작용이 큰 연안역의 경우 표층에서 식물플랑크톤의 활발한 영양염류 흡수는 수직혼합에 의해 그 효과가 상쇄되기 때문에 대체로 영양염류가 수직적으로 균일하게 나타나는 경우가 많다. 반면 용승해역과 일부 연안역은 항상 풍부한 영양염류가 공급되기 때문에 식물플랑크톤의 활발한 영양염류 흡수제거에도 불구하고 영양염류의 농도가 높게 유지된다. 이 경우에 식물플랑크톤의 성장제한요인은 영양염류보다는 미량 금속원소, 가용광량 또는 해수온인 경우가 많다. 우리나라 서해 중심해역과 같은 온대 연안역의 경우는 하계의 성층발달과 동계의 수직혼합이 반복적으로 일어나, 영양염류의 수직분포는 하계에는 표층에서 고갈되어 나타나고 저층에서 축적된 형태로 나타나며, 동계에는 성층소멸에 따른 수직혼합에 의하여 수직적으로 균일하게 나타나는 반복적인 분포특성을 보인다.

연안역에서 영양염류의 수평분포는 생물활동 이외에도 물리적인 수평이류와 수평와류 확산의 영향을 크게 받는다. 그 이유는 해역에 따라 다소 다르나 용승과 같은 수직이류보다 해류나 조류와 같은 표층에서의 수평이류가 평균적으로 1,000배 이상 크고, 표층에서의 수평와류 확산도 수직와류 확산보다

1,000배 이상 크기 때문이다. 이러한 물리적인 환경하에서 하천을 경유하여 연안역으로 유입되는 영양염류는 생물활동이 활발한 2개의 수평경계면에서 큰 변화를 보이게 되는데, 일차적으로 생물생산력이 높은 기수해역의 경계면에서 크게 감소하고, 이차적으로 조석전선 또는 상이한 해류와 수괴가 접하는 극전선에서 다시 감소하게 된다.

대양의 심해에서 영양염류는 대서양에서 인도양 그리고 태평양으로 갈수록 그 농도가 증가되는데, 이는 대양의 밀도류 생성과 흐름방향 그리고 표층에서 생물활동에 의해 생산된 입자체의 침강 및 저층에서의 지속적인 영양염류 재생산의 결과로 나타나게 된다(Broecker, 1974). 대양에서 수평적인 영양염류의 분포차이는 일차적으로 밀도류의 형성이 가장 중요한데, 북대서양의 노르웨이해를 기원으로 침강된 냉수괴는 심층 밀도류를 형성하여 남대서양에 이르게 된다. 이때 약해진 밀도류는 남극 연안에서 침강된 냉수괴에 의해 다시 강화되어 지구자전의 효과로 서향하게 되며, 인도양을 거쳐 남태평양 및 북태평양에 이르게 된다. 이렇게 심층 밀도류가 이동하는 동안 해양의 표층에서 광합성에 의해 생성된 입자체의 침강과 저층에서의 분해가 계속되어 태평양으로 갈수록 저층의 영양염류와 총 CO_2는 증가하게 된다. 밀도류는 종국적으로 국지적인 바람과 해양물리적인 작용에 의해 주로 대륙 서쪽 연안과 태평양 적도 부근의 표층에서 일어나는 용승현상에 따라 해양의 표층으로 올라오게 된다. 이러한 해역(예: Peruvian upwelling과 equatorial upwelling 등)은 풍부한 영양염류 공급에 의해 높은 일차 생산이 일어나게 된다.

6.3.2 해양의 영양염류 공급형태와 기초생산력

일반적으로 대양의 중심수역의 표층은 영양염류의 농도가 매우 낮아 연안역에 비하여 평균 1/10 이하로 거의 고갈되어 있는 상태이다. 그러나 해수 중에 존재하는 농도의 비교가 식물플랑크톤의 기초생산력을 정량적으로 직접 반영하지는 않는데, 그 이유는 표층수괴 자체 내에서 동·식물플랑크톤 간의 활발한 분비와 흡수기작이 매우 빠르게 순환(rapid recycling)되는 대양에서는 비록 표층수의 영양염류는 낮으나 상당한 기초생산력이 유지될 수 있기 때문이다. 대양에서 기초생산력이 용승해역 또는 연안역의 1/3 내지 1/4의 수준을 유지하는 사실이 이를 뒷받침한다.

따라서 해양에서의 식물플랑크톤의 기초생산력을 이해하기 위해서는 주변

해수 중의 가용 영양염류 농도보다는 영양염류의 공급형태와 공급속도(또는 흡수속도)를 파악하는 것이 중요하다. 기초생산력은 영양염류의 공급형태 면에서 볼 때 신생산(new production)과 재생산(regenerated production)으로 구분할 수 있다(Dugdale and Goering, 1967; Epply and Peterson, 1979). 신생산은 공간적으로 이류나 확산에 의해 외부로부터 공급되는 영양염류를 흡수하여 이루어지는 기초생산부분을 뜻하고, 재생산은 수괴 자체 내에서 미생물과 동물플랑크톤에 의해 재생산되어 공급되는 영양염류를 흡수하여 이루어지는 기초생산부분을 뜻한다.

이러한 신생산과 재생산의 의미는 영양염류 공급원의 형태 및 공급속도(ρ)를 정량적으로 나타내는 f-비율($\rho_{new}/(\rho_{new} + \rho_{regenerated})$)로 표현할 수 있는데, f가 높은 해역일수록 연안역이나 용승해역과 같이 외부로부터 공급되는 영양염류(예: 질산염)가 풍부한 곳을 의미하고, f가 낮은 해역일수록 대양의 표층과 같이 외부로부터의 영양염류 공급이 적은 반면 수괴 자체에서 미생물이나 동물플랑크톤의 분비에 의한 영양염 재생산의 비중이 큰 곳을 의미한다. 대체로 부영양화된 용승해역이나 연안역은 f가 0.57에서 0.82의 범위이고, 빈영양화된 대양의 해역은 0.03에서 0.21의 범위를 보인다(Dugdale and Wilkerson, 1992). 따라서 f가 낮은 태평양이나 대서양 중심해역과 같은 빈영양해역에서는 수괴 자체에서의 영양염 재생산비율이 거의 90% 안팎으로 미생물이나 동물플랑크톤의 분비가 기초생산력을 유지하는 데 매우 중요한 기작임을 잘 보여 주고 있다. 한편 남극해나 적도해역의 경우는 빈영양해역보다 영양염류가 비교적 높게 존재하지만 외부로부터 유입되는 영양염류의 낮은 공급속도, 기타 영양원소(Fe 등)의 결핍 또는 낮은 수온 때문에 f가 0.36에서 0.48로 신생산의 비율이 비교적 낮게 나타나기도 한다.

6.3.3 영양염류의 수직공급

대부분의 해양은 상이한 수괴 사이에 밀도차에 따른 경계면(조석전선, 극전선 또는 밀도약층)이 존재하는데, 이러한 경계면을 통하여 신생산에 필요한 영양염류가 외부로부터 이류와 확산에 의해 공급된다. 대양의 경우 신생산에 요구되는 영양염류의 대부분은 표층과 저층 사이에 발달한 밀도약층을 경계면으로 하여 수직이류와 수직와류 확산에 의해 풍부한 영양염류가 저층으로부터 공급된다. 이때 밀도약층을 통한 영양염류의 공급(F)은 다음과 같이 표현할 수 있다〔N: 영양염 농도(μM), z: 수심(m)〕. 용승해역에서는 대양의 중심해역보다 상대적으로 수직이류(w)가 크게 나타나고, 수직적인 밀도경사(σ_t/z)가 완만한 해역일수록 수직와류 확산계수(K_z)가 크게 나타난다.

$$K_z = 118[(\sigma_t/z) \cdot 10^3]^{-1.34} \text{(Anderson, 1978)}$$
$$K_z = 643[(\sigma_t/z) \cdot 10^3]^{-1.61} \text{(King and Devol, 1979)}$$

$$F = wS + K_z(dN/dz)$$

위에 나타난 밀도경사로부터 K_z를 구하는 식은 대양에서 동위원소를 이용하여 실험적으로 얻어진 것으로 0.1cm^2 s^{-1} 부근에서 대체로 유사하게 나타난다. 이렇게 얻어진 K_z는 태평양의 밀도약층에서 0.05~1.10cm^2 s^{-1}이며, 우리나라 동남해역의 밀도약층에서는 0.13~0.72cm^2 s^{-1}의 범위를 보인다. 용승해역을 제외한 대부분의 해양에서는 수직이류에 의한 공급이 수직와류 확산에 의한 공급보다 상대적으로 매우 적으므로 영양염류의 수직공급은 주로 수직와류 확산에 의해 일어난다고 볼 수 있다. 질소의 경우 태평양에서 수직와류 확산에 의한 질산염의 수직공급은 0.38~1.76μg-atom N m^{-2} d^{-1}이며(King and Devol, 1979), 우리나라 동남해역에서는 0.13~0.87μg-atom N m^{-2} d^{-1}의 질산염이 저층으로부터 공급된다(Shim and Park, 1986). 이러한 외양에서의 수직와류 확산에 의한 질산염 공급은 대체로 기초생산에 필요한 질소요구량(NRP)의 수 %만에 해당되므로 대양의 기초생산에서 신생산이 차지하는 비중은 재생산보다 상대적으로 매우 작다. 이러한 사실은 앞서 언급된 바와 같이 대양에서 대체로 낮은 f값이 나타난다는 사실과 일치하는 것으로 기초생산력에 필요한 그 나머지 재생산부분은 대부분 미생물과 동물플랑크톤의 암모니아 분비로부터 질소를 공급받아 유지되는 것으로 볼 수 있다.

이와 같이 영양염류의 시·공간적인 분포와 식물플랑크톤 성장에 관계된 해양에서의 여러 과정들을 개괄적으로 살펴보았는데 중요한 과정들은 표층에서의 영양염류의 흡수과정, 입자체 형성 및 침강과정, 재생산과정 등의 생지화학적 과정과 성층, 이류 및 확산 등의 해양물리학적 과정으로 요약될 수 있다. 다음은 보다 세부적으로 질소와 인 그리고 규소의 생지화학적 성질과 분포 그리고 순환과정에 대하여 알아보기로 한다.

6.3.4 질소

6.3.4.1 질소의 화학

질소는 해수 중에 입자유기질소(PON), 용존유기질소(DON) 그리고 용존무기질소(DIN)로 존재한다(표 2.20). 해수 중의 대부분의 유기질소는 생물의 대사활동으로부터 기인되는 것으로 아미노산, 단백질(다중 아미노산), 요소 그리고 그 이외에 미량이나마 핵산과 기타 질소기단(amine group)을 갖는 유기질소화합물(aminosugar 등)이 존재한다. 해수 중에서 용존무기질소는 산화수에 따라 암모니아(NH_3)와 암모늄(NH_4^+)은 –3, NH_2OH는 –1, N_2는 0, N_2O는 +1, NO는 +2, 아질산염(NO_2^-)과 HONO는 +3, NO_2는 +4, 그리고 질산염(NO_3^-)은 +5 등으로 다양한 산화-환원범위에서 존재한다. 이 중 최종 산화물인 질산염은 산화수가 가장 높아서 해수 중에서 열역학적으로 가장 안정된 상태로 존재한다. 이러한 용존무기질소 중에서 NH_3, N_2, N_2O, NO와 NO_2는 해수 중에 용존기체로 존재하며, 대기와 기체교환을 하기도 한다(Scranton, 1983). 유기질소가 분해되어 용존무기질소로 전환된 후에도 이렇게 다양한 산화수와 존재형태를 갖는다는 것은 그만큼 생화학적 기작을 포함한 여러 전환과정이 다양하다는 것을 의미한다.

일반적으로 질소계 영양염은 암모니아, 아질산염 그리고 질산염을 뜻한다. 암모니아는 해수 중에서 pH에 따라 존재형태가 NH_3 또는 NH_4^+로 달라지는데, 다음과 같이 이온화되며 정상적인 해수조건(pH = 8.1, 염분 35, 수온 25°C)에서 대부분 암모늄(96.2%)으로 존재한다. 그러나 식물플랑크톤은 암모니아(NH_3)와 암모늄(NH_4^+)을 모두 흡수하고 인도페놀형성에 의한 암모니아 측정방법도 두 형태를 모두 측정하기 때문에 보통 암모니아(NH_3)와 암모늄(NH_4^+)의 합을 암모니아로 통칭한다.

$$NH_3 + H_2O \rightarrow NH_4^+ + OH^-(pK = 4.5)$$

$$[NH_4^+] / [N]T = K / ([OH^-] + K) = 96.2\%$$

6.3.4.2 질소계 영양염류의 시 · 공간적인 분포

해양에서 질소는 주로 하천과 대기 그리고 저층 퇴적물로부터 유입되며, 수괴 자체 내에서 일어나는 질소계 영양염류 재생산에 의해서도 공급된다. 한편 해양에서 질소의 제거는 주로 해양생물에 의한 흡수와 유기입자 퇴적

표 2.21 해양에 존재하는 질소의 농도범위 (단위: μg-atom N l^{-1})

종류	대양 표층 (0~100m)	대양 저층 (>100m)	연안역	기수역
질소기체(N_2)	800	1,150	700~1,100	700~1,100
질산염(NO_3^-)	0.2	35	0~30	0~350
아질산염(NO_2^-)	0.1	<0.1	0~2	0~30
암모니아(NH_4^+)	<0.5	<0.1	0~25	0~600
용존유기질소	5	3	3~10	5~150
입자유기질소	0.4	<0.1	0.1~2	1~100

그리고 탈질산화과정에서 생성된 질소기체의 대기로의 방출 등에 의하여 일어난다. 이러한 해양에서의 질소계 영양염류의 유입과 제거는 대부분 생물학적인 과정을 통하여 일어나며, 이와 함께 물리적인 이류와 확산에 의하여 질소계 영양염류의 시 · 공간적인 분포가 결정된다.

해수 중에 존재하는 각 질소화합물의 농도범위는 표 2.21과 같은데 가장 많은 질소형태는 질소기체이고, 그 다음으로 질산염과 암모니아를 들 수 있다(Sharp, 1983). 질소기체는 탈질산화과정과 질소고정 그리고 대기와의 기체교환을 통하여 대기와 평형을 이룬 상태로 해역에 따라 국지적인 변화를 보이나 해양 전체로 볼 때 해수 중에 거의 포화되어 있는 상태이다. 질소기체를 제외한 나머지 질소형태는 대양에서 연안역과 기수역으로 갈수록 크게 증가하여 해양 전체로 볼 때 육상으로부터 하천을 경유하여 유입되는 질소가 가장 중요한 유입원임을 보여 준다. 그러나 질산화과정의 최종 산화물인 질산염의 경우는 수직적인 변화가 가장 크게 나타나 저층에서 표층으로 수직적인 이류와 확산에 의한 질소의 공급도 중요하다. 유기질소의 경우 입자태나 용존태 모두 표층의 농도가 높은 것은 표층에서의 활발한 광합성에 기초를 둔 유기질소의 합성에 의한 것이다.

최근 육상으로부터 해양으로 유입되는 질소의 양의 상당 부분은 인위적 기원(anthropogenic origin)인 육상 오폐수와 농업용수가 큰 비중을 차지하며, 해양의 부영양화와 함께 적조현상이 빈발하게 일어나는 등의 환경생태적인 문제를 유발하고 있다. 특히 대부분의 공업적인 질소비료 생산은 대기 중의 질소기체를 화공학적인 촉매반응에 의해 암모니아로 환원시켜 생산한 후 가공되는 것이어서 과거 오랜 동안 일정 상태로 유지되어 왔던 해양의 질소수지에도 상당한 변화를 줄 수 있다.

질소계 영양염류는 규소나 인과 달리 유기질소가 분해되어 암모니아를 생성한 뒤에도 후속적인 암모니아가 질산염으로 산화되는 질산화과정과 질산염이 질소로 환원되는 탈질산화과정에 의해 다양한 산화상태의 용존무기질소로 변화되기 때문에 규소나 인보다 다양한 시 · 공간적인 분포를 보인다. 해양에서 질소계 영양염류의 시간적인 분포는 우선 유기물이 유입되면 미생물에 의한 유기물 분해과정에 따라 암모니아가 생성되고, 순차적으로 암모니아는 질산화과정에 의해 아질산염과 질산염으로 산화되기 때문에 유기물이 유입된 후 질소계 영양염류의 최대 농도는 시간이 경과함에 따라 암모니아, 아질산염 그리고 질산염의 순으로 나타나게 된다. 이러한 현상은 대양의 수직구조에서도 나타날 수 있는데, 표층에서 암모니아는 식물플랑크톤의 흡수에 의하여 뚜렷하게 나타나지 않으나 질산화과정에서 중간산물로 생성되는 아질산염은 유기질소입자가 집적되는 수온약층 부근에서 최대 농도가 나타나고, 그 이하의 수심에서 질산화과정의 최종 산물인 질산염으로 산화되어 해양의 저층에서 질산염이 풍부하게 나타난다. 한편 대부분의 산화환경인 해양 저층 수괴에서는 질산염이 풍부하나 유기물의 유입이 매우 크고 해류의 순환이 상대적으로 느리며 지형적으로 폐쇄되어 있는데, 유기물 분해에 따라 저산소 내지 무산소환경이 되어 환원환경을 이루게 된다. 이러한 환원환경에서는 침강유기물의 분해산물인 암모니아가 용존산소의 부족으로 더 이상 산화되지 못하기 때문에 높은 암모니아 농도가 유지된다. 부분적으로 산화-환원 경계면 부근에서는 산화환경인 상층 수괴의 높은 질산염이 확산에 의하여 환원환경인 저층 수괴로 유입되는 과정에서 탈질산화과정이 일어나게 되고, 그 중간산물로 아질산염이 최대의 농도를 보이게 된다. 이렇게 질산화과정에 의하여 아질산염이 산화환경인 수온약층 부근에서 최대 농도를 보이는 것을 이차 아질산염 최대층(secondary nitrite maximum layer)이라고 부른다.

6.3.4.3 질소의 생지화학적 순환과정

(1) 식물플랑크톤에 의한 질소계 영양염류 흡수기작과 성장

식물플랑크톤의 성장은 대부분의 해양에서 질소계 영양염에 의하여 제한받는 것으로 나타난다. 식물플랑크톤에 의한 질소계 영양염의 동화는 3개의 과정을 통하여 이루어지는데, 그 첫번째는 세포막을 통과하여 이동되는 흡수과정이고, 두 번째는 질산과 아질산의 암모니아로의 환원과정, 그리고 세 번째는 아미노산으로의 합성과정이다. 이러한 과정들은 모든 과정마다 독특한 효소기작에 의하여 이루어진다.

식물플랑크톤에 의한 질산염과 아질산염의 흡수기작은 1) 주변 해수 중의 질산염 또는 아질산염이 세포막에 위치한 효소에 의하여 능동적으로 세포 내로 이동(active transport)되는 직접적인 흡수기작과, 2) 세포막에 위치한 효소가 세포 내의 음이온(Cl^- 또는 OH^-)을 배출하여 세포 안팎에 유발되는 음이온 경사에 따라 주변 해수 중의 질산염 또는 아질산염이 세포 내로 동시에 이동(co-transport)되는 음이온 교환형태의 간접적인 흡수기작에 의한다(Falkowski, 1983). 이 두 기작은 모두 생화학적 에너지인 ATP를 필요로 한다. 질산염과는 달리 암모니아의 흡수기작은 주로 확산과 양이온간의 간접적인 균형교환에 의하는 것으로 알려져 있다. 일반적으로 영양염류가 결핍된 식물플랑크톤일수록 영양염의 흡수속도가 증가되는 것으로 나타난다.

이와 같이 흡수된 질산염과 아질산염은 식물플랑크톤의 세포질 내에 존재하는 환원효소에 의하여 암모니아로 환원된다. 먼저 질산염은 질산염 환원효소(nitrate reductase: NR)에 의하여 아질산염으로 환원되고, 전환된 아질산염은 아질산 환원효소(nitrite reductase: NiR)에 의하여 최종적으로 암모니아로 환원된다.

$$\text{NR: } NO_3^- + 2H^+ + 2e^- \rightarrow NO_2^- + H_2O$$

$$\text{NiR: } NO_2^- + 8H^+ + 6e^- \rightarrow NH_4^+ + 2H_2O$$

$$NO_3^- + 10H^+ + 8e^- \rightarrow NH_4^+ + 3H_2O(\triangle G = +69\text{kcal} \cdot \text{mol}^{-1})$$

식물플랑크톤에 있어서 NR의 활성도는 곧 질산염 흡수정도를 반영하기 때문에 식물플랑크톤의 질산염 흡수는 NR의 활성도를 측정함으로써 간접적으로 알 수 있다. NR의 활성도는 광합성과도 연관이 있어서 일주변화를 보이는데, 광합성이 활발하고 유기물 합성에 필요한 질산염 흡수가 많이 요구되는 낮 기간에 최대값을 보이고, 밤에는 가장 낮게 나타난다(Eppley *et al.*, 1969; Packard, 1973). NR 활성도는 주변 해수 중에 질산염의 농도가 높더라도 암모니아가 가용할 경우 암모니아에 의해 억제되는데, 그 억제농도범위는 대략 0.5~1.0μM 정도로 알려져 있다(Eppley *et al.*, 1969).

실제로 질소계 영양염 중 식물플랑크톤은 흡수에 있어서 열역학적 에너지가 낮은 질산염보다는 열역학적 에너지가 높고 가장 환원된 형태인 암모니아를 선택적으로 선호하는 것으로 알려져 있다(Strickland *et al.*, 1969; McCarthy, 1980). 이는 질산염 환원에 약 69kcal · mol^{-1}의 생화학적 에너지가 소비되는데, 식물플랑크톤으로서는 이미 환원된 상태의 암모니아가 가용할 경우 그 만큼의 소비되는 에너지를 절약할 수 있기 때문으로 해석된다. 그러나 이러한 암모니아에 의한 NR의 억제가 *Peridinium*이나 *Gonyaulax* 등의 와편모조류에서는 돌말류와 달리 뚜렷하지 않은 것으로 보고된 경우도 있다(Harrison, 1973, 1976).

한편 *Cyclotella cryptica*와 같은 규조는 아미노산이나 요소에 의해서도 NR이 억제되는 것으로 나타나는데(Liu and Hellebust, 1974), 이러한 실험결과 역시 앞서 언급된 바와 같이 식물플랑크톤은 다양한 산화상태를 갖는 질소화합물 중 가능한 가장 높은 에너지를 갖는 질소형태를 선택적으로 흡수한다는 해석에 부합된다. 참고적으로 산성 토양에 서식하는 육상식물의 경우는 토양 중의 암모니아가 질산염보다 많더라도 질산염을 대부분 이용하는 경우가 있는데, 그 이유는 식물체가 암모니아(NH_4^+ 형태)를 흡수할 때 이온의 균형을 위하여 H^+가 배출되어 토양의 산성화를 가속하기 때문으로 알려져 있다. 그러나 해양의 경우는 해수의 산 중화능력인 알칼리도(alkalinity)가 높아, 이러한 문제는 해당되지 않는다고 볼 수 있다.

질산염에서 NR에 의해 환원된 아질산염은 NiR에 의해 최종적으로 암모니아로 환원된 후 아미노산 합성효소(glutamate synthetase: GS, glutamte synthase: GOGAT)에 의해 유기산과 결합하여 아미노산으로 생성된다. 질소의 결핍은 식물플랑크톤의 성장에 지대한 영향을 미치는데, 성장에 관계되는 모든 대사과정의 효소는 아미노산을 골격으로 한 단백질로 구성되어 있기 때문이다.

해양에서 질소가 인이나 규소보다 중요한 성장제한요인인 이유는 대부분의 연안역에서 해수의 N/P 비율이 정상적인 비율인 16보다 낮다는 점 이외에도 질소의 재생산속도가 인보다 느리다는 사실과 식물플랑크톤은 유기인화합물을 만드는 데 필요한 인보다도 많은 과잉의 인을 흡수(luxury uptake)하여 저장할 수 있다는 사실에 있다. 예외적으로 열대와 아열대 해역 표층에 살고 있는 남조류와 질소고정 미생물은 해수 중에 풍부하게 존재하는 용존질소기체를 질소고정에 의하여 이용할 수 있기 때문에, 이러한 질소고정능력을 갖고 있는 생물의 경우는 인이 성장제한요인으로 작용한다. 그러나 이러한 생물학적 질소고정은 수온이 약 20°C 이상인 해역에서만 일어나고 주로 표층에 국한되어 있기 때문에 식물플랑크톤의 전체 생체량과 기초생산력이 요구하는 질소요구량에 대하여 1% 안팎의 기여를 하고 있는 것으로 알려져 있다 (McCarthy, 1980).

(2) 유기물 분해와 암모니아 재생산과정

질소계 영양염 중에서 암모니아는 유기질소화합물이 분해되는 과정에서 제일 먼저 재생산된다. 생화학적인 효소기작에 의해 단백질이 가수분해되어 단분자의 아미노산으로 분해되면, 각 아미노산의 암모니아 부분은 암모니아 전이과정(transamination)과 산화과정(oxidative deamination) 그리고 암모니아 분비과정(ammonia excretion)에 따라 암모니아가 분비된다. 이러한 유기질소의 분해에 따른 암모니아 재생산과정은 암모니아화과정(ammonification)이라고도 부른다. 아미노산 대사과정에 있어서 가장 중요한 것은 글루타메이트(glutamate)인데, 이는 분해대상 아미노산의 암모니아 부분이 암모니아 전이효소(transaminase)에 의해 케토글루타레이트(α-ketoglutarate)에 이전되어 만들어지고, 글루타메이트는 다시 탈수소효소(glutamate dehydrogenase: GDH)에 의해 암모니아와 케토글루타레이트로 분해된다. 이때 전이과정에서 생성되는 유기산은 대사과정에 따라 다른 유기물로 합성되거나 더욱 분해되어 생물체의 에너지원으로 이용되며, 암모니아는 아미노산 합성에 일부 재활용되기도 하나 대부분은 노폐물로서 체외로 분비된다.

Transamination: Amino acids +(α-ketoglutarate → organic acids + glutamate)

Oxidative deamination: Glutamate + NAD^+ + H_2O → (α-ketoglutarate + NADH + NH_4^+)

동물플랑크톤에 의한 암모니아 분비는 채집된 동물플랑크톤을 실험실로 옮긴 후 동물플랑크톤을 일정 시간 배양하여 암모니아 분비율을 직접 측정하기도 하나, 장시간 과밀집된 상태에서 배양하는 과정 동안 일어나는 스트레스 현상, 먹이의 부족, 상호간의 포식활동 등의 문제점으로 인하여 분비율의 편차가 심한 편이다. 따라서 현장에서 채집된 동물플랑크톤을 분리 농축하여 냉동보관 및 분쇄 후 아미노산 분해대사과정에 핵심적인 역할을 하는 GDH의 효소활동도를 생화학적으로 측정함으로써 암모니아 분비율을 알아낼 수 있다 (Bidigare and King, 1981; Park, 1986; Park *et al.*, 1986).

질소노폐물인 암모니아는 체내에서 농도가 높게 되면 독성을 갖게 된다. 대부분의 수중미생물 및 동물플랑크톤은 물에 항상 접하여 확산이 용이한 관계로 암모니아가 상시 체외로 분비(ammonotelism)되기 때문에 이러한 암모니아의 독성문제가 없다. 그러나 대기와 접해 있는 육상동물의 경우는 요소순환(urea cycle)에 의해 체내의 암모니아를 독성이 없는 유기물인 요소로 전환하여 분비(urotelism)한다.

$$2NH_4^+ + CO_2 + 3ATP + 3H_2O \rightarrow urea(CO(NH_2)_2) + 2ADP + AMP + P_i$$

흥미로운 것은 올챙이와 개구리의 질소노폐물 분비형태인데, 전적으로 수중생활을 하는 올챙이 기간에는 암모니아를 분비하다가 올챙이에서 개구리로 변태하는 과정부터는 유전자 발현에 의해 요소순환에 필요한 효소가 생성되어, 육상생활을 하게 되는 개구리는 요소를 분비한다는 사실이다(Hochachka and Somero, 1973). 이러한 일례는 동물이 서식환경을 해양에서 육지로 적응하는 과정에서 생화학적인 질소대사의 진화가 획득된 사실을 잘 보여 주고 있다. 하지만 육상에서 다시 해양으로 돌아간 해양포유류(예: 고래나 물개 등)는 수중생활을 하지만, 일단 획득된 요소순환이 그대로 유지되어 요소를 분비한다.

한편 새들(일부 파충류 포함)은 액상의 요소가 아닌 요산(uric acid)의 형태로 분비하는데, 요산은 용해도가 비교적 낮아 가루의 결정체를 형성하기 쉽다. 이것도 아마 공중생활에 적응하는 과정에서 체중을 적게 하거나 수분의 소모를 적게 하기 위한 전략일 가능성도 있다. 대부분 육상으로부터 유입되는 요소 또는 요산도 종국적으로는 암모니아로 전환되는데, 연안해역의 경우 미생물과 식물플랑크톤의 중요한 질소공급원이 될 수 있다. 따라서 이러한 질소대사에 관한 생화학적 진화가 우리에게 시사하는 것은 해양에서는 무엇보다도 동물플랑크톤과 미생물이 분비하는 암모니아가 일차적으로 매우 중요한 질소공급원이라는 사실이다.

유기질소화합물의 재생산과정에 의해 생성된 암모니아는 앞서 언급된 바와 같이 질소계 영양염 중 열역학적 에너지가 높고 가장 환원된 형태이기 때문에 식물플랑크톤에 의해 선택적으로 이용된다. 더구나 해양에서 항상 일어나고 있는 동물플랑크톤의 비주기적인 암모니아 분비형태는 빈영양해역이라 할지라도 동물플랑크톤 주위에 고농도의 암모니아가 존재하는 미세환경을 제공할 수 있기 때문에 주변의 식물플랑크톤에게 풍부한 질소를 공급하여 번식속도(doubling time)가 2~4일 정도에 불과할 정도로 빠를 수도 있다(McCarthy,

1980). 단지 현재로서는 이러한 미세환경(micro nutrient-enriched patch)을 측정할 수 있는 방법이 없기 때문에 이러한 가설을 확인하기는 어려우나, 대양 표층에서 동 · 식물플랑크톤의 분비와 흡수 간의 빠른 순환(rapid recycling)현상과 실측된 낮은 f-비율 그리고 검출한계에 이를 정도의 낮은 영양염류의 빈영양상태에서도 유지되는 기초생산력 등을 고려할 때 충분히 가능한 이론으로 보인다(McCarthy and Goldman, 1979). 이러한 면에서 질소계 영양염 재생산과정 중 특히 동물플랑크톤에 의한 암모니아의 분비는 식물플랑크톤의 영양염 공급원으로서 매우 중요하다고 볼 수 있다.

한편 기타 영양염류의 경우에서도 공통적인 사항이지만, 퇴적된 유기질소입자의 일부는 미생물에 의해 분해되어 간극수의 암모니아 농도가 증가하고 확산에 의해 저층 수괴로 유입된다. 이러한 퇴적층으로부터의 암모니아 플럭스는 유기질소입자의 유입속도가 크고 수심이 낮아 침강하는 동안 질소계 영양염류의 재생산이 충분히 일어나지 않는 연안해역이나 폐쇄해역에서 매우 중요한 질소계 영양염의 공급원으로 작용한다.

(3) 해양에서의 질소고정

질소기체(N_2)는 지구상의 기체 중에서 78%를 차지하는 가장 많은 기체로서 해양에서도 가장 풍부한 용존기체로 존재한다. 해수 중의 용존질소기체의 포화도는 92~108%로 거의 포화되어 있는 상태이다. 해양에서 질소기체는 일차적으로 환원환경에서 탈질산화과정에 의하여 생성되기 때문에 무산소환경인 심해환경이나 퇴적물 내의 간극수는 120%에 이를 정도로 과포화되어 있다. 이러한 질소기체는 해수 중에서 질산염보다는 환원되어 있으나, 대부분의 해양생물이 직접 이용하지 못하기 때문에 비교적 불활성기체로 존재하며 대기와 거의 평형상태를 이루고 있다. 그러나 해양의 표층에서는 남세균(cyanobacteria)은 생화학적 질소고정을 할 수 있는 질소고정효소(nitrogenase)를 갖고 있어 질소기체를 암모니아로 환원하여 질소공급원으로 이용한다.

$$N_2 + 8H^+ + 6e^- \rightarrow 2NH_4^+ (\triangle G = +87\text{kcal} \cdot \text{mol}^{-1})$$

이 과정은 질산염을 암모니아로 환원하는 과정보다 약 1.3배의 에너지가 소요되는 과정으로, 이에 필요한 에너지는 대부분 광합성의 PSI 단계나 유기물의 산화로부터 공급받는다. 만일 해수 중에 암모니아나 질산염이 충분히 존재하면 질소고정과 동시에 이러한 질소계 영양염류의 흡수가 일어난다. 질소고정능력이 있는 남세균은 수온이 약 20°C 이상에서 번식이 활발하기 때문에 온대 해역의 여름철과 열대 및 아열대 해역의 표층에서 주로 많이 나타나며, 질소공급원이 질소기체이기 때문에 대부분의 식물플랑크톤과는 달리 질소보다는 인에 의하여 성장을 제한받는다.

질소고정은 환원과정으로서, 질소고정효소는 산소에 매우 민감하기 때문에 산소에 접하면 질소고정이 억제된다. 따라서 대부분의 질소고정식물은 광합성과 질소고정을 시 · 공간적으로 분리하여 진행한다. 다세포 담수종인 실 모양의 *Anabaena*는 질산염이나 암모니아가 고갈되면 중간의 한 세포가 두꺼운 세포벽을 보호막으로 하여 환원상태를 만들어 광합성세포와 공간적으로 분리된 이형세포(heterocyst)에서 질소고정을 하고, 이때 생성된 암모니아는 인접한 정상세포에서 광합성에 의하여 생성된 탄수화물과 교환된다. 일부 질소고정 미생물은 낮에는 광합성을 하고 밤에는 호흡에 의하여 산소가 소비된 상태에서 질소고정을 하여 광합성과 질소고정을 시간적으로 분리진행하기도 한다. 한편 *Rhizosolenia*와 같은 해양 돌말류는 질소고정을 할 수 있는 미생물(*Richelia intracellularis*)과 공생관계를 유지하여 질소를 공급받는다(Carpenter, 1983). 그러나 해양에서 가장 중요한 질소고정 남세균인 *Trichodesmium*은 이러한 특수기관이나 공생관계가 없이 같은 세포질 내에서 동시에 광합성과 질소고정이 활발히 일어나는데, 이러한 경우 어떻게 질소고정효소가 산소에 의해 억제되지 않는지는 여전히 의문점으로 남아 있다(Carpenter *et al.*, 1990).

앞서 언급된 바와 같이 대체로 이러한 *Trichodesmium*에 의한 질소고정은 열대 해역에서 약 0.55g N m^{-2} yr^{-1}로 식물플랑크톤의 기초생산력이 요구하는 질소요구량에 대하여 1% 이하의 기여를 하고 있는 것으로 알려져 있으나, 연안역과 해안 습지에서 서식하는 질소고정식물에 의한 기여도를 고려하면 상당량의 질소가 해양의 생물학적 질소고정에 의해 해양으로 유입되는 것으로 보인다(Capone, 1983; Carpenter, 1983). 따라서 비록 양적으로는 적으나 생물학적 질소고정과정은 탈질산화과정에 의하여 해양에서 제거되는 질소의 일부를 다시 해양으로 재보충하는 중요한 의미를 갖고 있으며, 기초생산력의 신생산에 이용되는 부분적인 질소공급원이기도 하다.

(4) 해양에서의 질산화과정

해양에서 유기질소의 산화에 따라 재생산된 암모니아는 산화환경에서 해수중의 질산화 박테리아에 의해 질산염으로 최종 산화된다. 해양의 질산화 박테리아는 화학합성 무기영양생물(chemolithotroph)로서 성장과 탄소합성에 필요한 모든 에너지는 암모니아를 아질산염과 질산염으로 산화시키는 과정에서 얻는다. 이러한 해양에서의 질산화과정은 2단계의 연쇄과정으로 나누어지는데, 일차적으로 *Nitrosomonas*와 *Nitrosococcus* 등에 의해 암모니아가 아질산염으로 산화되며, 이때 생성된 아질산염은 이차적으로 *Nitrobacter*, *Nitrospira* 그리고 *Nitrococcus* 등에 의해 질산염으로 최종 산화된다. 대체로 해양에서 발견되는 질산화 박테리아는 대부분 *Nitrosomonas*와 *Nitrobacter* 계통이다.

1단계: $NH_4^+ + 1.5O_2 \rightarrow NO_2^- + H_2O + 2H^+ (\triangle G = -65\text{kcal mol}^{-1})$

$NH_4^+ + 0.5O_2 \rightarrow NH_2OH + H^+ (\triangle G = +4\text{kcal mol}^{-1})$

$NH_2OH + O_2 \rightarrow NO_2^- + H_2O + H^+ (\triangle G = -69\text{kcal mol}^{-1})$

2단계: $NO_2^- + 0.5O_2 \rightarrow NO_3^- (\triangle G = -18\text{kcal mol}^{-1})$

질산화과정은 산소를 많이 소비하는 과정으로 최소한 5μM 이상의 용존산소가 유지되어야 한다(Kaplan, 1983). 이렇게 질산화과정은 암모니아에서 아질산염 그리고 아질산염에서 질산염으로 순차적으로 산화되기 때문에, 유기질소가 유입된 후 시간에 따른 질소계 영양염류의 최대 농도변화는 암모니아, 아질산염 그리고 질산염의 순으로 나타나게 된다. 이러한 현상은 대양의 수직구조에서도 나타날 수 있는데 질산화과정의 1단계의 결과로 아질산염은 유기질소입자가 집적되는 수온약층 부근에서 최대 농도가 나타나고, 그 이하의 수심에서 아질산염은 질산화과정의 2단계에 의해 질산염으로 산화되어 대부분의 저층 수괴에서 질산염이 질소계 영양염류의 최종 산화물로서 풍부하게 존재한다.

이러한 질산화과정의 1단계는 2단계보다 3배의 산소를 소비하기 때문에 대부분의 해양에서 용존산소의 최소층은 이러한 질산화과정이 가장 활발하게 일어나는 수온약층 이하 부근의 수심에서 나타나게 되는데, 이와 같이 아질산염이 산화환경인 수온약층 부근에서 최대 농도를 보이는 것을 일차 아질산염 최대층이라고 부른다. 실제로 대서양에서 질산화과정은 수온약층 이하 부근에서 가장 활발하게 일어나는 것으로 측정되는데 250~800m의 중간 수심에서 가장 높게 나타난다. 대체로 해양에서의 질산화과정의 속도는 기수역과 연안역의 경우 $2 \sim 100 \times 10^{-8}\text{mol } l^{-1} \text{ d}^{-1}$이고, 대양에서는 $0.2 \sim 7 \times 10^{-8}\text{mol } l^{-1} \text{ d}^{-1}$이다. 이러한 질산화과정은 암모니아를 질산염으로 산화시켜 대양의 표층에서 식물플랑크톤의 재생산력에 필요한 주된 질소를 공급하는 중요한 기작의 의미를 갖는다. 한편 질산화과정의 중간대사물질로 N_2O나 NO와 같은 기체형태의 질소가 생성되기도 하는데, 특히 표층에서 생성되는 NO는 아질산염이 광화학작용에 의해 환원되어 생성되며, 산화환경의 질산화과정에서 생성되는 N_2O는 대양의 용존산소의 최소층에서 최대로 나타나기도 한다 (Scranton, 1983).

(5) 해양에서의 탈질산화과정

해양에서의 탈질산화과정은 저산소 내지 무산소환경에서 일어나는 환원과정으로서 질산염이 조건적 혐기성 미생물(facultative anaerobes)이나 완전한 혐기성 미생물(strict anaerobes)에 의해 기체상태의 질소(N_2O와 N_2)로 환원된다. 용존산소가 극히 낮은 환원환경에서 이러한 혐기성 미생물들은 산소 대신 황산염이나 질산염을 전자수용체(electron acceptor)로 하여 유기물을 산화하고, 이 과정에서 생성된 에너지를 성장에 이용한다. 환원환경에서 황산염이 전자수용체로 이용될 경우 황산염은 황화수소로 환원되며, 질산염의 경우는 아질산염으로 환원된 뒤 최종적으로 질소기체로 환원된다.

$$NO_3^- \rightarrow NO_2^- \rightarrow NO \rightarrow N_2O \rightarrow N_2$$

해양의 저산소환경에서 살고 있는 여러 종의 조건적 혐기성 미생물(*Micrococcus*와 *Pseudomonas* 등)은 대체로 질산염을 아질산염으로 환원시키고, 무산소환경에서 살고 있는 몇몇 종의 완전한 혐기성 미생물은 대체로 아질산염을 여러 단계의 생화학적인 과정을 거쳐 질소기체로 최종 환원시킨다. 이때 질산염은 미생물에게 질소공급원이 아닌 유기물 산화과정에서의 전자수용체로 역할을 하여 환원된 질소기체는 노폐물로 생성되며 종국적으로는 대기로 방출된다. 이때 탈질산화과정에서 중간대사물질로 생성되는 아질산염이나 N_2O는 비교적 안정하기 때문에 심해 무산소수괴의 산화-환원 경계면 부근에서 높게 나타나기도 한다. 이렇게 아질산염이 산화환경인 수온약층 부근에서 질산화과정에 의해 높게 나타나는 일차 아질산염 최대층과는 달리 산화-환원 경계면에서 탈질산화과정에 의해 높게 축적되어 나타나는 층을 이차 아질산염 최대층이라 한다.

심해나 폐쇄해역의 저산소수괴에서는 질소계 영양염(주로 질산염)과 인산염의 몰 비율이 정상값인 15보다 매우 낮은 경우가 많다. 이는 탈질산화과정에 의해 상당 부분의 질산염이 질소기체로 환원되었기 때문인데, 생물과정에 의한 친생물원소의 대사비율을 이용하여 질소계 영양염의 예측된 농도보다 실측된 농도가 낮을 때 그 차이를 보통 질산염 부족(nitrate deficit)현상이라고 한다. 이러한 대양 저층 수괴에서의 질산염 부족의 크기는 곧 주변 수괴의 탈질산화 정도를 반영한다고 볼 수 있다. 열대 해역의 수괴의 경우 탈질산화 속도는 대략 2~20g N m^{-2} yr^{-1}의 범위이고, 퇴적물의 경우는 대략 4~600g N m^{-2} yr^{-1}의 범위로 연안 폐쇄해역의 퇴적물에서의 탈질산화 속도가 가장 크게 나타나는 편이다.

한편 하천과 강우의 형태로 해양으로 유입되는 질소는 해저퇴적물로 제거되는 질소의 양보다 크기 때문에 해양에서 질소수지의 일정 상태는 이러한 탈질산화과정를 통한 질소제거에 의해 유지되는 것으로 볼 수 있다(Hattori, 1983). 따라서 탈질산화과정은 저산소 내지 무산소상태의 환원환경에서 미생물에 의한 유기물산화를 가능하게 할 뿐만 아니라 해양에서 질소수지의 균형을 유지해 주는 중요한 기능을 하고 있다.

6.3.5 인

6.3.5.1 인의 화학

인은 해수 중에 입자유기인(POP), 용존유기인(DOP) 그리고 용존무기인(DIP)으로 존재한다. 해수 중의 대부분의 유기인은 질소와 마찬가지로 생물의 대사활동으로부터 기인되는데, 당과 결합하거나(sugar phosphate) 세포막에 풍부한 인지질(phospholipids) 또는 핵산 등의 형태로 존재한다. 용존무기인은 용존무기질소와는 달리 유기물로부터 재생산되어 단일 산화형태로 존재하기 때문에 해수 중에서 대부분 인산염으로 존재한다. 단지 인산염은 pH 조건에 따라 이온화되는 정도가 달라지는데 정상적인 해수조건하(pH = 8.1, 20°C)에서 대부분 HPO_4^{2-}(79%)이며, 그 다음이 PO_4^{3-}(20%)이다.

$$H_3PO_4 \rightarrow H^+ + H_2PO_4^-(pK_1 = 1.57)$$
$$H_2PO_4^- \rightarrow H^+ + HPO_4^{2-}(pK_2 = 5.86)$$
$$HPO_4^{2-} \rightarrow H^+ + PO_4^{3-}(pK_3 = 8.69)$$

식물플랑크톤은 이온화형태와는 무관하게 인산염을 흡수 이용한다. 한편 해수 중에 존재하는 대부분의 무기인산은 단일 인산염(orthophosphate)인데,

이온화형태와는 무관하게 몰리브덴산과 반응하여 분광광도법으로 측정할 수 있다. 해수 중에 존재하는 무기인산은 단일 인산염 이외에 다중 인산염(polyphosphate)도 존재하는데, 이러한 경우 P–O–P의 인 에스테르 결합을 가수분해한 후 측정하여야 한다. 이러한 다중 인산염은 식물플랑크톤의 세포 내에 인의 저장형태로 존재하는데, 대부분의 해양에서 해수 중에 매우 낮은 농도로 존재하나 적조가 발생한 후의 해수에서 특히 많이 발견되는 경우가 있다(Spencer, 1975).

인산염은 점토광물이나 탄산염광물 등의 입자 표면에 많이 흡착된다. 이렇게 인산염이 입자 표면에 흡착하는 정도는 부유물질이 많은 혼탁한 해역일수록 크게 나타나는데, 이는 입자 표면적의 증가 때문이다. 온도와 해수의 pH도 인산염의 흡착에 영향을 주어 수온이 증가될수록, 그리고 pH가 낮을수록 흡착이 증가된다. 그리고 해수에서는 인산염 이외의 해수 중의 다른 음이온들(Cl^-, SO_4^{2-}, Br^-)이 점토입자의 음이온과 경쟁적으로 교환되기 때문에 해수의 염분이 증가하면 인산염의 흡착이 감소된다. 따라서 낮은 pH와 저염인 하천이나 기수역에서 인산염은 부유 점토입자에 많이 흡착된 상태로 존재하거나 제거되기도 하나, 기수역을 경유하여 연안역으로 유입됨에 따라 점차 pH의 증가와 염분의 증가로 인하여 연안역에서 인산염이 탈착되어 인산염을 공급하기도 한다. 한편 유기물의 과다한 유입과 분해에 따른 산화-환원과정도 인산염의 제거와 공급에 영향을 미치는데, 인산염은 산화환경에서는 Fe^{3+}와 착화합물($FePO_4$) 입자를 형성하여 제거되나 환원환경인 저산소수괴에서는 Fe^{3+}이 Fe^{2+}로 환원되어 용해도가 커지는 과정에서 인산염이 다시 해수 중으로 유입되기 때문이다. 이렇게 복합적으로 나타나는 인산염의 흡착과 탈착현상은 해양의 여러 환경 중에서 주로 기수역과 연안역에서 가장 현저하게 나타난다.

6.3.5.2 인산염의 시 · 공간적인 분포

해양에서 인은 주로 하천과 저층 퇴적물로부터 유입되며, 수괴 자체 내에서 일어나는 재생산에 의해서도 공급된다. 한편 해양에서 인의 제거는 주로 해양생물에 의한 흡수와 유기입자 퇴적에 의하여 일어난다. 이러한 해양에서의 인산염의 유입과 제거는 질소계 영양염류와 마찬가지로 대부분 생물학적인 과정을 통하여 일어나며, 이와 함께 물리적인 이류와 확산에 의하여 인산염의 시 · 공간적인 분포가 결정된다.

인산염의 계절분포는 대부분 온대 해역의 연안역에서 현저하게 나타나는데, 동계에는 수괴의 수직혼합이 활발하여 대체로 인산염이 표층과 저층에서 비교적 균일하고 높게 나타나지만(0.5μM 부근), 춘계와 하계에는 수괴의 성층화와 표층에서의 식물플랑크톤의 활발한 흡수에 의하여 표층의 인산염은 고갈되며(0.1μM 이하), 저층은 표층에서 생성되어 침강된 유기입자의 분해에 따른 인산염의 재생산으로 성층이 유지되는 가을까지 높은 인산염의 농도를 보인다. 대체로 동계에는 대부분의 인이 재생산된 인산염인 데 반하여 하계에는 생물합성에 의하여 생성된 유기인의 농도가 증가되는 편으로, 특히 식물플랑크톤의 적조나 대번식이 일어나는 기간에 해수 중의 유기인의 농도가 매우 높게 나타난다. 식물플랑크톤의 적조나 대번식 후에 다중 인산염이 해수 중에 많이 나타나는 것은 식물플랑크톤의 사체가 분해되어 저장형태로 세포 내에 존재하던 다중 인산염이 해수 중으로 방출되기 때문인 것으로 보인다.

공간적인 면에서 인산염은 대부분의 표층에서 0.2μM 이하로 매우 낮게 나타나지만, 용승해역이나 남극 주변해역에서는 최대 2.0μM로 상당히 높게 나타나며, 폐쇄해역의 무산소수괴에서는 3.0μM까지 매우 높게 나타나기도 한다. 하지만 인산염이 거의 고갈된 열대 지방의 표층에서 상당량의 유기인의 농도가 측정되기도 하는데, 이는 표층에서의 활발한 생물생산에 의한 것으로 보인다. 인산염의 농도는 대부분의 다른 영양염류와 마찬가지로 대하천에 인접한 하구역에서 외해역으로 갈수록 대체로 감소하는데, 이러한 감소정도는 지리적인 폐쇄정도와 해수교환 그리고 생물활동의 크기에 따라 복합적으로 영향을 받는다. 성층이 발달되어 있는 폐쇄해역의 경우 저산소 환원환경인 퇴적층은 재생산과 함께 많은 양의 인산염이 입자로부터 탈착되어 퇴적층 상부의 저층 해수로 공급된다. 한편 질소와 마찬가지로 인의 경우도 대양의 표층에서 생성된 유기인입자가 침강하는 과정에서 재생산되기 때문에 인산염은 수온약층 이하에서부터 저층으로 갈수록 천천히 증가하는데, 최대 농도는 대략 500~1,500m 사이에서 나타난다. 앞서 언급된 심층 밀도류의 영향으로 질산염과 같이 인산염도 대서양(약 2.0μM)에서 인도양 그리고 태평양(약 3.0μM)으로 갈수록 증가된다.

6.3.5.3 인의 생지화학적인 순환과정

하천으로부터 해양에 유입된 인의 순환과정은 질소의 순환과정과는 달리 무기인의 경우 인산염으로만 존재하며, 추가적인 산화과정이 없는 관계로 질소에 비하여 상대적으로 단순한 편이다. 중요한 생물학적 과정으로는 식물플랑크톤에 의한 흡수과정과 동물성 플랑크톤에 의한 분비과정 그리고 표층에서 생성된 유기인입자체가 저층으로 침강하는 과정에서 일어나는 재생산과정이 가장 중요하다.

식물플랑크톤이 인산염을 흡수하는 과정은 에너지가 필요한데, 이러한 에너지는 광합성과 호흡으로부터 공급된다. 대체로 인산염 흡수는 낮에 광합성 에너지를 이용하여 일어나며, 밤에는 호흡으로부터 공급되는 에너지를 이용하여 일어난다. 식물플랑크톤은 이러한 능동적인 흡수기작을 통하여 주변 해수의 인산염 농도가 낮더라도 성장에 필요한 과잉의 인산염을 흡수(luxury uptake)하여 다중 인산염의 형태로 축적하는데, 외부로부터 충분한 인산염이 가용할 경우 식물플랑크톤은 최저 세포제한농도(cell quota: 영양염류가 결핍되었을 때 세포가 유지해야 하는 최저농도)보다 보통 10배 이상의 다중 인산염을 세포 내에 축적하기도 한다(Nalewajko and Lean, 1980).

담수의 영향을 크게 받는 일부 기수역을 제외한 대부분의 연안역과 대양의 표층에서는 해수 중의 N/P 비율이 대체로 16 이하이고, 위와 같은 식물플랑크톤의 인산염 축적기작 때문에 인이 식물플랑크톤의 성장제한요인으로 작용하지는 않으나, 인위적으로 인산염이 고갈된 상태에서 식물플랑크톤을 배양할 경우 세포 내의 N/P 비율이 30 이상으로 되어 핵산합성에 필요한 인의 부족으로 성장과 분열이 중지된다. 인산염의 흡수속도는 세포 내의 인산염이 결핍되었을 때 최대가 되며, 인산염이 충분히 공급되어 체내의 인산염 농도가 증가되면 흡수속도는 감소한다. 만일 해수 중에 인산염이 고갈되면 식물플랑크톤은 해수 중의 유기인 분해효소(alkaline phosphatase)를 체외로 분비하여 유기인을 가수분해한 후 인산염을 흡수하는데, 이러한 유기인 분해효소의 활성도는 곧 식물플랑크톤의 인산염 결핍상태를 알려 줄 수 있는 간접적인 지표가 될 수 있다(Gonzalez-Gil *et al.*, 1998). 그러나 이때 해수 중의 인산염이 다시 공급되면 인산염 분해효소의 합성과 체외분비는 억제된다. 비교적 드문 예이지만 춘계나 하계에 아드리아해의 기수역에서 낮은 인산염 농도로 인하여 N/P 비율이 50에서 100까지 증가되기도 하는데, 이때 인산염에 결핍된 식물플랑크톤이 과다한 유기인 분해효소를 체외로 분비하여 해수 중에 점액질의 유기물을 형성하는 경우도 있다.

인산염의 재생산과정은 동물플랑크톤에 의한 인산염 분비와 유기인의 분해에 따른 인산염 재생산의 두 과정으로 나눌 수 있다. 주로 표층에서 일어나는 동물플랑크톤에 의한 인산염 분비는 질소에 있어서 암모니아와 마찬가지로 섭식한 유기물의 분해과정과 생화학적인 핵산의 대사과정에서 생성된다. 주된 분해과정과 대사과정에서 분해되는 유기인의 종류는 주로 세포질 막에 풍부하게 존재하는 인지질과 RNA, DNA 그리고 주된 생화학적 에너지인 ATP의 분해산물이다. 유기인 대사과정의 최종 산물로 분비된 인산염은 매우 신속히 식물플랑크톤에 의해 흡수되어 대부분의 해양표층에서 식물플랑크톤의 기초생산력에 필요한 인의 공급원을 차지한다. 한편 주로 수온약층 이하의 저층에서 일어나는 인산염 재생산과정은 주로 유기입자가 저층으로 침강하는 과정에서 미생물 분해에 의하여 일어나는데, 질산염 재생산의 경우와 마찬가지로 입자의 침강이 다소 느려지는 수온약층 부근에서 집중적으로 분해가 일어나 인산염의 최대 농도가 나타나게 된다. 그러나 인산염의 재생산과정은 용존무기물의 산화단계가 복잡한 질소계 영양염류와는 달리 단순하기 때문에 질산염 재생산과정보다 그 속도가 상대적으로 빠른 편이다.

해양에서의 인산염 재생산은 이러한 생물학적인 재생산과정 이외에 물리화학적으로도 일어나는데, 이는 인회석(apatite)이 포함된 부유입자가 서서히 용해되는 과정에서 일어난다. 한편 수괴에서 침강하는 동안 미생물에 의해 분해되지 않은 유기인입자는 퇴적된 후 그 일부가 퇴적물 내의 미생물 분해에 의해 분해되어 간극수의 인산염 농도를 매우 증가시킨다. 이렇게 간극수에 높게 존재하는 인산염은 확산과정에 의하여 퇴적물 상부의 저층 수괴로 유입되는데, 이러한 퇴적물로부터의 인산염 공급은 유기물의 유입이 크고 수심이 낮아 침강하는 동안 유기물 입자의 분해가 충분히 일어나지 않는 연안해역이나 폐쇄해역에서 매우 중요한 인산염 공급원으로 작용한다.

6.3.6 규소

6.3.6.1 규소의 화학

규소는 해수 중에 용존태와 입자태로 존재하며, 규조와 방산충(Radiolaria) 그리고 해면 등의 해양생물에게 중요한 영양염이다. 해수 중의 규소입자태는 규소광물 부유물질과 생물기원 규각을 포함한다. 용존태는 정형질 또는 비정형질의 규소입자태가 용해되어 규산($Si(OH)_4$)으로 존재한다(Stumm and Morgan, 1981).

$$SiO_2(s, \text{비정형질}) + 2H_2O \rightarrow Si(OH)_4(aq)(pK = 2.7)$$

규산은 약산인 관계로 다음과 같이 이온화되며, 정상적인 해수조건(pH = 8.1, 염분 35, 수온 25°C)에서 이온(염)의 존재형태는 매우 적고 대부분(95.8%) 규산으로 존재한다.

$$Si(OH)_4 \rightarrow H^+ + SiO(OH)_3^-(pK = 9.46)$$
$$SiO(OH)_3^- \rightarrow H^+ + SiO_2(OH)_2^{2-}(pK = 12.56)$$
$$4Si(OH)_4 \rightarrow 2H^+ + Si_4O_6(OH)_6^{2-} + 4H_2O(pK = 12.57)$$
$$[Si(OH)_4] / [Si]T = [H^+]/([H^+] + K) = 95.8\ \%(pK = 9.46)$$

대체로 중합체(polymer)의 규산은 해수에서는 불안정하여 대부분 단일분자의 규산으로 존재하며, 생물체가 이용하는 형태는 주로 규산이지만 이온화된 규산염도 흡수하는 것으로 알려져 있다. 일반적으로 현재 규소의 해수분석방법은 입자태 이외에 규산을 포함한 모든 용존 또는 반응성 규소를 몰리브덴산과 반응시켜 규소-몰리브덴 착화합물을 형성시킨 후 분광광도계로 측정할 수 있다(Koroleff, 1983). 만일 규산에 대한 돌말류의 회전율(turnover rate)을 알고 싶을 경우에는 생물기원 규소입자체의 농도를 알아야만 하는데, 이 때에는 해수시료에 염기성 과황산염(alkaline persulphate) 용액으로 전 처리하여 총규산을 측정한 후 용존규산의 농도를 빼면 된다(Koroleff, 1983).

6.3.6.2 규소의 시 · 공간적 분포

규소는 대부분 하천이나 대기 그리고 남극에서의 빙하에 의한 침식풍화 등을 통하여 다양한 형태의 정형질 규소광물(석영, 점토, 장석 등)의 형태로 해양에 유입된 후 용해되어 규산으로 존재한다. 전세계의 하천을 통한 규소의 유입량은 연간 약 2억 톤 정도로 알려져 있다. 이외에도 열수광상을 통하여서도 상당량의 규산이 유입되는 것으로 알려져 있다. 해양에서 규산의 제거는 규각을 필요로 하는 해양생물에 의하여 흡수되거나 형성된 규각이 해저에 퇴적되어 제거된다. 이러한 해양에서의 규산의 유입과 제거는 규각의 물리화학적 용해과정과 생물학적인 과정을 통하여 일어나며, 이와 함께 물리적인 이류와 확산에 의하여 규산의 시 · 공간적인 분포가 결정된다.

해양에서 규산의 농도는 표층의 검출한계 이하에서 심해의 200μM까지 변하며, 해양의 표층은 활발한 광합성에 따른 흡수에 의해 규산이 대부분 고갈되어 있다. 해수는 규소에 대하여 불포화되어 있기 때문에 규소입자는 항상 용해의 대상이다. 해양에서 주로 규조와 방산충에 의해 만들어지는 생물기원 규소입자(규각)는 비정형질의 수화물($SiO_2(nH_2O)$)로서 저층으로 침강하여 대부분은 재용해되며, 일부는 단백석(opal) 퇴적물의 형태로 해양에서 제거된다. 돌말류의 경우 종에 따라 다소 다르나 규각이 생물체의 무기물질 중 60%까지, 그리고 건중량의 50%까지 차지하기도 한다(Millero and Sohn, 1992). 돌말류가 대부분의 기초생산력을 점유하는 남극해역과 용승해역의 저층 퇴적물에서는 이러한 생물기원 규소입자가 퇴적물의 30% 이상을 차지하는 경우도 있다. 흥미로운 것은 앞서 대양에서의 영양염류 수평분포에서 언급된 바와 같이, 태평양이 대서양에 비하여 심층수의 영양염류가 보다 풍부하고 용승현상에 따른 기초생산력의 증가도 현저하게 나타나기 때문에 태평양 심해저 퇴적물에서 규조토(diatomaceous ooze)가 대서양보다 많이 발견된다는 사실이다.

6.3.6.3 규소의 생지화학적 순환

일반적으로 해양에서 규소의 순환은 유기물의 분해과정이 포함되어 있는 질소와 인과는 달리 비교적 단순한 편이다. 규조가 규산을 흡수하여 비정형질의 규각을 형성하는 과정에 대한 생화학적 기작은 잘 알려져 있지 않다. 그러나 세포막에 존재하는 특수단백질들이 능동적으로 규산을 흡수하여 세포질 내에 규산을 주변 해수보다 30 내지 250배 정도의 높은 농도로 축적할 수 있는 것으로 알려져 있다(Azam *et al.*, 1974; Sullivan, 1976). 규조의 규산흡수는 광조건과 특별히 관계가 없어 야간에도 일어나는 것으로 알려져 있다. 실험에 따르면 규조의 규산흡수와 규각형성은 대체로 세포의 분열기에 일어나며, 규소의 대사활동은 세포분열과정과 긴밀히 연관되어 있다(Darley, 1974; Werner, 1977). 만일 규소가 결핍된 상태에서 규조를 지속적으로 배양하면 세포질 내의 규산이 고갈되어 DNA의 합성이 중단되고 규조는 결과적으로 사멸하게 된다.

식물플랑크톤의 세포분열은 세포질 내에 새로운 규각형성에 필요한 규소의 농도가 축적되어야만 진행된다. 세포분열 말기(telophase)에 골지체(Golgi apparatus) 또는 소포체(endoplasmic reticulum)로부터 기원된 실리카렘마(silicalemma)라는 규소 저장 및 규각 생성조직이 분열세포의 적도 부근에 형성되고, 이를 중심으로 규각(diatom frustule)이 매우 빠르게 침착·성장하게 된다.

세포분열 후 이러한 실리카렘마는 규각 외부에 남아서 정상세포가 항상 체외 분비하는 기타의 당단백질과 함께 유기물 피막으로도 작용하며, 비정형질의 규각과 해수와의 접촉을 방해하여 살아 있는 규조의 규각이 용해되는 것을 방지한다.

대부분의 경우 해양에서 규산은 아무리 농도가 낮더라도 질소나 인에 비하여 규조가 흡수하는 원소비율보다 높게 존재하기 때문에 규조의 성장을 제한하지는 않는다(Eppley *et al.*, 1973; Thomas and Dodson, 1975). 또한 규소는 질소나 인과 달리 인위적인 활동에 의해 해양에서의 직접적인 시·공간적 변화와 이에 따른 생태계의 변화가 일어나는 영양염류가 아니기 때문에 영양염류 중에서 비교적 그 중요성이 적은 편이다. 그러나 규조의 대번식은 규산의 지속적인 공급의 유무에 따라 영향을 받으며, 종종 규조의 대번식이 진행되다가도 규산의 공급속도가 흡수속도보다 낮아지는 경우에는 규산이 고갈되어 질소와 인이 풍부함에도 불구하고 규조의 대번식이 중단되는 경우가 있다. 이러한 경우 식물플랑크톤의 군집구조에도 영향을 미치는데, 규산이 고갈되었지만 질소와 인이 풍부하기 때문에 우점종이 돌말류에서 규소를 필요로 하지 않는 편모조류로 바뀌게 되기도 한다. 대체로 돌말류는 주변 해수의 규산 농도가 1.6~3.6μM로 낮아질 경우 성장이 제한되는 것으로 나타난 실험결과도 있으나, 규산의 공급과 흡수가 활발할 경우 1.3~4.3μM의 낮은 농도에서도 규조의 성장이 지속되는 것으로 알려져 있다(Nelson and Georing, 1978). 한편 규조의 정상적인 성장이 지속되다가 규산의 고갈로 성장이 제한되면 규조는 생리적인 변화에 의해 규각의 두께가 얇아지거나 지방산의 합성이 자극되어 해표면에 유막이 형성되는 현상이 나타나기도 한다(Gieskes, 1974).

규소입자로부터 규산의 재생산과정은 생물적인 분해를 받는 질소나 인에 비해 비생물학적인 물리화학적 용해에 의존하기 때문에 그 속도가 느리며, 이에 따라 질산염과 인산염과 같이 대양의 1km 부근에서 최대 농도가 나타나는 수직분포를 보이지 않고 깊이에 따라 다소 완만히 증가하는 수직분포를 보인다. 대체로 살아 있는 규조의 규각은 용해가 거의 안 되는 반면, 죽은 규조의 규각인 경우와 pH가 높을수록 용해가 상대적으로 잘 되는 것으로 많은 실험결과 나타났다. *Ditylum brightwellii*를 대상으로 열을 가하여 죽인 후 실험한 결과 2개월간에 약 50%의 규각이 용해된 것으로 보고된 바 있다(Harvey, 1955). 이는 살아 있는 규조가 세포 주변으로 항생물질과 같은 유기물(예:

acrylic acid 등)을 체외로 분비하여 규각의 용해를 방지하는 기존의 유기물 피막이 미생물에 의해 분해되는 것을 보호하는 것으로 보인다. 규조가 동물플랑크톤에 섭식된 후 분변(fecal pellet)의 형태로 배출되는 경우에는 유기물 피막이 제거되어 용해가 용이하게 되지만, 크기가 큰 분변 내부에 위치할 경우에는 해수 접촉이 차단되어 보존의 가능성이 오히려 커지며 침강속도의 증가로 인하여 해저퇴적층으로의 제거가 보다 가속될 수도 있다.

한편 규소입자는 일반적으로 철과 알루미늄에 의해 용해가 지연되는데, 규각형성시 철과 알루미늄이 규소와 일부 결합되어 규각의 용해도를 낮추기 때문이다(Lewin, 1971). 하지만 규조를 죽인 후 금속착화제인 EDTA로 처리하면 철과 알루미늄이 규각으로부터 빠져 나와 EDTA와 유기금속착화합물을 형성하기 때문에 규각의 용해속도가 증가된다. 또한 규각의 용해는 온도가 낮을수록 감소하는데, 이는 남극 주변해역의 퇴적물에 규조토가 많이 퇴적되는 이유 중의 하나이다. 대양에서의 규소의 재생산비율은 약 95% 이상으로 대부분의 작은 규각은 천천히 침강하는 동안 규산으로 재용해되며, 일부 분변에 포함되어 침강속도가 증가된 규각만이 퇴적되어 해양으로부터 제거된다.

6.3.7 영양염류와 식물플랑크톤의 성장곡선

식물플랑크톤의 성장속도는 영양염류의 농도에 따라 변화를 받는다. 식물플랑크톤이 영양염류를 흡수하여 유기물을 합성하고 성장하는 과정은 생화학적인 효소반응이므로, 영양염류 농도에 대한 식물플랑크톤의 성장속도는 Michaelis-Menten의 효소역학(enzyme kinetics) 이론식에 따른다. 효소(E)는 제1단계에서 기질(S)을 흡수하여 생화학합성반응상의 중간결합체(ES)를 만들고, 제2단계에서 반응산물(P)를 생성한다. 여기에서 k_{+1}, k_{-1}, k_{+2}와 k_{-2}는 반응상수인데, 제1단계는 가역반응이나 제2단계는 초기반응에서 반응산물의 농도가 기질의 농도보다 매우 작으므로 불가역반응이다($k_{-2}[P]=0$).

$$E + S \underset{k_{-1}}{\overset{k_{+1}}{\leftrightarrow}} ES \underset{(k_{-1})}{\overset{k_{+2}}{\leftrightarrow}} E + P$$

$$[ES] \text{ formation: } + d[ES]/dt = k_{+1}[E][S]$$

$$[ES] \text{ breakdown: } - d[ES]/dt = k_{-1}[ES] + k_{+2}[ES]$$

일정 상태에서 ES 형성속도와 분해속도는 같기 때문에 $+d[ES]/dt = -d[ES]/dt$이고 질량불변의 법칙에 따라 $[E]_T = [E] + [ES]$이다.

$$k_{+1}[E][S] = k_{-1}[ES] + k_{+2}[ES]$$

$$k_S = \frac{k_{-1} + k_{+2}}{k_{+1}} = \frac{[E][S]}{[ES]}$$

$$[ES] = \frac{[E]_T[S]}{K_S + [S]}$$

반응속도 v는 $k_{+2}[ES]$와 같으며 기질의 농도가 매우 높아($[S] >> K_S$) 효소가 기질에 의해 포화될 경우($[E]_T \approx ([ES])$)에는 반응속도가 최대로 되어 $V_M = k_{+2}[E]_T$가 된다.

따라서 주어진 영양염 농도(S)하에서 식물플랑크톤의 성장속도(또는 흡수속도)를 v라고 하고, 무한대의 영양염 농도하에서 최대 성장속도를 V_M, 그리고 v가 V_M의 1/2에 해당되는 영양염의 농도를 K_S라 하면 영양염 농도에 대한 성장곡선은 다음과 같이 표현된다(그림 2.52 (a)).

$$v = \frac{v_M[S]}{K_S + [S]}$$

이러한 이론을 근거로 실험배양농도(S)와 측정된 성장속도(v) 자료를 역수로 하여 회귀직선 처리하면, $1/v$과 $1/[S]$을 축으로 하는 직선관계식을 얻을 수 있다(그림 2.52 (b)). 여기에서 V_M과 K_S는 각각 $1/v$축과 $1/[S]$축의 절편의 역수로서 쉽게 구할 수 있다. 여기에서 중요한 것은 식물플랑크톤의 생리생태 면에서 V_M과 K_S의 의미인데, 일반적으로 V_M이 높은 종일수록 풍부한 영양염류가 공급될 경우 우점종으로 나타나며, 최대 성장속도가 빨라 대번식을 할 가능성이 크고, K_S가 낮은 종일수록 빈영양화상태에 상대적으로 빨리 적응하여 낮은 영양염 농도에서 K_S가 높은 종보다 성장속도가 빨라 유리할 수 있다. 일반적으로 부영양화된 연안역 또는 용승해역에 서식하는 종은 대부분 V_M과 K_S가 높은 편이고, 대양의 표층과 같이 영양염류의 공급이 낮아 빈영양화된 해역에 서식하는 종일수록 V_M과 K_S가 낮은 값을 보인다(그림 2.53). 실제로 선상에서 실험결과 보고된 질산염과 암모니아의 K_S는 빈영양해역에서

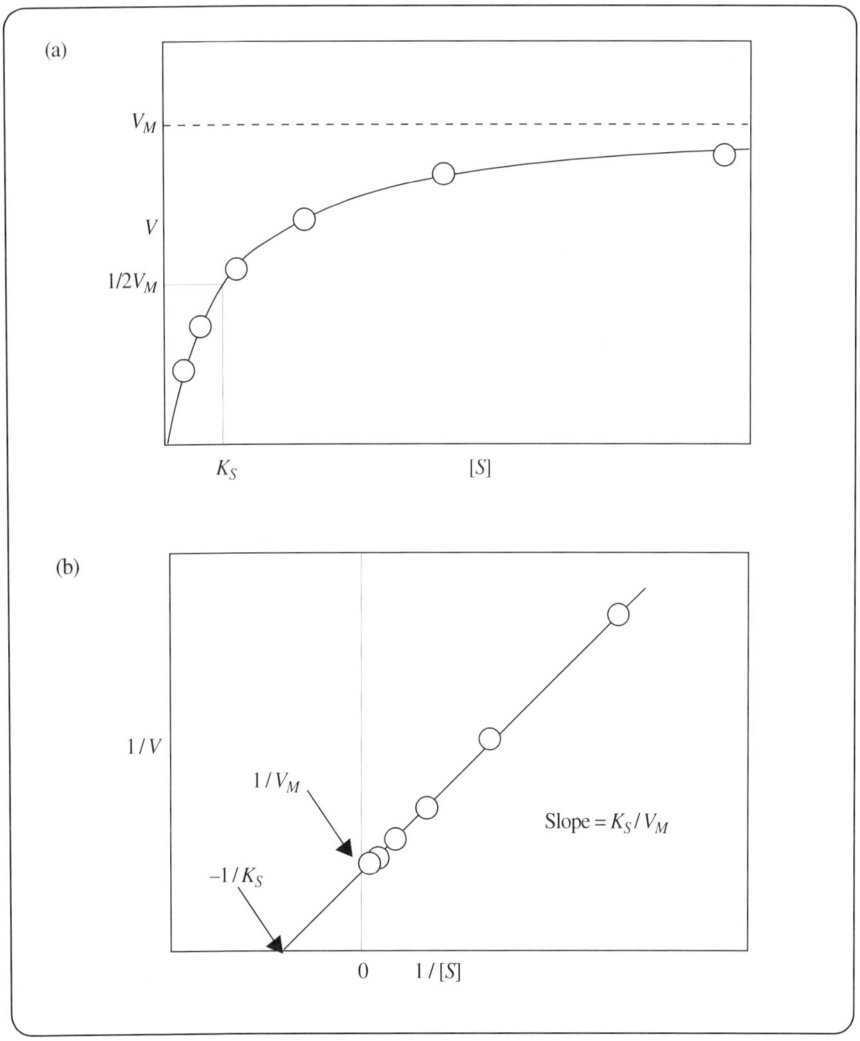

그림 2.52 (a) 전형적인 기질과 효소활동도와의 관계, (b) 기질과 효소활동도를 역수로 취하여 V_M과 K_S를 구하는 방법

0.01~0.91과 0.10~0.55μM, 그리고 부영양해역에서는 0.98~4.21과 1.11~1.30μM로 나타나 앞서 언급된 생리생태적 의미를 뒷받침한다(Goldman and Glibert, 1983). 그러나 한편 현재까지 V_M과 K_S에 대한 많은 실험결과가 보고되어 있지만 배양시간 또는 배양온도 등 여러 실험환경의 조건에 따라 상당한 편차와 논란이 있기 때문에 이에 대한 자료의 해석에 주의를 요한다. 뿐만 아니라 식물플랑크톤의 성장은 여러 단계의 효소반응들이 복합적이고

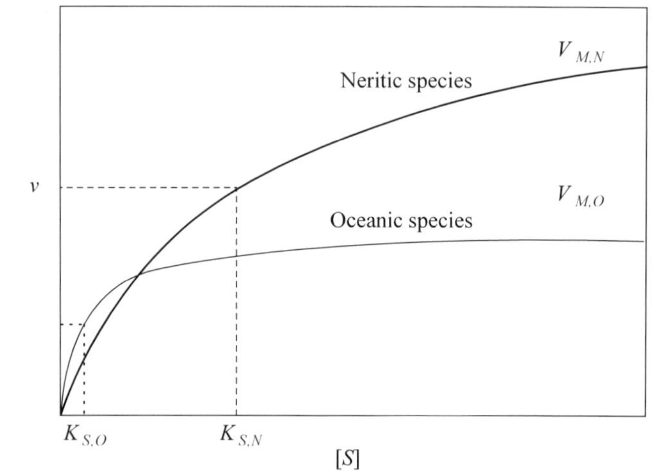

그림 2.53 가용 영양염류의 농도에 따른 연안종(neritic species)과 대양종(oceanic species)의 성장속도의 생리적 적응. $V_{M,N}$, $K_{S,N}$: 연안종의 V_M와 K_s, $V_{M,O}$, $K_{S,O}$: 대양종의 V_M와 K_s

연쇄적으로 일어나는 총체적인 결과라는 점도 간과해서는 안 된다. 따라서 식물플랑크톤의 V_M과 K_S는 절대적인 값이라기보다는 겉보기값이라고 보아야 한다. 한편 전체적으로 중요한 것은 이러한 V_M과 K_S가 다양한 해양환경에서 영양염 흡수와 성장에 대한 식물플랑크톤의 생리적인 지표는 물론 적응상태를 보여 주기 때문에 앞으로 보다 많은 관심과 연구결과의 활용이 필요하다.

이러한 식물플랑크톤의 영양염 흡수와 성장의 복합적인 면은 효소기작에서의 억제기작(inhibition)을 통해서도 일어난다. 효소의 중요한 억제기작에는 경쟁적 억제(competitive inhibition)와 비경쟁적 억제(non-competitive inhibition)가 있다. 경쟁적 억제는 원래의 기질과 유사한 억제물질이 효소의 동일한 반응부위에 경쟁적으로 결합하여 일어나는 억제기작으로서 주로 낮은 기질의 농도에서 일어나며, 결과적으로 겉보기 K_S가 높아지는 효과를 보여 준다. 그러나 매우 높은 기질의 농도에서 V_M은 영향을 받지 않는다. 비경쟁적 억제는 억제물질이 효소의 반응부위가 아닌 억제부위에 결합하여 효소를 불활성화시키기 때문에 결과적으로 효소의 $[E]_T$가 감소하게 되어 V_M이 낮아지는 효과를 보인다. 그러나 이 경우 억제물질에 의해 억제부위가 결합되지 않은 나머지

효소는 영향을 받지 않기 때문에 K_S는 변하지 않는다. 이러한 두 억제기작이 복합적으로 일어나는 효소기작도 있는데(un-competitive inhibition), 이 경우에는 V_M은 낮아지고 K_S는 높아진다. 식물플랑크톤의 영양염 흡수에 대한 억제기작의 예는 암모니아에 의한 질산염 환원효소(nitrate reductase)가 그 한 예인데, 암모니아의 농도가 높을 경우 질산염 환원효소가 억제된다. 이러한 억제기작은 모든 생물의 생화학적 대사활동에 있어서 가장 효율적인 에너지 흐름을 유지하기 위한 되돌림기작(feedback control)의 하나로서 해양생물학 분야에서 많은 연구와 응용이 필요한 분야로 생각된다.

흥미로운 것은 V_M과 K_S 이외에도 해수 중에 존재하는 영양염의 풍부도에 따라 시·공간적으로 식물플랑크톤의 세포크기와 군집구조가 다르게 나타나기도 하는데, 일반적으로 부영양화 해역일수록 크기가 큰 돌말류가 우점하고, 빈영양화 해역일수록 크기가 작은 편모조류가 우점한다. 이러한 빈영양 해역에서 식물플랑크톤 크기의 적응은 체적에 대한 표면적을 크게 함으로써 영양염류의 흡수속도가 크게 되기 때문이다.

6.3.8 생물과정에 의한 친생물원소의 비율: Redfield ratio

식물플랑크톤이 무기물을 흡수하여 유기물을 합성하거나 호흡에 의해 유기물이 분해할 때 나타나는 주요 친생물원소(탄소, 질소, 인)의 비율은 세포의 유기물을 조성하는 원소의 비율과 일정한 관계가 있다. 식물플랑크톤이 광합성에 따라 생성하는 탄소의 기본형태는 탄수화물이고, 이 중 일부가 아미노산 대사과정에 따라 암모니아와 결합하여 단백질로 전환되며, 일부는 핵산대사과정에 따라 인산염과 결합하여 핵산염기로 전환된다. 이 경우 세포 내에서 탄소는 탄수화물의 형태로 표현될 수 있고, 질소는 아미노기의 형태로, 그리고 인은 산화-환원과 관계가 없는 인산의 형태로 표현될 수 있다. 따라서 주요 친생물원소에 대한 식물플랑크톤의 대사는 다음과 같은 개괄적인 식으로 표현할 수 있다.

$$(CH_2O)_{106}(NH_3)_{16}H_3PO_4 + 138O_2 \Leftrightarrow 106CO_2 + 122H_2O + 16NO_3^- + PO_4^{3-} + 19H^+$$

상기의 식에 나타난 바와 같이 광합성과 호흡의 대사과정에 있어서 탄소와 질소 그리고 인의 조성비(C:N:P)는 106:16:1로 나타나는데, 실제 유기입자와 해수의 원소 조성비도 이와 상당히 유사하게 나타난다(Redfield, 1958;

Redfield *et al.*, 1963). 이러한 유기입자의 C:N:P 비율을 일반적으로 Redfield ratio라고 부르는데, 생물체의 성장단계나 생리조건에 따라 다소 다르게 나타나기도 한다.

광합성과 호흡과정에서 친생물원소의 비율이 일정하게 흡수되거나 생성되므로 영양염류가 재생산에 의하여 생성(+ΔN 또는 +ΔP)되는 만큼 산소의 소비($-\Delta O_2$)도 일어나게 된다. 따라서 광합성과정이 없고 호흡과정이 주로 일어나는 해양의 저층 수괴에서 포화용존산소($DO_{saturated}$) 농도보다 낮은 용존산소($DO_{measured}$)가 측정되었을 경우 그 차이를 겉보기 산소소비량(apparent oxygen utilization: AOU)이라고 하는데, 산출된 AOU에 16/138($\Delta N/\Delta O_2$) 또는 1/138($\Delta P/\Delta O_2$)을 곱하면 저층 수괴에서 재생산에 의하여 증가된 질산염이나 인산염 농도를 알 수 있다. 이때 수괴에 존재하는 영양염류 중 증가된 영양염류(regenerated nutrient: $N_{regenerated}$)를 뺀 나머지 영양염류(preformed nutrient: $N_{preformed}$)는 보존적인 값으로 수괴추적에 이용되기도 한다. 해양표층에서는 대기와의 교환이나 광합성에 의해 용존산소가 거의 항상 포화되어 있거나 과포화되어 있기 때문에 AOU 개념은 적용되지 않는다.

$$AOU = DO_{saturated} - DO_{measured}$$

$$N_{regenerated} = AOU(\Delta N/\Delta O_2)$$

$$N_{preformed} = N_{measured} - N_{regenerated}$$

재생산과정이 주로 일어나는 해양 저층 수괴에서 N/P는 16에 매우 근접한 값을 보이지만, 식물플랑크톤의 활발한 영양염류 흡수에 의해 영양염류가 고갈되고 다양한 생물활동이 일어나는 해양표층에서는 N/P가 상당히 큰 변화폭을 보인다. 식물플랑크톤은 유기물 합성을 위하여 대체로 16:1의 N:P 비율에 따라 영양염류를 흡수하여야 하기 때문에 N/P가 16보다 낮게 나타나는 대부분의 연안환경에서는 질소가 식물플랑크톤 성장의 제한요인으로 작용하며, N/P가 16보다 높게 나타나는 대부분의 하천이나 호소환경에서는 인이 식물플랑크톤 성장의 제한요인으로 작용하게 된다. 담수환경이 해양환경에 비하여 N/P가 매우 높은 이유는 다음과 같이 두 가지로 설명할 수 있다. 그 첫번째 이유는 질소계 영양염류(암모니아와 질산염)와 달리 인산염은 입자 표면의 음이온과 교환되어 입자체의 양이온과 착화합물을 이루어 제거되는데, 담수환경은 해양환경보다 부유물질의 농도가 높아 인산염이 제거될 수 있는 입자의 표면적이 수십 배에서 수천 배까지 많기 때문이다. 두 번째 이유는 담수환경이 해양환경보다 질소고정을 할 수 있는 남세균의 현존량이 매우 높아 질소고정에 의한 암모니아 형태의 질소공급이 크기 때문이다. 참고적으로 N/P는 유입원에 따라 다르지만 대체로 일반 도시 오폐수는 대략 4~5 부근이고, 자연적인 유입원은 15~30의 범위를 보인다(Schindler *et al.*, 1973). 만일 N/P가 낮은 오폐수가 담수환경으로 대량 유입될 경우 상대적으로 높은 인이 유입되는 결과가 되어 담수환경에서 식물플랑크톤의 대번식을 유발할 가능성이 매우 커지게 된다. 이러한 관계로 수질관리 및 부영양화 그리고 식물플랑크톤 대번식의 문제를 다루는 데에 있어서 담수환경에서는 인이, 그리고 해양환경에서는 질소가 중점적으로 연구되는 이유이다.

한편 이러한 N:P의 비율이 어떻게 결정되었는지는 닭과 달걀의 문제와 같이 논란의 여지가 있으나 해양생물의 진화단계에서 검토해 볼 가치가 있다. 아마도 원시해양은 혐기성 환경으로 수중에 질산염이 거의 없었던 반면, 인산염은 화학적인 풍화작용에 의해 인회석 등의 지각성분으로부터 지속적으로 용해되어 풍부한 양이 존재하였을 것이다. 물론 벼락 등 원시지구상에서 발생되는 높은 에너지에 의해 대기 중의 일부 질소가 NO로 전환되거나 또는 원시대기의 암모니아가 일부 유입될 수 있으나, 원시대기의 질소의 대부분은 질소기체이기 때문에 그 유입량은 비교적 적었을 것으로 생각할 수 있다. 물론 생물학적 진화 이전의 초기 지구환경에서는 화산활동에서 방출된 질소기체와 암모니아가 유기물의 화학적 진화에 중요한 역할을 한 것으로 볼 수 있다. 화학적 진화 이후 생물학적 진화단계 초기인 30억 년 전경 등장한 원시생물체인 남세균은 혐기성 환경에서 빛을 이용하여 질소고정을 할 수 있었기 때문에 상당량의 질소기체가 암모니아 형태로 환원되어 해수 중에 유입되었을 것으로 보인다. 상당한 시간이 경과되어 광합성을 할 수 있는 식물플랑크톤이 등장한 후 수괴 중의 용존산소가 20억 년 전과 10억 년 전 사이에 점차 증가됨에 따라 해양과 대기의 대부분이 호기성 환경으로 바뀌면서 해수 중의 암모니아를 질산염으로 산화시켜 발생되는 에너지를 이용할 수 있는 질산화과정 박테리아가 등장하였을 것이다. 이러한 진화단계를 볼 때 해수 중의 N:P 비율은 초기의 매우 낮은 비율에서 점차 높아져 동물플랑크톤과 기타 기본적인 해양생물군이 번성하기 시작한 약 10억 년 전 이후부터 현재와 같이 16:1로 되었을 것으로 보인다(Falkowski and Raven, 1997). 그 이후 산소환경에서 활발한 호기성 생물활동에 의해 유기입자의 생성과 저층으로의 침강이 증가하게 됨에 따라 해양의 저층이나 폐쇄해역에서 유기물 분해로 인하여 저산소 내지 무산소수괴가 발달하게 되는데, 이러한 환경에서 유기물을 산화하기 위하여 질산염을 환원자로 이용하는 탈질산화 박테리아가 등장하였을 것으로 보인다. 따라서 해양의 무기질소순환을 생물학적 진화단계 면에서 볼 때 혐기성 원시해양에서 질소고정과정이 먼저 등장하고 광합성에 의하여 해양이 산화환경으로 바뀐 후 질산화과정이 등장하며, 그 후 해양의 폐쇄해역에 발달하는 무산소수괴에서 질산염을 이용하는 탈질산화과정이 등장한 것으로 보인다. 이러한 해양의 진화단계와 질소순환과정을 고찰할 때 해수와 유기입자의 N:P의 비율이 16:1인 것은 원시해양의 초기조건에 의한 것이라기보다는 생물의 진화과정에 의해 후차적으로 결정된 것으로 볼 수 있다.

6.4 미량 원소

질소, 인, 규소 등 다량 영양염 이외에 식물플랑크톤의 성장에 미치는 미량 원소에는 철(Fe), 구리(Cu), 아연(Zn), 니켈(Ni), 코발트(Co), 마그네슘(Mg), 망간(Mn), 몰리브덴(Mo) 등 미량 금속류(trace metals)와 비타민, 그리고 미량 금속류의 가용도에 영향을 미치는 유기 킬레이트 화합물(chelator), TBT(tributyl tin)와 같은 유기독성물질(organic toxins) 등을 들 수 있다. 미량 영양염은 단어의 의미처럼 극소량이 필요하나, 부족시에는 다량 영양염이 풍부히 존재하더라도 Liebig의 최소율의 법칙에 따라 식물플랑크톤의 성장을 제한하게 된다.

금속을 포함하는 단백질(metalloprotein)은 알려진 전체 단백질의 1/3을 차지한다. 금속은 촉매로서 작용하거나 구조적인 역할을 하거나, 또는 생지화학적 기작을 활성화시킨다(Butler, 1998). 광합성과 호흡 그리고 질소고정에는 전자전달이 포함되며, 이러한 과정의 핵심적인 부분이 금속을 포함하는 단백질 효소에 의하여 촉매된다. 미량 금속류 중 철이온은 산화환원 전자전달계의 cytochrome에서, 마그네슘은 엽록소의 핵심적인 구성분자로서, 몰리브덴의 경우는 질소고정효소인 nitrogenase의 조효소의 구성인자로서 식물플랑크톤 내에서 필수적인 역할을 수행한다. 미량 금속 중 구리, 아연 등 일부 원소는 성장에 필수적이나, 높은 농도에서는 독성을 나타내는 경우도 있다.

또한 종에 따라 요구도가 다르게 나타난다. 비타민은 식물플랑크톤 배지에도 필수적으로 포함되며, 자연계에서는 다른 생물의 대사작용의 산물로서도 해수 중에 분비되어 식물플랑크톤에 의해 이용되는 것으로 보인다.

킬레이트 화합물은 금속이온과의 공유결합을 통하여 구리 등 중금속의 독성을 완화시켜 주거나, 산소가 있는 해수 중에서 3가 철(ferric)로 존재하여 용해도가 극히 낮은 철이온 등을 용존상태로 유지시켜 식물플랑크톤이 이용하기 용이하게 한다. 또한 식물플랑크톤 배지에는 인공 킬레이트 화합물인 EDTA를 Na나 Fe 화합물의 형태로서 공급해 준다. 자연계에서는 부식산(humic acid) 또는 대사분비물 중 저분자 유기물이 천연 킬레이트 화합물의 역할을 한다. 일부 식물플랑크톤이나 박테리아의 경우 자신만이 이용할 수 있는 철이온에 특이성(specificity)이 매우 높은 착화합물인 siderophere를 해수중에 분비하여 철이온을 독점적으로 이용하며, 이는 종의 천이에 중요한 역할을 한다(Kerry *et al.*, 1988). 또한 여름철 강우 직후에 빈번히 발생하는 식물플랑크톤의 대규모 증식에 의한 적조형성에 대한 부분적인 원인으로, 강수에 의해 유입된 천연 킬레이트 화합물에 의한 해수 중의 철이온 가용도가 증가되어 철이온 이용이 원활하게 된 데서 기인할 수도 있다.

유기독성물질은 산업화에 따라 다양한 종류의 합성물질이 자연계에 도입되었다. 여기에는 주로 살충제로 이용되는 DDT(관련된 화합물인 DDE와 DDD 포함), Drin계 화합물(aldrin, heptachlorr, endrine, dieldrine 등의 포함), γ-HCH, Toxaphend 등 물질과 PCB(polychlorinated biphenul) 같은 물질이 있다. 또한 독성이 거의 없는 것으로 믿어져 구리를 포함한 도료를 대체하여 선박의 antifouling agent로 널리 이용되고 있는 유기주석화합물인 TBT의 경우 환경에 농축되어 심각한 환경문제를 유발하고 있다. 이러한 유기독성물질은 분해가 되지 않거나 더디게 일어나 생물농축과 생태계 먹이사슬을 따라 생물증폭을 통하여 상위 포식자에 더 큰 피해를 미치게 된다. 또한 이러한 인공적인 유기독성물질 이외에도 적조생물에 의하여 분비되는 독소에 의한 다른 식물플랑크톤의 영향 등도 보고되고 있다(Doucette, 1995).

6.5 동물플랑크톤의 섭식

식물플랑크톤 군집은 수온, 염분, 빛, 영양염류, 해류, 난류, 확산이나 용승과 같은 물리 · 화학적 요인뿐만 아니라 섭식, 경쟁, 기생과 같은 생물학적 요인에 의해서도 영향을 받는다. 식물플랑크톤 군집은 초식성 동물플랑크톤의 섭식에 의해 직접적인 영향을 받을 수 있고, 해파리나 빗해파리와 같은 육식성 동물플랑크톤의 초식성 동물플랑크톤에 대한 포식으로 간접적인 영향을 받을 수도 있다. 초식성 동물플랑크톤의 섭식률이 높으면 식물플랑크톤의 생물량이 줄어들게 되고, 반면 섭식압력이 줄어들면 식물플랑크톤의 대발생을 유발하기도 한다. 초식성 동물플랑크톤은 식물플랑크톤의 생물량뿐만 아니라 섭식행동의 차이나 먹이선호도에 따라 식물플랑크톤의 종조성이나 개체의 크기구조도 조절하게 된다. 동물플랑크톤은 일반적으로 효율적인 섭식을 위해 적절한 크기의 먹이입자를 선호하게 된다. 여과식자의 경우 적절한 먹이입자 크기범위 내에서는 작은 먹이입자보다는 큰 먹이입자를 효율적으로 섭식하며(DeMott, 1989), 대체로 동물플랑크톤의 크기선택적 섭식(size-selective feeding)은 섭식자의 크기와 관련이 있다. 예를 들어 성체 요각류 같은 중형 플랑크톤은 이들의 유생이나 유종섬모충류와 같은 소형 플랑크톤보다는 크기가 큰 식물플랑크톤을 소비하여 결과적으로 식물플랑크톤 군집의 크기구조에 영향을 미칠 수 있다.

식물플랑크톤 군집이 영양염류나 기타 환경요인 등에 의해 영향을 받는 것을 상향조절(bottom-up control)이라 하고, 초식성 동물플랑크톤의 섭식압력에 의해 영향을 받는 것을 하향조절(top-down control)이라 한다(Menge, 1992). 즉 상향조절은 상위 영양단계에 속하는 생물의 군집구조가 하위 영양단계의 생물에 의해 조절되는 것을 말하며, 장마 후에 육상기원 영양염류가 바다로 유입되어 식물플랑크톤의 대발생을 일으키는 경우와 식물플랑크톤의 생물량이 늘어남에 따라 초식성 동물플랑크톤의 생물량이 증가하는 것이 예가 될 수 있을 것이다. 하향조절은 하위 영양단계에 속하는 생물의 개체수, 분포, 다양성 등이 상위 영양단계에 의해 직 · 간접적으로 영향을 받는 것을 말한다. 부유생태계에서는 빗해파리 - 초식성 동물플랑크톤 - 식물플랑크톤의 관계에서 빗해파리의 숫자가 증가하면 초식성 동물플랑크톤이 감소하고 따라서 식물플랑크톤이 증가하는 경우(Deason and Smayda, 1982; Kim *et al.*, 1992)가 예가 될 수 있으며, 저서생태계에서는 조간대 암반의 불가사리나 조하대의 바닷가재처럼 중추종(keystone species)에 의해 생태계가 변화하는 것이 예가 될 수 있다. 하향조절과 상향조절이 복합적으로 일어나 식물플랑크톤 군집의 구조가 결정되나, 해역에 따라 하향조절과 상향조절의 상대적인 중요성은 달라질 수 있다. 일반적으로 상향조절이 우세한 생태계에서는 생산자와 소비자간에 음의 상관관계가 있으며, 하향조절이 우세한 생태계에서는 둘 사이에 양의 상관관계가 있다.

동물플랑크톤의 섭식이 식물플랑크톤 군집에 미치는 영향을 조사하기 위해서는 폐쇄실험생태계(enclosed experimental ecosystem)를 사용할 수 있다. 폐쇄생태계는 자연생태계와 격리된 인위적인 생태계를 말하며, 연구자가 환경요인을 조사목적에 맞도록 조절하여 식물플랑크톤의 군집변화를 모니터링할 수 있다. 즉 섭식자를 인위적으로 증가시키거나 제거한 후 식물플랑크톤 군집을 조사하여 동물플랑크톤의 섭식효과를 연구할 수 있다. 밀폐생태계의 용량은 실험실에서 사용하는 플라스크에서 현장에 설치한 큰 실험용기까지 다양하며, 연구목적에 맞는 크기를 선택하면 된다. 폐쇄생태계는 크기에 따라 소형 폐쇄생태계(microcosm) 또는 중형 폐쇄생태계(mesocosm) 등으로 구분할 수 있으며, 요각류의 섭식효과를 보기 위해서는 1 *l* 이상의 용기이면 적합하다. 폐쇄생태계를 이용한 연구로는 캐나다의 Saanich Inlet에서 수행된 CEPEX (Controlled Ecosystem Population Experiments) 프로그램이 잘 알려져 있다.

시간에 따라서 변화하는 식물플랑크톤 생물량은

$$dB/dt = P - (R + G + L)$$

과 같은 식으로 나타낼 수 있다. 여기서 B는 생물량, t는 시간, P는 생산량, R은 호흡량, G는 동물플랑크톤에 의해 섭식된 양, L은 여러 가지 원인으로 인한 손실량이다. 만약 식물플랑크톤 생장이 활발한 연안에서 이들의 대발생을 억제하려면 R, L, G의 합이 생산량 P보다 커야 하며, 동물플랑크톤의 섭식률이 커야 함은 필수적이다. 연안역에서는 일반적으로 식물플랑크톤에 의한 일차 생산량의 10% 미만을 소비하는 것으로 알려져 있으나(Lara-Lara *et al.*, 1990), 환경에 따라 동물플랑크톤의 섭식은 차이가 크게 나타나기도 한다. 예를 들어 뉴욕 롱아일랜드 연안에서 조사된 바로는 주변 환경이 비교적 안정되고 크기가 큰 식물플랑크톤이 우점하는 해역에서는 동물플랑크톤이 일차 생산의 39%까지 섭식하는 것으로 나타났고, 환경이 급변하고 크기가 작은 식물플랑크톤이 우점하는 해역에서는 10% 미만의 낮은 섭식을 보였다(Kim, 1993).

참고문헌

고철환, 박철, 유신재, 이원재, 이태원, 장창익, 최중기, 홍재상, 허형택. 1997. 『해양생물학』. 서울대학교출판부, pp. 177-179.

박용민. 1997. 「열대, 온대 및 남극해역에서 분리한 해양 식물플랑크톤 클론들의 성장」, 군산대학교 대학원 석사학위논문, p. 45.

성경아. 1997. 「서해 연안산 단세포 남세균 클론들의 성장과 영양요구」, 군산대학교 대학원 석사학위논문, p. 63.

유신재, 손승현. 1998. 「CZCS에 의한 북서태평양 연변해의 식물플랑크톤 생물량의 계절적 변화」, *Ocean Research* 20(1). pp. 29-42.

유신재, 신경순. 1995. 「태안반도 연안에서의 일차 생산력 특성」, 『해양연구』 17(2). pp. 91-99.

유신재, 정종철. 1999. 「해양원격탐사의 활용과 그 전망」, 『대한원격탐사학회지』 15(3). pp. 277-288.

심재형. 1994. 『한국동식물도감』. 제34권 식물편(해양식물플랑크톤), 교육부, p. 487.

최중기, 박용철, 김용철, 이영철, 손승규, 황학진, 한범석, 정창수. 1988. 「서해 연안 어장의 생산력 조사」, 『수진원연구보고』 42. pp. 143-168.

Anderson, J.J. 1978. "Deep Ocean Mining and the Ecology of the Tropical North Pacific. Dept. of Oceanography," *Univ. Wash. Spec. Rep.* 83. pp. 1-123.

Azam, F., B.B. Hemmingsen, and B.E. Volcani. 1974. "Role of Silicon in Diatom Metavolism. V. Silicic Acid Transport, and Metabolism in the Heterotrophic Diatom *Nitzschia alba*," *Arch. Microbiol.* 97. pp. 103-114.

Behrenfeld, M.J. and P.G. Falkowski. 1997. "A Consumer's Guide to Phytoplankton Primary Productivity Models," *Limnol. Oceanogr.* 42(7). pp. 1, 479-481, 491.

______. 1997. "Photosynthetic Rates Derived from Satellite-based Chlorophyll Concentration," *Limnol. Oceanogr.* 42(1). pp. 1-20.

Bidigare, R.R. and F.D. King. 1981. "The Measurement of Glutamate Dehydrogenase Activity in Praunus Flexuosus and its Role in the Regulation of Ammonia Excretion," *Comp. Biochem. Physiol.* 70B. pp. 409-413.

Broecker, W.S. 1974. *Chemical Oceanography*. Harcourt Brace Jovanovich, Inc., p. 214.

Butler, A. 1998. "Acquisition and Utilization of Transition Metal Ions by Marine Organisms," *Science* 281. pp. 207-210.

Caperon, J. and J. Meyer. 1972. "Nitrogen-limited Growth of Marine Phytoplakton II. Uptake Kinetics and their Role in Nutrient Limited Growth of Phytoplakton," *Deep Sea Research* 19. pp. 619-632.

Capone, D.G. 1983. *Benthic Nitrogen Fixation*. eds. E.J. Carpenter and D.G. Capone. New York:

Academic Press, pp. 105-137.

Carpenter, E.J. 1983. "Nitrogen Fixation by Marine *Oscillatoria(Trichodesmium)* in the Wolrd's Ocean," In *Nitrogen in the Marine Environment.* edited by E.J. Carpenter and D.G. Capone. New York: Academic Press, pp. 65-103.

Carpenter, E.J. and J.S. Lively. 1980. "Review of Estimates of Algal Growth Using 14C Tracer Techniques," In *Primary Productivity in the Sea.* edited by P.G. Falkowski. New York: Plenum Press, pp. 161-178.

Carpenter, E.J., J. Chang, and M. Cottrell. 1990. "Revaluation of Nitrogenase Oxygen-protective Mechanisms in the Planktonic Marine Cyanobacterium *Trichodesmium*," *Mar. Ecol. Prog. Ser.* 65. pp. 151-158.

Chamberlin, W.S., Booth, C.R., Kiefer, D.A., Morrow, J.H., and Murphy, R.C. 1990. "Evidence for a Simple Relationship between Natural Fluorescence, Photosynthesis and Chlorophyll in the Sea," *Deep-Sea Research* 37(6). pp. 951-973.

Chretiennot-Dinet, M. 1990. *Atlas du phytoplankton marin.* vol. 3(A. Sournia directed). Paris: Centre National de la Recherche Scientifique, p. 261.

Cohen, A.L. 1974. "Critical Point Drying," In *Principles and Techniques of Scanning Electron Microscopy* 1. ed. Hyat. New York: Van Nostrand-Reinhold, pp. 44-112.

Cullen, J.J. 1982. "The Deep Chlorophyll Maximum: Comparing Vertical Profiles of Chlorophyll a," *Can. J. Fish. Aquat. Sci.* 39. pp. 791-803.

______. 1990. "On Models of Growth and Photosynthesis in Phytoplankton," *Deep-Sea Res.* 37. pp. 667-683.

Cullen, J.J. and M.R. Lewis. 1995. "Biological Processes and Optical Measurements Near the Sea Surface: Some Issues Relevant to Remote Sensing," *J. Geophys. Res.* 100(C7). pp. 13, 255-13, 266.

Cullen, J.J., X. Yang, and H.L. MacIntyre. 1992. "Nutrient Limitation and Marine Photosynthesis," In *Primary Productivity and Biogeochemical Cycles in the Sea.* ed. Falkowski, P.G. and A.D. Woodhead. Plenum Press, pp. 69-88.

Curtis, P.S., Drake, B.G., Leadley, P.W., Arp, W.J., and Wigham, D.F. 1989. "Growth and Senescence in Plant Communities Exposed to Elevated CO_2 Concentrations on an Estuarine Marsh," *Oecologia* 78. pp. 20-26.

Darley, W.M. 1974. "Silicification and Clacification," In *Algal Physiology and Biochemistry.* ed. W.D.P. Stewart. Oxford: Blackwell Scientific Publications, pp. 655-675.

Deason E.E. and T.J. Smayda. 1982. "Ctenophore-zooplankton-phytoplankton Interactions in Narragansett Bay, Rhode Island, USA, during 1972-1979," *J. Plankton Res.* 4. pp. 203-217.

DeMott, W.R. 1989. "Optimal Foraing Theory as a Predictor Chemically Mediated Food Selection by Suspension Feeding Copepods," *Limnol. Oceanogr.* 34. pp. 140-154.

Doucette, G.J. 1995. "Interactions between Bacteria and Harmful Algae: A Review," *Nat. Toxins.* 3. pp. 65-74.

Droop, M.R. 1961. "Vitamin B_{12} and Marine Ecology: The Response of *Monochrysis lutheri*," *J. Mar. Biol. Ass. U.K.* 41. pp. 69-76.

______. 1968. "Vitamin B_{12} and Marine Ecology: IV The Kinetics of Uptake, Growth and Inhibition in *Monochrysis lutheri*," *J. Mar. Biol. Ass. U.K.* 48. pp. 689-733.

______. 1983. "Twenty-five Years of Algal Growth Kinetics," *Bot. Mar.* 26. pp. 99-112.

Dugdale, R.C. 1967. "Nutrient Limitation in the Sea: Dynamics, Identification, and Significance," *Limnol. Oceanogr.* 12. pp. 685-695.

Dugdale, R.C. and J.J. Goering. 1967. "Uptake of New and Regenerated forms of Nitrogen in Primary Productivity," *Limnol. Oceanogr.* 12. pp. 196-206.

Eberly, W.R. 1967. "Problems in the Laboratory Culture of Planktonic Blue-green Algae," In *Environmental Requirements of Blue-green Algae* 7-34. Corvallis, Oreg.: U.S. Department of the Interior.

Eppley, R.W. and B.J. Peterson. 1979. "Particulate Organic Matter Flux and Planktonic New Production in the Deep Ocean," *Nature* 282. pp. 677-680.

Eppley, R.W. and Coatsworth, J.L. 1968. "Nitrate and Nitrite Uptake by Ditylum Brightwellii. Kinetics and Mechanisms," *J. Phycol.* 4. pp. 151-156.

Eppley, R.W., E.H. Renger, E.L. Venrick, and M.M. Mullin. 1973. "Study of Plankton Dynamics and Nutrient Cycling in the Central Gyre of the North Pacific Ocean," *Limnol. Oceanogr.* 18. pp. 534-551.

Eppley, R.W., J.L. Coatsworth, and L. Solorzano. 1969. "Studies of Nitrate Reductase in Marine Phytoplankton," *Limnol. Oceanogr.* 14. pp. 194-205.

Eppley, R.W., Rogers, J.N., and McCarthy, J.J. 1969. "Half-saturation Constants for Uptake of Nitrate and Ammonium by Marine Phytoplankton," *Limnol. Oceanogr.* 14. pp. 912-920.

Falkowski, P.G. 1981. "Light-shade Adaptation and Assimilation Numbers," *J. Plankton Res.* 3(2). pp. 203-217.

______. 1983. "Enzymology of Nitrogen Assimilation," In *Nitrogen in the Marine Environment.* eds. E.J. Carpenter and D.G. Capone. New York: Academic Press, pp. 839-868.

Falkowski, P.G. and J.A. Raven. 1997. *Aquatic Photosynthesis.* Blackwell Science, p. 375.

Falkowski, P.G. and Z. Kolber. 1990. "Phytoplankton Photosynthesis in the Atlantic Ocean as Measured from a Submersible Pump and Probe Fluorometer *in situ*," *Current Research in Photosynthesis* IV. pp. 923-926.

Falkowski, P.G., R.M. Greene, and R.J. Geider. 1992. "Physiological Limitations on Phytoplankton Productivity in the Ocean," *Oceanography* 5. pp. 84-91.

Fitzwater, S.E., G.A. Knauer, and J.H. Martin. 1982. "Metal Contamination and its Effects on Primary Production Measurements," *Limnol. Oceanogr.* 27. pp. 544-551.

Fogg, G.E. and Thake, B. 1987. *Algal Cultures and Phytoplankto Ecology*. 3rd ed. UW Press.

Fritz, L. and Triemer, R.E. 1985. "A Rapid Simple Technique Utilizing Calcofluor White M2R for the Visualization of Dinoflagellate Thecal Plates," *J. Phycol.* 21. pp. 662-664.

Gallagher, J.C. 1982. "Physiological Variation and Electrophoretic Banding Patterns of Genetically Different Seasonal Populations fo *Skeletonema costatum* (Bacilariophyceae)," *J. Phycol.* 18. pp. 148-162.

Gallegos, C.L. and T. Platt. 1981. "Photosynthesis Measurements on Natural Populations of Phytoplankton: Numerical Analysis," In *Physiological Bases of Phytoplankton Ecology*. ed. Platt, T. Bulletin 210. Department of Fisheries and Ocean, pp. 103-112.

Gieskes, W.W.C. 1974. "Phytoplankton and Primary Productivity Studies in the Southern Bight of the North Sea, Eastern Part, in 1972," *Annls. Biol.* 19. pp. 54-61.

Goldman, J.C. and McCarthy, J.J. 1978. "Steady-state Growth and Ammonium Uptake of a Fast-growing Marine Diatoms," *Limnol. Oceanogr.* 23. pp. 695-730.

Goldman, J.C. and P.M. Glibert. 1983. "Inorganic Nitrogen Uptake by Phytoplankton," In *Nitrogen in the Marine Environment.* eds. E.J. Carpenter and D.G. Capone. New York: Academic Press, pp. 233-274.

Gonzalez-Gil, S., B.A. Keafer, R.V.M. Jovine, A. Aguilera, S. Lu, and D.M. Anderson. 1998. "Detection and Quantification of Alkaline Phosphatase in Single Cells of Phosphorus-starved Marine Phytoplankton," *Mar. Ecol. Prog. Ser.* 164. pp. 21-35.

Hallegraeff, G.M., Anderson, D.M., and Cembella, A.D. eds. 1995. "Manual on Harmful Marine Microalgae," *IOC Manual and Guides* 33. France: UNESCO, p. 551.

Harris, G.P. 1980. "The Measurement of Photosynthesis in Natural Populations of Phytoplankton," In *The Physiological Ecology of Phytoplankton*. ed. Morris, I. University California Press, pp. 129-190.

______. 1980. "The Relationship between Chlorophyll *a* Fluorescence, Diffuse Attenuation Changes and Photosynthesis in Natural Phytoplankton Populations," *J. Plankton Res.* 2(2), pp. 109-127.

Harvey, H.W. 1955. *The Chemistry and Fertility of Sea Water*. London: Cambridge University Press, p. 224.

Hattori, A. 1983. "Denitrification and Dissimilatory Nitrate Reduction," In *Nitrogen in the Marine Environment.* eds. E.J. Carpenter and D.G. Capone. New York: Academic Press, pp. 191-232.

Hochachka, P.W. and G.N. Somero. 1973. *Strategies of Biochemical Adaptation*. Philadelphia: W.B. Saunders Company, p. 358.

Imai, I. and Itoh, K. 1987. "Annual Life Cycle of *Chattonella* spp., Causative Flagellates of Noxious Red Tides in the Inland Sea of Japan," *Mar. Biol.* 94. pp. 287-292.

Jassby, A. and T. Platt. 1976. "Mathematical Formulation of the Relationship between Photosynthesis and Light for Phytoplankton," *Limnol. Oceanogr.* 21. pp. 540-547.

Jeong, H.J., C.W. Lee, W. Yih, and J.S. Kim. 1997. "*Fragilidium* cf. *Mexicanum*, a Thecate Mixotrophic Dinoflagellate, which is Prey for and a Predator on Co-occurring Heterotrophic Dinoflagellate *Protoperidinium* cf. *divergens*," *Mar. Ecol. Prog. Ser.* 151. pp. 299-305.

Kalbe, L. 1984. "Forword to the Reprints," In Reprint 1984 of "Atlas der Diatomaceen-Kunde" by Adolf Schmidt(continued by Martin-Schmidt, Friedrich Fricke, Heinrich Heiden, Otto Müller and Friedrich Hustedt), 1874-1959, Leipzig and Berlin, pp. 1-420, 432-480.

Kaplan, W.A. 1983. "Nitrification," In *Nitrogen in the Marine Environment*. eds. E.J. Carpenter and D.G. Capone. New York: Academic Press, pp. 139-190.

Kerry, A., D.E. Laudenbach, and C.G. Trick. 1988. "Influence of Iron Limitation and Nitrogen Source on Growth and Siderophore Production by Marine Cyanobacteria," *J. Phycol.* 24. pp. 566-571.

Kiefer, D.A. 1973. "Chlorophyll *a* Fluorescence in Marine Centric Diatoms: Responses of Chloroplasts to Light and Nutrient Stress," *Mar. Biol.* 23. pp. 39-46.

Kiefer, D.A. and Chamberlin, W.S. 1989. "Natural Fluorescence of Chlorophyll a: Relationship to Photosynthesis and Chlorophyll Concentration in the Western South Pacific Gyre," *Limnol. Oceanogr.* 34(5). pp. 868-881.

Kim, W.-S. 1993. *Zooplankton Community Effects on the Phytoplankton Community in Long Island Bays*. Ph. D. dissertation. State University of New York at Stony Brook, p. 242.

Kim, W.-S., M. Chang, and J.H. Shim. 1992. "Multitrophic Interactions as a Trigger of the *Gyrodinium aureolum* Bloom in Reeves Bay, New York," *J. Oceanol. Soc. Korea* 27. pp. 268-276.

King, F.D. and A.H. Devol. 1979. "Estimates of Vertical Eddy Diffusion through the Thermocline from Phytoplankton Nitrate Uptake Rates in the Mixed Layer of the Eastern Tropical Pacific," *Limnol. Oceanogr.* 24. pp. 645-651.

Kirk, J.T.O. 1994. *Light and Photosynthesis in Aquatic Ecosystems*. Cambridge University Press.

Kolber, Z. and P.G. Falkowski. 1993. "Use of Active Fluorescence to Estimate Phytoplankton Photosynthesis *in situ*," *Limnol. Oceanogr.* 38. pp. 1646-1665.

Koroleff, F. 1983. *Methods of Seawater Analysis*. eds. Glasshoff, K., M. Ehrhardt, and K. Kremling. Verlag Chemie, pp. 174-183.

Lara-Lara, J.R., B.E. Frey, and L.F. Small. 1990. "Primary Production in the Columbia River Estuary. II. Grazing Losses, Transport, and a Plankton Carbon Budget," *Pacific Sci.* 44. pp. 38-50.

Lawlor, D.W. 1993. *Photosynthesis — Molecular Physiological and Environmental Processes*. 2nd ed. England, Essex: Longman Scientific & Technical, pp. 5, 63.

Laws and Caperon. 1976. "Carbon and Nitrogen Metabolism by *Monochrysis Lutheri*: Measurement of Growth-rate-dependent Repiration Rates," *Mar. Biol.* 36. pp. 85-97.

Lee, J.H. and C.H. Cho. 1985a. "Checklist of Marine Planktonic Algae in the Coastal Waters of Korea. I. Bacillariophyceae," *Ocean Research* 7. pp. 19-47.

______. 1985b. "Checklist of Marine Planktonic Algae in the Coastal Waters of Korea. II. Dinophyceae," *Ocean Research* 7. pp. 59-68.

Lewin, J.C. 1971. "The Dissolution of Silica from Diatom Walls," *Geochim. Cosmochim. Acta.* 21. pp. 182-198.

Lewis, M.R. 1992. "Satellite Ocean Color Observations of Global Biogeochemical Cycles," In *Primary Productivity and Biogeochemical Cycles in the Sea*. ed. Falkowski, P.G. and A.D. Woodhead. Plenum Press, pp. 139-154.

Lindholm, T. 1982. "EDTA and Oxalic Acid -Two Useful Agents for Narcotizing Fragile and Rapid Microzooplankton," *Hydrobiologia* 85. pp. 297-298.

______. 1985. *Mesodinium rubrum* — A Unique Photosynthetic Ciliate," *Adv. Aquat. Microbiol.* 3. pp. 1-48.

Lindholm, T. and Oehman, P. 1996. "Some Advantages of Studying Living Phytoplankton," *Vatten* 52. pp. 9-13.

Liu, M.S. and J.A. Hellebust. 1974. "Uptake of Amino Acids by the Marine Diatom *Cyclotella cryptica*," *Can. J. Microbiol.* 20. pp. 1119-1125.

Matsuoka, K., Fukuyo, Y., and Anderson, D.M. 1989. "Methods for Modern Dinoflagellates Cyst Studies," In *Red Tides: Biology, Environmental Science and Toxicology*. eds. Ochaichi, Anderson, and Nemato. New York: Elsevier, pp. 461-479.

McCarthy, J.J. 1980. "Nitrogen," In *The Physiological Ecology of Phytoplankton*. ed. I. Morris. Oxford: Blackwell Scientific Pubclications, pp. 191-233.

McCarthy, J.J. and J.C. Goldman. 1979. "Nitrogenous Nutrition of Marine Phytoplankton in Nutrient-depleted Waters," *Sciences* 203. pp. 670-672.

Menge, B.A. 1992. "Community Regulation: Under What Conditions are Bottom-up Factors Important on Rocky Shores?" *Ecology* 73. pp. 755-765.

Millero, F.J. and M.L. Sohn. 1992. *Chemical Oceanography*. London: CRC Press, p. 531.

Monod, J. 1942. *Recherches sur a Croissance des Cultures Bactériennes*. 2nd ed. Paris: Hermann.

Morel, A. and R.C. Smith. 1974. "Relation Between Total Quanta and Total Energy for Aquatic Photosynthesis," *Limnol. Oceanogr.* 19. pp. 591-600.

Müller, O.F. 1786. "Diatomaceen(*Vibrio paxillifer, Vibrio bipunctatus, Vibrio tripunctatus, Gonium pulvinatum*, etc.)," In *Animalcula infusoria fluviatilia et marina, queae detexit, systematice descripsit et ad vivum delineare curavit.* [LVI]+367 pp. O.F. Müller. Nicolai Molleri, Hauniae.

Nalewajko, C. and D.R.S. Lean. 1980. "Phosphorus," In *The Physiological Ecology of Phytoplankton*. ed. I. Morris. Oxford: Blackwell Scientific Pubclications, pp. 235-258.

Nelson, D.M. and J.J. Goering. 1978. "Assimilation of Silicic Acid by the Phytoplankton in the Baja California and Northwest Africa Upwelling Systems," *Limnol. Oceanogr.* 23. pp. 508-517.

Odum, E.P. 1993. *Ecology and Our Endangered Life-Support Systems*. Sinauer Associates, Inc., p. 301.

Packard, T.T. 1973. "The Light Dependence of Nitrate Reductase in Marine Phytoplankton," *Limnol. Oceangr.* 18. pp. 466-469.

Park, Y.C. 1986. "Impact of Starvation and Feeding Experiments on Ammonium Excretion and

Glutamate Dehydrogenase Activity of Zooplankton," *Korean Biochem. J.* 19. pp. 251-256.

Park, Y.C., E.J. Carpenter, and P.G. Falkowski. 1986. "Ammonium Excretion and Glutamate Dehydrogenase Activity of Zooplankton in Great South Bay, New York," *J. Plankton Res.* 8. pp. 489-503.

Parsons, T.R., M. Takahashi, and B. Hargrave. 1984b. *Biological Oceanographic Processes*. 3rd ed. Pergamon Press.

Parsons, T.R., Y. Maita, and C.M. Lalli. 1984a. *A Manual of Chemical and Biological Methods for Seawater Analysis*. Pergamon Press.

Peterson, B.J. 1980. "Aquatic Primary Productivity and the 14C-CO2 Method: A History of the Roductivity Problem," *Ann. Rev. Ecol. Syst.* 11. pp. 359-385.

Platt, T. and S. Sathyendarnath. 1995. "Fundamental Issues in Measurement of Primary Production," In *Measurement of Primary Production from the Molecular to the Goal Scale*. ed. W.K.W. Li and S. Maestrini. Copenhagen: ICES Marine Science Symposia 197, pp. 3-8.

Pratt, R. and Fong, J. 1940. "Studies on *Chlorella vulgaris*. VI. Retardation of Photosysthesis by a Growth-inhibiting Substance from *Chlorella vulgaris*," *Am. J. Bot.* 30. pp. 32-33.

Redfield, A.C. 1958. "The Biological Control of Chemical Factors in the Environment," *Am. Sci.* 46. pp. 205-221.

Redfield, A.C., B.H. Ketchum, and F.A. Richards. 1963. "The Influence of Organisms on the Chemical Composition of Sea-water," In *The Sea*. ed. M.N. Hill. New York: Interscience, pp. 26-77.

Rhee, G.-Y. 1978. "Effects of N:P Atomic Ratios and Nitrate Limitation on Algal Growth, Cell Composition and Nitrate Uptake," *Limnol. Oceanogr.* 23. pp. 10-25.

______. 1980. "Continuous Culture in Phytoplankton Ecology," In *Advances in Aquatic Microbiology* 2. eds. M.R. Droop and H.W. Janasch. London/NY: Academic Press.

Rhee, G.-Y. and Gotham, I.J. 1981a. "The Effect of Environmental Factors on Phytoplakton Growth: Light and the Interactions of Light with Nitrate Limitation," *Limnol. Oceanogr.* 26. pp. 635-648.

______. 1981b. "The Effect of Environmental Factors on Phytoplakton Growth: Temperature and the Interactions of Temperature with Nutrient Limitation," *Limnol. Oceanogr.* 26. pp. 649-659.

Round, F.E. 1981. *The Ecology of Algae*. Cambridge University Press, p. 653.

Round, F.E., R.M. Crawford, and D.G. Mann. 1990. *The Diatoms*. Cambridge University Press, p. 747.

Ryther, J.H. and C.S. Yentsch. 1957. "The Estimation of Phytoplankton Production in the Ocean from Chlorophyll and Light Data," *Limnol. Oceanogr.* 2. pp. 281-286.

Sathyendranath, S., T. Platt, E.P.W. Horne, W.G. Harrison, O. Ulloa, R. Outerbridge, and N. Hoepffner. 1991. "Estimation of New Production in the Ocean by Compund Remote Sensing," *Nature* 353. pp. 129-133.

Schindler, D.W., H. Kling, R.V. Schmidt, Y. Pzokopowick, V.E. Frost, R.A. Reid, and M. Capel.

1973. "Eutrophication of Lake 227 by Addition of Phosphate and Nitrate: The Second, Third and Fourth Years of Enrichment, 1970, 1971, and 1972," *J. Fish. Res. Bd. Can.* 30. pp. 1415-1440.

Scranton, M.I. 1983. "Gaseous Nitrogen Compounds in the Marine Environment," In *Nitrogen in the Marine Environment*. eds. E.J. Carpenter and D.G. Capone. New York: Academic Press, pp. 37-64.

Sharp, J. 1983. "The Distribution of Inorganic Nitrogen and Dissolved and Particulate Organic Nitrogen in the Sea," In *Nitrogen in the Marine Environment*. eds. E.J. Carpenter and D.G. Capone. New York: Academic Press, pp. 1-35.

Shim, J.H. and Y.C. Park. 1986. "Primary Production Measurement Using Carbon-14 and Nitrogenous Nutrient Dynamics in the Southeastern Sea of Korea," *J. Oceanol. Soc. Korea*. 21(1). pp. 13-24.

Sournia, A. ed. 1978. "Phytoplankton Manual," In *Monographs on Oceanpgraphic Methodology* 6. Paris: UNECO, p. 337.

Sournia, A., M. Chretiennot-Dinet, and M. Ricard. 1991. "Marine Phytoplankton: How Many Species in the World?" *J. Plankton Res.* 13. pp. 1093-1099.

Spencer, C.P. 1954. "Studies on the Culture of a Marine Diatom," *J. Mar. Biol. Ass. U.K.* 33. pp. 265-290.

______. 1975. "The Micronutrient Elements," In *Chemical Oceanography*. 2nd ed., eds. J.P. Riley and G. Skirrow. London: Academic Press, Volume 2, pp. 245-300.

Steidinger, K.A. 1979. "Collection, Enumeration and Identification of Free-living Marine Dinoflagellates," In *Toxic Dinoflagellates Blooms*. eds. Taylor and Seliger. New York: Elsevier, pp. 435-442.

Stein, J.R. ed. 1973. *Handbook of Phycological Methods, Culture Methods and Growth Measurements.* London: Cambridge University Press, p. 448.

Strickland, J.D.H., O. Holm-Hansen, R.W. Eppley, and R.J. Linn. 1969. "The Use of a Deep Tank in Plankton Ecology. I. Studies of the Growth and Composition of Phytoplankton at Low Nutrient Levels," *Limnol. Oceanogr.* 14. pp. 23-34.

Stumm, W. and J.J. Morgan. 1981. *Aquatic Chemistry: An Introduction Emphasizing Chemical Equilibria in Natural Waters*. New York: Wiley-Intersciences Pub., p. 780.

Sullivan, C.W. 1976. "Diatom Mineralization of Silicic Acid. I. $Si(OH)_4$ Transport Characteristics in *Navicula pelliculosa*," *J. Phycol.* 12. pp. 390-396.

Talling, J.F. 1957. "Photosynthetic Characteristics of Some Freshwater Plankton Diatoms in Relation to Underwater Radiation," *New Phytol.* 56. pp. 29-50.

Taylor, F.J.R. 1987. "Chapter 1. General Group Characteristics; Special Features of Interest; Short History of Dinoflagellates Study," In *The Biology of Dinoflagellates*. ed. F.J.R. Taylor. Oxford, London: Blackwell Scientific Pub., p. 785.

Taylor, F.J.R., D.J. Blackbourn, and J. Blackbourn. 1971. "The Red-water Ciliate *Mesodinium rubrum* and its "incomplete symbionts": A Review Including New Ultrastructural Observations," *J. Fish. Res. Bd. Canada* 28. pp. 391-407.

Terry, K.L. 1982. "Nitrate and Phosphate Interations in a Marine Prymnesiophyte," *J. Phycol.* 18. pp. 79-86.

Thomas, W.H. and A.N. Dodson. 1975. "On Silicic Acid Limitation of Diatoms in Near-surface Waters of the Eastern Trophical Pacific Ocean," *Deep Sea Res.* 22. pp. 671-677.

Tomas, C.R. 1993. "Chapter 1. Introduction," In *Marine Phytoplankton — A Guide to Naked Flagellates and Coccolithophorids*. ed. C.R. Tomas. San Diego: Academic Press, p. 263.

______. ed. 1996. *Identifying Marine Diatoms and Dinoflagellates*. San Diego: Academic Press, p. 598.

Valiela, I. 1995. *Marine Ecological Processes.* 2nd ed. New York: Springer, pp. 500-501.

van Liere, L. and Walshy, A.E. 1982. "Interations of Cyanobacteria with Light," In *The Biology of Cyanobacteria.* eds. N.G. Carr and B.A. Whitton. Oxford: Blackwell Scientific Publications, pp. 9-45.

van Liere, L., Mur, L.R., Gibon, C.E., and Herdman, M. 1979. "Growth and Physiology of Oscillatoria Agardhii Gomont Cultivated in Continuous Culture with a Light-dark Cycle," *Arch. Microbiol.* 123. pp. 315-318.

von Denffer, D. 1948. "Über Einen Wachstumshemmstoff in Alternden Diatomeenkulturen," *Biol Zbl.* 67. pp. 7-13.

Werner, D. 1977. "Silicate Metabolism," In *The Biology of Diatoms.* ed. D. Werner. Berkerly: University of California Press, pp. 110-149.

Williams, R.C. 1953. "A method for Freeze Drying for Electron Microscopy," *Exp. Cell Res.* 4. pp. 188-201.

Zeitzschel, B. 1970. "The Quantity, Composition and Distribution of Suspended Particular Matter in the Gulf of California," *Mar. Biol.* 7. pp. 389-407.

제 3 장

종속영양 미세 플랑크톤

식물플랑크톤이 광합성을 통하여 생산한 유기물은 그 일부가 식물플랑크톤의 대사작용을 위하여 사용되고, 나머지는 식물플랑크톤의 세포 밖으로 용존유기물의 형태로 배출되거나 세포 내에 남아 성장에 쓰이거나 저장된다. 이와 같이 식물플랑크톤의 일차 생산을 통하여 생성된 유기물은 용존상태 또는 입자상태의 유기물로 남아 유기물을 스스로 합성하지 못하는 종속영양생물에 이용된다. 표영생태계에서 일차 생산자의 역할을 하는 식물플랑크톤과 일부 박테리아를 제외한 대부분의 생물은 종속영양생물로 초식자, 육식자, 분해자로서 정의된다.

종속영양생물 중 가장 소형 크기에 속하는 소형 플랑크톤 이하의 종속영양 미세 플랑크톤에는 극초미소형의 바이러스, 초미소형의 박테리아, 미소형의 원생동물과 소형의 원생동물들이 포함되며, 이들은 식물플랑크톤에서 유래된 용존유기물을 이용하여 미세생물 고리(microbial loop)를 이루며, 식물플랑크톤과 함께 미세생물 먹이망(microbial food web)을 이루어 중형 동물플랑크톤에 이용된다.

1. 해양 박테리아

해양생태계에서 물질의 순환과 에너지의 흐름을 이해하는 데 있어서 박테리아의 역할은 매우 중요하다. 해양에서 박테리아는 수층, 퇴적물, 고염분의 환경, 고압 및 저온의 심해환경, 해저 열수분출공 그리고 동·식물과의 공생환경 등 다양한 환경에 서식한다. 이 장에서는 해양환경에서 박테리아의 생태적 역할을 추정하는 데 필수적으로 요구되는 박테리아의 개체수 및 생산력의 측정방법과 이들의 분포, 해양 박테리아의 적응기작 그리고 박테리아 군집의 연구방법 및 주요 결과에 대해서 주로 기술하고자 한다.

1.1 해양 박테리아

전통적인 평판배양(plate culture)방법에 의해 표층 해수에서 박테리아를 계수하면 약 $10^3 \sim 10^4 ml^{-1}$ 정도의 박테리아 개체수가 나타난다. 그러나 에피형광현미경 기법(epifluorescence microscopy)의 발달에 의해 직접 계수된 결과는

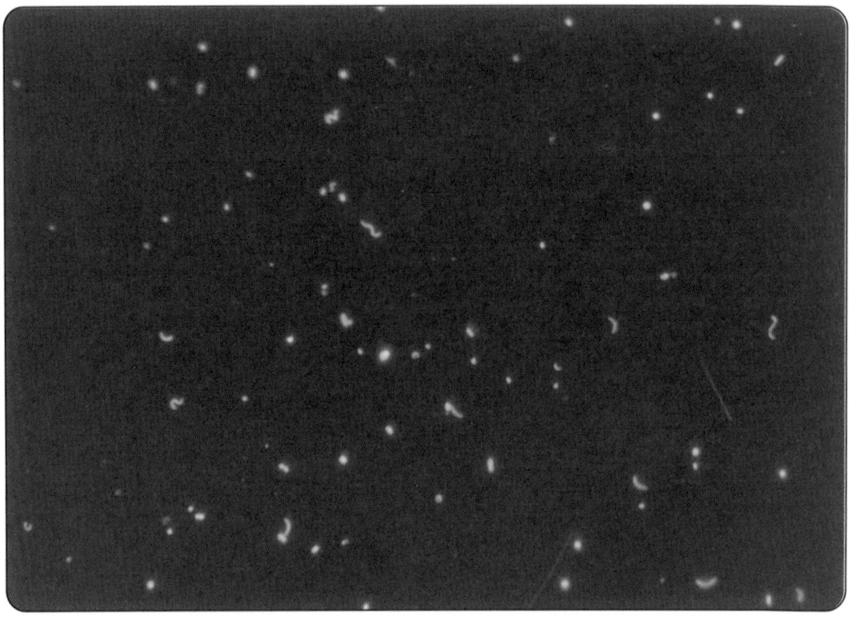

그림 3.1 DAPI로 염색된 박테리아의 에피형광현미경 사진

(Hobbie *et al.*, 1977) 약 100배에서 1,000배 정도 더 많은 박테리아가 해수에 존재함을 보여 주었다. 이러한 연구결과는 해양 미생물학의 발전에 큰 자극을 주었다. 즉, 해수 내에 존재하는 대부분의 배양되지 않는 박테리아의 생존력에 대한 근본적인 질문을 던지게 하였으며, 이는 지금도 중요한 과제로 남아 있다. 그리고 이러한 연구결과는 박테리아의 생산 또는 성장에 대한 연구에 직접 연결되었다. 해수에 존재하는 박테리아의 개체당 생체부피(biovolume)는 약 $0.03 \sim 0.1 \mu m^3$ 정도이고, 대부분이 $1.0 \mu m$의 구멍크기(pore-size)를 갖는 여과지를 통과하는 작은 크기를 가지며, 자유생활을 하는 것으로 알려져 있다(그림 3.1). 해수에 존재하는 박테리아의 생물량(biomass)은 세포당 $10 \sim 20$fg C(fg은 10^{-15}g을 의미함)으로 알려져 있으며, C/N비는 약 4 정도인 것으로 보고되었다(Lee and Fuhrman, 1987; Simon and Azam, 1989).

1.2 해양 박테리아의 다양성

해양환경에서 중요한 생태적 역할을 수행하는 주요 그룹의 박테리아의 다양성에 대해 간단히 기술하고자 한다. 박테리아는 크게 고박테리아(archaebacteria)와 진정세균(eubacteria)의 그룹으로 나누어지며, 고박테리아에는 호염성 박테리아(halobacteria), 메탄생성 박테리아(methanogenic bacteria), 호열성 박테리아(thermophilic bacteria)가 있으며, 진정세균에는 화학독립영양 박테리아, 종속영양 박테리아, 광합성 박테리아 등이 있다.

호염성 박테리아는 염전과 같은 고염(NaCl이 3M 이상의 농도)의 환경에 서식하며, 이산화탄소를 환원하여 메탄을 형성하는 메탄생성 박테리아는 혐기성 환경에서 서식하고, 호열성 박테리아는 고온(약 60℃ 이상)의 환경에서 서식한다. 최근 해양에서 고박테리아의 분포가 매우 중요함이 보고되었다(DeLong *et al.*, 1994). DeLong *et al.*(1994)은 현장의 초미세 플랑크톤으로부터 리보솜(ribosomal) RNA를 추출한 다음, 고박테리아 그룹에만 독특하게 나타나는 리보솜 RNA 염기서열부분에 상보적으로 결합하는 올리고뉴클레오티드 탐침(oligonucleotide probe)을 이용하여 고박테리아의 개체밀도를 추정하였다. 남극 해역과 수온이 낮은 여러 해역의 수층에서 고박테리아는 전체 원핵생물 생물량의 34%까지 차지함이 알려졌다. 이러한 발견은 지금까지 고박테리아가 특이한 생리적 특성을 갖고 적응하여 일부 국한된 극한 환경에만 존재한다는 기존 관념을 크게 수정시켰으며, 또한 해수층에서의 생지화학적 순환에 있어서 이들의 역할이 중요할 수 있음을 제안하였다.

다음으로는 무기물을 에너지원으로 이용하여 유기물을 생성하는 화학독립영양 박테리아(chemoautotrophic bacteria 또는 화학무기영양 박테리아 chemolithotrophic bacteria)가 있으며, 해양에서 잘 알려진 무리로는 질산화 박테리아(nitrifying bacteria)가 있다. 이들은 암모니아를 아질산염으로, 그리고 아질산염을 질산염으로 산화시키는 2개의 무리로 나뉜다. 면역형광현미경 기법(immunofluorescence microscopy)을 이용하여 계수한 결과, 이들 질산화 박테리아는 해양에서 약 $10^3 ml^{-1}$ 정도로 분포하며 빛에 민감하여 표층에서 적게 분포하는 것으로 나타났다(Ward, 1987). 화학독립영양 박테리아는 이외에도 2가의 철을 산화시키는 철세균, S^{2-}를 산화시키는 황산화 세균, 메탄을 산화시키는 호메틸 세균 등이 있다. 그리고 해양의 생태계에서 그 기능이 가장 잘 이해된 박테리아로는 종속영양 박테리아(heterotrophic bacteria)가 있으며, 이들 박테리아는 용존유기물 또는 입자상의 유기물을 이용하며 성장한다. 종속영양 박테리아는 산소의 요구에 있어서 절대적 호기성부터 절대적 혐기성을 요구하는 박테리아를 포함하며, 생지화학적으로 중요한 탈질화(denitrification)에 관여하는 박테리아도 여기에 포함된다. 한 가지 생태적으로 흥미로운 박테리아로는 일명 "killer bacteria"로 알려진 *Bdellovibrio*가 있다. 이 박테리아는 항시 유영을 하여 다른 그람 음성 박테리아의 세포질 주변 공간에 침투하여 성장한 후 숙주 박테리아를 죽이고 나와 다른 박테리아를 찾아가는 생활사를 갖는다(해양에 존재하는 대부분의 박테리아는 그람 음성 박테리아로 알려져 있다).

마지막으로 빛을 이용하여 광합성을 하며 성장하는 박테리아군을 들 수 있다. 광합성 박테리아는 남세균(cyanobacteria)과 Prochlorococcus처럼 물을 전자공여체로 이용하여 광합성의 결과 산소기체를 발생시키는 그룹과, 자색 황세균(purple sulfur bacteria)과 녹색 황세균(green sulfur bacteria)처럼 전자공여체로서 물이 아닌 황화물 또는 황을 이용하기 때문에 광합성의 결과로 산소를 발생시키지 않는 그룹이 있다. 후자의 박테리아는 지속적으로 혐기성이 유지되는 환경, 즉 퇴적물 또는 안정된 혐기성 내만에서 그 중요성이 높을 것으로 예상된다.

1.3 해양 박테리아의 개체수 및 생산력 측정방법

해수에서 박테리아는 영양염과 유기물의 흡수 및 이용의 결과로 성장을 하게 되며, 개체의 크기나 개체수의 증가를 수반하게 된다. 따라서 박테리아의 성장을 측정하는 것은 박테리아의 유기물 이용에 관한 총체적인 결과를 이해하는 것이 된다. 성장률과 생물량을 알면 해당하는 박테리아의 단위시간 동안 단위부피에서 생산된 박테리아의 생물량을 계산할 수 있으며, 박테리아의 유기물 이용효율을 알면 박테리아를 통해 흘러간 유기물의 유동량을 계산할 수 있게 된다. 이러한 정보는 해양생태계의 에너지 흐름과 물질순환의 이해에 매우 필수적인 것이다.

1.3.1 박테리아 개체수

박테리아 개체수의 측정은 DAPI(4′, 6 diamidino-2-phenylindole)나 acridine orange 같은 형광 염색소를 이용한 에피형광현미경 기법이 널리 이용되고 있다(Hobbie *et al.*, 1977; Porter and Feig, 1980). 현장의 시료를 최종 농도가 2% 정도 되도록 중성 포르말린으로 고정(fixation) 후, DNA를 염색하기 위해 DAPI 또는 acridine orange로 염색하고, 검게 염색된 0.2μm 구멍크기의 Nuclepore 여과지에 여과한다. 여과된 여과지를 유리 슬라이드에 올려 놓고 저형광 침적유를 두 방울 정도 떨어뜨려 커버 글라스로 덮는다. 슬라이드는 에피형광현미경으로 1,000배의 배율에서 관찰한다. DAPI로 염색된 슬라이드는 수은 램프를 이용하여 자외선 파장으로 박테리아를 관찰하면 약한 푸른 색조를 띠며 흰색을 띤 구균이나 간균으로 관찰되고(그림 3.1), acridine orange로 염색된 슬라이드는 수은 또는 할로겐 램프를 이용하여 푸른 파장으로 박테리아를 관찰하면 녹색을 띤다. 만약에 고정된 시료를 즉시 관찰하기 어려운 경우는 고정된 슬라이드를 냉동시켜서 관찰할 때까지 보관하는 것이 바람직하다고 알려졌다(Turley and Hughes, 1992). 그 이유는 실온에서 슬라이드를 보관할 경우 일주일 정도만 경과해도 상당한 박테리아 개체수의 감소가 발생할 수 있기 때문이다.

1.3.2 박테리아 생산력

현장에서 현장배양을 하여 해수의 자연상태에 가장 근접한 배양조건으로(즉, 여과를 하지 않고 식물플랑크톤이 존재하는 상태에서) 박테리아의 성장 또는 생산을 측정하는 방법에는 방사성 동위원소(tritium, ^{3}H)로 표지된 DNA의 전구물질(precursor)인 thymidine(TdR; 그림 3.2)을 시료에 첨가하여 일정 시간 배양 후 ^{3}H-TdR이 DNA로 고정되는(^{3}H-thymidine incorporation) 방사능의 양을 측정함으로써 DNA의 합성속도를 추정하는 방법과, ^{3}H-(또는 ^{14}C-) leucine(Leu)을(그림 3.2) 시료에 첨가하여 일정 시간 배양 후 단백질로 고정되는 ^{3}H-(또는 ^{14}C-)Leu의 방사능량을 측정함으로써 단백질 합성속도를 추정하여 박테리아 생물량의 합성속도를 추정하는 방법이 있다. 또한 ^{3}H-TdR과 ^{14}C-Leu을 동일 시료에 함께 첨가하여 일정 시간 배양 후 ^{3}H-TdR이 DNA로 고정되는 속도와 ^{14}C-Leu이 단백질로 고정되는 속도를 동일한 시료에 대해서 측정할 수 있다.

① ^{3}H-TdR 고정속도 측정(Fuhrman and Azam, 1982): ^{3}H-TdR을 통상적으로 10m*l* 시료에 최종 농도가 10~20nM 정도 되게 첨가하여 박테리아의 성장속도에 따라 약 30분에서 2시간 가량 현장온도에서 배양한다(사용되는 시료의 부피는 박테리아의 성장속도에 따라 줄거나 늘어날 수도 있다). 중요한 점은 배양하는 동안 시간이 경과함에 따라 시료의 단위부피당 ^{3}H-TdR 고정량이

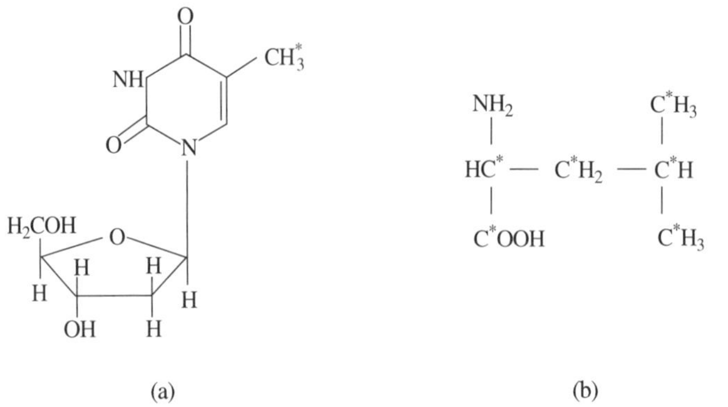

그림 3.2 [methyl-^{3}H]thymidine(a)과 ^{14}C-leucine(b)의 구조. *는 방사성 동위원소의 각 위치를 나타냄.

일정하게 증가해야 한다는 것이다. 그렇지 않은 경우는 ^{3}H-TdR이 제한되고 있다는(즉, TdR의 농도가 저하되었다는) 증거로서, ^{3}H-TdR 고정량이 일정하게 증가하는 배양기간 동안에 배양해야 한다. 배양 후에 ^{3}H-TdR이 고정된 고분자를 추출하기 위해 얼음으로 냉각시킨 trichloroacetic acid(TCA)를 최종 농도가 5%가 되도록 첨가해 주고 약 5분간 추출한다. 추출된 시료는 0.22μm 또는 0.45μm cellulose nitrate 여과지에 여과한다. 여과지는 여과기에 놓여진 상태에서 얼음으로 냉각시킨 TCA로 3번 씻은 후, lipid에 붙어 있는 TdR을 제거하기 위해 80% 에틸알코올로 씻어 준다. 여과지는 섬광계수병에 넣어지고 ethyl acetate로 녹인 후, 섬광계수기(liquid scintillation counter)로 고정된 방사능량을 측정한다. 계수된 dpm값으로부터 다음 식에 의해 고정된 TdR의 몰 수를 구하게 된다.

$$\text{단위부피 및 시간당 고정된 TdR의 몰 수} = \frac{\text{dpm}}{[\text{sp. act.} \times \text{배양시간} \times \text{배양부피}]}$$

여기서 sp. act.(specific activity)는 ^{3}H-TdR의 몰당 방사능량을 말한다.

$$\text{박테리아 생산력}(\text{cells } l^{-1}\ \text{h}^{-1}) = (\text{단위부피 및 시간당 고정된 TdR의 몰 수}) \times (\text{전환상수})$$

TdR 전환상수는 고정된 TdR 1몰당 생산된 박테리아 개체수로서 보통 1~2×10^{18}cells mol TdR^{-1}의 값이 사용된다(아래 참조).

② 박테리아 생산력 측정과 관련된 이론: ^{3}H-TdR 고정방법과 ^{3}H-Leu 고정방법들은 공통적으로 방법상 몇 가지 고려해야 할 점이 있다. 즉, 첨가해 준 방사성 표지물질(예: ^{3}H-TdR)이 세포 내·외로 존재하는 TdR의 농도에 의해 희석되어 ^{3}H-TdR의 specific activity가 낮아질 가능성이 있다는 점이다. 이를 각각 세포 외 동위원소 희석(extracellular isotope dilution)과 세포 내 동위원소 희석(intracellular isotope dilution)으로 구분한다. 먼저 ^{3}H-TdR의 경우를 살펴보도록 하자. 세포 외부에 첨가된 ^{3}H-TdR의 specific activity가 해수에 존재하는 TdR에 의해 희석되지 않기 위해, 즉 세포 외 동위원소 희석을 막기 위해서는 TdR의 세포에 의한 흡수가 포화상태에 있도록 보통 5~20nM 정도의 ^{3}H-TdR을 첨가한다.

세포 내로 ^{3}H-TdR이 들어오게 되면 세포 내에서 TdR의 생합성(*de novo*

synthesis)에 의해 ^{3}H-TdR의 specific activity는 감소하게 된다. 즉, 세포 내 동위원소 희석이 있게 되며, 그 결과 박테리아에 의한 DNA핵산 합성속도의 측정을 과소평가하게 된다. 따라서 이 문제를 해결하기 위해서는 직접적으로 dTTP(deoxy-thymidine triphosphate: DNA로 고정되기 바로 전의 TdR의 형태)의 specific activity를 측정하면 되나, 현재로는 이러한 방법이 불가능한 것으로 여겨진다. 그 이유는 DNA로 고정되는 바로 전 단계에 있는 dTTP의 pool은 일반적인 세포 내의 dTTP pool과 혼합되지 않은 상태에 있다고 생각되기 때문이다(Moriarty, 1986).

따라서 이에 대한 보정체계로 seawater culture(Ammermann *et al.*, 1984)를 흔히 이용한다. seawater culture는 일차 생산자나 박테리아 섭식자를 가능한 최대로 제거하기 위해 해수를 구멍크기가 0.6~1.0μm인 여과지로 여과한 후, 이 여과된 해수를 박테리아가 없는 해수(즉, 구멍크기가 0.2μm인 여과지로 여과한 해수)로 10~20배 희석하여 박테리아를 배양하는 방법을 말한다. 배양 동안 ^{3}H-TdR 고정과 박테리아 개체수를 측정함으로써, 고정된 ^{3}H-TdR의 몰 수와 박테리아의 개체수 또는 생물량의 변화로부터 박테리아 생산량 전환상수를 구하게 된다(그림 3.3). 전환상수로는 보통 고정된 TdR 1몰당 생산된 박테리아의 개체수인 1~2 × 10^{18}이 사용된다(Riemann *et al.*, 1987; Ducklow and

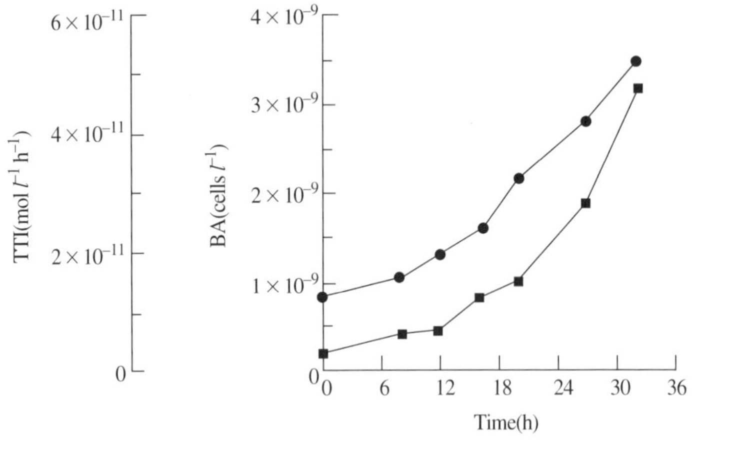

그림 3.3 해수배양에서 배양시간 동안의 박테리아 개체수(BA, ●) 및 thymidine 고정률(TTI, ◆)의 변화

Carlson, 1992; Robarts *et al.*, 1996). 박테리아의 생체부피와 개체당 탄소량에 대한 관계식이 알려져 있고(Simon and Azam, 1989), 박테리아의 생체부피를 개체당 탄소량으로 전환하는 전환상수가 알려져 있기(Lee and Fuhrman, 1987) 때문에, 생산된 박테리아의 수와 측정된 박테리아의 생체부피로부터 박테리아에 의한 탄소생산력을 구할 수 있다. ^{3}H-Leu(또는 ^{14}C-Leu)을 사용하여 박테리아의 생물량 생산력(biomass production)을 측정하는 방법도 ^{3}H-TdR 방법과 같이 동위원소 희석의 문제점에 직면한다. 그러나 HPLC(high pressure liquid chromatography)를 이용하여 해수에 존재하는 아미노산, 펩티드 및 단백질의 농도를 정확히 측정함으로써 세포 외는 물론 세포 내에서의 동위원소 희석의 정도를 측정할 수 있었다(Simon and Azam, 1989). 이 경우에도 경험적으로 직접 전환상수를 구하여 박테리아 생물량 생산력을 측정할 수 있다. ^{3}H-Leu 방법이 유용하게 사용되기 위한 선행 조건은 단백질이 박테리아 생물량의 주요한 부분을 차지해야 한다는 것과 이 비율이 크게 변화가 없어야 한다는 것이다. Simon and Azam(1989)은 단백질이 해양 박테리아 생물량의 50% 정도임을 밝혀 냈다.

박테리아 생산력을 측정하기 위해서 ^{3}H-TdR을 사용하는 다른 접근방법(동위원소 희석방법 isotope dilution approach로 알려져 있음)도 있으나, 이는 통상 경험적인 전환상수를 구하기 어려운 퇴적토 환경에서 많이 사용되어 왔다(Moriarty and Pollard, 1981). 물론 수층의 시료에 대해서도 동위원소 희석방법이 적용될 수 있다. 이 방법에서는 다른 고유방사능(specific activity)을 갖는 ^{3}H-TdR을 시료에 첨가하여 일정 시간 배양하여 DNA에 고정된 ^{3}H-TdR 방사능량을 구하고, 동위원소 희석 그림을 그려서 동위원소의 희석량을 구한다(그림 3.4). 일반적으로 일정한 양의 ^{3}H-TdR과 변화하는 양의 비표지 TdR을 첨가하여 시행하게 된다. 그림의 X축은 첨가된 총 TdR의 양(^{3}H-TdR + 비표지 TdR)을 나타내고, Y축은 1/dpm을 나타낸다. X절편의 절대값은 첨가한 ^{3}H-TdR을 희석하는 dilution pool의 크기를 나타낸다. 보정된 ^{3}H-TdR의 고유방사능은 첨가한 방사능량을 dilution pool과 첨가한 ^{3}H-TdR 몰 수의 합으로 나누어 구한다. 박테리아 생산력은 보정된 ^{3}H-TdR의 고유방사능과 ^{3}H-TdR만 첨가된 시료의 dpm값을 이용하여 앞에 제시된 식에 따라 계산한다.

^{3}H-TdR을 이용하여 박테리아 생산력을 추정하는 일련의 과정을 살펴보자. 박테리아 생산력을 측정하기 위해서 ^{3}H-TdR(specific activity = 85Ci mmol^{-1})을

(a)

Labeled TdR (nmol)	Unlabeled TdR (nmol)	dpm l^{-1} h^{-1}	10^4/(dpm l^{-1} h^{-1})
1	0.0	6,667	1.5
1	0.5	5,000	2.0
1	1.0	4,000	2.5
1	1.5	3,333	3.0
1	2.0	2,857	3.5
1	2.5	2,500	4.0
1	3.0	2,222	4.5
1	3.5	2,000	5.0

(b)

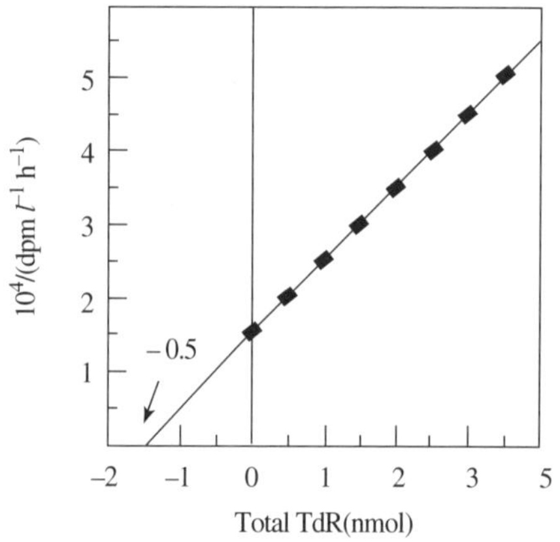

그림 3.4 동위원소 희석법(Isotope dilution approach)의 한 예. (a) 일정량(1 nmol)의 [methyl-^{3}H]thymidine(specific activity = 80Ci mmol^{-1})과 방사성 동위원소로 표지되지 않은 thymidine을 여러 농도로 첨가하였을 때, [methyl-^{3}H]thymidine의 고정률 변화, (b) [methyl-^{3}H]thymidine의 동위원소 희석 그림. X절편의 절대값에서 dilution pool의 크기(0.5 nmol)를 구하고, 첨가한 방사능량(80μCi)을 첨가한 [methyl-^{3}H]thymidine과 dilution pool의 몰수의 합으로 나누어 보정된 specific activity (80/(1 + 0.5) = 53.3Ci mmol^{-1})를 얻는다.

해수 5ml에 최종 농도 20nM로 첨가하고 현장조건에 맞추어 30분간 배양하고, 배양 후에 DNA에 고정된 ^{3}H-TdR의 방사능량을 액체섬광계수기로 측정한 결과가 22,000dpm이라고 하자. 그러면 박테리아 생산력은 얼마인가? 이러한 계산을 하기 위해서는 몇 가지 기본적으로 알아야만 할 사항이 있다. 먼저 1μCi가 2.2 × 10^6dpm임을 알아야 한다. 이로부터 0.01μCi가 DNA에 고정된 것을 알 수 있다. ^{3}H-TdR의 고유방사능은 제조회사에서 85Ci · mmol^{-1}로(즉, 1Ci는 1/85mmol) 공급되었으므로, 0.12 × 10^{-12}mol의 TdR이 DNA에 고정된 것을 알 수 있다. 그 다음 알아야 할 사항은 DNA의 염기의 조성이다. 일반적으로 해양 박테리아 군집의 DNA는 GC비가 50%로 추정된다. 즉, 합성된 염기쌍은 0.24 × 10^{-12}mol이 된다. 이는 158 × 10^{-12}g의 DNA가 합성됨을 의미한다. 해양 박테리아 개체당 DNA량은 약 3fg으로 추정되므로(이는 염기쌍이 2.73 × 10^{6}개를 의미함; 염기쌍의 분자량은 660임), 위의 배양 동안 5.3 × 10^{4}개의 박테리아가 생산됨을 의미한다. 보통 5m*l* 해수에 존재하는 박테리아 개체수는 중영양해역에서 5 × 10^{6}으로 가정할 경우, 이러한 결과는 박테리아 군집의 배가시간이 약 50시간임을 의미한다. 이러한 추정치는 세포 내에서 ^{3}H-TdR의 동위원소 희석을 고려하지 않은 것으로 실제 성장속도는 이보다 조금 더 빠를 가능성이 있다. 한편 ^{3}H-TdR을 이용하여 측정한 박테리아의 DNA 합성속도로부터 박테리아의 생산력을 추정하는 방법이 타당성이 있음이 ^{3}H-Leu를 이용한 단백질의 합성속도 측정으로 재확인되었다(Simon and Azam, 1989; Riemann *et al.*, 1990).

1.4 해양 박테리아의 분포 및 성장상태

수층 내의 박테리아의 생활양식은 자유생활형과 부유성 입자나 해설(marine snow) 또는 생물 표면에 부착하여 성장하는 부착형으로 크게 구분할 수 있다. 일반적으로 해양의 수층에서 대부분의 박테리아는 자유생활형으로 존재한다. 황해 및 동해에서 얻어진 자료(그림 3.5)를 보면 박테리아의 개체수는 표층에서 약 1~2 × 10^{9}*l*$^{-1}$에 달함을 알 수 있고, 박테리아의 생산력은 표층에서 5~65μg C *l*$^{-1}$ d^{-1}에 분포함을 볼 수 있다. 따라서 표층에서 박테리아의 개체군이 배가하는 데 걸리는 시간이 약 2~4일임을 알 수 있다. 박테리아의 개체수와 생산력은 유광대 아래에서 급격히 감소하며, 그 아래의 수심에서는 변화가 적었다. 동해에서 관찰된 수직분포는 온대 해역의 외양에서 나타나는 전형적인 모습이며, 이와 같은 결과는 박테리아의 성장이 유기물의 공급에 의해 결정됨을 의미한다. 해양에서 박테리아에 의해 이용되는 유기물의 대부분은 식물플랑크톤에 의해 생산된 것이므로, 박테리아 개체수의 분포는 식물플랑크톤의 생물량의 지표인 엽록소 *a* 농도와 상관관계를 갖는다(그

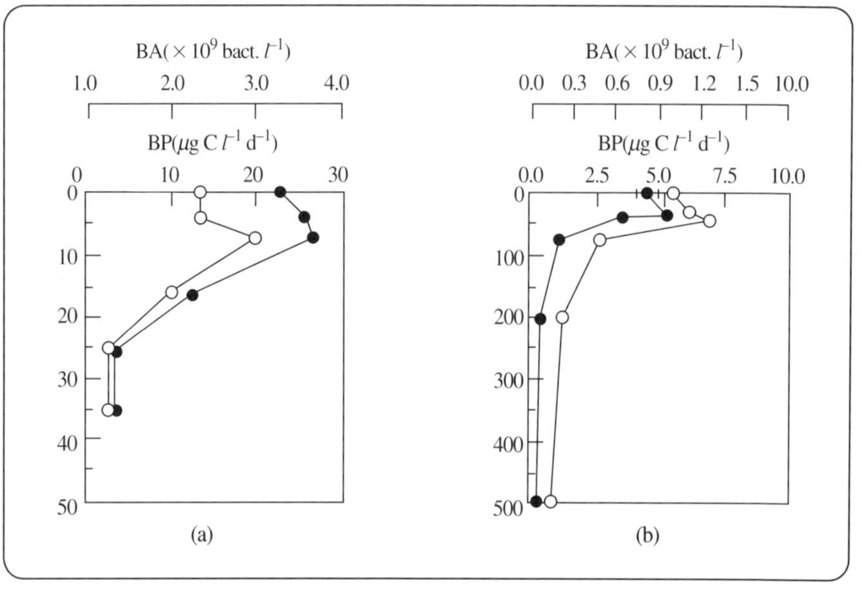

그림 3.5 (a) 황해 및 (b) 동해에서의 박테리아 개체수(BA, ○) 및 박테리아 생산력(BP, ●)의 수직분포. 황해의 정점은 1996년 5월의 동경 125.4°, 북위 37.2°이며, 동해의 정점은 1996년 7월의 동경 131°, 북위 37°이다.

림 3.6). 황해에서 조사된 박테리아 개체수의 분포도 다른 해역에서 보고된 일반적인 경향과 잘 부합한다.

다양한 방법의 연구들을 통하여 해양 박테리아의 성장상태에 대한 많은 연구결과들이 보고되었다. 박테리아 군집의 평균성장속도는 연안해역의 유광대에서 보통 1~3일, 외양에서는 1주일 그리고 심해의 경우는 더욱 느려서 한 달 이상을 나타낸다(Cho and Azam, 1988; Ducklow and Shiah, 1993). 식물플랑크톤의 경우 성장속도가 보통 1~2일 정도임을 고려할 때, 박테리아의 성장속도도 느린 편은 아니다. Microautoradiography와 에피형광현미경을 함께 이용한 연구로 개개의 세포에 대한 활성을 알 수 있었다(Tabor and Neihoff, 1984). 대체로 연안의 유광대에 존재하는 박테리아는 microautoradiography의 분석결과 대부분(70~95%)이 활성이 있는 것으로 나타났다. 또한 Williams (1981)와 Griffith *et al.*(1990)의 연구에서 해수에서 일어나는 호흡의 (대형 동물플랑크톤을 제외시킨 해수에서) 대부분이 박테리아에 의한 것임을 보고하였다. 이러한 자료들은 해양 박테리아의 대사활동이 활발함을 시사한다. 최근에는 해양 박테리아의 활성을 측정하기 위해 CTC(5-cyano-2,3-ditoyl tetra-

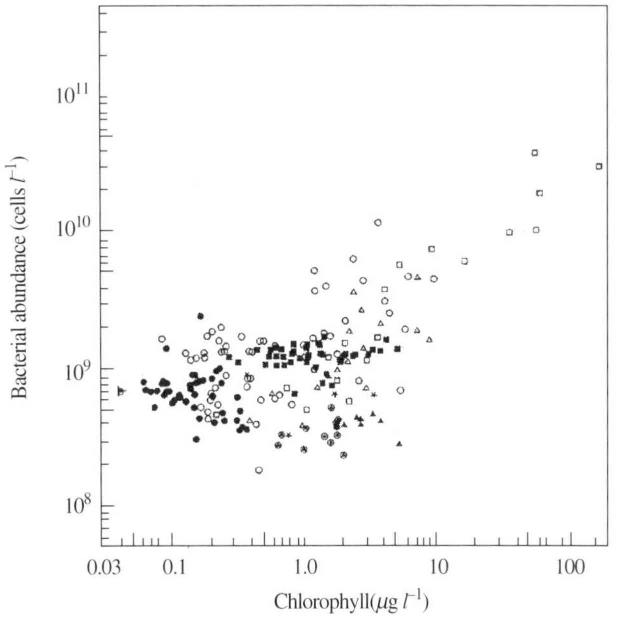

그림 3.6 엽록소(chlorophyll)량과 박테리아 개체수의 상호관계. 속이 빈 기호들과 검은 동그라미는 Cho and Azam(1990)의 자료에서 온 것이며, 그 외의 자료는 모두 황해의 자료이다(조 등, 1994).

zolium chloride)를 이용하여 전자전달계의 활성을 측정하는 방법, 핵양체(nucleoid)를 갖고 있는 세포(nucleoid containing cell: NuCC)를 계수하는 방법, 그리고 박테리아 세포막의 손상여부를 측정하는 키트(Live/Dead BacLight baceterial viability Kit, Molecular Probes)를 이용하는 방법 등이 개발되었다. Choi *et al.*(1996)은 오레곤 연안해역에서 박테리아의 21~64%가 NuCC이며, CTC와 Live/Dead Kit 방법으로 측정된 활성 있는 박테리아 수보다 높은 값을 보인다고 보고하였다. 한편 Gasol *et al.*(1999)은 지중해 연안수의 중형 폐쇄생태계(mesocosm)에서 플로우사이토미터(flowcytometer)를 이용하여 박테리아를 핵산함유량에 따라 높거나 낮은 DNA량을 갖는 두 박테리아 그룹으로 나누었을 때, 높은 세포당 DNA량을 갖는 박테리아의 수가 NuCC와 Live/Dead Kit에 의한 Live 박테리아 수와 유사하며, 영양염의 이용성 및 섭식압에 즉각적으로 반응함을 보고하였다.

한편 입자에 부착한 박테리아는 자유생활형의 박테리아보다 대체로 세포의 크기가 크며(Alldredge and Gotschalk, 1990), 세포당 성장률(cell-specific growth rate)이 높은 것으로 알려져 있다. 최근의 Gasol *et al.*(1995)은 해양 박테리아의 경우 세포의 크기가 커질수록 군집 내에서 호흡하는 박테리아의 비율이 증가하고, 또한 세포성장속도도 빠름을 보고하였다. 이러한 발견은 세포의 크기가 작은 박테리아는(전형적으로 $0.05\mu m^3$) 적은 부분만이(약 20% 정도) 활성을 갖고 있기 때문인 것으로 해석되었다.

박테리아가 연안의 환경에서 2~3일 정도의 평균성장배가시간을 갖더라도, 박테리아가 경험하는 수층 내 유기물의 환경은 매우 역동적으로 변화하고 있다. 한 예로 낮과 밤의 일주변화에 따른 식물플랑크톤으로부터 유래되는 유기물 공급의 차이와 동물플랑크톤의 섭식활동결과에 의한 유기물의 공급을 들 수 있다. 실제로 해양에서 박테리아의 성장상태가 불균형 성장인 경우가 보고되었다(Chin-Leo and Kirchman, 1988). 따라서 박테리아는 변동하는 유기물 농도에 적응하는 기작을 갖고 있을 것으로 예측된다(Azam and Ammerman, 1984; Azam and Cho, 1987).

1.5 종속영양 박테리아의 해수에서의 적응

매우 낮은 기질의 농도를 이용할 수 있도록 하는 기질에 대한 친화도가 높은 친화성 효소계를 우선 예로 들 수 있다. 해양에서 박테리아의 기질이용은 낮은 농도에서는 기질에 대한 높은 친화력을 가진, 그러나 최대 흡수량이 적은 효소계(high affinity, low capacity enzyme system)에 의해 기질의 이용이 이루어진다(그림 3.7 (b)). 반대로 높은 농도에서는 기질에 대한 친화력이 낮은, 그러나 큰 흡수량을 가진 효소계에 의해 기질의 이용이 이루어진다(Azam and Ammerman, 1984; 그림 3.7 (a)). 한 예로서 해양 박테리아의 leucine에 대한 K_m값은 nM 정도의 수준으로 매우 낮다(Hagström *et al.*, 1984).

변화하는 유기물의 농도에 따라 기질의 흡수를 최적화할 수 있는 적응기작으로는 다중상(multiphasic) 및 다중 효소계(multiple enzyme kinetics)를 들 수 있다. 많은 박테리아들이 저친화성과 고친화성 효소계를 갖고 있는 것으로 보고되고 있다(Fry, 1990). 그리고 해양에서 박테리아에 의한 글루코오스 흡수가 글로코오스 농도에 따라 반포화 상수값이 변화함이 보고되었다(Azam

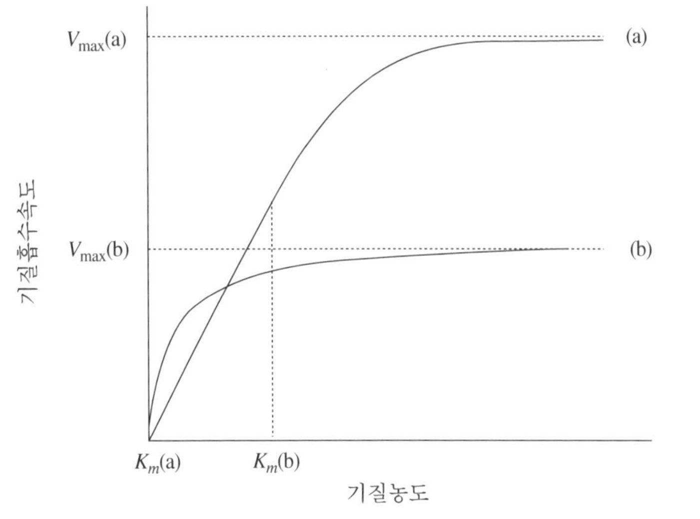

그림 3.7 기질농도에 따른 기질흡수속도의 변화. (a) 낮은 기질친화도와 높은 흡수능을 갖는 경우, (b) 높은 기질친화도와 낮은 흡수능을 갖는 경우

and Hodson, 1981).

다음의 적응기작으로는 화학주성을 들 수 있다. 화학주성은 편모를 갖고 있는 박테리아에서 발견되는 현상으로, 유인제에 대해 운동방향을 조절해 가는 양의 화학주성과 기피제로부터 멀어져 가는 음의 화학주성이 있다. 편모가 없는 해양 박테리아는 대개 0.2~0.6μm의 길이를 갖기 때문에 브라운 운동에 의해 회전하게 되어 적극적인 위치변화를 가질 수 없다. 따라서 높은 속력을(> 100μm s^{-1}) 가진 운동성 박테리아만이 화학주성에 따른 이동에 필요한 직선상에서의 유영을 할 수 있게 된다(Mitchell *et al.*, 1991). 최근 자연산 박테리아를 이용한 연구에서 Mitchell *et al.*(1995)은 처음에는 약 10% 미만만이 운동성을 갖고 있고, tryptic soy broth를 첨가시 7~12시간 후에(즉, 긴 지체기를 가진 후에) 80%의 박테리아가 운동성을 나타냄을 관찰하였다. 이는 해양 환경에서 에너지가 박테리아의 운동성을 제한함을 의미한다. 최대의 개체속력은 407μm s^{-1}까지 도달하였다. Mitchell *et al.*(1995)의 연구결과는 해양 박테리아가 속도를 빠르게 변화시킬 수 있으며, 이로써 작은 영양염원의 위치변화를 빠르게 검출하고, 변화하는 영양염원의 위치를 계속 따라잡을 수 있음

을 시사한다. 여기서 한 가지 중요한 제한요인은 운동속도의 제곱에 따라 동력요구가 증가하기 때문에(Berg, 1983), 대사요구량도 증가하여 세포 내 가용한 에너지의 전부를 소비할 수 있다는 것이다.

1.6 박테리아 군집의 조성

박테리아는 작은 크기와 단순한 형태를 갖기 때문에 비교적 최근까지도 미생물의 동정은 순수분리 및 배양 후에 생리적 · 생화학적 분석을 통해서만 가능하였다. 앞에서 언급한 바와 같이, 배양 가능한 박테리아는 현미경을 통해 직접 계수된 것보다 약 1,000배 정도 적은 수를 갖기 때문에 배양 불가능한 박테리아종이 해양에 많이 존재할 것으로 여겨졌다. 해양에서는 1980년대 말경부터 분자생물학적 방법을 이용하여 박테리아 군집분석을 하는 여러 방법들이 개발되어 박테리아 군집의 조성에 대한 많은 새로운 결과들을 얻을 수 있었다.

1.6.1 분석방법

배양을 하지 않고 해양 박테리아 군집의 분석이 가능해진 것은 16S rRNA 유전자(rDNA)의 클로닝(cloning)과 염기서열분석을 통해서였다. 또한 PCR (polymerase chain reaction) 기법의 개발에 의해 간단하고 편리해졌다. 다양한 박테리아가 있는 해양시료에서 DNA를 추출하여 박테리아의 16S rDNA에 특이적인 프라이머(primer)를 이용한 PCR을 통해 박테리아의 16S rDNA를 증폭하고, 증폭된 DNA로부터 클로닝을 통해 하나의 16S rDNA 염기조각을 갖는 클론들의 라이브러리(library)를 만들게 된다. 라이브러리에 있는 16S rDNA의 염기서열을 분석한 후 얻어진 염기서열을 GenBank 등의 데이터베이스에 있는 다른 박테리아의 16S rDNA의 염기서열과 비교하여 유사도에 따라 이들을 종 또는 속 수준에서 구분(일반적으로 동일 종은 97% 이상, 동일 속은 93% 이상의 rRNA 유전자의 유사도를 갖는다고 가정하여 구분)할 수 있다. 그러나 이러한 클론 라이브러리를 이용한 16S rDNA 분석은 많은 클론을 분석하여야 하기 때문에 시간이 많이 걸려, 시 · 공간적인 박테리아 군집의 변화연구 등과 같은 많은 시료들을 분석하여야 하는 경우엔 적당하지 않다. 이러한 경우엔 DGGE(denaturing gradient gel electrophoresis)와 같은 방법이 이용된다.

DGGE는 추출된 DNA와 프라이머를 이용한 PCR을 통해 증폭된 유사한 크기의 16S rDNA를 전기영동으로 분리해 내는 방법이다(Muyzer *et al.*, 1996). DGGE에는 DNA 변성제(denaturant)인 요소와 포름아마이드가 선형적인 농도구배를 갖도록 만들어진 폴리아크릴아마이드 젤이 이용된다. 변성제 농도의 증가는 온도를 높이는 효과와 유사하여, DNA의 두 가닥 사슬을 유지하는 염기 사이의 수소결합을 끊어 한 가닥의 사슬로 만드는 역할을 한다. 전기영동시에 DNA는 변성제의 농도가 낮은 쪽에서 높은 쪽으로 이동하게 되는데, 변성제의 농도가 증가함에 따라 두 가닥 사슬의 DNA가 내부의 Tm(melting temperature: 융점)이 낮은 부분부터 부분적으로 한 가닥 사슬로 변성된다. 이렇게 변성되기 시작한 DNA는 젤 내에서 이동속도가 느려지고, 변성제의 농도가 계속 증가하게 되면 더 이상 이동할 수 없을 만큼 변성되어 젤 내의 특정 부분에 멈추게 되어 다른 DNA들과 분리된다. 이러한 성질에 의해 다른 염기조성을 갖는 DNA는 서로 다른 위치에서 밴드를 형성한다. 따라서 시료 사이의 군집차이는 밴드의 상대적인 위치를 통해 원칙적으로 알 수 있다. 또한 각 밴드를 잘라내어 DNA를 분리한 후, 클로닝과 염기서열분석을 통해 계통분류학적 연구도 가능하다(Muyzer *et al.*, 1996).

그러나 이러한 PCR-클로닝-염기서열분석 방법도 단점이 있다. 가장 먼저 DNA의 추출시에 모든 박테리아들이 동일한 효율로 용균(lysis)되지는 않으며, PCR시에 증폭효율도 또한 동일하지 않다는 것이다. 따라서 이러한 방법은 군집에 어떠한 종이 있는지에 대한 정보는 제공할 수 있으나, 어떠한 종이 얼마나 많이 존재하는지에 대한 정량적인 정보는 줄 수 없다.

정량적인 종조성에 대한 정보를 얻기 위해서, 각 종에 특이적인 DNA 탐침(probe)을 이용한 점염 혼성화(dot-blot 혼성화)가 이용된다. rRNA 혼성화 방법은 시료에서 rRNA를 추출하여 혼성화 막에 붙이고, 특정 박테리아의 rRNA에 특이적인 rDNA 탐침(방사성 표지시킴)으로 혼성화시킨다(DeLong, 1992). 그러나 종이나 성장상태에 따라 박테리아들이 갖는 리보솜의 양이 약 $10^3 \sim 10^5$까지 다양하게 변화하기 때문에 직접적으로 혼성화 결과를 박테리아 종의 수로 전환하기는 어렵다. 이에 비해 전체 유전자 혼성화(whole genome 혼성화)는 개체마다 거의 유사한 양을 갖는 염색체에 직접 혼성화하기 때문에 비교적 정량적으로 각 종의 박테리아 수를 측정할 수 있다(Pinhassi *et al.*, 1997). 전체 유전자 혼성화는 정량하고자 하는 박테리아종의 배양으로부터 얻어진 DNA를 주형으로 하여 새김눈 해독(nick-translation)방법을 이용하여 염색체 전체를 포괄하는 탐침을 만든다. 현장시료의 DNA와 개체수를 알고 있는 배양 박테리아 DNA를 여러 농도로 dot-blotter를 이용하여 혼성화 막에 붙인 후, 만들어진 탐침으로 적절한 조건에서 혼성화시킨다. 배양 박테리아의 개체수와 얻어진 각각의 혼성화 반응의 세기로 표준곡선(standard curve)을 정하고, 시료에서 얻어진 반응의 세기를 이용하여 시료 중에 있는 해당 박테리아의 수를 추정한다. 이 방법은 종 수준에서 비교적 간편하게 정량화할 수 있지만, 표준곡선 및 탐침을 얻기 위한 순수배양이 필수적이라는 단점이 있다.

한편, 특정 rRNA에 특이적인 DNA 탐침을 이용한 fluorescence *in situ* hybridization(FISH)은 현장 박테리아 시료를 그대로 이용함으로써 특정 그룹의 박테리아들의 계수뿐만 아니라 해설 및 생물막(biofilm) 같은 시료에서 박테리아의 공간적 분포분석도 가능하게 하였다(Weiss *et al.*, 1996; Dang and Lovell, 2002). 초기에는 이들 probe를 ^{35}S나 ^{3}H 같은 방사성 동위원소로 표지하여 사용하였으나, 이후에 형광표지된 올리고뉴클레오티드 탐침(oligonucleotide probe)을 이용함으로써 형광현미경으로 직접 관찰이 가능해졌다. 또한 다양한 분류군에 특이적인 올리고뉴클레오티드 탐침의 개발과 이용은 여러 박테리아 군집에서 계통분류학적 분석을 가능하게 하였다(Amann *et al.*, 1995). 그러나 세포가 갖는 rRNA의 양에 따라 검출력이 차이를 갖기 때문에 rRNA의 양이 적은 세포는 검출할 수 없으며, 일부의 박테리아에 특이적인 탐침만 개발되어 있다.

1.6.2 해양 박테리아의 군집구조

여러 가지 분자생물학적인 군집분석방법을 해양환경에 적용함으로써 해양 박테리아 군집의 조성에 대하여 흥미 있는 결과들이 얻어졌다. Giovannoni *et al.*(1990)은 해양에서 처음으로 PCR-클로닝-염기서열분석 방법을 사용하여 박테리아 군집의 조성에 대해 보고하였다. 그들은 살가소해(Sargasso Sea)에서 진정세균(eubacteria)의 16S rRNA 유전자의 클론 라이브러리를 분석하여, 새로운 박테리아 그룹인 SAR11군(cluster)과 해양에서 배양되었던 남색 세균과는 다른 16S rRNA 유전자를 갖는 oxygenic phototroph군이 존재함을 보고하였다. 이러한 연구결과는 해수 내에 새로운, 배양되지 않는 박테리아종들이 존재함을 보여 주었으며, rRNA 분석이 군집의 조성을 분석하기 위한 좋은 수

단이 됨을 보여 주었다. 한편 SAR11군은 최근까지의 연구에서 해수에 가장 널리 분포하는 박테리아군으로 알려졌다. 또한 16S rDNA의 PCR 분석을 통해 DeLong(1992)과 Fuhrman *et al.*(1992)은 북미 연안의 표층과 중층대에서 기존에 배양된 고박테리아와는 다른 16S rDNA 염기서열을 갖는 고박테리아 rDNA 유전자 클론들을 얻음으로써 고박테리아가 기존에 알려지지 않았던 다양한 해양환경에 분포하며 2개의 그룹(그룹 I, 그룹 II)으로 나누어짐을 보였다. 또한 DeLong *et al.*(1993)은 자유생활형 박테리아와 부착형 박테리아의 rDNA의 염기서열분석 방법을 통해 *Cytophaga-Flavobacterium-Bacteroides* 그룹과 Planctomycetales목에 속하는 박테리아가 부착형 박테리아 군집을 주로 구성하는 반면, 자유생활형 박테리아는 주로 α-프로테오박테리아 그룹에 속하는 박테리아들임을 보였다.

Massana *et al.*(1997)은 산타바바라 해협에서 rRNA 혼성화 방법으로 고박테리아의 rRNA가 표층에서 500m까지의 수심에서 상당한 양으로 발견되었으며, 100m 이하에서는 원핵생물의 rRNA의 20~30%까지 차지함을 보였다. 또한 고박테리아의 두 그룹에 특이적인 올리고뉴클레오티드 탐침을 이용한 rRNA 혼성화 분석에서 그룹 I은 100m 이하에, 그룹 II는 표층에 주로 분포함을 밝혔다. 또한 Murray *et al.*(1998)도 남극 연안에서 rRNA 혼성화 방법으로 고박테리아가 총 rRNA량의 20% 이상까지 차지함을 보였으며, FISH 방법을 통해 총개체수의 14% 이상까지 차지함을 보였다.

한편 Pinhassi *et al.*(1997)은 전체 유전자 혼성화 방법을 이용하여 발틱해에서 배양을 통해 얻어진 48종의 박테리아의 계절적인 변화를 연구하였다. 그 결과 이들 48종의 박테리아는 총박테리아 개체수의 7~69%와 핵양체를 갖는 박테리아(NuCC) 개체수의 29~111%를 차지하여, 고체배지에서 배양될 수 있는 박테리아가 전체 군집에서 상당 부분을 차지함을 시사하였다. 또한 배양된 박테리아의 대부분이 기존에 보고된 염기서열자료들과 0.85~0.95의 낮은 유사도를 나타내어 고체배지에서 성장 가능한 박테리아의 다양성도 아직 연구될 많은 부분이 있음을 제안하였다.

최근에는 DGGE를 이용하여 여러 해역에서 박테리아 군집의 시·공간적 변이에 대한 연구가 활발하였다. Murray *et al.*(1998)은 남극 연안에서 박테리아 rDNA의 DGGE 분석을 통해 박테리아 군집의 종조성이 수층의 안정화, 수심, 계절에 따라 변화함을 보여 주었다. Fandino *et al.*(2001)은 와편모조류의 대발생 동안 박테리아 군집의 DGGE-염기서열분석을 통해 자유생활형과 부착형 박테리아 군집이 서로 다름을 보였다. 또한 여름철에 마산만에서 행해진 DGGE 분석결과(미발표 자료)는 폭우에 의해 마산만의 염분이 급격히 감소했을 때 마산만 연안의 미생물 군집에서 대장균이 가장 우세한 밴드로 검출되어, 강수량이 많은 경우 연안 해수가 위생상 문제가 있을 수 있음을 시사하였다.

FISH 방법은 박테리아 군집에서 주요 박테리아 그룹들의 정량적 분포를 연구하기 위해 가장 보편적으로 이용되었다. Karner *et al.*(2001)은 태평양의 중층대에서 두 그룹(crenarchaeota-그룹 I과 euryarchaeota-그룹 II)의 고박테리아와 진정세균에 각각 특이적인 rRNA를 대상으로 하는 탐침을 이용하여 150m 이하에서 crenarchaeota가 상당한 비율로 증가하였고, 1,000m 이하에서는 39%까지 증가하여 진정세균과 유사한 비율을 가짐을 보고하였다. 또한 Dang and Lovell(2002)은 FISH 방법으로 생물막(biofilm)의 형성 초기단계에 α-프로테오박테리아가 우점하며, 특히 그 중에서도 Rhodobacter 그룹이 가장 많을 뿐만 아니라 생물막의 발달에도 주요한 역할을 함을 보여 주었다.

Giovannoni and Rappé(2000)는 위에 언급한 여러 방법을 이용하여 지난 10여년 동안 해양에서 얻어진 결과들로부터 다음의 결론에 도달하였다: (1) 배양에 무관한 유전자 염기서열분석에 의해 얻어진 박테리아의 80%는 9개의 계통분류학적 그룹에 포함된다. (2) 해양에 고박테리아는 많이 발견되며, 기존에 배양된 고박테리아 그룹과는 다른 2개의 계통학적 그룹에 포함된다. (3) 연안과 외양은 영양상태와 생산력의 차이가 큼에도 불구하고 박테리아 군집은 대체로 아주 유사하였다. (4) 해양의 표층부에서 박테리아 개체군들은 수심에 따라 다르게 분포하며, 이러한 구분은 특히 유광대와 무광대의 경계에서 뚜렷함을 보였다. 유광대에는 주로 α-프로테오박테리아(특히 Roseobacter), SAR116, SAR11 그룹이 우점하며, 무광대에는 SAR202, SAR324, δ-프로테오박테리아, Marine group A 등의 그룹이 많은 수를 보였다. 이러한 수직분포는 용존유기물의 조성, 수온, 무기영양염 등의 자원에 대한 이용성의 차이에 기인한 것으로 보인다. (5) 부착형 박테리아 군집과 자유생활형 박테리아의 군집은 서로 달랐다.

최근에는 해양 박테리아의 유전자분석을 통해서 γ-프로테오박테리아 그룹에 속할 것으로 여겨지는 박테리아의 DNA에 광 구동 수소펌프(light-driven proton pump)기능을 갖는 프로테오로돕신을 생산하는 유전자가 있음이 밝혀졌다. 따라서 광으로부터 에너지를 얻는 광합성 종속영양생물(photoheterotrophy)이나 또는 새로운 유형의 광합성 독립영양생물(photoautotrophy)이 해양의 표층수에 널리 존재할 가능성이 제시되었다(Béjà *et al.*, 2000). 또한 박테리오클로로필 *a*를 갖는 호기성 산소비발생 광합성 세균(aerobic anoxygenic phototrophs)들이 해양의 표층에 비교적 널리 분포함이 알려졌고(Kolber *et al.*, 2000), 해양 박테리아의 유전자의 분석을 통해 이들 광합성 유전자가 Erythrobacter나 Roseobacter 등의 α-프로테오박테리아 그룹의 박테리아뿐만 아니라 β-나 γ-프로테오박테리아 그룹에 연관된 것으로 보이는 박테리아들에도 널리 분포함을 밝혀, 다양한 박테리아 그룹이 해양에서 호기성 상태에서 박테리오클로로필을 이용한 광합성에 참여함을 보였다(Béjà *et al.*, 2002).

이러한 연구결과들에도 불구하고, 앞에서 밝혀진 각각의 그룹에 속하는 박테리아들의 생태학적 기능이 무엇인지에 대해서는 거의 알려지지 않았다. 앞으로 해양 미생물의 다양성에 대한 연구는 생지화학적 순환에서 각 박테리아종들의 역할이 무엇인가를 규명하는 방향으로 나아갈 것으로 여겨진다.

1.7 복잡한 구조의 해양 미세생물 먹이망

1970년대 초기까지 수생환경에서 박테리아의 주된 역할은 유기물을 재무기질화하는 분해자로서 간주되어 왔다. 그러나 수생생태계에서 박테리아에 의한 유기물의 이용과 성장, 박테리아의 생물량에 대한 연구결과가 누적되면서 박테리아의 또 다른 생태학적 기능의 중요성이 제기되었다. 즉, 용존유기물을 이용하여 생태적으로 큰 의미가 있는 상당한 양의 이차 생산을 하는 것으로 알려졌다. 일찍이 Pomeroy(1974)는 해양에서 기존의 먹이사슬(미세 조류-동물플랑크톤-어류) 외에 종속영양 박테리아를 포함하는 새로운 먹이망, 즉 미세생물 먹이망(microbial food web)이 중요할 수 있음을 제안하였다. 그 후 박테리아 생물량 및 생산력에 대한 정확한 측정과 박테리아를 섭식하는 원생동물들의 활동에 대한 연구결과들을 종합하여 Azam *et al.*(1983)은 해양의 수층에서의 에너지 흐름과 물질의 순환에 있어서 용존유기물-종속영양 박테리아-미소 편모류-섬모충류의 중요성을 확립하였으며, 이를 의미하는 미세생물 고리(microbial loop)라는 신조어를 탄생시켰다. 미세생물 고리는 결국 박테리아에 의한 낮은 농도의 유기물 및 무기영양염의 효율적 이용과, 이로 인한 식물플랑크톤과 박테리아 사이의 무기영양염에 대한 경쟁, 종속영양성 미소 편모류가 박테리아를 섭식함으로써 박테리아 개체군을 강하게 조절하는 기능, 그리고 식물플랑크톤에 의한 용존유기물의 일비(溢泌, exudation)와 이의 박테리아에 의한 이용의 상호작용에 의해 일어나는 결과로 볼 수 있다(Azam *et al.*, 1983). 따라서 해양의 수층환경에서의 재무기질화는 박테리아뿐만 아니라 미소 편모류와 섬모충류도 이에 기여하는 것으로 봐야 할 것이다.

해양에서 용존유기물(dissolved organic matter: DOM)의 생성기작은 다양하며 식물플랑크톤에 의한 분비, 동물플랑크톤 및 원생동물의 섭식활동에 의한 유기물 배출, 바이러스에 의한 식물플랑크톤 및 박테리아의 자가분해(autolysis), 해설 및 입자성 유기물의 박테리아에 의한 분해 등을 들 수 있다(Azam and Cho, 1987). 다양한 과정에 의해 생성된 DOM은 박테리아의 성장 및 생존에 이용되며, 이는 광합성에 의해 생산된 유기탄소의 10~50%에 달하는 것으로 알려져 있다. 지난 20여 년 동안 조사된 해양의 유광대에서 박테리아 생산력과 일차 생산력의 비는 0.1에서 100% 이상까지 크게 변화한다고 보고되어, 해양의 에너지 흐름을 이해하고 예측하기 위해 이러한 변화를 조절하는 요인과 기작을 규명하기 위한 연구가 계속되었다. Cho *et al.*(2001)은 황해의 조석 전선역의 유광대에서 박테리아 생산력과 일차 생산력의 비가 hydrodynamic한 조건에 따라 변화하며 표층수온에 의해 가장 잘 예측됨을 관찰하고, 해양의 표층수온과 일차 생산력은 원격위성탐사에 의해 측정할 수 있기 때문에 이러한 관계를 이용하여 넓은 범위에서 동시적으로 박테리아 생산력과 박테리아를 통한 해양의 에너지 흐름을 예측할 수 있을 것으로 제안하였다.

또한 유기물 이용의 결과로 나타난 박테리아의 생물량이 상위단계의 영양수준(trophic level)으로 적은 양 또는 많은 양이 전달되는가(sink 또는 link)는 생태계의 기능을 이해함에 있어서 중요한 과제라고 하겠다. 예로서, 빈영양해역에서는 식물플랑크톤과 중형 또는 대형 동물플랑크톤 사이를 미세생물먹이망이 연결해 주는 역할을 한다고 알려져 있다(Weisse, 1988). 또한 동해 중층대에서는 박테리아 생산력의 대부분이 종속영양성 미소 편모류에 의해 소모되어, 박테리아에 의해 고정된 에너지의 대부분이 상위단계의 영양수준에 많이 전달됨으로써 심해 생태계의 동물플랑크톤에게 중요한 먹이원이 될 것으로 보여진다(Cho *et al.*, 2000).

해양에서 박테리아의 사망과 관련하여 바이러스의 역할 및 생태에 대해 반드시 언급할 필요가 있으나, 여기서는 간단히 하고자 한다. 이 분야에 대한 본격적인 연구는 해양에 출현하는 바이러스의 수도가 1980년대 말까지 알려져 왔던 것보다 훨씬 많은, 즉 박테리아의 수도와 비교시에도 10~100배에 이르는 경우가 흔하다는(Bergh *et al.*, 1989; Proctor and Fuhrman, 1990) 사실에 기인하였다. 그 이후 해양에서 바이러스의 분포와 생산력에 대해 많은 연구가 시행된 결과, 해수에 존재하는 바이러스의 수도는 박테리아의 수도와 양의 상관관계가 있는 것으로 보고되었으며(Wommack *et al.*, 1992; Cochlan *et al.*, 1993), 바이러스는 박테리아의 성장을 조절하는 데 중요한 역할을 하는 것으로 시사되고 있다(Bratbak *et al.*, 1992). 최근 Fuhrman and Noble(1995)과 Steward *et al.*(1996)은 연안 및 외양의 해수에서 박테리아 치사의 약 50% 가량이 바이러스에 의해 일어나는 것으로 추정하였다. 이러한 생물학적 과정은 바이러스가 박테리아의 군집조성변화에 중요한 역할을 하며, 나아가서 해양에서 생지화학적 순환양상에도 지대한 영향을 줄 것으로 예측되고 있다. 한 예로, 바이러스를 포함한 미세생물간의 탄소이전(microbial carbon-transfer)에 대한 수지(budget)연구는(Bratbak *et al.*, 1992) 다음과 같은 결과를 제시하였다: Bratbak *et al.*(1992)은 연안의 중형 폐쇄생태계 연구에서 일차 생산 및 생체량, 박테리아 생산 및 박테리아 생체량, 미소 편모류의 섭식률, 바이러스 생산 및 수도에 대한 일주변화연구를 시행했다. 그 결과는 바이러스를 통한 탄소의 흐름은 일차 생산의 87%에 달한다는 것이었다. 박테리아 생산은 바이러스에 의한 사망률의 1/6에 달하고, 미소 편모류 섭식률의 1/2에 달하였다. 즉, 박테리아 생산에 비해 손실은 8배가 높아서 수지균형에 어려움이 있었다. 그러나 바이러스의 세포용해는 정량적으로 중요한 과정일 수 있음이 시사되었다. 추가로, 해양 미세생물 먹이망의 구조가 복잡함을 잘 나타내는 사실로서 바이러스가 종속영양 미소 편모류에 의해 섭식된다는 것을 언급하고자 한다(Gonzàlez and Suttle, 1993).

끝으로, 미세생물들은 환경변이에 민감하게 변화하기 때문에 해양의 미세생물 먹이망에 대한 연구를 통해 해양에서 환경오염의 영향을 판정할 수 있음이 최근 제시되었다. 최 등(2002)은 화력발전소의 온배수 배출해역에서 박테리아와 종속영양 미소 편모류의 수평적 분포조사, 배출수와 연안 해수의 혼합실험 등을 통해 온배수에 의한 증가된 수온이나 배출된 잔류염소보다는 잔류염소의 부산물들이 박테리아와 종속영양 미소 편모류의 활성, 즉 미세생물 먹이망에 영향을 미칠 수 있음을 보여 주었다. 또한 최 등(2001)은 동해 투기해역에서의 연구에서 황해 조석전선역에서 얻어진 결과와 마찬가지로 비투기해역에서는 해수 표층수온과 박테리아 생산력과 일차 생산력의 비 사이에 유의한 상관관계를 얻었으나, 투기해역에서는 유의한 관계를 나타내지 않아 해양 투기가 투기해역의 일차 생산자와 박테리아 사이의 관계에 영향을 미치고 있음을 제시하였다. 이러한 결과들은 미세생물 먹이망의 연구가 해양에서 인위적 활동에 의한 환경변화를 모니터링하고 평가하는 데 유용하게 이용될 수 있음을 시사한다. 앞으로는 지구온난화에 따른 기후변화와 관련하여 해양 미세생물 먹이망의 변화 및 기후조절역할에 대한 연구가 필요할 것으로 보인다.

2. 원생생물의 분류

표영생태계에서 종속영양 플랑크톤으로 출현하는 종류는 크게 부유 박테리아, 부유 원생생물, 부유 후생동물로 구분할 수 있다. 부유 박테리아는 앞 절에서 설명한 바와 같이 해수 중의 용존유기물 또는 유기부유입자를 이용하는 원핵생물로, 유기물의 분해자로서 표영생태계에서 중요한 역할을 한다. 부유 후생동물은 다세포성 부유동물로 초식자 또는 육식자로서 광합성 결과 생성된 유기물을 섭취하여 상위의 어류나 포유류 등에 에너지를 전달하는 연결역할을 한다. 부유 원생생물은 단세포 진핵생물로 일부는 식물플랑크톤으로, 일부는 동물플랑크톤으로 출현한다. 부유 원생생물 중 동물플랑크톤으로 출현하는 종류를 부유 원생동물(protozooplankton)이라 한다. 부유 원생동물은 용존유기물, 박테리아, 식물플랑크톤, 소형 동물플랑크톤 등을 섭취하는 종속영양생활을 하며, 부유 후생동물의 먹이가 되기도 한다.

부유 원생동물은 수 μm에서 수백 μm 크기로 작은 것은 미소 부유동물(nanozooplankton)에 속하고, 큰 것은 소형 부유동물(microzooplankton)에 속한다. 부유 원생동물에는 각종 편모충류와 섬모충류, 육질충류 등의 원생동물이 포함된다.

2.1 편모충류

편모충류(flagellates)는 부유 원생동물 중 가장 작은 크기로 대부분 미소형 또는 소형 부유동물로 출현한다. 편모를 가지고 움직이면서 해수 중에 용존된 용존유기물(DOM) 또는 유기쇄설물, 박테리아와 원생동물 등을 섭취한다. 미소형 편모충류는 박테리아를 섭취하면서 와편모류, 섬모충류와 같은 소형 부유동물의 먹이가 되기 때문에 미세생물 먹이망의 중요한 구성인자이다.

2.1.1 와편모류

와편모류(渦鞭毛類, dinoflagellates)는 앞의 식물플랑크톤 부문에서 설명되었듯이 엽록소와 황적색소를 가지고 광합성을 하며, 적조를 일으키는 원인종류로 많이 알려졌기 때문에 흔히 식물플랑크톤으로 취급되고 있다. 그러나 그간의 연구로 인해 현생 와편모류의 반 이상의 종들이 종속영양 와편모류(obligate heterotrophic dinoflagellates)이고, 나머지 독립영양 와편모류의 대부분이 혼합영양 와편모류(mixotrophic dinoflagellates)로 알려지고 있다(Gaines and Elbrächter, 1987; Schnepf and Elbrächter, 1992). 또한 최근에 적조를 일으키는 독립영양 와편모류 일부가 혼합영양 와편모류로 밝혀지고 미소형 섬모충류의 포식자로 밝혀져 표영생태계에서 와편모류가 종속영양생물로 중요한 역할을 하고 있는 것으로 추정되고 있다.

광합성 색소를 가진 와편모류가 먹이입자를 섭취하는 것은 혼합영양섭식(mixotrophic phagotrophy)이라 한다. 이러한 혼합영양섭식방법은 일찍이 Levander(1894)에 의해 발틱해에서 *Gyrodinium fissum*이 돌말류 등을 포식하는 것으로 보고된 바 있으며, *Gyrodinium pavillardii*가 같은 크기의 부유 섬모충 *Strombidium*을 종구 후단으로 섭취하는 것이 기술된 바 있다(그림 3.8). 담수 와편모류 *Ceratium hirundinella*는 피각의 구멍을 통해 나온 원형질이 원형질 망사를 이루어 돌말류와 다른 미소 플랑크톤을 잡아 세포 내 용존유기물질을 섭취하고 버리거나, 배 쪽에서 큰 허족이 나와 남세균, 돌말류, 섬모충 등을 잡아 세포 내로 끌어들여 포식하는 방식으로 섭식한다(그림 3.9).

색소체를 갖지 않는 와편모류(apochlorotic dinoflagellates)는 흔히 용존유기물

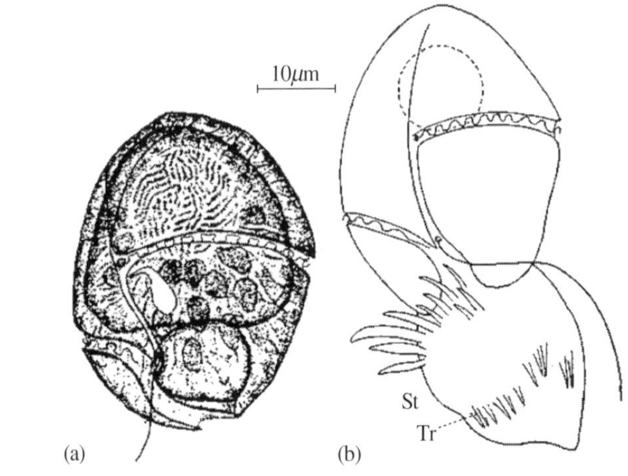

그림 3.8 와편모류 *Gyrodinium pavillardi* Herdman의 혼합섭식(Biecheler, 1952). (a) *G. pavillardi* 세포 내에 있는 먹이, (b) *G. pavillardi*가 부유 섬모충류 *Strombidium*(St)을 종구에서 섭취하는 모습. Tr: *Strombidium*의 trichocyst

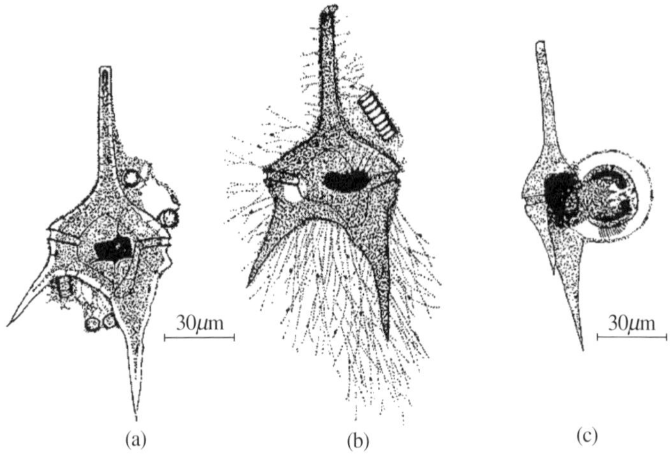

그림 3.9 담수 와편모류 *Ceratium hirundinella*(O.F. Müller) Bergh의 혼합섭식(Gaines and Elbrächter, 1987). (a) *C. hirundinella* 세포, (b) 원형질 망사를 이용한 먹이섭취, (c) 위족을 이용한 먹이포획

을 흡수하거나 유기입자를 섭취한다. *Oxyrrhis marina*, *Noctiluca scintillans*, *Gyrodinium lebourae*는 용존유기물 배양액에서 잘 자라는 것으로 보고된 바 있다. 이 중 *Oxyrrhis*와 *Noctiluca*는 대표적인 섭식포식자로 용존유기물뿐만 아니라 미소형 편모충과 다른 와편모류를 섭식한다. 특히 야광충 *Noctiluca scintillans*는 잡식성으로 박테리아, 식물플랑크톤, 동물플랑크톤, 유기쇄설물, 어류의 난, 요각류 등을 섭취하고 자기보다 몸체가 큰 입자뿐만 아니라 심지어 유리조각까지 섭취한 것이 발견된 바 있다(Gaines and Elbrächter, 1987). 야광충은 미소관과 점액물질을 가진 촉수와 끈적끈적한 액을 가지고 먹이를 잡아 천천히 입으로 끌어들인다(그림 3.10).

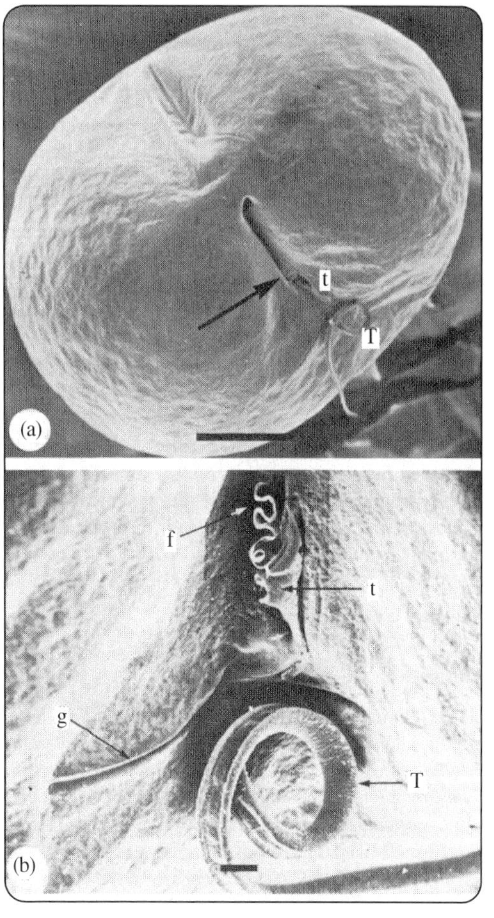

그림 3.10 *Noctiluca scintillans*의 전자현미경 사진(Lucas, 1982). (a) 세포 전체, 화살표는 세포입 입구를 가리킨다. T: 촉수, t: 세포의 이(teeth), 축적 = 100μm, (b) 촉수부분 미세사진. f: 편모, g: 표면홈, 축적 = 10μm

와편모류 중 대표적인 섭식자 중의 하나는 *Protoperidinium*이다. 우리나라 주변해역에서도 많이 출현하는 와편모류 중의 하나로 강력한 포식자이다. *Protoperidinium*, *Oblea* 등은 원형질 실(tow filament)로 먹이를 잡고 덮개위족(pallium)으로 먹이를 감싼 후 몸 밖에서 먹이를 소화한 후 위족을 끌어들이는 방식으로(그림 3.11) 박테리아, 돌말류, 와편모류, 요각류 등을 섭식한다(Jacobson and Anderson, 1986; Jeong,

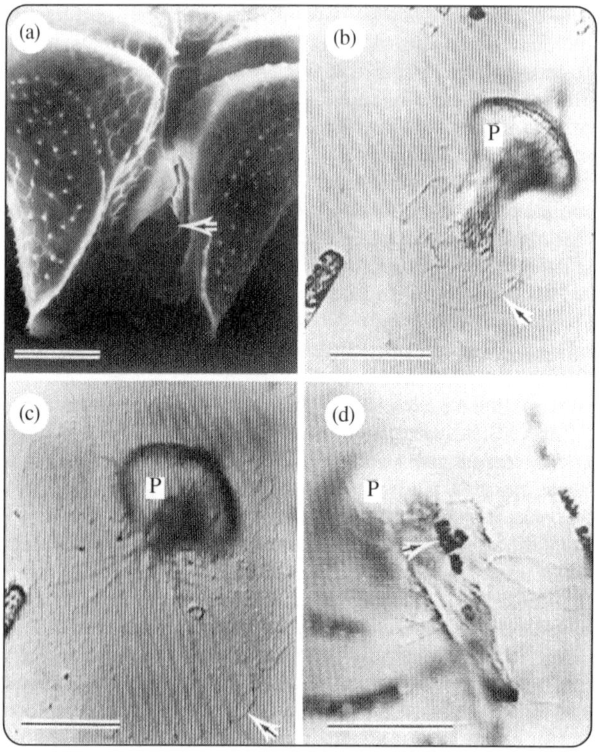

그림 3.11 ***Protoperidinium*의 세포 밖 섭취(pallium feeding)** (From Gaines and Taylor, 1984). (a) *Protoperidinium*의 복부 SEM 사진. 화살표의 위족이 배출되는 부분, (b), (c) pallium의 형성, (d) 돌말류 *Thalassiosira*(화살표)의 포식장면

1994). *Gyrodinium lebourae*는 편모합입부 사이에서 원형질 자루(penducle)를 내어 먹이의 세포 내 물질을 흡입 · 섭취한다(myzocytosis). 원형질 자루는 세포 내 미소관 주머니(microtubular basket)에서 나온 긴 미소관들로 채워져 있다(그림 3.12).

위와 같이 종속영양 와편모류는 먹이를 세포의 후각관 끝에 있는 종구(sulcus)를 통해 통째로 섭취하거나, 편모공에서 외부로 위족을 내어 덮개위족으로 먹이를 감싸 세포 밖에서 섭취하거나, 원형질 자루를 세포 밖으로 내어 먹이의 세포 내 물질을 흡입하거나 또는 촉수로 먹이를 잡아 세포입으로 끌어들이는 방법으로 먹이를 섭취한다. 섭식종속영양 편모충류는 세포입(cytostome)이 잘 발달되어 있다. 야광충에서 세포입은 촉수의 기저부에 모포

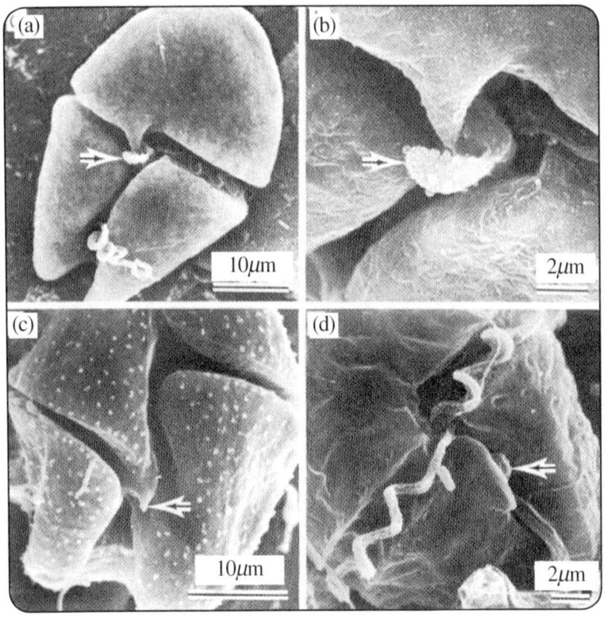

그림 3.12 와편모류의 원형질 자루(peduncle) (From Gaines and Elbrächter, 1987). (a), (b) *Gymnodinium sanguineum*, (c) *Gyrodinium instriatum*, (d) *Ensiculifera* sp.

(trichocysts), 점액포(mucocysts), 수축섬유 등으로 둘러싸인 깔때기 모양(buccal cone)을 하고 있다. 먹이가 편모에 의해 세포입 가까이 옮겨 오면 촉수로 잡아 입에 넣는다. 그러면 세포 내에서 먹이는 식포에 의해 감싸져 소화된다. *Kofoidinium*과 *Pratjetella*에서 세포입은 세포의 앞 표면에 위치해 미소관으로 둘러싸인 인후부와 연결되어 있어 입으로 들어온 먹이가 인후부를 통해 영구 식포로 바로 들어가고, 식포에서 남은 배설물은 식포에서 세포배설구(cytoproct)로 바로 빠져 나가게 되어 있다. 대부분의 와편모류에서 식포(food vacuoles)는 먹이를 감싸고 소화시키기 위한 일시적인 구조이다. 따라서 처음에는 먹이를 둘러싸는 단순한 구조이나 리보솜 등이 포함된 복잡한 구조로 된다. *Oxyrrhis marina*에서 소화의 마지막에 식포가 세포 표면으로 이동해 식포 내용물이 흩어지는 것을 볼 수 있다.

와편모류는 미소형 및 소형 플랑크톤이지만, 앞에서 보았듯이 포식기구가 잘 발달하여 포식성이 강하기 때문에 미세생물 먹이망에서 박테리아부터 소형 동물플랑크톤까지 포식할 수 있는 중요한 종속영양생물이다.

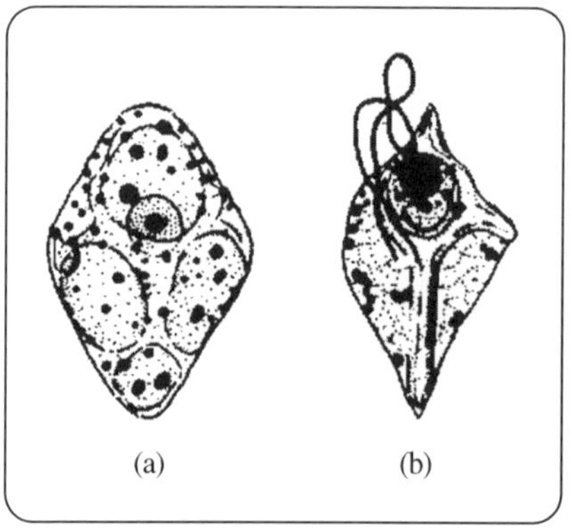

그림 3.13 에브리아류. (a) *Ebria* sp., (b) *Hermesinum*

2.1.2 에브리아류

에브리아류(ebriids)는 와편모류, 유글레나 종류와 함께 수서생태계에서 소형 종속영양 플랑크톤으로 초식자로서 중요한 역할을 한다. 연안 수역에서 발생하는 갈조(brown tide)의 원인생물인 *Aureococcus*의 포식자로서 알려져 있으며(Caron *et al.*, 1989), 돌말류를 포식하기도 한다. 에브리아류는 동물성 편모충류에 속하는 와편모류와 근연관계에 있는 것으로 보고되었으나, 정확한 분류학적 위치는 밝혀지지 않고 있다. 에브리아류는 편모를 2개 가지고, 내부에는 비대칭형의 규질 내 골편을 가진 구형 또는 돌배형의 편모류이다. 핵은 크고 과립형으로 골편의 일부가 둘러싸여 있다. 에브리아류에 속하는 종속영양 편모충류는 *Ebria*, *Hermesinum* 두 속으로 *Ebira*는 세 방향으로 가지를 친 내골편을 가진 종류로 편모를 보기가 어렵다. *Hermesinum*은 4개의 가지로 된 내골편을 가지고 노란 핑크빛의 원형질을 가지고 있다(그림 3.13). 두 종류는 냉수대, 난수대, 온대 해역의 연안과 하구역에 넓게 분포하며, 때로는 대규모로 나타나기도 한다. *Ebria tripartia*는 미국 롱아일랜드 해협에서 1m*l*당 1만 개체 가까이 나타난 적도 있으며(Conover, 1956), *Hermesinum*은 살톤해(Salton Sea)에서 1m*l*당 45만 개체가 출현한 적도 있다(Carpelan, 1961).

2.1.3 유글레나류

유글레나(euglenids) 종류는 엽록소 *a*, *b*를 가지고 주로 광합성을 하는 것으로 알려져 있지만, 광합성을 하는 *Euglena*, *Eutreptia* 종류도 대부분 용존유기물을 함께 흡수하며, *Rhabdomonas*는 용존유기물만 섭취하는 삼투식자이다. 유글레나에서 종속영양 섭식자로 생활하는 종류는 Sphenomonadina목에 속하는 *Petalomomas*, *Notosolenus* 그리고 Heteronematina목에 속하는 *Heteronema*, *Peranema*, *Entosiphon* 등이다. 이들은 섭취기구(ingestion organella)를 갖는 종류(Heteronematina)와 섭취기구가 없는 종류(Sphenomonadina)로 구분된다.

모든 유글레나 종류는 세포 표면의 원형질 막 아래에 가는 글리코프로테인 조각으로 된 박피(pellicle)를 갖는 것이 특징이다. 이 조각들에는 짧은 미소관들이 열을 지어 내재되어 있다. 모든 섭식 유글레나 종류는 미소관에 의해 지지되는 섭식기구(feeding apparatus)로 먹고, 원형질 내에 무수한 식포로 소화

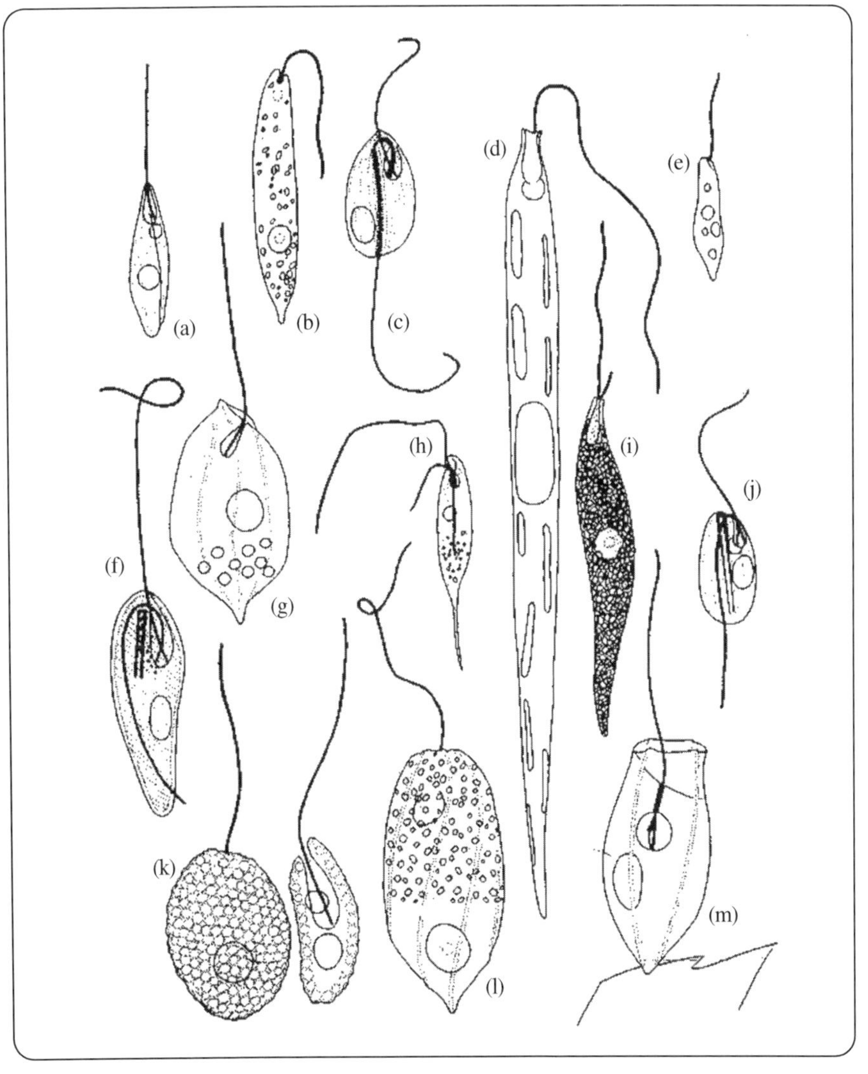

그림 3.14 종속영양 유글레나류(Larsen and Patterson, 1991). (a) *Atraktomonas laevis*, (b) *Astasia longa*, (c) *Anisonema acinus*, (d) *Cyclidiopsis*, (e) *Euglenopsis vorax*, (f) *Dinema*, (g) *Calycimonas*, (h) *Calkinsia aureus*, (i) *Distigma*, (j) *Entosiphon*, (k) *Dylakosoma*, (l) *Gyropaigne*, (m) *Dolium*. 축적 = 10μm

시킨다. 종속영양 유글레나류의 섭식기구는 다양하게 분화되어 있다. 섭식 유글레나에서 섭식기구의 유형을 네 가지로 구분하였다(Triemer and Farmer, 1991). *Petalomonas*에서는 미소관에 의해 지지되는 원형질 주머니가 세포 표면에 뻗치고, 섭식기구는 편모 주머니 옆 세포 표면에 열려 있다(Type I). 이런 형의 섭식기구는 박테리아 섭식자에서 주로 발견된다. 박테리아 섭식자인 *Ploeotia*에서 발견되는 섭식기구는 앞쪽의 원형질 주머니나 세포입은 짧고, 원형질 뒤로 뻗친 두 지지관이 있다(Type II). *Entosiphon applanatum*에서는 두 지지관이 두 미소관들과 4개의 날개무늬(vanes)로 이루어졌다. 이 미소관과 날개무늬는 섭식기구를 보다 조직화하는 것으로 보인다(Type III). 박테리아 포식자인 *Entosiphon sulcatum*은 *E. applanatum*과 다소 다르게 3개의 미소관으로 된 지지관과 4개의 날개무늬가 세포입을 둘러싸고 있다(Type IV). 위에 열거된 유글레나 종류 외에도 많은 종류가 수층과 퇴적층에서 종속영양생활을 하는 것으로 알려지고 있다(그림 3.14).

2.1.4 동원핵 편모충류

동원핵 편모충류(Kinetoplastid flagellates)는 모든 수서환경에서 흔히 많이 출현하는 미소형 종속영양 편모충류이다. 이들은 편모의 기저부에 동원핵 소포체(Kinetoplast)를 하나 이상 가지고 있다. 동원핵 소포체는 핵 DNA와는 달리 Feulgen, Janus green, Romanovsky로 염색되는 DNA를 가진 세포 소포체로 핵 바깥에 위치한다. 이들의 편모는 미토콘드리아 가까이 위치한 편모 주머니에서 서로 다른 길이의 두 편모가 나오며, 이들 두 편모는 서로 다른 방향으로 운동을 한다. 몸의 앞쪽에 세포입과 식도가 있다. 수축포도 몸의 앞쪽에 있다.

이들 중에 대표적인 자유유영생활을 하는 종류는 보도종류(Bodonids)로 *Bodo*, *Parabodo*, *Pleuromonas*, *Rhynchomonas*, *Rhynchoboda*, *Cryptobia*, *Dimastigella*, *Procryptobia*, *Cephalothamnium* 등이 주로 종속영양 플랑크톤으로 출현한다(그림 3.15). 대부분의 보도종류는 4～10μm 크기이나, *Dimastigella*와 *Rhynchobodo*는 15～20μm 크기로 주로 박테리아를 포식한다.

2.1.5 깃편모충류

깃편모충류(choanoflagellates)는 종속영양 편모충류로 많이 출현하는 중요한

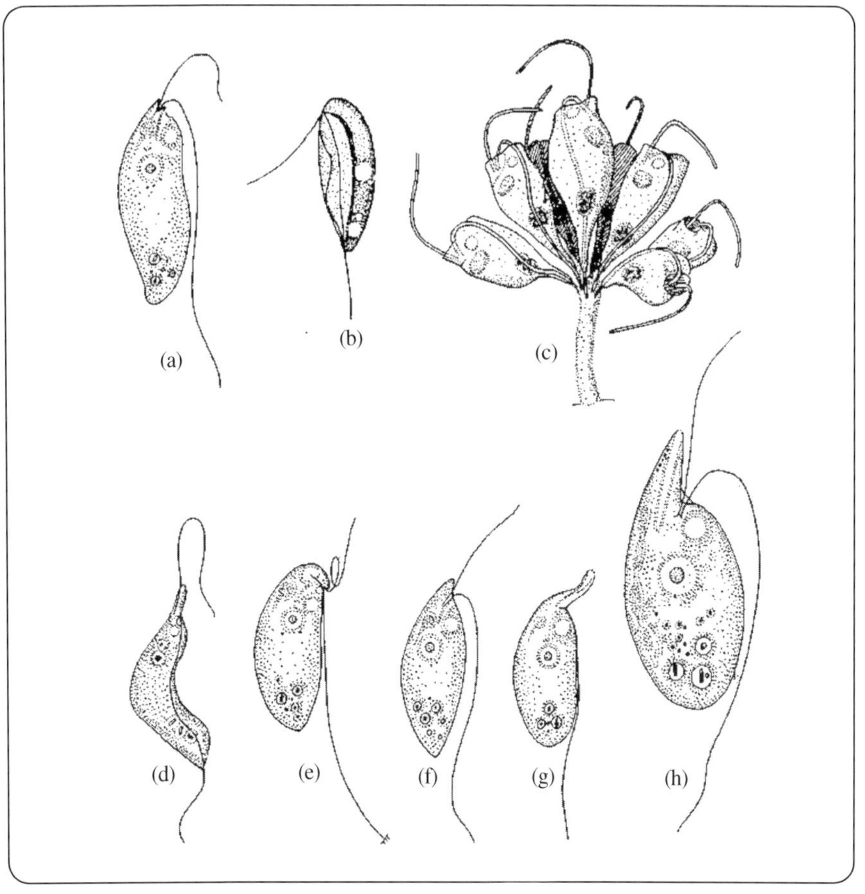

그림 3.15 동원핵 편모충류의 종류(Zhukov, 1991). (a) *Bodo saltans*, (b) *Cryptobia bialata*, (c) *Cephalothamnium cyclopum*, (d) *Dimastigella trypaniformis*, (e) *Pleuromonas jaculans*, (f) *Parabodo nitrophilus*, (g) *Rhynchomonas nasuta*, (h) *Rhynchobodo armata*

편모류 중의 하나이다. 세포의 몸체는 작은 촉수로 이루어진 깔때기형의 깃에 둘러싸여 1개의 편모를 가진 구형 또는 난형 원형질체(protoplast)로 되어 있다. 깃의 촉수길이와 깃의 모양은 변화가 있다(그림 3.16). 편모는 수류를 일으켜 깃 쪽으로 흐르게 하며, 깃의 바깥표면에 붙은 박테리아, 남세균, 유기쇄설물을 표면 바깥쪽 위쪽으로 섭취한다. 대부분의 깃편모충류의 원형질체는 피막(lorica)으로 둘러싸여 있다. 흔히 이 피막의 모양으로 동정 편모충류를 구분한다. 깃편모충류의 세 그룹 중 Codosigidae는 매우 얇은 피막을 가

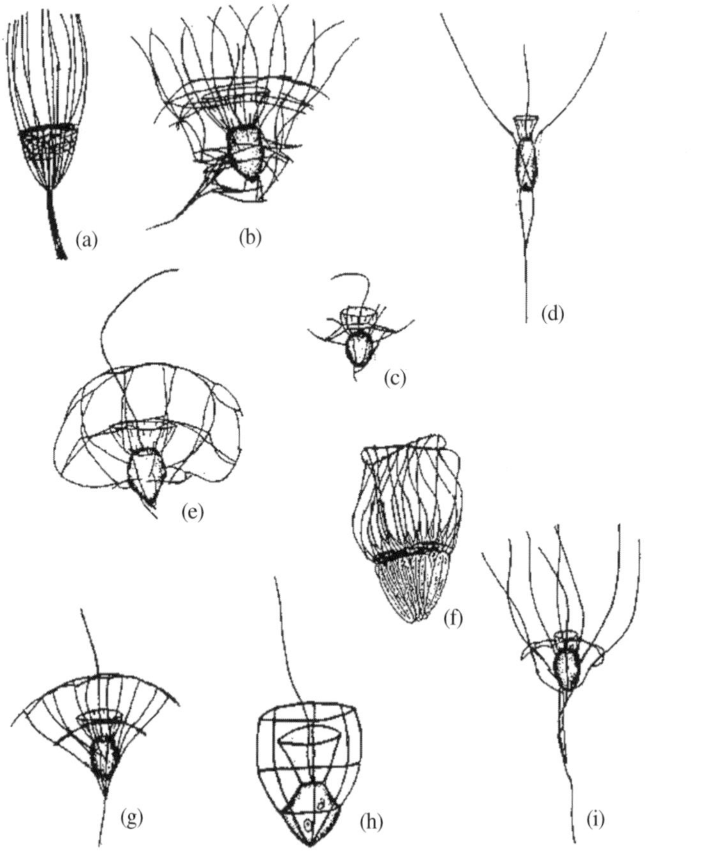

그림 3.16 깃편모충류의 종류(Thomson and Buck, 1991). (a) *Amoenoscopa*, (b) *Acanthocorbis*, (c) *Campyloacantha*, (d) *Bicosta*, (e) *Cosmoeca*, (f) *Diplotheca*, (g) *Parvicorbicula*, (h) *Pleurasiga*, (i) *Saroeca*

지고 있고, Salpingoecidae는 피각(theca)이라 불리는 두꺼운 피막을 가지고 있으며, Acnthoecidae는 규질대(costae strips)로 이루어진 주머니 모양의 피막을 가지고 있다. 부착종류에서는 피막이 길게 발달하여 부착하는데, 자루를 사용하기도 한다.

2.1.6 은편모류

은편모류(Cryptomonads)는 엽록소 *a*와 C_2, 색소단백인 피코시아닌(phyco-

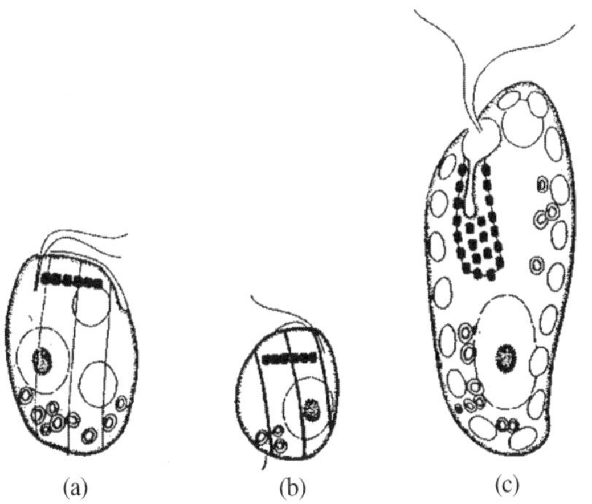

그림 3.17 종속영양 은편모류(Hills, 1991). (a) *Goniomonas truncata*, (b) *Goniomonas amphinema*, (c) *Chilomonas paramecium*

cyanin)과 피코에리드린(phycoerythrin)을 가지고 광합성을 하는 미소 편모류로 연안수역에서 식물플랑크톤으로 많이 출현하고 있으나, 일부 종은 혼합영양(*Chroomonas*)을 하거나 종속영양 편모류(*Chilomonas*, *Goniomonas*)로 출현한다.

은편모류는 단백질로 된 내막과 점액질 또는 비늘로 된 외막(periplast)으로 둘러싸이고, 편모에 털(mastigonemes)이 있으며, 편모 기저부에 모포의 일종인 사출체(ejectisome)가 있는 것이 특징이다(그림 3.17). *Chroomonas*는 남색의 엽록체를 가지고 있으나 작은 구멍으로 박테리아를 끌어들여 식포에서 소화한다. *Chilomonas*는 엽록체가 퇴화된 백색체(leucoplast)를 가지고 있으나 식포는 발견되지 않고 있으며, *Goniomonas*는 엽록체가 없이 세포입을 통하여 박테리아를 섭취해 식포에서 소화시킨다.

2.1.7 이형 편모류

털을 가진 편모와 털이 없는 편모 두 가지를 동시에 가지고 있는 편모류를 이형 편모류(Heterokont flagellates)라고 한다. 여기에는 주로 황갈조식물(Chrysophyta)에 속하는 편모조류들과 갈조류들의 생식세포 등이 포함된다. 털이 있는 편모는 편모에 수직으로 한 쪽 또는 양쪽에 1~2μm 길이의 털이나 있다. 이 털의 끝은 세 갈래로 나누어져 있다.

이형 편모류에 의한 먹이입자의 섭취는 편모 기저부의 미소근 섭식주머니(feeding basket)에 의한 것과(Type I), 편모에 의해 생긴 수류에 의해 가까이 온 먹이입자를 촉수로 잡거나(Type II), 가는 가근(rhizopodia)이 나와 먹이를 잡는 방법(Type III)으로 구분해 볼 수 있다. 그러나 *Saccochrysis piriformis*는 무수히 많은 가는 가근으로 박테리아를 잡을 때도 있고, 섭식주머니로 섭취할 때도 있다(Andersen, 1986).

무색의 *Bicosoeca*, *Cafeteria*, *Oikomonas*, *Paraphysomonas*, *Pseudobodo* 등과 색소를 가진 *Chromulina*, *Chrysococcus*, *Dinobryon*, *Epipyxis*, *Ochromoans*, *Poterioochromoans*, *Synochromoans*, *Uroglenopsis* 등이 섭식주머니를 이용하여 먹이를 섭취한다. 촉수를 이용하여 먹이를 섭취하는 종류는 무색의 *Actinomonas*, *Ciliophrys*, *Parapedinella*, *Pteridomonas* 등과 색소가 있는 *Pedinella*, *Pseudopedinella*, *Dictyocha*, *Phaeaster* 등이 있다. 가근을 이용하여 먹이를 섭취하는 종류는 *Chrysamoeba*가 대표적이다. *Ochromonas danica*, *Poterioochromonas malhamensis*, *Uroglenopsis americana* 등은 용존유기물을 섭취하는 삼투식자이다.

이상과 같이 미소형, 소형의 다양한 편모류가 수중에서 용존유기물, 박테리아, 유기쇄설물, 식물플랑크톤, 심지어는 동물플랑크톤까지 포식하면서 살고 있다. 위에 소개한 종류 외에도 일부 착편모류와 분류학적으로 불투명한 150속 이상의 종속영양 편모류가 수서생태계에서 출현하고 있다.

2.2 섬모충류

섬모충류(纖毛蟲類, Ciliates)는 미소형 또는 소형의 단세포 부유동물(protozooplankton)로 박테리아, 편모충 및 미소형 식물플랑크톤을 포식하면서 중형 동물플랑크톤의 먹이가 되기 때문에 수서생태계의 에너지 흐름에 중요한 역할을 한다.

섬모충류는 섬모(cilia)를 가지고 운동을 하며, 세포 표면에 세포입(cytostome)이 있어 섬모와 세포입을 이용하여 먹이를 섭취 · 포식한다. 섬모충류의 몸 표면은 외피(pellicle)와 섬모근 조직(kinetids)으로 된 피층(cortex)으로 덮여 있다. 외피는 원형질 막(plasmalemma)과 막포(alveoli), 표피낭

(parasomal sacs) 등으로 구성되어 원형질 물질을 감싸며, 외부 물질과 접촉한다. 섬모근의 기저부에는 섬모근 후편 미세소관(posticiliary microtubules)과 횡 미세소관(transverse microtubules), 근섬유 미세소관(kinetodesmal microtubules), 기저 미세소관(basal microtubules) 등이 있어 섬모를 지지하며, 섬모의 운동에 관여한다.

대부분의 섬모충은 몸 표면의 체섬모(somatic cilia)로 운동을 하며, 세포입 주변의 입주변섬모(perioral cilia)와 입열섬모(paroral cilia), 입섬모(oral polykinetids) 등으로 먹이를 섭취한다(그림 3.18). 섭취한 먹이는 세포입을 통하여 세포 내로 유입되어 식포에서 소화된다. 세포 내 배설물은 세포배설구(cytoproct, cytopyge) 또는 수축포(contractile)를 통해 배출한다.

섬모충은 다른 생물과 달리 대핵(macronuclei)과 소핵(micronuclei) 두 종류의 핵을 가지고 있다. 대핵은 RNA 합성장소로 물질의 합성과 대사에 관여하

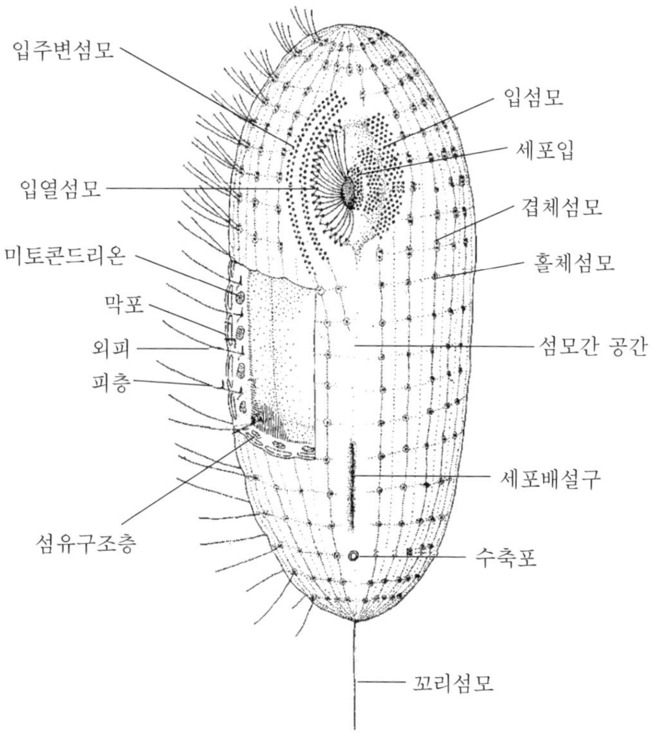

그림 3.18 섬모충류의 세포기구 명칭

며, 소핵은 생식과 유전물질의 재조합에 관여한다. 흔히 유성생식과 분열 동안에 대핵은 소멸되었다가 후에 소핵에서 재생된다. 섬모충은 이분법에 의한 무성생식 외에도 접합(conjugation)에 의한 유성생식에 의해 증식특징을 가지고 있다.

2.2.1 영모류

섬모충류 중 플랑크톤으로 흔히 발견되는 섬모충류는 영모류(泳毛類, Choreotrichs)에 속하는 유종류(tintinnids)와 빈섬모류(貧纖毛類, Oligotrichs)이다(그림 3.19). 이 두 종류는 30~100μm 크기로 소형 동물플랑크톤의 대표적인 부유 원생동물로 편모충류와 미소형 섬모충류, 식물플랑톤 등을 먹고 산다. 영모류는 세포입 주변 상단에 여러 개의 섬모(polykinetid)로 이루어진 나선형의 겹섬모열(adoral membranelle)을 가지고 헤엄을 치거나 먹이를 잡는다. 영모류 중 유종류는 세포 밖에 키틴질로 된 종 모양의 피막(lorica)을 만들어 그 속에서 몸을 보호한다. 먹이는 피막 밖으로 겹섬모열을 내어 잡는다. 유종류의 피막은 종에 따라 여러 가지 형상을 갖추고 있고, 몸세포가 죽거나 터져도 원래의 모양으로 오랫동안 유지하고 있기 때문에 종의 특징을 보여 준다.

연안에서 발견되는 *Tintinnopsis* 종류의 피막에는 여러 가지 이물질이 접착하여 피막 안의 몸세포가 보이지 않는다. 종피류의 몸세포는 피막 안에서 점

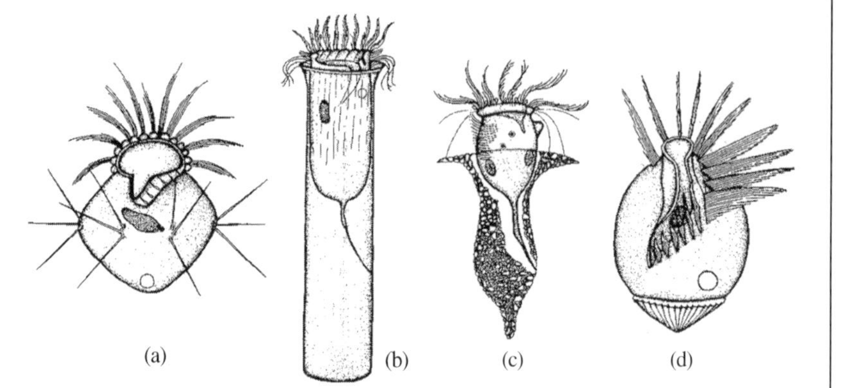

그림 3.19 부유 섬모충 영모류(Sleigh, 1989). (a) *Halteria*(빈섬모충류), (b) *Eutintinnus*(유종섬모충류), (c) *Stenosemella*(유종섬모충류), (d) *Strombidium*(빈섬모충류)

액질 자루(mucilageous stalk)로 피막에 부착하여 있으나 때로는 점액질 자루를 떼어 버리고 피막 밖으로 나오기도 한다.

빈섬모류는 일부 종에서 얇은 피막이 보이기도 하나, 대부분 피막이 없다. 빈섬모류와 유종류의 차이는 피막의 유무 외에도 섬모구조에서도 차이를 보인다. 유종류의 겹섬모열은 연속된 나선형으로 배열된 데 비해, 빈모류의 겹섬모열은 중간에 둘로 나누어진 겹섬모열을 하고 있다. 또한 유종류의 체섬모는 온몸을 돌아가며 나 있는 반면에, 빈섬모류의 체섬모는 몸의 일부분에 국한되어 빈약하게 나 있다.

2.2.2 채찍 섬모충류

채찍 섬모충류(Scuticociliates)는 20μm 미만의 미소형 섬모충류로, 주로 박테리아를 포식하며 살아간다. 채찍 섬모충류는 체섬모가 종열로 온몸을 감싸고 있어 전모류(Holotrichis)로 구분되기도 하고, 입 주변에 세 줄의 입섬모(oral polykinetids)를 가지고 있어 소막구 섬모충류(Oligohymenophorea)에 속한다.

2.2.3 독포 섬모충류

독포 섬모충류(毒胞纖毛蟲類, Haptoria)는 20~50μm 크기의 해산 섬모충류로 세포의 상단에 미소관과 독포(toxicyst)가 발달하여 포식력이 강하다. 상단 돌출부로 편모충류, 식물플랑크톤, 섬모충류 등을 접촉하여 마비시킨 후 상

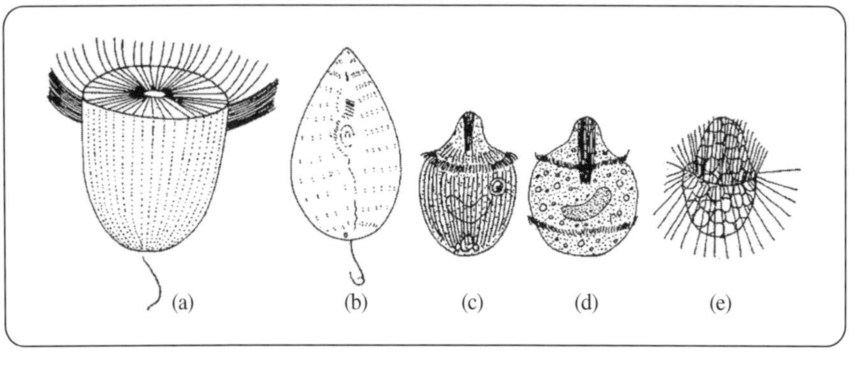

그림 3.20 부유 섬모충류 전모류. (a) *Balanion*(전구 섬모충류), (b) *Miamiensis*(채찍 섬모충류), (c) *Monodinium*(독포 섬모충류), (d) *Didinium*(독포 섬모충류), (e) *Mesodinium*(독포 섬모충류)

단부로 끌어들여 소화시킨다. 해양에서 플랑크톤으로 출현하는 독포 섬모충류는 대표적으로 *Didinium*, *Monodinium*, *Mesodinium* 등이 있다(그림 3.20). 이들은 때로 대량 증식하여 적조를 일으키기도 한다. *Mesodinium rubrum*은 몸안에 은편모류를 공생식물로 가지고 있어 공생 은편모류의 광합성 결과 생긴 유기물을 주로 이용하기 때문에 입이 퇴화하였으나 혼합영양을 하는 섬모충류이다. *Mesodinium rubrum*은 영양염이 비교적 풍부한 연안수역에 많이 나타나 적조를 일으키는 대표적인 섬모충류이다. 이 외에도 수서생태계에서 흔히 출현하는 부유 섬모충류는 전구류에 속하는 *Balanion*, 하모류에 속하는 *Euplotes* 등이 있다.

2.3 유공충류

유공충(有孔蟲, Foraminifera)은 고생대의 캄브리아기부터 번성하였던 해산 원생동물로 현재까지 기재된 종은 약 34,000종에 이른다. 이들 중 대부분은 화석종으로 나타나고, 현생종으로 출현하는 종은 4,000여 종이다. 이 중 40여 종만이 부유생활을 하고, 나머지 대부분은 해저에서 저서생활을 한다.

유공충은 위족(pseudopodia)을 가지는 육질충아문(Sarcodina)에 속하는 종류로, 위족이 과립상의 원형질 물질로 이루어졌기 때문에 과립근족충류(Granuloreticulosa)로 분류한다. 유공충은 보통 석회질 껍데기(shell)를 갖는다. 일부 종에서 텍틴(tectin)질 껍데기를 갖고 있지만, 대부분 유기물로 된 외막에 석회질과 모래 또는 기타 이물질이 쌓여서 껍데기를 이루거나 방해석(calcite)으로 된 바깥층에 사질(arenaceous)물질이 덮여 껍데기를 이룬다. 이 껍데기에는 미세한 구멍이 무수히 나 있어 위족의 출입을 가능하게 한다. 유공충은 이 구멍을 통하여 과립상의 위족을 밖으로 내보내 그물 모양의 망상위족(reticulopodia)을 만들어 유기쇄설물, 돌말류, 원생동물 등과 소형 동물플랑크톤 등을 잡아 포식한다.

유기물 껍데기로 쌓인 1개의 방을 갖는 *Allogromia* 같은 소형 유공충은 이분법이나 출아법 등에 의해 번식한다. 대부분의 유공충은 무성생식과 유성생식을 하는 복잡한 이형세대를 갖는다(그림 3.21). 유성생식을 하는 소형 배우자(gamont)는 단핵의 반수체(n)로 성숙하여 편모를 가진 배우자를 만들고, 배우자끼리 결합하여 접합자(zygote)를 만든다. 이 접합자는 다핵의 배수성

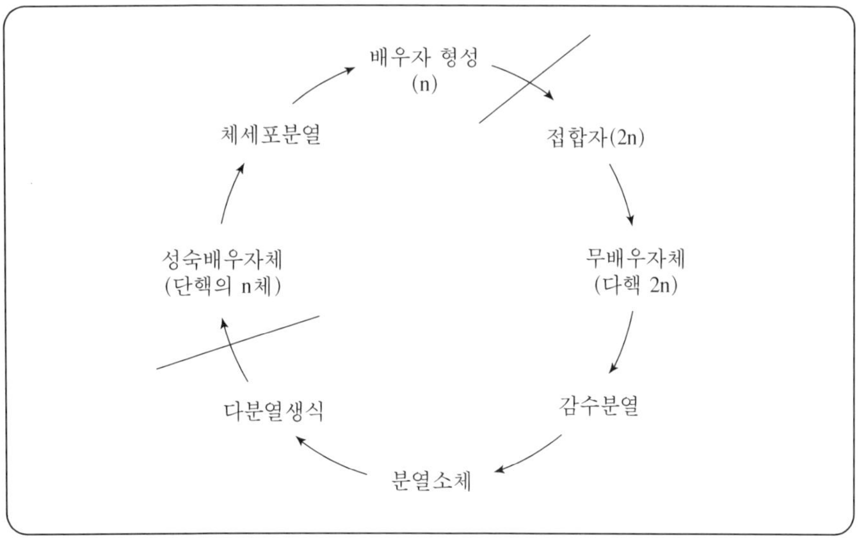

그림 3.21 유공충의 생활사

(2n)인 무배우자체(agamont)를 만들어 무성세대를 거친다. 무배우자체가 성숙하면 감수분열이 일어나고, 핵을 중심으로 여러 개의 분열소체(schizont)가 형성되어 배우자체를 만든다. 이러한 유공충은 처음에 하나의 초실(初室, proloculum)을 만들고, 자라면서 새로운 실을 좌우 또는 삼면으로 계속 만들어 다실(多室, polyloculum)을 갖는 성체로 성숙한다.

유공충 중 플랑크톤으로 출현하는 대표적인 종류는 *Globigerina* 종류이다. *Globigerina* 종류는 중생대 쥐라기 초기에 나타나 백악기에 대번성한 후 백악기 말에 일시적으로 소멸되기도 하였으나, 그 후 지속적으로 플랑크톤으로 출현하고 있다. 이와 같이 과거에 *Globigerina* 종류의 대량 출현으로 *Globigerina*의 석회질 껍데기가 저층에 쌓여 *Globigerina* 연니(ooze)를 형성하고, 그 후 이 연니가 암석화되어 석회암을 형성하게 되었다. *Globigerina*는 부유력을 증가시키기 위하여 패각에 많은 부유침(spine)을 갖고 있으며, 패각이 방 형태로 되어 있고 높은 공극률을 보인다. 또한 부유력 유지를 위하여 특별한 세포 소기관들이 작용한다(Healy-williams *et al.*, 1985).

*Globigerina*는 열대, 아열대 해역에서 많이 나타나나 수온과 깊이에 따라 다르게 나타난다. 대체로 난수역에 20종 이상 나타나나 냉수대와 극지방에는 소수 종만이 출현한다. 심해에서는 석회질 껍데기가 용해비약수심(lyocline)

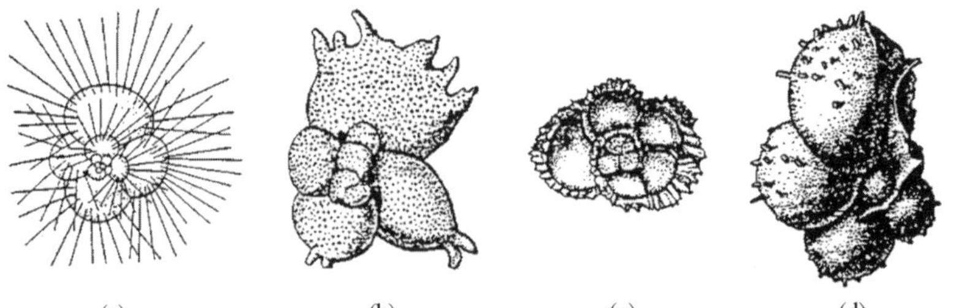

그림 3.22 부유 유공충 종류(McConnaughey, 1978). (a) *Globigerina*, (b) *Globigerinoides*, (c) *Globorotalia*, (d) *Hastigerina*

아래에서 수압에 의하여 녹기 때문에 소수 종을 제외하고는 부유 유공충이 발견되지 않는다. 대체로 유공충의 껍데기는 수온분포에 따라 공극률이 다르게 나타난다. 단위면적당 구멍의 수와 크기로 표시되는 공극률은 난수역에 출현하는 유공충에서 높게 나타나고 냉수역에 출현하는 종에서 낮게 나타난다. 냉수역의 유공충은 작고 보다 농집된 껍데기를 갖고 있다. 화석종에서도 껍데기에 구멍이 많은 것은 흔히 간빙기 퇴적물에서 발견되고, 구멍이 적은 것은 빙하기 퇴적물에서 발견된다.

Globigerinina에 속하는 부유 유공충은 *Globigerina*, *Globigerinoides*, *Globorotalia*, *Globigerinella* 등이 대표적인 속이고, 이 중 많이 알려진 종은 *Globigerina bulloides*이다(그림 3.22). 대부분의 부유 유공충은 유리질로 된 겹층에 구멍이 많이 나 있는 껍데기를 가지고, 투명한 껍데기를 가진 유공충 종류에는 껍데기 안쪽에 와편모류, 녹조류, 은편모류, 돌말류 등이 황록공생조류(zooxanthellae)나 녹색공생조류(zoochlorellae)를 공생시켜 이들의 광합성 결과 생성된 유기물을 이용하기도 한다.

2.4 방사족충류(放射足蟲類, Actinopodea)

담수와 해양에 부유 원생동물로 출현하는 방사족충류는 방사상으로 뻗은 강한 족사로 된 유축위족(有軸僞足, axopodium)과 실 모양의 가늘고 긴 사상위족(絲狀僞足, filopodium)을 가지는 것이 특징이다. 유축위족은 고형 원형질로 된 축간체(axial rod)와 미세소관 덩어리가 유체 원형질에 둘러싸여 만들어졌으며, 유축위족은 방사상으로 뻗어 물에 뜨고 운동을 하며 먹이를 잡는 역할을 한다.

과거에는 방사족충류를 담수에서는 태양충류(Heliozoans)와 해양에서는 방산충류(Radiolarians)로 구분하였으나, 최근에는 그 미세구조와 발생과정, 퇴화구조 등에 따라 방사극충류, 다포 방산충류, 갈색 방산충류, 태양충류로 나누고 있다(그림 3.23). 방산충류의 규질은 퇴적되어 방산충 연니(radiolarian ooze)를 형성하여 규질 암석형성에 기여한다.

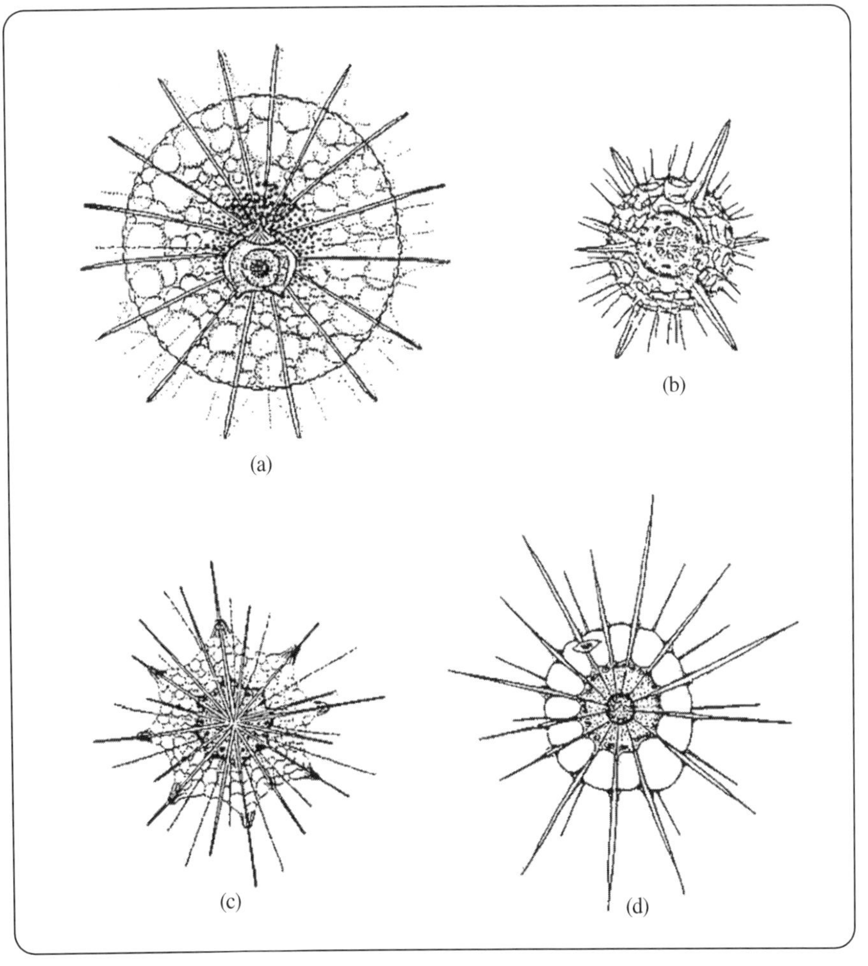

그림 3.23 방사족충류(Sleigh, 1989). (a) Aulacantha(갈색 방산충류), (b) Hexacontium(다포 방산충류), (c) Acanthometra(방사극충류), (d) Actinophrys(태양충류)

2.4.1 방사극충류

방사극충류(放射棘蟲類, Acantharia)는 50μm~1mm의 크기의 구체로 황산스트론튬으로 된 10~20개의 골편(spicula)을 가지고 있다. 이 골편들은 방사상으로 규칙적으로 배열되어 있고 낭막을 통하여 중앙에 모인다. 몸체의 중앙은 얇은 단층막으로 된 중심낭으로 둘러싸여 있고, 낭막에는 구멍이 있다. 중심낭 안에는 핵과 원형질 물질이 들어 있고, 황록공생조류를 품고 있다. 방사극충류는 골편이 황산스트론튬으로 이루어져 물에 녹기 때문에 화석으로는 나타나지 않는다.

2.4.2 다포 방산충류

다포 방산충류(放散蟲類, Polycystinea)는 30μm~2mm 크기의 구형 단독세포 또는 군체로 원양생활을 하며, 돌말류 또는 소형 동물플랑크톤을 포식하며 살아간다. 규질의 골편 또는 피각을 가지고 있어 화석화될 수 있다. 이 종류는 중앙에 중낭막(central capsule memnbrane)이 있어 핵과 비교적 밀도가 높은 내형질(endoplasm)이 있는 안쪽과 외형질(ectoplasm)과 황록공생조류가 있는 바깥 주변부로 구분된다. 외낭의 세포질은 낭외 원형질(控胞層, calymma)이라고도 하는데, 세포의 점액질이 거품층을 형성하고 있다. 이 낭외 원형질에는 와편모류 등이 공생한다.

중낭막에는 여러 개의 소공(fusules)이 있어 내외 원형질이 소통되고 위족이 드나든다. 중낭막 안에는 단백질의 미세섬유가 미세소관을 이루어 안과 밖으로 뻗어 있다. 이 종류에서는 포낭(cyst)과 두 편모의 유주자도 발견된다. 다포 방산충류에는 규질 골격권 표면에 구멍이 균일하게 나 있는 방사대칭형 거품방산충목(Spumellarida)과 원추형의 주머니 모양의 골격으로 구성된 극방산충목(Nassellarida)에 속하는 종류가 주요 부유 원생동물이다.

2.4.3 갈색 방산충류

갈색 방산충류(Phaeodarea)는 유기물이 첨가된 규질과 미량의 마그네슘, 칼슘, 구리로 된 관형의 골편과 껍데기를 가지고 있다. 이들 종류는 흔히 심해에서 출현하여 그 생물학적 특성은 잘 밝혀지지 않았다. 중낭에는 3개의 구멍이 있어 구극(oral plae) 쪽 대공은 입기구로 작용을 하고, 반대쪽 두 주변공

(parapyles)은 유축위족이 돌출되는 기능을 한다. 대공의 앞에는 황갈색의 색소가 농밀하게 위치하고 있어 색소점(phaeodium)이라 부르고, 이 곳에서 규질(Si)의 대사가 이루어지는 것으로 보고 있다.

2.4.4 태양충류

태양충류(Heliozoea)는 10~500μm의 크기로 담수, 하구역, 해양역에서 널리 출현한다. 외모는 태양 모양이며, 가늘고 긴 과립형이 유축위족과 짧은 위족을 가지고 있으나 중심낭은 없다. 세포는 흔히 유기물과 규질로 된 덮개로 둘러싸인다.

2.5 아메바

아메바(Ameoba) 종류는 대부분 저서성 또는 부착성, 기생성이나 일부 종이 수층에서 박테리아나 조류(algae), 때로는 다른 원생동물을 포식하며 산다. 아메바 종류는 미세소관이 없는 위족을 갖는 것이 특징이다. 원형질 내에서도 방추체 외에는 미세소관이 발견되지 않는다. 아메바 운동은 위족의 새로운 형성과 움츠림에 의해 일어난다. 생활사에서 편모는 보이지 않으며, 주

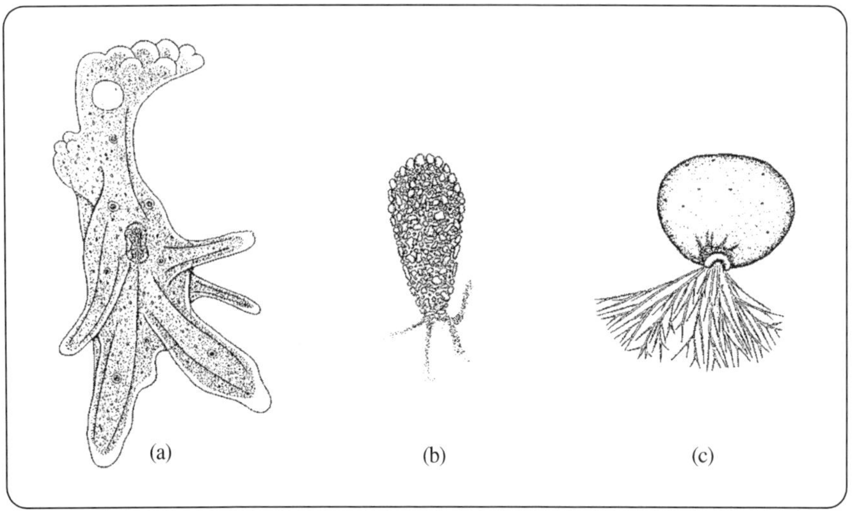

그림 3.24 아메바류. (a) 엽상 아메바류 *Amoeba proteus*, (b) 유각엽상 아메바류 *Difflugia oblonga*, (c) 유각사상 아메바류 *Gromia oviformis*

로 이분열이나 다분열생식(schizogony) 형성에 의해 번식한다. 아메바 종류는 위족의 형태에 따라 엽상 위족충류와 사상 위족충류로 구분된다(그림 3.24). 엽상 위족충류(葉狀僞足蟲類, Lobosea)는 뭉뚝한 엽상 위족(葉狀僞足, lobopodia)을 가진 종류로 껍질이 있는 유각엽상 아메바류(Testacealobosia)와 무각 아메바류(Gymnamoebia)로 구분된다. 두 종류 모두 담수와 해수에 나타나며, 흔히 박테리아를 포식하며 산다. 유각엽상 아메바류는 유기물과 모래 또는 돌말 껍데기 등과 섞인 껍데기를 가지고 있다. 사상 위족충류(絲狀僞足蟲類, Filosea)는 6nm 크기의 액틴필라멘트(actinfilament)로 이루어진 섬유상 위축(fibrillar axis)으로 된 실 모양의 사상 위족(filopodia)을 가진 종류로 비교적 빨리 움직인다. 흔히 담수에 많이 나타나고, 일부 해양에서도 출현한다. 박테리아를 포식하나 초식성도 있다.

3. 영양특성

원생생물은 다양한 방법으로 자신의 생존에 필요한 에너지를 동화하거나 합성한다. 그 방법에는 유기물을 스스로 합성하는 독립영양(autotrophy)과 타 유기물을 동화하는 종속영양(heterotrophy)으로 크게 구분되고, 이들의 중간 형태인 혼합영양(mixotrophy)방식이 존재하며, 각각의 영양방식에서 필요에 따라 다소 변형된 영양방식이 나타난다. 표영환경에서 독립영양방법은 앞에서 설명되었으므로 생략한다. 여기에서는 원생동물의 종속영양방법으로 알려진 보조영양(auxotrophy), 혼합영양, 삼투영양(osmotrophy), 섭식영양(phagotrophy) 등과 공생에 의한 영양관계 등을 설명한다.

3.1 보조영양

많은 와편모류가 무기영양염을 이용하여 광합성을 하지만, 대부분의 경우 외부로부터 비타민, 시아노코발라민(cyanocobalamin), 바이오틴(biotin), 티아민(thiamine) 등 유기복합물을 흡수한다. 이와 같이 광합성을 주로 하면서 성장에 필요한 용존유기영양물질을 외부로부터 흡수하는 영양방식을 보조영양이라고 부른다. 용존유기물 흡수과정에 대하여는 정확하게 밝혀지지 않았지만, 삼투작용 또는 음작용(飮作用, pinocytosis)의 일종으로 보고 있다. 대부분의 편모류와 유글레나의 경우 편모 주머니에서 용존영양물질을 음작용에 의해 흡수하고 있다. 음작용은 외부자극에 의해 세포 표면에 있는 막섬유구조가 음작용관(pinocytic channel)으로 되어 외부물질을 흡수하는 방법으로, 섬모충류의 표피낭(parasomal sacs)에서 흔히 일어난다.

3.2 혼합영양

혼합영양은 엽록체를 가진 생물이 종속영양을 함께 하는 것을 가리킨다. 이때 종속영양 또는 독립영양 중 어느 한 쪽 영양방법에 의해 세포가 충분히 제기능을 발휘할 때 양성영양(兩性營養, amphitrophy)이라 하고, 종속영양과 독립영양이 함께 필요할 때 이를 혼합영양이라 한다.

광합성을 하는 식물플랑크톤인 *Amphidinium carterae*, *Heterocapsa niei*, *Peridinium balticum* 등은 암상자나 DCMU를 이용하여 광합성을 중지시켰을 때 글리세롤을 흡수하여 성장한다. *Gymnodinium inversum*은 아세테이트와 글루코오스 위에서 광이 있을 때나 없을 때 모두 잘 자란다.

*Gloeodinium montanum*은 소택지 물로 어둠 속에서 1년 이상 잘 자랐다. 그러나 위의 실험들은 대부분 높은 농도의 용존유기물 상태하에서 실험한 결과이고, 일반적인 자연농도하에서는 특별한 성장을 보이지 않았다. 그러나 *Gyrodinium californicum*, *G. resplendens* 등은 광조건하에서 아미노산을 주었을 때 성장이 촉진되었다. *Gyrodinium sanguineum*과 *Scrippsiella trochoidea*의 성장은 관찰되지 않았지만 글루코오스, 리신, 알라닌 등의 용존유기물을 상당량 흡수하는 것을 발견하였다.

혼합섭식영양(mixotrophic phagotrophy)은 색소를 가진 식물플랑크톤이 먹이입자를 섭취하는 것으로 광합성을 하는 여러 와편모류에서 이와 같은 영양방법이 행해지고 있음을 최근의 많은 연구에서 보여 주고 있다. 색소를 가진 와편모류 *Gyrodinium fissum*이 돌말류를 섭취한 것이 보고된 것을 시발로, *Gyrodinium pavillardi*가 섬모충과 다른 와편모류를 종구에서 섭취하는 것이 오래 전에 알려졌다(그림 3.8).

담수 와편모류 *Ceratium hirundinella*는 위족을 내어 남세균, 돌말류, 섬모충류 등을 섭취하며, 해산 와편모류 *Ceratium furca*, *C. tripos* 등에서도 이와 유사한 영양방식이 발견되었다. 와편모류 외에도 황갈편모류 *Dinobryon*, *Ochromonas* 등과 착편모류 *Chrysochraomulina*와 *Prymnesium*의 여러 종류가 광합성을 하면서 박테리아 또는 다른 유기입자를 섭취한다. 황갈조류 *Poterioochromonas malhamensis*는 200μE m^{-S} s^{-1}과 25μE m^{-S} s^{-1} 광조건하에서 세포의 90% 정도가 박테리아를 섭취하였다. 이 종류에 있어서 종속영양방법은 영양을 섭취하기 위한 1차적인 방법이고, 광합성은 장기간 생존하기 위한, 특히 먹이가 없을 때 생존하기 위한 전략인 것 같다.

혼합영양에서 섭식이 낮은 광에 대한 반응인지, 적당한 먹이가 출현하였기 때문에 일어난 것인지 명확하지 않으나 혼합영양은 적당한 광이나 먹이가 있을 때 일어난다. 착편모류 *Chrysochromulina brevifilum*은 높은 광 아래에서는 광합성으로 유기물 생성이 충분하며 먹이섭취가 0.3%까지 감소하였으나, 낮은 광상태에서는 먹이섭취가 32%까지 증가하였다. *C. brevifilum*은 편모먹이를 주었을 때 성장이 상당히 촉진되었다. 그러나 엽록소의 농도는 일정하였다. *C. brevifilum*은 광합성이 주요 영양방법이고, 광의 세기가 먹이섭취를 지배하는 것으로 보인다. 이외에도 독립영양 와편모류로 알려진 *Gymnodinium sanguineum*, *Alexandrium ostenfeldii*, *Gonyaulax diegensis*, *Prorocentrum micans*, *Scrippsiella trochoidea*, *Prorocentrum minimum* 등이 혼합영양을 하는 것으로 최근에 밝혀지고 있다. 혼합영양은 이상적인 생존전략으로 볼 수 있다. 조류들은 광이 세고 성장에 제한을 받지 않을 때 탄소를 광합성을 통하여 얻고, 광이 약하여 성장이 제한될 때 영양물질을 섭식하여 높은 성장을 유지시킨다.

3.3 삼투영양

색소를 가지지 않은 원생동물은 용존유기물을 흡수하거나 세포입으로 먹이입자를 섭취한다. 원생동물의 용존유기물 흡수는 흔히 삼투영양에 의한다. 야광충 *Noctiluca scintillans*는 카세인(casein)과 간즙, 글루코오스, 갈락토오스, 아세테이트 등을 이용하여 삼투배양을 한 바 있으며, 무색 와편모류 *Gyrodinium lebourae*는 글루코오스, 갈락토오스, 아세테이트를 이용하여 배양한 바 있다. 그러나 *Noctiluca*와 *Gyrodinium* 두 종류 모두 입자성 먹이를 더 좋아한다. 원생동물이 용존유기물을 이용할 경우에 필연적으로 박테리아와 용존유기물 흡수를 위해 경쟁을 하게 된다. 박테리아는 크기가 작기 때문에 표면적 대 용적비가 커 용존유기물 흡수에 유리한 조건을 갖고 있고, 또 숫자적으로 많기 때문에 와편모류나 다른 원생동물에 비해 경쟁에서 유리하다. 이와 같이 원생동물이 자연상태의 낮은 농도에서 용존유기물을 이용함은 박테리아에 비해 불리하나, 용존유기물이 풍부한 미세환경에서는 삼투영양에 의해 영양물질을 충분히 확보할 수 있다. 이러한 미세환경에 사는 기생성 와편모류는 삼투영양에 전적으로 의지하게 된다.

3.4 섭식영양

섭식영양은 입자성 먹이를 섭취하여 식포와 같은 소화기관에서 소화를 시키는 과정으로 원생동물의 가장 일반적인 영양섭취방식이다. 편모류 중에서는 와편모류가 가장 다양한 섭식영양방식을 가지고 있다. *Gymnodinium granii*는 남세균을 포식하며, *Dissodinium pseudolunula*는 요각류 알들을 섭식하고, 야광충은 식물플랑크톤, 동물플랑크톤, 유기쇄설물, 포낭, 어류와 요각류 알까지 포식한다. 와편모류는 야광충과 같이 촉수를 이용하거나 위족, 덮개위족(pallium, feeding veil), 원형질 자루(peduncle) 등을 이용하여 먹이를 포획·섭취한다. 대분분의 편모충과 섬모충은 세포입(cytostome)을 통하여 잡은 먹이를 세포 내로 끌어들여 식포에서 소화시킨다. 그러나 와편모류 *Protoperidinium* 등에서는 세포 밖으로 위족덮개를 내어 먹이의 내용물을 세포 밖에서 소화시킨다.

아메바(*Ameoba proteus*)는 원형질 막 또는 위족의 일부가 음작용관(pinocytosis channel)으로 되어 외부 용존유기물을 섭취하고, 또한 위족을 이용하여 박테리아 등의 입자성 유기물을 섭식한다. 육질충류에 속하는 아메바, 유공충, 방사족충류는 엽상 위족, 사상 위족, 망상 위족, 유축위족 등을 이용하여 먹이를 포획하고 세포 내에서 소화시킨다. 대부분의 원생동물은 먹이를 통해서 섭취하는 것이 일반적이나, 일부 와편모류는 먹이의 몸체를 꿰뚫거나 원형질 내용물을 빨아내 몸체의 일부만 섭취하는 종류도 있다. *Katodinium fungiforme*는 관 모양의 원형질 자루를 먹이인 식물플랑크톤, 섬모충류, 심지어는 다세포 동물플랑크톤에 부착하여 내용물을 빨아먹는다.

섬모충류 중에는 섬모로 박테리아, 편모충 등의 먹이를 여과하여 먹는 여과식자(filter feeder)도 있다. *Protoperidinium* 등에서는 먹이가 부족할 때 동족을 먹는 동종포식(cannibalism)이 나타났다(Jeong and Latz, 1994). 고등동물의 동종포식은 성체가 같은 종의 알이나 유생을 포식하나, 원생동물은 같은 크기의 동종개체간에 포식이 일어난다. 동종포식은 생존전략의 하나로 *Protoperidinium*을 한 마리만 배양병에 넣고 굶기면 3~5일 안에 죽게 되지만, 집단으로 넣어 주면 동종포식이 일어나 일부 개체들이 15일 이상 건강하게 살 수 있다(Latz and Jeong, 1996). 이렇게 살아 남은 개체들은 먹이조건이 호전되면 급격히 불어난다.

일부 원생동물은 상호 포식하는 경우도 있다. 혼합영양성 와편모류인 *Fragilidinium* cf. *mexicanum*과 종속영양성 와편모류인 *Protoperidinium* cf. *divergens*는 직접 서로를 포식할 수 있는 상호 포식관계를 가지고 있다(Jeong *et al.*, 1997). 이러한 상호 포식관계는 먹이가 부족할 때 일어나는 현상으로 상대방의 일부를 포식하여 생존하면서 다른 적당한 먹이가 많아질 때 개체군이 크게 증가하는 양상을 보인다. 이는 먹이부족으로 인한 공멸을 막을 수 있는 중요한 상호 섭식관계이다. 원생동물은 이상과 같이 다양한 방법으로 박테리아에서부터 어류와 요각류의 알까지 다양하게 포식하기 때문에 수서생태계에서 복잡한 미세생물 먹이망을 형성하게 한다.

3.5 공생관계

부유 원생동물 중 다른 생물과 공생관계를 이루고 있는 경우는 와편모류, 섬모충류, 유공충류, 방산충류 등에서 볼 수 있다. 이들 대부분의 경우 공생관계는 상리공생으로서 공생자는 숙주에게 광합성 결과 생산된 유기물을 제공하고, 공생자는 숙주로부터 서식처와 필요한 영양염을 제공받는다.

와편모류 *Histioneis*, *Ornithocercus*, *Parahistioneis* 등은 공생자로 남세균을 상하 환대깃(list) 사이에 공생시키고 있다. 이들 와편모류는 공생자로부터 분비된 용존유기물을 흡수하거나 주기적으로 노쇠한 공생자들을 소화시킨다. 와편모류 *Amphisolenia*와 *Kofoidinium splendens*는 남세균을 세포 내에 공생시킨다.

야광충 *Noctiluca*도 공생자 *Pedinomonas noctilucae*를 세포 내에 공생시켜 영양공급을 받고 있다. 야광충은 먹이공급 없이 며칠을 어둠 속에서 보내면 공생자가 안 보이고 2~3일 내에 죽는다. *Peridinium balticum*도 광합성 남세균을 공생자로 갖고 있다. 어떤 경우에는 몸체 없이 색소체만 숙주 안에서 공생하는 경우가 있다. *Amphidinium celestinum*은 푸른 엽록체만 공생시키고 있다. *Gymnodinium eucyaneum*의 청록색소는 은편모류의 공생자로부터 온 피코빌린 색소이다. 와편모류의 몸 안에서 박테리아와 바이러스를 세포 내에 가지고 있는 경우도 있다. 유공충과 방사극충류, 다포 방산충류는 흔히 황록공생조류로 와편모류를 가지고 있다. 대표적인 공생 와편모류는 *Symbiodinium*으로 글리세롤에 의해 성장이 촉진되는 종류이다.

부유 원생동물 중에서 대표적인 공생관계를 보이는 것은 섬모충류이다. 부유 섬모충류 중 연안수역에서 흔히 출현하고, 때로는 대규모로 출현하여 적조를 일으키기도 하는 *Mesodinium rubrum*은 공생조류인 은편모류의 광합성에 영양을 대부분 의존하는 종류이다. *Mesodinium*의 다른 종류는 세포입을 가지고 다른 식물플랑크톤 또는 다른 섬모충류을 포식하는 포식자이다. *M. rubrum*은 공생자에 의한 충분한 영양공급으로 세포입이 퇴화되고 공생자의 광합성에 의존하는 종이다. 이 공생자들은 *M. rubrum*의 세포분열시에 동시에 분열되어 딸세포에 계속 전달된다. 부유 섬모충류 중 공생자를 세포 내에 가지고 혼합영양을 하는 종류는 빈섬모류에 속하는 *Strombidium* 종류이다. 이들은 황록공생조류를 가지고 있어 공생조류의 광합성 결과 생긴 유기물을 보충받고, 한편으로는 먹이를 포획 · 섭취한다.

이상과 같이 부유 원생동물 중에는 스스로가 공생자가 되어 숙주에 영양을 공급하여 주기도 하고, 또는 숙주로서 공생자에게 영양을 공급받으며 공생자에게 유리한 환경을 조성해 주기도 한다. 이러한 공생관계는 오랜 진화과정 중에 생긴 생존전략으로서 생물의 생태진화를 연구하는 데 중요한 연구과제 중의 하나이다.

4. 분 포

수서생태계에서 일차 생산을 맡고 있는 식물플랑크톤의 대부분이 20μm 이하의 미소형 식물플랑크톤과 극미소 식물플랑크톤으로 존재하고, 식물플랑크톤에 의해 생산된 유기물의 상당량이 식물플랑크톤의 체외로 배출되어 박테리아에 의해 이용되어 원생동물로 전달되면서 미세생물 고리를 이룬다.

원생동물은 박테리아뿐 아니라 미소형 식물플랑크톤, 소형 식물플랑크톤 등을 섭취하면서 중형 동물플랑크톤의 먹이가 되기 때문에 수서생태계의 기저부에 미세생물 먹이망을 이루는 데 중요한 역할을 한다. Beers and Stewart (1971)는 원생동물을 포함한 소형 동물플랑크톤이 태평양 열대 수역에서 식물플랑크톤 일차 생산의 70%까지 섭취한다고 하였다. 미국의 연안수역에서는 일차 생산의 6~24%, 셀틱해(Celtic Sea)에서는 일차 생산의 65%까지 부유 원생동물이 섭취하는 것으로 밝혀지고, 부유 원생동물이 중형 동물플랑크톤과 일부 어류 유생의 주요 먹이로 인식되면서 수서생태계에서 부유 원생동물의 중요성이 강조되고 있다. 수서생태계에서 가장 많은 생물량을 구성하는 박테리아와 미소형 식물플랑크톤의 포식자로서 출현하는 부유 원생동물은 종속영양 편모충, 섬모충, 종속영양 와편모류 등이 주가 되고, 이들의 분포에 따라 수서생태계의 미세생물 먹이망 구조가 달라지고 전체 수서생태계에 영향을 미치게 된다.

4.1 종속영양 와편모류

와편모류는 수서생태계에서 독립영양 와편모류, 종속영양 와편모류, 기생자, 공생자 등으로 출현한다. 공생자로는 흔히 황록공생조류로 섬모충, 유공충, 방산충 등의 원생동물뿐만 아니라 산호충, 말미잘, 피낭류, 연체류 같은 다세포 동물의 공생조류로서도 중요한 역할을 한다. 공생 와편모류는 영양염이 부족한 열대 수역에서 흔히 출현하며, 공생자로서 숙주의 영양공급에 중요한 역할을 한다. 기생자로서 와편모류는 어류, 동물플랑크톤, 부유 원생동물 등의 체외, 체내에 기생하여 숙주에 큰 영향을 미친다.

Dissodinium pseudolunula, *D. pseudocalani* 등은 요각류 알의 내용물을 섭취하고, *Apodinium*은 피낭류 체외에 기생하면서 삼투영양을 하며, *Blastodinium* 등은 요각류의 체내에 기생하고, *Amoebophyra*는 다른 와편모류의 체내에 기생하며, *Duboscquella*는 부유 섬모충류 유종류 등의 체내에 기생하여 대량 증식하기도 한다.

독립영양 와편모류는 앞에서 설명한 바처럼 흔히 적조의 원인생물로서 때로는 대량 증식하여 1 *l* 에 100만 개체 이상 출현하기도 하나, 흔히 동계에는 포자를 형성하여 해저에 가라앉기 때문에 수층에 소량 나타나기도 한다. 우리나라 주변수역에서는 하계인 6, 7, 8월에 비교적 많이 출현하여, 주로 이

시기에 적조를 일으킨다. 와편모류의 많은 종류가 종속영양 와편모류로 출현하나, 그 출현량은 $10^3 \sim 10^4$cells l^{-1}의 분포로 많은 양이 출현하지는 않는다. 그러나 야광충 *Noctiluca scintillans*, *Dinophysis*, *Protoperidinium* 같은 일부 종들은 대량으로 출현하여 적조를 일으키기도 한다.

야광충은 연안수역에서 1 *l*에 1,000개체 정도로 항시 출현하나, 해수종의 유기물이 많아지면 대량 증식하여 1 *l*에 10만 개체 정도까지 출현하여 수역을 붉게 물들인다. 야광충은 표층성으로 주로 표층에 서식한다. 종속영양 *Dinophysis*는 수층에서 서식하나 패류에 여과되어 패류 체내에 축적되면 설사성 패독을 일으키기도 한다. 종속영양 와편모류도 계절적으로 수온이 높은 하계에 많이 출현하여 우리나라 주변수역에서 하계에 평균 4,000~100,000 cells l^{-1} 출현한다. 이 양은 전체 와편모류 현존량의 13.0~41.5%로서 평균 30% 정도를 차지해 독립영양 와편모류에 비해 다소 적은 분포를 보인다. 이들 와편모류의 현존량 변동은 먹이로 출현하는 식물플랑크톤의 양적 변동과 이들의 포식자로 출현하는 요각류의 포식압에 영향을 받는 것으로 알려지고 있다. 우리나라 주변해역에서 비교적 많이 출현하는 종속영양 와편모류는 야광충, *Protoperidinium* 종류와 *Oblea rotundata*, *Oxyrrhis marina*, *Oxyphysis oxytoxoides* 등이다.

4.2 미소 편모충류

20μm 이하의 크기에 속하는 종속영양 편모충류의 대표적인 종류는 깃편모충류, 유글레나류, 황갈편모류, 동원핵 편모충류, 은편모류 등이다. 이들은 대부분 박테리아 포식자로서 박테리아의 현존량 변동에 영향을 미치며, 소형 동물플랑크톤의 먹이로서 미세생물 먹이망의 에너지 흐름에 중요한 역할을 한다. 미소 편모충류의 현존량 분포는 종속영양 박테리아의 현존량과 높은 양의 관계를 갖는 것으로 알려져 있다. 자유유영 박테리아가 $10^5 \sim 10^7$cells ml^{-1}일 때 종속영양 미소 편모충류는 $10^2 \sim 10^5$cells ml^{-1}로 분포한다. 미소 편모충류의 개체군 밀도는 빈영양수역에서 부영양수역으로 갈수록 증가한다. 흔히 빈영양수역에서는 $0.5 \sim 1.5 \times 10^3$cells ml^{-1}, 중영양수역에서는 $0.5 \sim 8.0 \times 10^3$cells ml^{-1}, 부영양수역에서는 $5 \sim 40 \times 10^3$cells ml^{-1} 등이 보고된 바 있다(표 3.1).

표 3.1 부영양수역의 종속영양 편모충류의 분포 (Dolan and Coats, 1990)

(단위: 10^3cells ml^{-1})

위 치	최대(월)	최소(월)
Narragansett Bay	37 (5, 8월)	1 (9, 10월)
Delaware Bay	7 (5월)	2 (5월)
Duplin River	3.3 (9월)	1.6 (7월)
Chesapeake Bay	6 (6월)	2 (10월)

종속영양 미소 편모류의 분포는 소형 동물플랑크톤, 특히 소형 섬모충류와 와편모류 등에 의해 영향을 받을 수 있다. 흔히 종속영양 미소 편모류의 장기변동(계절변동)은 영양공급, 식물플랑크톤의 활성도, 수온 등 생물학적 요인과 무생물학적 요인에 의해 일어나고, 단기 변동은 흔히 포식과 먹이관계에 의해 일어난다. 먹이의 공급이 잘 되면 포식자는 갑자기 증가되고, 그 결과로 먹이는 급속도로 감소된다. 섬모충의 포식압이 크게 작용하면 미소 편모류는 급감하고, 대신 박테리아는 크게 증가한다. 그러면 미소 편모류는 다시 증가하게 되고, 섬모충의 포식압이 다시 작용하기 시작한다. 종속영양 편모충류에 의한 박테리아 섭취는 실험방법에 따라 다르나, 시간당 종속영양 편모충류가 0.1～254개체의 박테리아를 포식하고 박테리아 생산력의 100%까지 소모하는 것으로 보고된 바 있다.

해양에서 출현하는 동원핵 편모충류는 *Bodo saltans*를 비롯한 여러 종류의 *Bodo*와 *Parabodo nitrophilus*, *P. attenualus*, *Rhychomonas nasuta*, *Cryptobia bialata* 등이 있다. 해양에서 출현하는 종속영양 유글레나 종류는 *Anisonema*, *Atraktomonas*, *Calycimonas*, *Notosolenus*, *Petalomons*, *Sphenomonas*, *Tropidoscyphus*, *Dinema*, *Entosiphon*, *Heteronema*, *Peranema*, *Peranemopsis*, *Urceolus* 등이 있다. 대표적인 종속영양 은편모류인 *Goniomoans*, *Chilomoans* 등은 담수종이다. 대표적인 해산 종속영양 동정 편모충류는 *Acanthoecidae*에 속하는 종류로 플랑크톤 또는 부착종으로 출현한다.

4.3 육질충류

육질충류에 속하는 아메바류, 유공충, 방산충, 방사극충류 중 유공충과 방산충, 방사극충류는 거의 예외 없이 해산종으로 열대, 아열대 해역에 주로 출현한다. 부유성 유공충은 수심이 깊어지면 껍데기가 용해되기 때문에 대부분 상층 65m 내에 존재한다. 열대 해역에 대표적으로 많이 출현하는 종류는 Globigerinina에 속하는 *Globigerina*, *Globorotalia* 등이 있으며, 온대 수역인 영불해협에서는 *Elphidium crispum*이 대량으로 출현한 바 있다.

방사극충류는 박테리아식자, 초식자, 잡식자, 유기쇄설물식자, 삼투식자 등으로 다양한 영양방식을 취하며, 해양 표영환경에 적응된 부유 원생동물이다. 다포 방산충류는 아열대 해역의 표층수에서 다량으로 나타나나, 고위도 해역에서는 소량 출현한다. 대체로 식물플랑크톤이 많이 출현할 때 다양성이 적으며, 외양수가 유입될 때 다양성이 높아진다. 다포 방산충류는 출현범위가 넓어 표층수에서 심층수까지 분포하나, 어느 깊이 아래로 내려가면 급격하게 줄어든다. 현생 다포 방산충류로 출현하는 종류는 400~500종류로 알려지고 있다. 이 중 200종 정도가 열대 중앙 난수역 천해수역에서 출현하고, 40~50종이 고위도의 양극 수렴선 수역에서 서식하며, 150~200종 정도가 200m보다 깊은 수심에 산다. 나머지 40~50종은 광심성으로 넓은 수층에 걸쳐 서식한다. 태양충류는 거의 대부분 담수성으로 강과 호수에서 발견된다. 아메바 종류는 대부분 담수성이나, 방사형 아메바는 흔히 열대 해역의 표층에서 부유형으로 존재한다.

Lingulamoeba leei, *Unda schaefferi*, *Trichamoeba schaefferi*는 조용한 만과 하구역에, *Gibbodiscus gemma*, *Unda maris*는 조간대 웅덩이(tide pool)에, *Triaenamoeba jachowskii*, *Dinamoeba acuum*, *Boveella obscura*, *Paramoeba eilhardi*, *Vannella mira*는 연안수에, *Vannella crassa*, *Vexillifera telmathalassa*, *Vexillifera aurea*, *Mayorella gemmifera*는 열대 연안수에 출현한다.

4.4 섬모충류

섬모충류는 미세생물 먹이망에서 박테리아와 편모충류의 포식자로서 중요한 역할을 함은 앞에서 이미 소개하였다. 섬모충류는 그 포식습성에 따라 미소 플랑크톤 섭식자, 극미소 플랑크톤 섭식자, 동형 포식자 등으로 구분할 수 있다. 미소형 빈섬모류와 채찍 섬모충류와 같은 미소형 섬모충류는 먹이선택을 통해 극미소형의 박테리아를 섭취하고, 소형의 빈섬모류와 유종류는 미소한 크기의 편모충류를 섭취한다. 소형의 독포 섬모충류와 하모류는 포식성이 강하여 미소한 크기의 섬모충류 및 소형의 섬모충류까지 포식하여 미세생물 먹이망을 더욱 다양하게 연결시킨다. 연안수역에서 미소 플랑크톤 섭식 섬모충류는 1~40cells ml^{-1}가 출현하여 총출현 섬모충류 생물량의 70% 이상에 이르기도 한다. 극미소 플랑크톤 섭식 섬모충류는 2~80cells ml^{-1}가 출현하여 개체수로는 많은 출현을 하나, 생물량은 총섬모충의 15% 정도를 차지하는 것으로 알려지고 있다. 소형 포식성 섬모충류는 대부분 3cells ml^{-1} 미만의 소수 개체가 출현하나, 섬모충 생물량의 25%까지 차지하여 섬모충 군집에 큰 영향을 미친다(Dolan, 1991).

섬모충류는 일반적으로 해수 중에서 1~50cells ml^{-1}가 출현하는 것으로 알려지고 있으나(표 3.2), 때로는 1,000cells ml^{-1} 이상 출현하여 대발생을 보이기도 한다. 특히 부유 섬모충류 *Mesodinium rubrum*은 부영양수역에서 대량으로 출현하여 적조를 일으키기도 하는 대표적인 종류이기도 하다. 노르웨이 해역에서 빈섬모충류 *Strombidium* 등에 의한 적조도 보고된 바 있다(Dale and Dahl, 1987). 섬모충류의 분포는 엽록소 *a* 분포와 관련이 없는 것으로 보고되고 있으나, 종속영양 편모충의 분포와는 밀접한 관련이 있는 것으로 나타났다(그림 3.25).

아이리시해(Irish Sea)에서 채집된 부유 섬모충은 8~163μm 크기로 1~60 cells ml^{-1}가 출현하였다. 이 중 우점한 종은 빈섬모충류의 *Strombidium* 종류와 독포 섬모충류 *Mesodinium rubrum*으로, 전체 섬모충류의 74~84%를 차지하였다. 이외에 유종류 *Tintinnopsis*가 비교적 많이 출현하였다. 아이리시해에서

표 3.2 부유 섬모충류의 분포비교 (Buskey, 1993) (단위 : cells l^{-1})

해 역	종피류	무피막류	출 현
Buzzards Bay	0~3.3 × 10^3	0~11 × 10^3	Pierce and Turner(1992)
Chesapeake Bay	-	3~23 × 10^3	Dolan and Coats(1990)
Gulf of Maine	-	0.3~6 × 10^3	Montagnes *et al.*(1998)
Lime Cay	~0.3 × 10^3	-	Gilron *et al.*(1992)
Long Island Sound	0.3~13 × 10^3	0.02~6.4 × 10^3	Capriulo and Carpenter(19983)
Maine Estuary	0.1~7 × 10^3	0~54 × 10^3	Sanders(1987)
Narragansett Bay	3.2 × 10^3	-	Verity(1987)
Nueces Estuary	11 × 10^3	25 × 10^3	Buskey(1993)
Passamaquoddy Bay	5 × 10^3	-	Middlebrook *et al.*(1987)
San Antonio Bay	17 × 10^3	31 × 10^3	Buskey(1989)

발견된 종속영양 섬모충류의 평균개체수는 2~3.8cells ml^{-1}였고, 최대 16cells ml^{-1}까지 발견되었다. 같은 해역에서 종속영양 와편모류는 평균 1.2~12 cells ml^{-1}가 발견되어 섬모충류와 유사한 분포양상을 보였다(Edwards and Burkill, 1995).

하구역에서 흔히 발견되는 부유 섬모충류는 빈섬모충류에 속하는 *Strombidium* 종류와 *Laboea*와 *Tontonia* 종류이고, 유종류는 *Tintinnopsis* 종류이다. 인천 연안에서 출현한 부유 섬모충류는 평균 2.7~9.6cells ml^{-1} 범위로 최대 16cells ml^{-1}까지 출현하여 연안수역의 일반적인 분포와 유사하였다(이, 1993; 최와 양, 1995). 이 중 빈섬모류는 13.8~75.9%를 차지하고, 유종류는 14.9~74.0%를 차지하여 가장 우점하였다. 유종류 중 가장 우점하는 *Tintinnopsis* 종류는 인천 연안의 편모류 현존량의 17~20%를 섭취하는 것으로 밝혀져, 부유 섬모충류가 편모충류의 분포에 큰 영향을 미치고 있는 것으로 나타났다(최 등, 1995).

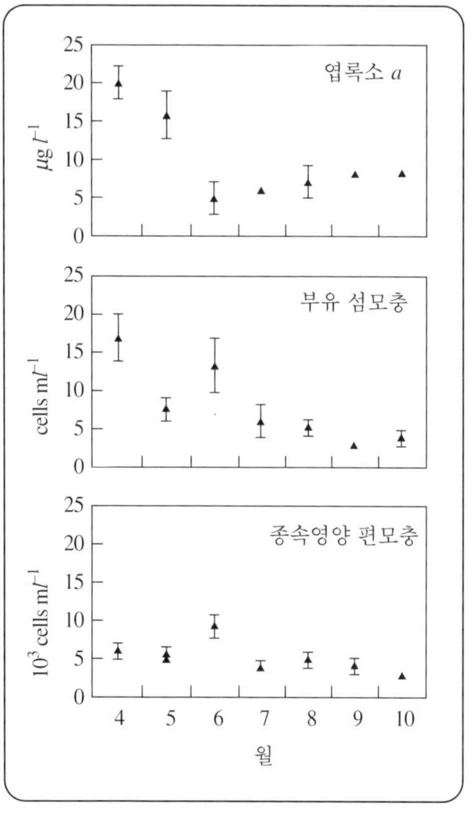

그림 3.25 미국 체사픽만의 부유 원생동물과 chlorophyll a의 월평균분포
(Dolan and Coats, 1990)

부유 섬모충류는 소형 동물플랑크톤으로서 전체 동물플랑크톤의 중요한 부분을 차지한다. 소형 동물플랑크톤은 미국 연안수역의 식물플랑크톤 현존량의 6~24%(Landry and Hasett, 1982) 및 셀틱해 식물플랑크톤들의 65%(Burkill *et al.*, 1987)를 제거하고, 태평양 열대 수역의 1일 일차 생산력의 70%까지 소모하는 것으로 평가되고 있다(Beers and Stewart, 1971). 뉴질랜드 해역에서는 부유 섬모충의 생물량이 총동물플랑크톤 생물량의 30%를 차지하여 전체 동물플랑크톤 군집 내에서 중요한 부분을 차지하고 있다(James and Hall, 1995).

5. 미세생물 먹이망

1970년대 초기까지 해양의 먹이망은 기초생산자인 식물플랑크톤, 특히 돌말류가 요각류와 난바다곤쟁이류에게 섭취되고, 이들은 어류나 고래에게 포식되는 단순한 먹이사슬(food chain)만 있는 것으로 생각해 왔다. 그러나 식물플랑크톤에 의해 고정된 유기물의 상당량이 체외로 배출되어 해수 중에 용존유기물로 존재하고, 또한 동물플랑크톤의 섭식과정이나 배설물로부터 많은 유기물이 유출되어 용존유기물로 존재하는 것으로 밝혀지면서 이를 이용하는 새로운 먹이망의 개념이 대두되었다(Pomeroy, 1974).

수서환경에서 박테리아의 주된 역할은 유기물을 분해하는 분해자로서만 간주되어 왔다. 그러나 수서생태계에서 박테리아가 용존유기물을 이용하여 상당량의 이차 생산을 하고 유기물의 이용과 전환에 큰 역할을 하는 것으로 연구되었고, 새로이 개발된 여러 가지 염색법과 형광현미경에 의해 박테리아와 부유 원생동물의 생물량에 대한 정확한 평가가 이루어지면서 용존유기물, 박테리아와 원생동물의 중요성이 증가하기 시작하였다.

박테리아는 해수 중에 $10^5 \sim 10^6$cells ml^{-1}가 존재하면서 용존유기물과 입자성 유기물을 이용하여 식물플랑크톤에 의해 고정된 유기물의 50%까지 이차생산을 하는 것으로 평가되고 있다(Larsson and Hagström, 1982). 박테리아는 일부 다세포 동물에 의해 섭식되기도 하나, 대부분은 종속영양 편모충류(heterotrophic flagellates)와 미소형 섬모충류에 의해 이용된다. Azam *et al.*(1983)은 박테리아의 생물량 및 생산력에 대한 정확한 평가와 박테리아를 섭식하는 원생동물에 대한 연구를 통하여 해양 표영생태계 내에서 용존유기물-종속영양 박테리아-종속영양 편모충-섬모충류가 미세생물 고리를 이루면서 기저부의 에너지 흐름과 물질의 순환에 중요한 역할을 수행함을 보여 주었다(그림 3.26).

이 미세생물 고리는 동물플랑크톤이 소형 섬모충류를 포식함으로써 기존의 먹이연쇄로 연결된다. 식물플랑크톤에 의해 고정된 유기물이 용존유기물로 배출되므로 기존의 먹이연쇄과정에서 에너지가 소실되나, 이 용존유기물이 박테리아와 편모충, 섬모충의 미세생물 고리를 통하여 전달되고 섬모충이 먹이연쇄로 연결되므로 에너지 흐름이 다시 이어지는 결과로 된다.

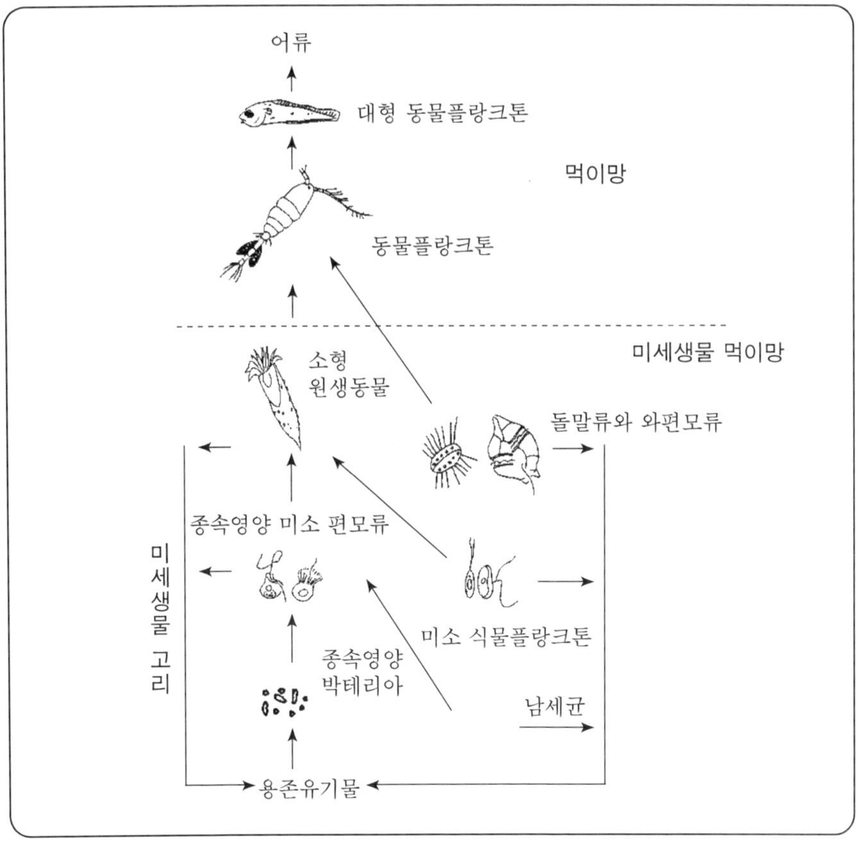

그림 3.26 미세생물 먹이망과 미세생물 고리

해양의 일차 생산량의 대부분이 20μm 이하의 미소 식물플랑크톤에 의해 이루어진다. 그러나 동물플랑크톤의 주구성원인 요각류가 이를 효율적으로 섭취할 수 없다는 점이 오래 전부터 주장되어 왔으나, 이들의 운명에 대하여는 충분히 검토되어 오지 않았다. 그러나 최근의 편모충류, 와편모류, 섬모충류의 포식먹이연구에서 이들 미소 식물플랑크톤이 부유 원생동물플랑크톤의 주요 먹이가 되고, 이들간에 복잡한 먹이관계가 이루어지고 있다는 것이 밝혀지고 있다. 부유 원생동물은 박테리아뿐 아니라 남세균, 식물플랑크톤, 원생동물, 심지어 다세포 후생동물까지 포식하는 것으로 밝혀지고 있다. 따라서 해양생태계의 먹이망 기저부에는 미세생물 고리가 존재하지만, 이 미세생물 먹이고리에 식물플랑크톤과 동물플랑크톤이 연결되기 때문에 동물플랑크톤 아랫단계의 이 미세생물 먹이과정을 통틀어 그림 3.26과 같이 미세생물 먹이망(microbial food web)으로 정의하였다(Sherr and Sherr, 1988).

미세생물 먹이망에는 독립영양생물로 극미소의 남세균, 미소형의 독립영양편모류, 소형의 돌말류, 와편모류 등이 존재하고, 종속영양생물로 극미소형의 박테리아, 미소형의 편모충류, 섬모충류, 와편모류, 소형의 섬모충류, 윤충류 등이 존재하며, 혼합영양생물로 편모류, 섬모충류, 와편모류 등이 복잡한 먹이관계를 이루고 있다. 이 중 소형의 독립영양생물, 종속영양생물, 혼합영양생물은 동물플랑크톤에 이용되어 기존의 먹이망으로 연결된다.

이와 같은 미세생물 먹이망은 수서환경에서 어느 생태계에나 존재하는 것으로 보여지나, 미세생물 먹이망의 역할정도는 환경특성과 생태계 특성에 따라 차이가 있다. 연안수역의 소형 돌말류와 돌말류를 선호하는 동물플랑크톤이 우점한 수서생태계에서는 미세생물 먹이망이 에너지 흐름에 있어 큰 역할을 못할 것으로 보인다. 그러나 열대 해역과 같이 수온약층이 영구적으로 형성된 수역에서는 영양염을 많이 필요로 하는 소형 식물플랑크톤보다 극미소형이나 미소형 식물플랑크톤이 많고, 이를 이용하는 부유 원생동물이 소형 식물플랑크톤보다 많기 때문에 미세생물 먹이망이 윗단계의 다세포생물 먹이망을 유지하는 큰 역할을 한다.

참고문헌

이원제. 1993.「경기만 표영생태계에서 부유원생동물의 역할에 관한 연구」. 인하대학교 이학석사학위논문, p. 81.

조병철, 강연식, 최중기. 1994.「황해 중동부해역에서 박테리아의 시공간적 분포의 특징」.『한국해양학회지』29(2). pp. 145-151.

최중기, 김시균, 노재훈, 박경철. 1995.「인천연안 미세생물 먹이망내에서 부유 원생동물의 포식률에 관한 연구」.『한국해양학회지』30. pp. 458-466.

최중기, 양은진. 1995.『영종도 주변수역의 원생동물 분포, 수도권 신국제 공항 건설 사후 환경조사 보고서』. 수도권 신공항건설공단, pp. 73-90.

Alldredge, A.L. and Gotschalk, C.C. 1990. "The Relative Contribution of Marine Snow of Different Origins to Biological Processes in Coastal Waters," *Continental Shelf Res*. 10. pp. 41-58.

Ammerman, J.W., Fuhrman, J.A., Hagström, Å., and Azam, F. 1984. "Bacterioplankton Growth in Seawater: I. Growth Kinetics and Cellular Characteristics in Seawater Cultures," *Mar. Ecol. Prog. Ser*. 18. pp. 31-39.

Azam, F. and Ammerman, J.W. 1984. "Cycling of Organic Matter by Bacterioplankton in Pelagic Marine Ecosystems: Microenvironmental Considerations," In *Flow of Energy and Materials in Marine Ecosystems*. ed. Fasham, M.J.R. New York: Plenum Publish Company, pp. 345-360.

Azam, F. and Cho, B.C. 1987. "Bacterial Utilization of Organic Matter in the Sea," In *Ecology of Microbial Communities*. eds. Fletcher, M., Gray, T.R.G., and Jones, J.G. Cambridge University Press, pp. 261-281.

Azam, F. and Hodson, R.E. 1981. "Multiphasic Kinetics for D-glucose Uptake by Assemblages of Natural Marine Bacteria," *Mar. Ecol. Prog. Ser.* 6. pp. 213-222.

Azam, F., Fenchel, T., Field, J.G., Gray, J.S., Meyer-Reil, L.-A., and Thingstad, F. 1983. "The Ecological Role of Water-column Microbes in the Sea," *Mar. Ecol. Prog. Ser.* 10. pp. 257-263.

Beers, J.R. and Stewart, G.L. 1967. "Microzooplankton in the Euphotic Zone at 5 Locations Across the California Current," *J. Fish. Res. Board. Can.* 24, pp. 2053-2068.

______. 1971. "Microzooplankton in the Plankton Community of the Upper Waters of the Eastern Tropical Pacific," *Deep Sea Res.* 18. pp. 861-883.

Béjà, O., Aravind, L., Koonin, E.V., Suzuki, M.T., Hadd, A., Nguyen, L.P., Javanovich, S.B., Gates, C.M., Feldman, R.A., Spudich, J.L., Spudich, E.N., and DeLong, E.F. 2000. "Bacterial Rhodopsin: Evidence for a New Type of Phototrophy in the Sea," *Science* 289. pp. 1902-1906.

Béjà, O., Suzuki, M.T., Heidelberg, J.F., Nelson, W.C., Preston, C.M., Hamada, T., Eisen, J.A., Fraser, C.M., and DeLong, E.F. 2002. "Unsuspected Diversity Among Marine Aerobic Anoxygenic Phtotrophs," *Nature* 415. pp. 630-633.

Berg, H.C. 1983. *Random Walks in Biology*. New Jersey: Princeton University Press.

Bergh, Ø., Børsheim, K.Y., Bratbak, G., and Heldal, M. 1989. "High Abundance of Viruses Found in Aquatic Environments," *Nature* 340. pp. 467-468.

Biecheler, B. 1952. "Recherches sur les peridiniuens," *Bull. Bial. Fr. Belg.* suppl. 36, pp. 1-149.

Bratbak, G., Thingstad, T.F., Riemann, B., and Haslund, O.H. 1992. "Incorporation of Viruses into the Budget of Microbial C-transfer," *Mar. Ecol. Prog. Ser.* 83. pp. 273-280.

Burkill, P.H., R.F.C. Mantoura, L.A. Llewellyn, and N.J.P. Owens. 1987. "Microzooplankton Grazing and Selectivity of Phytoplankton in Coastal Waters," *Mar. Biol.* 93. pp. 581-590.

Bursa, A.S. 1961. "The Annual Oceanographic Cycle at Igloolike in the Canadian Arctic. II. The Phytoplankton," *J. Fish. Res. Bd. Can.* 18. pp. 563-615.

Buskey, E.J. 1993. "Annual Pattern of Micro and Mesozooplankton Abundance and Biomass in a Subtropical Estuary," *J. Pl. Res.* 5(8). pp. 907-924.

Cachon, J. and Cachon. 1969. "Contribution a Letude des *Noctiluca* dae Saville-kent. I. Les Kofoidininae Cachon. Evolution, morphologifue et systematique," *Protistologica* 3(3). pp. 427-444.

Caron, D.A., Lim E.L., Kunze, H., Cosper, E.M., and D.M. Anderson. 1989. "Trophic Interactions between Nano and Microzooplankton and the Brown Tide," In *Novel Phytoplankton Blooms*. ed. E.M. Cosper, V.M. Bricelj, and E.J. Carpenter. New York: Springer Verlo, pp. 265-294.

Carpelan, L.H. 1961. "Phytoplankton and Plant Productivity," *Fish. Bull. Calif.* 113. pp. 33-42.

Chin-Leo, G. and Kirchman, D.L. 1988. "Estimating Bacterial Production in Marine Waters from the Simultaneous Incorporation of Thymidine and Leucine," *Appl Environ. Microbiol.* 54. pp. 1934-1939.

Cho, B.C. and Azam, F. 1988. "Major Role of Bacteria in Biogeochemical Fluxes in the Oceans's Interior," *Nature* 332. pp. 441-443.

______. 1990. "Biogeochemical Significance of Bacterial Biomass in the Oceans's Euphotic Zone," *Mar. Ecol. Prog. Ser.* 63. pp. 253-259.

Cho, B.C., Na, S.C., and Choi, D.H. 2000. "Active Ingestion of Fluorescently Labeled Bacteria by Mesopelagic Heterotrophic Nanoflagellates in the East Sea, Korea," *Mar. Ecol. Prog. Ser.* 206. pp. 23-32.

Cho, B.C., Park, M.G., Shim, J.H., and Choi, D.H. 2001. "Sea-surface Temperature and f-ratio Explain Large Variability in the Ratio of Bacterial Production to Primary Production in the Yellow Sea," *Mar. Ecol. Prog. Ser.* 216. pp. 31-41.

Choi, D.H., Hong, K.H., Kim, S.H., Chung, C.S., Yang, S.R., and Cho, B.C. 2001. "Responses of Primary and Bacterial Productions, and Enzyme Activities in Surface Water to Dumping of Wastes into the East Sea, Korea," Preceedings of the Autumn Meeting, 2001 of the Korean Society of Oceanography, Ansan, Korea, p. 78.

Choi, D.H., Park, J.S., Hwang, C.Y., Huh, S.H., and Cho, B.C. 2002. "Effects of Thermal Effluents from a Power Station on Bacteria and Heterotrophic Nanoflagellates in Coastal Waters," *Mar. Ecol. Prog. Ser.* 229. pp. 1-10.

Choi, J.W., Sherr, E.B., and Sherr, B.F. 1996. "Relation between Presence-absence of a Visible Nucleoid and Metabolic Activity in Bacterioplankton Cells," *Limnol. Oceanogr.* 41. pp. 1161-1168.

Cochlan, W.P. Wikner, J. Stewart, G.F., Smith, D.C., and Azam, F. 1993. "Spatial Distribution of Viruses, Bacteria and Chlorophyll a in Neritic, Oceanic and Estuarine Environments," *Mar. Ecol. Prog. Ser.* 92. pp. 77-87.

Conover, S. 1956. "Oceanography of Long Island Sound, 1952-1954. IV. Phytoplankton," *Bull. Bingham Oceanogr. Coll.* 15. pp. 62-112.

Dale, T. and E. Dahl. 1987. "Mass Occurrence of Planktonic Oligotrichous Ciliates in a Bay in Southern Norway," *J. Pl. Res.* 9. pp. 871-879.

Dang, H. and Lovell, C.R. 2002. "Numerical Dominance and Phylotype Diversity of Marine Rhodobacter Species During Early Colonization of Submerged Surface in Coastal Marine Waters as Determined by 16S Ribosomal DNA Sequence Analysis and Fluorescence *in situ* Hybridization," *Appl. Environ. Microbiol.* 68. pp. 496-504.

DeLong, E.F. 1992. “Archaea in Coastal Marine Environments,” *Proc. Natl. Acad. Sci. USA*. 89. pp. 5685-5689.

DeLong, E.F., Franks, D.G., and Alldredge, A.L. 1993. *Phylogenetic Diversity of Aggregate-Attached vs. Free-living Marine Bacterial Assemblages* 38. pp. 924-934.

DeLong, E.F., Wu, K.-Y., Prezelin, B.B., and Jovine, R.V.M.T. 1994. “High Abundance of Archaea in Antarctic Marine Picoplankton,” *Nature* 371. pp. 695-697.

Dollan, J.R. 1991. “Guilds of Ciliate Microzooplankton in the Chesapeake Bay,” *Est. Coast. Shel. Sci.* 33. pp. 137-152.

Dollan, J.R. and D.W. Coats. 1990. “Seasonal Abundances of Planktonic Ciliates and Microflagellates in Mesohaline Chesapeake Bay Waters,” *Est. Coast. Shel, Sci.* 31. pp. 157-175.

Ducklow, H.W. and Carlson, C.A. 1992. “Oceanic Bacterial Production,” In *Advances in Microbial Ecology*. ed. K.C. Marshall. New York, pp. 113-181.

Ducklow, H.W. and Shiah, F. 1993. “Bacterial Production in Esturaries,” In *Aquatic Microbiology: An Ecological Approach*. ed. T.E. Ford. Blackwell, pp. 261-288.

Edwards E.S. and P.H. Burkill. 1995. “Abundance, Biomass and Distribution of Microzooplankton in the Irish Sea,” *J. Pl. Res.* 17(4). pp. 771-782.

Fandino, L.B., Riemann, L., Steward, G.F., Long, R.A., and Azam, F. 2001. “Variations in Bacterial Community Structure During a Dinoflagellate Bloom Analyzed by DGGE and 16S rDNA Sequencing,” *Aquat. Microb. Ecol.* 23. pp. 119-130.

Fry, J.C. 1990. “Oligotrophs,” In *Microbiology of Extreme Environments*. ed. Edwards, C. McGrow-Hill Publishing Company, p. 93-116.

Fuhrman, J.A. and Azam, F. 1982. “Thymidine Incorporation as a Measure of Heterotrophic Bacterioplankton Production in Marine Surface Waters: Evaluation and Field Results,” *Mar. Biol.* 66. pp. 109-120.

Fuhrman, J.A. and Noble, R.T. 1995. “Viruses and Protists Cause Similar Bacterial Mortality in Coastal Seawater,” *Limnol. Oceanogr.* 40. pp. 1236-1242.

Fuhrman, J.A., McCallum, K., and Davis, A.A. 1992. “Novel Major Archaebacterial Group from Marine Plankton,” *Nature* 356. pp. 148-149.

Gaimer, G. and M. Elbrachter. 1987. “Heterotrophic Nutrition,” In *The Biology of Dinoflagellates*. ed. F.J.R. Taylor. Black. Sci. Publ., p. 268.

Gaiver, G. and Taylor, F.J.R. 1984. “Extracellular Digestion in Marine Dinoflagellates,” *J. Plank. Res.* 6(6). pp. 1057-1061.

Gasol, J.M., Del-Giorgio, P.A., Massana, R., and Duarte, C.M. 1995. “Active Versus Inactive Bacteria: Size-dependence in a Coastal Marine Plankton Community,” *Mar. Ecol. Prog. Ser.* 128. pp. 91-97.

Gasol, J.M., Zweifel, U.L., Peters, F., Fuhrman, J.A., and Hagström, Å. 1999. “Significance of Size and Nucleic Acid Content Heterogeneity as Measured by Flow Cytometry in Natural Planktonic Bacteria,” *Appl. Environ. Microbiol.* 65. pp. 4475-4448.

Giovannoni, S.J. and Rappé, M. 2000. "Evolution, Diversity, and Molecular Ecology of Marine Prokaryotes," In *Microbial Ecology of the Oceans.* ed. Kirchman, D.L. New York: Wiley-Liss.

Giovannoni, S.J., Britschgi, T.B., Moyer, C.L., and Field K.G. 1990. "Genetic Diversity in Sargasso Sea Bacterioplankton," *Nature* 345. pp. 60-63.

Gonzàlez, J.M. and C.A. Suttle. 1993. "Grazing by Marine Nanoflagellates on Virus and Virus-sized Particles: Ingestion and Digestion," *Mar. Ecol. Prog. Ser.* 94. pp. 1-10.

Griffith, P.C., Douglas, D.J., and Wainright, S.C. 1990. "Metabolic Activity of Size-fractionated Microbial Plankton in Estuarine, Near Shore, and Continental Shelf Waters of Georgia," *Mar. Ecol. Prog. Ser.* 59. pp. 263-270.

Hagström, Å., Ammerman, J.W., Henrichs, S., and Azam, F. 1984. "Bacterioplankton Growth in Seawater: II. Organic Matter Utilization During Steady-state Growth in Seawater Cultures," *Mar. Ecol. Prog. Ser.* 18. pp. 31-39.

Healy-williams, N., Ehrlich, R., and Williams, D.F. 1985. "Morphometric and Stable Isotopic Evidence for Sub Populations of Globorotalia Truncatulinoides," *J. Foram. Res.* 15. pp. 242-253.

Heldal, M. and Bratbak, G. 1991. "Production and Decay of Viruses in Aquatic Environments," *Mar. Ecol. Prog. Ser.* 72. pp. 205-212.

Hennes, K.P. and C.A. Suttle. 1995. "Direct Counts of Viruses in Natural Waters and Laboratory Cultures by Epifluorescence Microscopy," *Limnol. Oceanogr.* 40. pp. 1050-1055.

Hill, D.R. 1991. "Diversity of Heterotrophic Cryptomonads," In *The Biology of Free Living Heterotrophic Flagellates.* eds. D.J. Patterson and J. Lassen. Oxford: Clarendon Press, pp. 235-240.

Hobbie, J.E., Daley, R.J., and Jasper, S. 1977. "Use of Nuclepore Filters for Counting Bacteria by Fluorescence Microscopy," *Appl. Environ. Microbiol.* 33. pp. 1225-1228.

Jacobson, D.M. and D.M. Anderson. 1986. "Thecate Heterotrophic Dinoflagellates: Feeding Behavior and Mechanisms," *J. Phycol.* 22. pp. 249-258.

James, M.R. and J.A. Hall. 1995. "Planktonic Ciliated Protozoa: Their Distributio Nand Relation Ship to Environmental Variables in a Marine Coastal Ecosystem," *J. Pl. Res.* 17. pp. 659-683.

Jeong, H.J. 1994. "Predation by the Heterotrophic Dinoflagellate *Protoperidinium* cf. *divergens* on Copepod Eggs and Early Naupliar Stager," *Mar. Ecol. Prog. Ser.* 114, pp. 203-208.

Jeong H.J. and M.I. Latz. 1994. "Growth and Grazing Rates of the Heterotrophic Dinoflagellates *Protoperidinium* spp. on Red Tide Dinoflagellates," *Mar. Ecol. Prog. Ser.* 106. pp. 173-185.

Karner, MB., DeLong, E. F., and Karl, D.M. 2001. "Archaeal Dominance in the Mesopelagic Zone of the Pacific Ocean," *Nature* 409. pp. 507-510.

Kolber, Z.S., Van Dover, C.L., Niederman, R.A., and Falkowski, P.G. 2000. "Bacterial Photosynthesis in Surface Waters of the Open Ocean," *Nature* 407. pp. 177-179.

Landry, M.R. and R.P. Hasett. 1982. "Estimation, the Grazing Impact of Marine Microzooplankton," *Mar. Biol.* 67. pp. 283-288.

Larsen, J. and D.J. Patterson. 1991. "The Diversity of Heterotrophic Euglenids," In *The Biology of Free Living Heterotrophic Flagellates*. eds. D.J. Patterson and J. Lassen. Oxford: Clarendon Press, pp. 205-217.

Latz, M.I. and H.J. Jeong. 1996. "Effect of Red Tide Dinoflagellate Diet and Cannibalism on the Bioluminescence of the Heterotrophic Dinoflagellates *Prtoperidinium* spp.," *Mar. Ecol. Prog. Ser.* 132. pp. 275-285.

Lee, R.E. 1977. "Saprophytic and Phagocytic Isolates of the Colorless Heterotrophic Dinoflagellates *Gyrodinium lebouriae* Herdman," *J. Mar. Bio. Ass. U.K.* 57. pp. 303-315.

Lee, S.H. and Fuhrman, J.A. 1987. "Relationships between Biovolume and Biomass of Naturally Derived Marine Bacterioplankton," *Appl. Environ. Microbiol.* 53. pp. 1298-1303.

Levander, K. 1894. "Materialien zur Kenntniss des Wasserfauna in der Umgebung van Helsnigfors Mit Besonderer Beriick Sichtigung der Meererfauna I. Protozoa," *Acta Soc. Fauna Flora Fennica* 12(2). pp. 43-50.

Lucas, A.N. 1982. "Observations on *Noctiluca scintillans* (Macartney) Ehrenb (Dinophyceae) with Notes on an Intracelluar Bacterium," *J. Plank. Res.* 4. pp. 401-409.

Maranger, R. and Bird, D.F. 1995. "Viral Abundance in Aquatic Systems: A Comparison between Marine and Fresh Waters," *Mar. Ecol. Prog. Ser.* 121. pp. 217-226.

Massana, R., Murray, A.E., Preston, C.M., and DeLong, E.F. 1997. "Vertical Distribution and Phylogenetic Characterization of Marine Planktonic Archaea in the Santa Barbara Channel," *Appl. Environ. Microbiol.* 63. pp. 50-56.

McConnaughey, B.H. 1978. *Introduction to Marine Biology*. Saint Louis: Mosby Co.

Mitchell, J.G. 1991. "The Influence of Cell Size on Marine Bacterial Motility and Energetics," *Microb. Ecol.* 22. pp. 227-238.

Mitchell, J.G., Pearson, L., Dillon, S., and Kantalis, K. 1995. "Natural Assemblages of Marine Bacteria Exhibiting High-speed Motility and Large Accelerations," *Appl. Environ. Microbiol.* 61. pp. 4436-4440.

Moriarty, D.J.W. 1986. "Measurement of Bacterial Growth Rates in Aquatic Systems from Rates of Nucleic Acid Synthesis," *Adv. Microb. Ecol.* 9. pp. 245-292.

Moriarty, D.J.W. and Pollard, P.C. 1981. "DNA Synthesis as a Measure of Bacterial Productivity in Seagrass Sediments," *Mar. Ecol. Prog. Ser.* 5. pp. 151-156.

Murray, A.E., Massana, P.R., Taylor, L.T., Blakis, A., Wu, K., and DeLong, E.F. 1998. "Seasonal and Spatial Variability of Bacterial and Archaeal Assemblages in the Coastal Waters Near Anvers Island, Antarctica," *Appl. Environ. Microbiol.* 64, pp. 2585-2595.

Muyzer, G., Hotenträger, S., Teske, A., and Wawer, C. 1996. "Denaturing Gradient gel Electrophoresis of PCR-amplified 16S rDNA — A New Molecular Approach to Analyse the Genetic Diversity of Mixed Microbial Communities," In *Molecular Microbial Ecology Manual, Akkermans*. eds. A.D.L, van Elsas, J.D., and de Bruijn, F.J. Netherlands: Kluwer Academic Publishers.

Noble, R.T. and Fuhrman, J.A. 1997. "Use of SYBR Green I for Rapid Epifluorescence Counts of Marine Viruses and Bacteria.," *Aq. Microb. Ecol.* 14, pp. 113-118.

Pinhassi, J., Zweifel, U.L., and Hagström, Å. 1997. "Dominant Marine Bacterioplankton Species Found Among Colony-forming Bacteria," *Appl. Environ. Microbiol.* 63. pp. 3359-3366.

Pomeroy, L.R. 1974. "The Ocean's Food Web, a Changing Paradigm," *Bioscience* 24. pp. 499-504.

Porter, K.G. and Feig, Y.S. 1980. "The Use of DAPI for Identifying and Counting Aquatic Microflora," *Limnol. Oceanogr.* 25. pp. 943-948.

Proctor, L.M. and Fuhrman, J. A. 1990. "Viral Mortality of Marine Bacteria and Cyanobacteria," *Nature* 343. pp. 60-62.

Riemann, B., Bell, R.T., and Jørgensen, N.O.G. 1990. "Incorporation of Thymidine, Adenine and Leucine into Natural Assemblages," *Mar. Ecol. Prog. Ser.* 65. pp. 87-94.

Riemann, B., Bjornsen, P.K., Newell, S., and Fallon, R. 1987. "Calculation of Cell Production of Coastal Marine Bacteria Based on Measured Incorporation of [^{3}H]thymidine," *Limnol. Oceanogr.* 32. pp. 471-476.

Robarts, R.D., Zohary, T., Waiser, M.J., and Yacobi, Y.Z. 1996. "Bacterial Abundance, Biomass, and Production in Relation to Phytoplankton Biomass in the Levantine Basin of the Southeastern Mediterranean Sea," *Mar. Ecol. Prog. Ser.* 137. pp. 273-281.

Schnepf, E. and M. Elbrachter. 1992. "Nutritional Strutegies in Dinoflagellates: A Review with Emphasis on Cell Biological Inpects," *Eur. J. Protozool.* 28. pp. 3-4.

Simon, M. and Azam, F. 1989. "Protein Content and Protein Synthesis Rates of Planktonic Marine Bacteria," *Mar. Ecol. Prog. Ser.* 51. pp. 201-213.

Sleigh, M.A. 1989. *Protozoa and Other Protist*. London: Edward Arnold, p. 342.

Steward, G.F., Smith, D.C., and Azam, F. 1996. "Abundance and Production of Bacteria and Viruses in the Bering and Chukchi Seas," *Mar. Ecol. Prog. Ser.* 131. pp. 287-300.

Steward, G.F., Wikner, J., Smith, D.C., Cochlan, W.P., and Azam, F. 1992. "Estimation of Virus Production in the Sea. 1. Method Development," *Mar. Microb. Food Webs*. 6. pp. 57-78.

Suttle, C.A. and Chen, F. 1992. "Mechanisms and Rates of Decay of Marine Viruses in Seawater," *Appl. Environ. Microbiol.* 58. pp. 3721-3729.

Tabor, P.S. and Neihof, R.A. 1984. "Direct Determination of Activities for Microorganisms of Chesapeake Bay populations," *Appl. Environ. Microbiol.* 48. pp. 1012-1019.

Thomsen, H.A. and K.R. Buck. 1991. "Choanoflagellate Diversity with Particular Emphasis on the Acanthoecidae," In *The Biology of Free Living Heterotrophic Flagellates*. eds. D.J. Patterson and J. Lassen. Oxford: Clarendon Press, pp. 259-284.

Turley, C.M. and Hughes, D.J. 1992. "Effects of Storage on Direct Estimates of Bacterial Numbers of Preserved Seawater Samples," *Deep Sea Res.* 39. pp. 375-394.

Ward, B.B. 1987. "Nitrogen Transformations in the Southern California Bight," *Deep Sea Res.* 34. pp. 785-805.

Weiss, P., Schweitzer, B., Amann R., and Simon, M. 1996. "Identification *in situ* and Dynamics of Bacteria on Limnetic Organic Aggregates (lake snow)," *Appl. Environ. Microbiol.* 62. pp. 1998-2005.

Weisse, T. 1989. "The Microbial Loop in the Red Sea: Dynamics of Pelagic Bacteria and Heterotrophic Nanoflagellates," *Mar. Ecol. Prog. Ser.* 55. pp. 241-250.

Williams, P.J. LeB. 1981. "Incorporation of Microheterotrophic Processes into the Classical Paradigm of the Planktonic Food Web," *Kieler Meeresforch.* 5. pp. 1-28.

Wommack, K.E., Hill, R.T., Kessel, M., Cohen, E., and Colwell, R.R. 1992. "Distribution of Viruses in the Chesapeake Bay," *Appl. Environ. Microbiol.* 58. pp. 2965-2970.

Zhukov, B.F. 1991. "The Diversity of Bodonids," In *The Biology of Free Living Heterotrophic Flagellates*. eds. D.J. Patterson and J. Lassen. Oxford: Clarendon Press, pp. 177-184.

제 4 장

동물플랑크톤

1. 종류 및 분류

1.1 동물플랑크톤의 정의

동물플랑크톤은 운동능력이 미약해서 해류 등과 같은 물의 이동에 의해 수동적으로 운반되는 부유생물 가운데 스스로 광합성을 할 수 없는 종속영양생물들을 말한다. 모악류, 난바다곤쟁이류, 치어 등은 비교적 상당한 유영능력을 보유하고 있으나, 크기가 작고 운동능력이 상대적으로 미약하므로 동물플랑크톤에 포함시킨다. 한편 작은 오징어나 물고기, 새우 등은 소형 유영생물로 분류되기도 하고 때로는 동물플랑크톤으로 취급되기도 한다. 이와 같이 동물플랑크톤과 소형 유영동물 사이에 뚜렷한 구분을 하기에는 어려운 점이 있다. 대형 해파리를 제외한 대부분의 동물플랑크톤은 크기가 작아 현미경을 사용하여야 관찰이 가능하다. 크기가 작고 스스로 영양물질을 합성할 수 없는 동물플랑크톤은 먹이취득을 위하여 가라앉지 않고 수층에 머물러 있는 것이 매우 중요하다. 이를 위해 몸의 비중이 줄었고, 마찰력을 크게 하기 위해 몸의 구조가 복잡하게 발달하였다. 고깔해파리와 같은 종류는 기체를 채울 수 있는 주머니를 가지고 있고, 야광충은 세포 내에 가벼운 화학물질을 저장한다. 열대에 서식하는 동물플랑크톤은 몸에 다양한 돌기가 나 있어 가라앉는 속도를 줄일 수 있다.

1.2 크기에 따른 동물플랑크톤의 분류

동물플랑크톤은 미세한 망목을 가진 채집망이나 여과망을 사용해 채집되므로, 자연스럽게 크기에 의해서 분류되어 왔다. 학자들마다 크기분류방법에 다소의 차이를 보이나, 일반적으로 플랑크톤은 크기에 따라 2μm보다 작은 초미소 플랑크톤(ultrananoplankton)에서 2cm보다 큰 거대 플랑크톤(megaloplankton)까지 6개의 분류군으로 나뉜다. 이 중 초미소 플랑크톤과 미소 플랑크톤(nanoplankton, 2~20μm)처럼 아주 작은 크기의 분류군에 속하는 동물플랑크톤은 부유 원생동물 중 일부가 포함되고, 대부분은 소형 플랑크톤(microplankton)부터 거대 플랑크톤에 이르는 크기의 분류군에 속한다(표 4.1). 소형 플랑크톤에는 섬모충류나 유공충류 등과 같은 원생동물, 윤충류, 각종 유생 등이 포함되고, 가장 우점하는 요각류를 비롯하여 대부분의 갑각류 동물플랑크톤은 중형 플랑크톤(mesoplankton)에 속한다. 외양에 서식하는 큰 요각류, 모악류, 난바다곤쟁이류는 대형 플랑크톤(macroplankton)에 속하며, 이들보다 큰 것을 거대 플랑크톤이라 한다. 거대 플랑크톤에는 고깔해파리처럼 촉수의 길이가 10m가 넘는 것도 있다.

1.3 동물플랑크톤의 생태학적 분류

동물플랑크톤은 앞서 설명한 크기에 의한 분류 이외에 서식지, 서식수심,

표 4.1 크기에 따른 동물플랑크톤의 분류

그 룹	크 기	주요 생물군
미소 플랑크톤	2~20μm	섬모충류, 종속영양성 와편모류
소형 플랑크톤	20~200μm	유공충류, 섬모충류, 윤충류, 종속영양성 와편모류, 요각류의 노플리우스 유생
중형 플랑크톤	200μm~2mm	지각류, 요각류, 유형류
대형 플랑크톤	2~20mm	익족류, 요각류, 난바다곤쟁이류, 모악류
거대 플랑크톤	>20mm	해파리류, 탈리아류

부유생활기간, 먹이섭취방법 등에 따라서도 분류될 수 있다. 서식지에 따라서는 크게 해양에 사는 해양 플랑크톤(marine plankton 또는 haliplankton)과 담수에 사는 담수 플랑크톤(freshwater plankton 또는 limnoplankton)으로 나눌 수 있으며, 해양 플랑크톤은 다시 대륙붕 밖의 외양에 사는 외양성 플랑크톤(oceanic plankton), 대륙붕 위의 수층에 사는 연안성 플랑크톤(neritic plankton), 강 하구와 같은 기수역에 사는 기수 플랑크톤(brackish water plankton)으로 세분된다.

동물플랑크톤은 수층의 어느 부분에 서식하는가에 따라 부표생물, 수표생물, 표층 플랑크톤, 중층 플랑크톤, 반심해성 플랑크톤, 심해성 플랑크톤, 표재저서성 플랑크톤 등으로 나뉜다. 부표생물(pleuston)은 수층과 대기층이 만나는 수표면에 사는 생물로 몸의 일부는 수면 위 공기 중에 노출되어 있다. 수표생물(neuston)은 수표면의 최상부(수십 mm 내외)에 사는 생물을 말한다. 표층 플랑크톤(epipelagic plankton)은 수심 약 300m보다 얕은 곳에 살며, 중층 플랑크톤(mesopelagic plankton)은 수심 300~1,000m 사이에, 반심해성 플랑크톤(bathypelagic plankton)은 수심 1,000~3,000m 사이에 살며, 심해성 플랑크톤(abyssopelagic plankton)은 수심 3,000~4,000m 이하에서 사는 플랑크톤을 지칭한다. 표재저서성 플랑크톤(epibenthic plankton, demersal 또는 temporary plankton)은 바닥 가까이 살거나 일시적으로 바닥에 부착하여 사는 플랑크톤이다.

전 생활사 동안 부유생활을 하는 것을 종생 플랑크톤 또는 평생 플랑크톤(holoplankton 또는 permanent plankton)이라 하고, 저서동물이나 유영동물의 알이나 유생과 같이 생활사 중 일정 기간 동안만 부유생활을 하는 것을 정기성 플랑크톤 또는 일시 플랑크톤(meroplankton, transitory 또는 temporary plankton)이라고 한다. 또한 먹는 먹이의 종류에 따라 육식성 동물플랑크톤(carnivorous zooplankton), 초식성 동물플랑크톤(herbivorous zooplankton), 잡식성 동물플랑크톤(omnivorous zooplankton)으로 분류되기도 한다.

1.4 동물플랑크톤의 종류

동물플랑크톤의 종류는 단세포 원생동물로부터 척추동물인 어류의 치어까지 아주 다양하다. 많은 무척추동물은 전형적인 평생 플랑크톤으로 일생을 마치고, 대부분의 어류나 무척추 저서동물들도 초기생활사를 일시 플랑크톤으로 보낸다. 저서동물들은 서식지에 대한 경쟁이 심하므로 부유성 유생을 만들어 분포를 넓혀 가는 전략을 사용한다. 그러므로 동물계 대부분의 문(phylum)에 속하는 동물들이 동물플랑크톤으로 부유생활을 하게 된다. 전세계적으로 평생 플랑크톤으로 보고된 종은 4,600~4,800종 정도이나, 저서동물의 부유 유생들은 약 90,000종에 이를 것으로 추정되고 있다. 표 4.2는 우리나라 연근해에서 쉽게 관찰할 수 있는 해양 동물플랑크톤의 중요한 분류군을

표 4.2 우리나라 연근해에서 흔히 관찰할 수 있는 동물플랑크톤

중요 동물플랑크톤 분류군	대표적인 속(genus)	보고된 종수
원생동물(Protozoa)		
종속영양성 와편모류(dinoflagellate)	*Noctiluca, Protoperidinium*	
유종섬모충류(tintinnid)	*Tintinnopsis, Codonellopsis, Favella*	98종
빈섬모충류(oligotrichs)	*Strombidium*	
자포동물(Cnidaria)		
히드로충류(Hydrozoa)	*Sarsia*	
해파리류(Scyphozoa,	*Aurelia*	
Siphonophora)	*Muggiaea*	
절지동물(Arthropoda)		
지각류(Cladocera)	*Penilia, Podon, Evadne*	3속 7종
패충류(Ostracoda)	*Conchoecia*	
요각류(Copepoda)	*Acartia, Calanus, Centropages, Paracalanus, Oithona, Corycaeus*	56속 179종
곤쟁이류(Mysidacea)	*Acanthomysis*	10속 21종
난바다곤쟁이류(Euphausiid)	*Euphausia*	5속 11종
모악동물(Chaetognatha)		
화살벌레류	*Sagitta*	3속 19종
척색동물(Chordata)		
유형류(Appendicularia)	*Oikopleura*	
살파류(Salpida)	*Salpa*	
저서동물의 유생		
연체동물(조개류)		
환형동물(갯지렁이류)		
절지동물(따개비, 게, 새우류)		
극피동물(성게, 불가사리, 해삼류)		

보여 준다. 단세포 생물인 원생동물에 포함되는 동물플랑크톤들은 앞의 제3장에 소개되었으므로 여기에서는 다세포 생물의 동물플랑크톤을 간략히 소개한다. 각 분류군에 대한 보다 세부적인 내용은 동물분류학 등의 다른 문헌을 참고하기 바란다.

1.4.1 젤라틴질 동물플랑크톤

몸이 젤라틴질로 되어 있는 다양한 동물플랑크톤이 있다. 해파리와 관해파리는 자포동물문에 속하고, 빗해파리는 유즐동물문, 그리고 탈리아류와 유형류는 척색동물문에 속한다(그림 4.1). 자포동물(cnidaria)과 유즐동물(ctenophore)은 발생과정에서 중배엽이 형성되지 않는 이배엽성 동물로 몸이 방사대칭인 특징이 있고, 보통 다형현상(polymorphism)을 보인다. 자포동물은 저서 고착생활을 하는 폴립(polyp)형과 자유생활을 하는 해파리(medusa)형이 있는데, 이 해파리형의 동물플랑크톤들을 통상적으로 해파리라 부른다. 해파리는 마치 우산과 같은 형태로 갓의 위와 아래에 해당되는 표피층을 각각 외산(exumbrella), 내산(subumbrella)이라 하며, 이들 사이가 중교(mesoglea)로 채워져 있어 이들을 젤라틴질 동물플랑크톤(gelatinous zooplankton)이라 한다. 입은 내산의 중앙부에 달려 있는 입자루(口柄, manubrium)의 끝에 있고, 여기에 연한 위수관계(gastrovascular system)를 통하여 소화와 순환이 이루어진다. 내산과 외산이 접하는 곳에 붙어 있는 촉수(tentacle)에 많이 분포하는 자포(nematocyst)로 먹이동물을 마비시켜 포획한다. 따라서 대부분 육식성이다. 상자해파리나 고깔해파리는 맹독을 가지고 있어 인명사고도 유발할 수 있다. 그러나 고깔해파리의 촉수를 보금자리로 삼고 사는 작은 물고기도 있다. 물고기는 큰 포식자로부터 보호를 받는 대신 먹이를 유인하여 해파리와 공생관계를 유지한다. 해파리 중에는 전 생활사 동안 부유생활을 하는 무연막해파리(scyphomedusa)도 있지만, 히드라충의 메두사 유생처럼 생활사 중 일부만 부유생활을 하는 연막해파리(hydromedusa)도 있다. 관해파리(siphonophore)는 군체를 이루고 있으며, 모양이 서로 다른 개체는 각기 다른 기능을 분담한다. 유즐동물인 빗해파리는 몸이 호두나 계란 모양이며, 8개의 빗 모양의 줄이 있고, 종류에 따라 긴 촉수를 가지고 있는 것도 있다. 이들의 촉수에도 먹이동물을 마비시킬 수 있는 침세포가 있는데, 이들을 자포동물의 자포와는 달리 점착세포(colloblast)라 부른다. 빗해파리들은 스스로 빛을 내

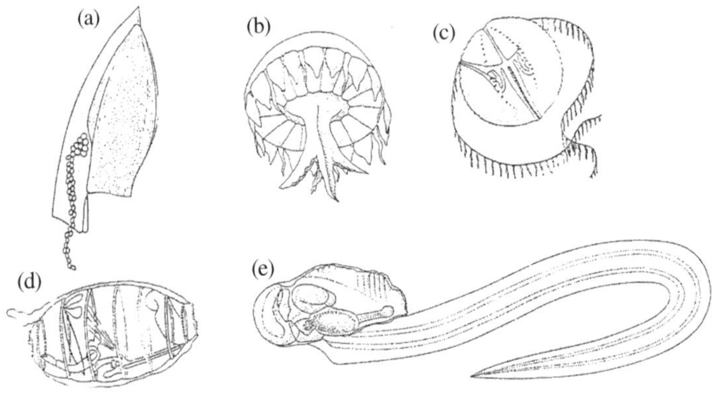

그림 4.1 젤라틴질 동물플랑크톤(Nybakken, 1993). (a) 관해파리류, (b) 해파리류, (c) 빗해파리류, (d) 탈리아류, (e) 유형류

기도 하여(생물발광, bioluminescence) 아름답게 보인다. 요각류나 다른 동물플랑크톤의 중요한 천적 생물로 이들의 개체수가 증가하면 먹이생물의 개체수가 급격히 감소하는 것이 관찰된다. 예를 들어 흑해에 빗해파리의 일종인 *Mnemiopsis leidyi*가 유입된 후 이들이 어류의 알과 치어를 잡아먹어 어류가 급감하였다.

탈리아류는 동물분류학상 멍게 종류와 유연관계가 높은 생물군(척색동물문, 미색동물아문)으로서 부유생활에 알맞도록 적응하였다. 대표적인 종류인 살파류(salps)는 젤라틴질을 둘러싸고 있는 근육의 수축과 이완으로 체내 물의 흐름을 유발하여 먹이생물을 여과하여 먹는다. 같은 미색동물에 속하는 유형류(appendicularians)는 점액질의 여과망을 체외에 형성하여 크기가 1μm 미만인 아주 작은 먹이도 먹을 수 있다. 이 여과망은 아주 미세하여 박테리아보다 작은 입자도 먹을 수 있는데, 이들이 제 기능을 다하지 못하면 찢어 버리고 새로운 망을 만든다. 이 버려진 여과망들은 해설(바다눈, marine snow)의 큰 부분을 차지하기도 한다.

1.4.2 갑각류 동물플랑크톤

세계의 거의 모든 해역에서 가장 우점하는 동물플랑크톤은 절지동물문(Phylum Arthropoda) 갑각강(Class Crustacea)에 속하는 요각류(Copepoda)이다.

현재 전세계적으로 약 7,000여 종이 보고된 바가 있으며, 90% 이상이 바다에 산다. 이들의 생물량은 다른 분류군에 비하여 월등하게 우세하여 해양생태계와 해양생산력에 기여하는 바가 매우 크다. 종에 따라 크기가 1mm보다 작은 것에서부터 수 mm까지 된다. 이들 몸의 형태와 외부구조의 명칭은 그림 4.2와 같다. 요각류는 섭식습성에 따라 초식성, 잡식성, 육식성 요각류로 분류된다. 초식성 요각류는 해수 중의 식물플랑크톤을 여과하여 먹으며, 육식성 요각류는 작은 동물플랑크톤을 잡아먹고, 잡식성 요각류는 식물성 먹이와 동물성 먹이를 가리지 않고 먹는다. 강 하구나 연안역에 서식하는 요각류는 대부분 잡식성으로 주변 환경에 따라 식물플랑크톤을 섭식하다가 동물먹이를 잡아먹기도 하는 섭식방법의 변화를 보인다(Lonsdale *et al.*, 1996). 또한 유기쇄설물 입자와 이 곳에 부착한 박테리아를 먹기도 한다. 심지어는 자기 자신의 유생을 포식하는 경우도 관찰된 바 있다. 요각류는 알을 낳아 번식하며, 알은 부화하여 노플리우스(nauplius)와 코페포다이트(copepodite 또는 copepodid) 유생단계를 거쳐 성체가 된다. 기생성 요각류를 제외한 부유성 요각류는 모양에 따라 칼라노이드목(Order Calanoida), 사이클로포이드목(Order Cyclopoida), 하팍티코이드목(Order Harpacticoida) 등으로 대별된다. 칼라노이드목에 속하는 요각류는 그림 4.2와 가장 흡사한 형태의 몸을 가지고 있으며, 대부분 해역에서 가장 우점하는 동물플랑크톤으로, 우리나라 연안역에서는 *Acartia*, *Paracalanus*, *Calanus*속에 속하는 요각류들이 전체 동물플랑크톤 개체수의 70~80%를 차지하여 가장 우점하고 있다. 사이클로포이드목에 속하는 요각류는 칼라노이드목의 종류들보다 복절의 크기가 커서 두

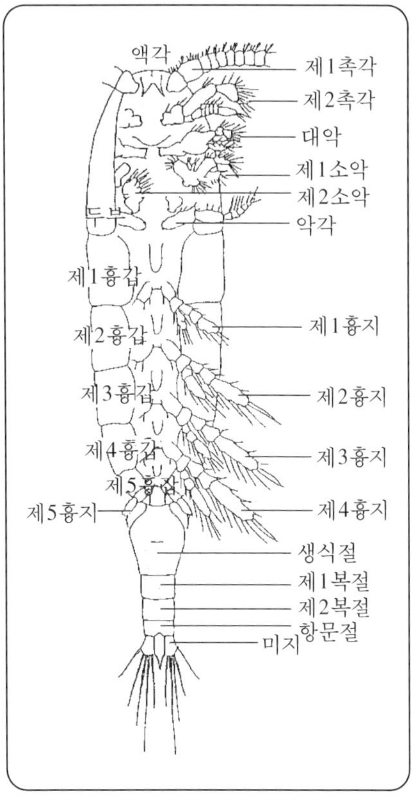

그림 4.2 요각류의 외부구조와 명칭

흉부와의 구별이 상대적으로 용이하지 않은 분류군으로 *Oithona*속에 속하는 것이 가장 우점하는 것으로 보고되었다. 하팍티코이드목에 속하는 요각류는 종수도 많지 않고 다른 종류의 요각류에 비해 개체수도 극히 적게 분포하는 특성이 있다.

요각류 이외의 갑각류 동물플랑크톤으로는 지각류(Cladocera), 패충류(Ostracoda), 단각류(Amphipoda), 곤쟁이류(Mysidacea), 난바다곤쟁이류(Euphausiacea) 등이 있다(그림 4.3). 지각류는 해수보다는 담수에 더 많이 분포하며 해양환경에는 하구나 연안역에서 주로 발견된다. 해산종의 종수는 많지 않으며 경우에 따라 처녀생식을 통해 개체수가 늘어나 주로 여름철에 가장 우점하는 종이 되기도 한다. 두부를 제외한 몸의 대부분이 2장의 두흉갑 속에 싸여 있다. 대표적인 종류는 *Podon*, *Evadne* 등의 속에 속하는 종류들이다.

패충류는 지각류와 흡사한 형태로 역시 크기가 작고 마치 작은 조개처럼 2개의 껍질이 몸을 감싸고 있으며, 주로 외양에서 서식한다. 우리나라에서는 쿠로시오의 영향이 미치는 해역에서 *Conchoecia*속에 속하는 것이 발견된다. 단각류는 등이 굽었고 큰 눈이 있는 것이 특징이다. 대부분의 단각류는 열새

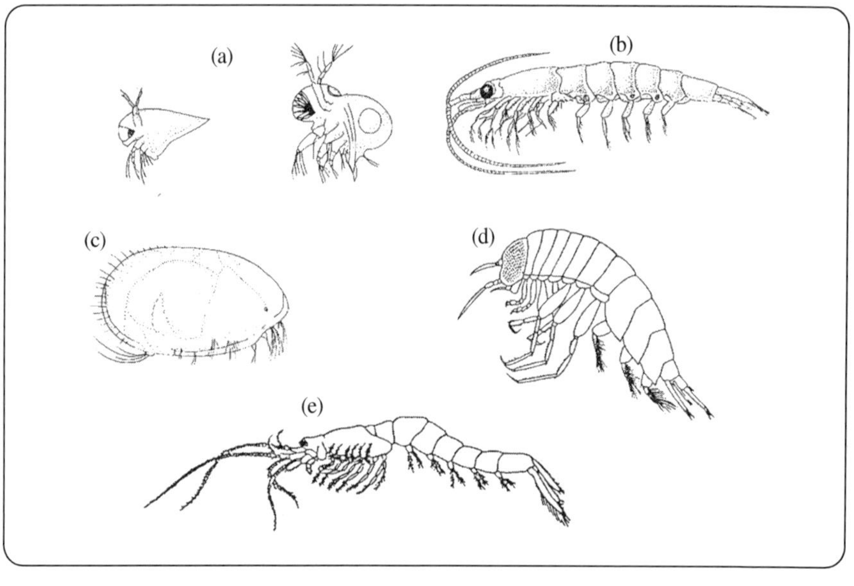

그림 4.3 갑각류 동물플랑크톤(Nybakken, 1993). (a) 지각류, (b) 난바다곤쟁이류, (c) 패충류, (d) 단각류, (e) 곤쟁이류

우류(Gammaridea)처럼 저서생활을 하며, Hyperiidea처럼 일부만이 부유생활을 하는 플랑크톤이다. 몸체는 두부, 흉부, 복부의 3부분으로 구성되어 있고, 크기는 요각류보다는 커서 대체로 1~2cm 정도이다.

곤쟁이류는 새우같이 생겼으며 난바다곤쟁이류와 비슷한 외형을 가지고 있다. 대부분의 곤쟁이류는 크기가 5~25mm 정도이고, 대부분의 종은 저서생활을 하며, 연안역에 사는 종들은 밤에 일시적으로 표층으로 수직이동하기도 한다. 그렇기 때문에 곤쟁이류 중에 부유생활만을 하는 것을 구별하기가 쉽지 않다. 부유성 곤쟁이류는 표층에서부터 심해까지 분포범위가 넓다. 난바다곤쟁이류는 다른 동물플랑크톤에 비해 크기가 크며, 해역에 따라 가장 우점하는 동물플랑크톤이다. 크릴(krill, *Euphausia superba*)은 크기가 1~6cm 정도 되며, 남빙양의 해수를 붉게 물들일 정도로 떼를 이루어 분포하기도 하고, 고래의 중요한 먹이원이 된다. 새우와 매우 흡사한 형태이나 아가미가 두흉갑에 의하여 완전히 덮여 있지 않다는 특징이 있다.

1.4.3 모악동물

모악동물문에 속하는 화살벌레는 해양에만 서식한다. 생긴 모습뿐만 아니라 먹이에게 달려드는 모습이 마치 화살이 나는 것 같아 화살벌레라 불린다(그림 4.4). 머리에는 눈이 한 쌍 있고 잘 발달된 강모가 있어 갑각류 플랑크톤이나 치어를 먹이로 잡을 수 있다. 몸에는 한 쌍 또는 두 쌍의 옆지느러미가 있고 꼬리에도 지느러미가 달려 있다. 자웅동체이나 주로 다른 개체와 교미를 하여 번식한다. 모악류는 수괴의 특징에 따라 종별 분포양상이 뚜렷하게 구별되는 특성이 있어(Kim *et al.*, 1994) 수괴 지표종(indicator species)으로서 생태학적 가치가 있다. 이런 맥락에서 우리나라의 서해에서 주로 분포하는 *Sagitta crassa*는 서해화살벌레, 남해에 주로 분포하는 *S. enflata*는 남해화살벌레, 동해에 많이 서식하는 *S. elegans*는 동해화살벌레 등으로 불린다.

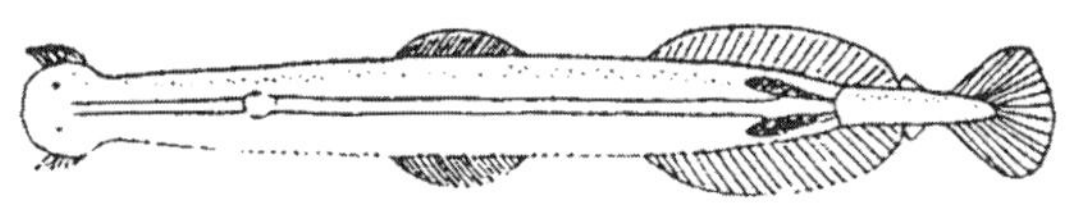

그림 4.4 화살벌레라 불리는 모악동물 (Nybakken, 1993)

1.4.4 연체동물

연체동물은 패류나 오징어 종류들로 대부분 저서생활 또는 유영생활을 한다. 그러나 복족강(Gastropoda)에 속하는 일부 종류들, 특히 익족목(Pteropoda)과 이족목(Heteropoda) 등은 평생 부유생활을 한다. 이들은 저서생활을 하는 조상에서 패각 및 패각 분비선이 퇴화되거나 상실되었으며, 몸체를 이루는 단단한 근육조직들이 퇴화되어 그 무게를 줄이고 날개형태 등의 특별한 부유방법이 발달하였다.

평생 부유생활을 하는 익족류에서는 발이 날개 또는 지느러미와 같이 생겼는데 부유기작을 위한 것이며, 패각이 얇고 가볍게 되어 있거나 또는 아예 퇴화되어 없어져 부유생활에 적합하게 되어 있다. 이 종류는 일반적으로 아가미가 없다. 자웅동체로 대체로 상층부에 서식하고, 초식(패각이 있는 경우) 또는 육식성(패각이 없는 경우)이다. 한편 이족류 역시 발이 부유생활에 잘 적응하도록 발달되어 있는데, 눈도 잘 발달되어 있고 촉수를 가지고 있기도

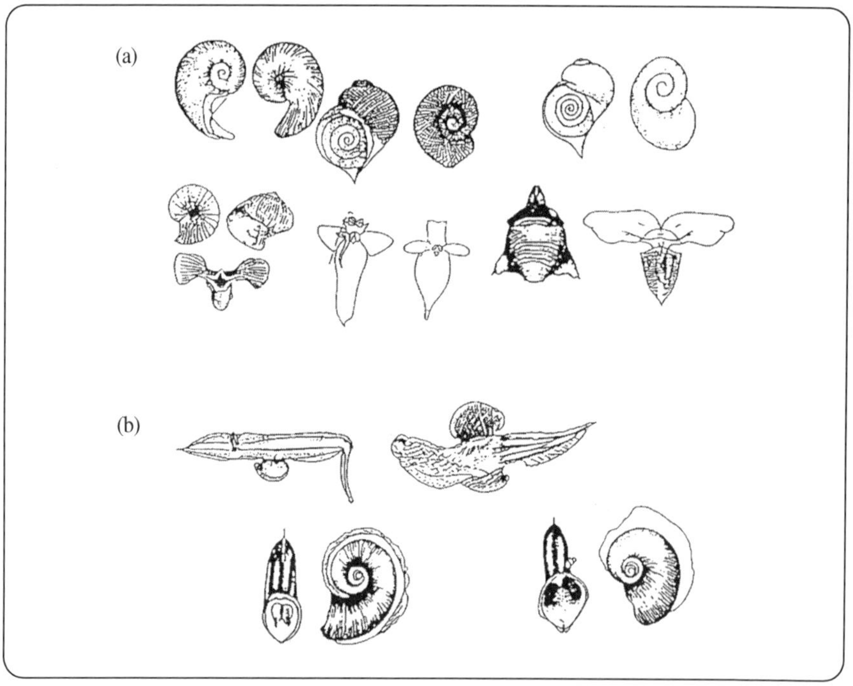

그림 4.5 부유생활을 하는 연체동물인 익족류(a)와 이족류(b)(고 등, 1997)

하다. 이족류는 대체로 온난한 해역에만 서식한다. 부유생활을 하는 연체동물인 익족류와 이족류의 대표적인 것들은 그림 4.5에 있다.

1.4.5 부유 유생

연안역에서는 평생 플랑크톤뿐만 아니라 저서생물과 유영생물의 부유성 유생들도 동물플랑크톤 군집에서 큰 비중을 차지하기도 한다. 우리나라 연안에서 흔히 관찰할 수 있는 것은 환형동물에 속하는 갯지렁이의 유생, 연체동물에 속하는 복족류나 이매패류의 유생, 절지동물에 속하는 따개비나 게의 유생, 극피동물에 속하는 성게나 불가사리의 유생 등과 어류의 알 등이다. 갯지렁이의 유생은 트로코포어(trochophore)와 넥토키타(nectochaeta) 유생, 복족류나 이매패류의 유생은 트로코포어와 벨리저(veliger) 유생, 따개비의 유생은 노플리우스(nauplius)와 사이프리스(cypris) 유생, 게의 유생은 조에아(zoea)와 메갈로파(megalopa) 유생이라 한다(그림 4.6). 극피동물의 유생은 성체가 방사대칭형을 이루는 것과는 달리 좌우대칭형의 모양을 하고 있다. 불가사리류의 유생은 비피나리아(bipinnaria) 유생, 브라키올라리아(brachiolaria) 유생, 거

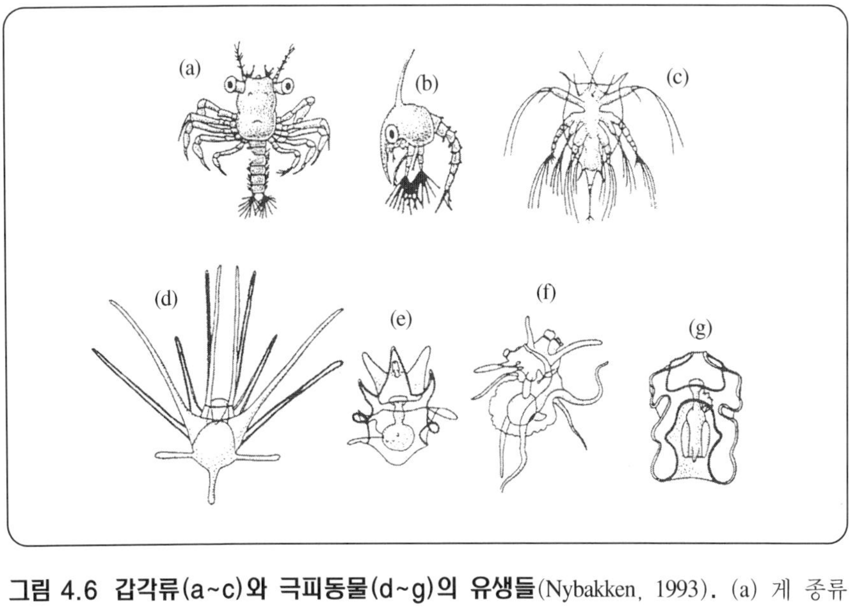

그림 4.6 갑각류(a~c)와 극피동물(d~g)의 유생들(Nybakken, 1993). (a) 게 종류의 megalopa 유생, (b) 게 종류의 zoea 유생, (c) 따개비 종류의 nauplius 유생, (d) echinopluteus 유생, (e) bipinnaria 유생, (f) brachiolaria 유생, (g) auricularia 유생

미불가사리류의 경우는 오피오플루테우스(ophiopluteus) 유생, 해삼 종류는 오리큘라리아(auricularia) 유생, 성게의 유생은 에키노플루테우스(echinopluteus) 유생 등으로 불린다(그림 4.6). 부유 유생에는 어류와 같은 유영생물들의 알이나 자어, 치어 등도 포함된다.

2. 동물플랑크톤의 채집과 처리

2.1 채집

동물플랑크톤은 연구대상 종류에 따라 적절한 크기의 망목을 가진 플랑크톤 네트로 채집한다. 그러나 감각기관이 발달하여 네트를 피할 수도 있고, 수층에 불균등하게 분포해 있으므로 채집시 주의를 요한다. 또한 같은 종이라도 유생과 성체 간에 크기, 유영능력, 서식장소 등에 큰 차이를 보이므로 채집방법, 기기, 시기 및 장소를 신중하게 결정하여야 한다. 적은 양을 채집하면 전체 개체군과 군집의 특성을 파악하기 어렵고, 불필요하게 많은 양을 채집하는 것은 비경제적이므로 적절한 채집량을 결정하여야 한다.

채집방법에는 플랑크톤의 정량적인 자료를 얻기 위한 정량채집(quantitative sampling)과 다양한 종조성 자료를 얻기 위한 정성채집(qualitative sampling)이 있다. 동물플랑크톤의 분포는 시·공간적으로 많은 변화가 있으므로 정량채집을 할 때는 조사목적에 알맞은 채집계획을 세워야 한다. 개체군 변동이 심하거나 환경요인이 빠르게 변하는 곳에서는 시·공간적으로 더 많은 시료를 채집하는 것이 바람직하다. 조사대상 개체군 분포에 대한 사전 지식이 없을 경우 해안으로부터의 거리나 수온, 염분의 구배에 따라 조사정점을 정하는 것이 좋다. 수층이 잘 섞이는 계절에는 채집을 자주 하는 것이 좋고, 대신 개체군의 공간적인 이질성이 적으므로 조사정점의 수를 줄일 수 있을 것이다. 수층이 층별화될 때는 시간에 따른 변화가 덜 중요하고 대신 군집의 공간적인 차이가 더 커지므로 채집빈도를 줄이는 대신 더 많은 정점에서 채집하는 것이 바람직하다. 연구의 목적이 조석에 따른 동물플랑크톤 군집의 변화, 동물플랑크톤의 수평·수직이동, 또는 동물플랑크톤의 일주성 이동을 연구하는 것이라면 일정한 정점의 여러 수층에서 자주 채집을 하는 것이 바람직하다.

동물플랑크톤 개체군의 연변화를 연구하기 위해서 일정한 장소에서 수년 동안 채집을 계속하면 해마다 상당히 다르다는 것을 알 수 있다. 이런 차이를 비교하기 위해서는 장기간에 걸쳐 최소한 매달 한 번씩 채집을 하여야 한다. 만약 연구목적이 어떤 종의 성장이나 사망률을 측정하는 것이라면, 그 종의 생식기간이나 수명을 고려하여 산란기작이나 동일 연급군(cohort)의 성장을 놓치지 않고 연구할 수 있도록 충분히 짧은 시간간격으로 채집한다.

정성채집시에는 전 해역을 대표할 만한 조사정점을 결정하기 위한 예비채집과 관찰이 필요하다. 조사정점은 채집이 같은 방법으로 지속적으로 이루어질 수 있는 곳과 물리 · 화학적 환경요인이 잘 알려진 곳이 좋다. 조사해역에서 가능한 많은 종을 채집하려고 한다면 다양한 채집기기를 사용하는 것이 좋다. 무리짓는 습성이 있거나 출현량이 극히 적은 생물을 채집하기 위해서는 채집할 때 여과하는 물의 양을 많게 할 필요가 있다. 동물플랑크톤 군집의 종조성이나 개체수의 장기적인 변화를 조사하려면 특별한 채집기구를 선택하여 채집방법을 표준화하는 것이 필요하다. 일관된 채집방법을 사용하면 여러 해역에서 얻은 동물플랑크톤 생물량이나 개체수 자료를 상호 비교할 수 있기 때문이다. 새로운 형태의 채집기를 표준채집기로 사용할 때는 새로운 채집기와 기존의 표준채집기의 채집능력을 비교하는 것이 필요하다.

섬모충류와 같은 소형 플랑크톤을 채집하기 위해서 아주 미세한 망목의 네트를 사용한다. 그러나 종종 망목이 막히곤 하므로 일정량의 물을 채수기나 펌프를 이용해 채수하고, 그 속의 생물을 농축하는 방법을 주로 사용한다. 동물플랑크톤의 양이 많은 연안역에서는 표층수를 100m*l* 정도만 채수하여도 충분하나, 일반적으로 플랑크톤의 밀도에 따라 1~50*l* 정도 채수하는 것이 바람직하다. 채수기의 종류에는 여러 가지가 있으나 흔히 사용되는 채수기는 반돈채수기(van Dorn sampler)인데, 양쪽 끝이 열려 있는 원통형으로 용량은 5~20*l*이다. 채수기 이외에 펌프도 동물플랑크톤 채집에 사용된다. 펌프를 사용하면 여과한 물의 양을 정확하게 알 수 있으므로 정확한 자료를 얻을 수 있다. 그러나 채집깊이가 제한되고 운동능력이 뛰어난 동물플랑크톤들은 흡수구에서 도망칠 수 있으며, 와류에 의해 동물플랑크톤이 물리적으로 상처를 입을 수 있다는 단점이 있다. 특히 젤라틴질 동물플랑크톤은 와류나 펌프 자체에 의해 형체를 분간 못할 정도로 부스러지기도 한다.

2.2 생리실험용 시료채집

살아 있는 동물플랑크톤을 대상으로 생물학적인 연구를 하기 위해서는 동물플랑크톤이 다치지 않게 주의를 기울여 채집하는 것이 중요하다. 미세한 망목의 네트를 사용할 때는 수직으로 예망하거나 짧게 수평예망하는 것이 플랑크톤이 다치지 않도록 하는 좋은 방법이다. 예망속도는 약 $0.3m\ s^{-1}$ 이하로 하고, 큰 배에서 채집할 때는 엔진을 멈추고 바람에 의해 배가 표류하는 것을 이용하는 것이 좋다. 오랜 시간 예망을 하면 네트 속의 플랑크톤이 생리적으로 약해지고 물리적인 상처를 받기 쉽다. 특히 수온이 높은 열대 해역에서는 예망시간을 상당히 줄이는 것이 필요하다. 네트를 회수한 후에 채집통을 즉시 많은 양의 해수가 들어 있는 큰 통에 넣어야 한다. 네트에 남아 있는 플랑크톤은 이미 상처를 입었으므로 실험에 사용하지 않는 것이 좋다. 채집시각은 태양이 강한 한낮을 피해 플랑크톤이 표층으로 모이는 해 진 후가 좋다. 젤라틴질 플랑크톤은 잠수부 입구가 큰 통으로 잡는 것이 가장 좋으나 몇몇 종은 위에서 기술한 방법에 따라 네트로도 채집할 수 있다. 플랑크톤을 다른 통으로 옮길 때는 작은 비커나 특별히 고안된 네트로 조용히 떠서 옮기도록 한다. 살아 있는 동물플랑크톤을 실험실로 운반할 때는 되도록 낮은 밀도로 운반한다. 운반시 물의 요동에 의해 생물들이 해를 입는 것을 최소화하기 위해 통에 물을 가득 채운다. 또한 햇빛에 직접 노출되지 않고 수온이 변하지 않도록 아이스박스에 넣어 운반하는 것이 바람직하다. 생리실험에 사용할 것이 아니고 단순히 동물플랑크톤을 기르는 것이 목적이라면, 사망률을 낮추기 위해 현장 수온보다 2~4℃ 정도 낮게 유지하는 것이 좋다. 장시간 운반할 때는 산소를 공급해 준다. 실험을 위해 플랑크톤을 골라낼 때는 시료의 일부를 적당한 크기의 투명한 통에 조용히 따르고, 건강한 동물플랑크톤을 피펫으로 골라낸다. 동물플랑크톤의 주광성이나 주지성을 이용하면 쉽게 골라낼 수 있다.

2.3 플랑크톤 네트

플랑크톤 채집에는 다양한 모양의 플랑크톤 네트가 사용되고 있다(그림

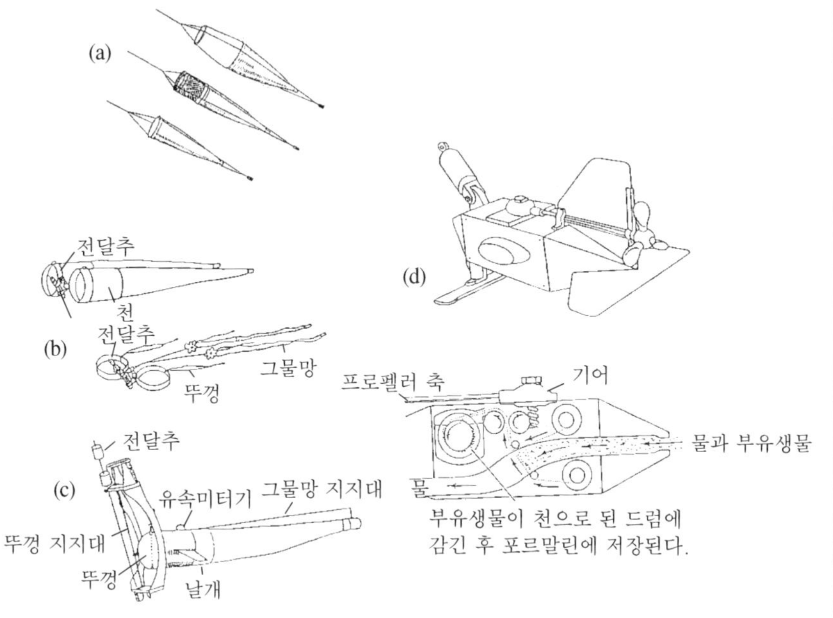

그림 4.7 다양한 동물플랑크톤 채집 네트(심과 김, 1996). (a) 전형적인 플랑크톤 네트, (b) 개폐식 봉고네트, (c) Clarke Bumpus 채집기, (d) Hardy continuous plankton recorder

4.7). 전형적인 네트는 원형의 테두리(net mouth)에 원뿔형의 망이 부착되어 있고 후미에 채집통(cod end)이 달려 있다. 네트의 여과효율은 일정한 거리를 예망하였을 때 네트에 의해 여과된 실제 물의 용량과 네트를 부착하지 않았을 때 네트의 입구를 통과한 이론적인 용량과의 비를 말한다. 여과효율은 네트의 형태, 네트의 단면적, 망목의 크기, 예망속도 등에 따라 달라지며, 여과효율에 따라 채집된 동물플랑크톤도 달라진다. 미세한 망목의 네트는 채집시 막혀서 여과효율을 저하시키게 된다. 그러므로 외양에서는 망목이 100μm보다 작은 것, 연안역에서는 200μm보다 작은 망목을 가진 네트는 사용하지 않는 것이 좋다. 네트의 여과효율은 입구면적에 대한 물이 여과되는 망목의 총면적비인 개구비에 의해서도 크게 영향을 받는다. 이론적으로 여과효율은 예망거리가 증가할수록 일정하게 감소한다.

동물플랑크톤의 수직분포나 일주 수직이동(diurnal 또는 diel vertical migration)을 연구하기 위해서는 수층별로 시료를 채집하는 층별채집이 필요하다.

이를 위한 채집기는 입구 또는 망부분이나 후미에 있는 채집통을 막을 수 있도록 고안되었다. 폐쇄식 네트는 수직채집에 사용되는데, 열려진 네트를 일정 수심까지 내리고 채집하고자 하는 수층까지 끌어올린 후 닫는다. 개폐식 네트는 수평 또는 경사채집할 때 사용하며, 네트를 닫은 상태로 채집하고자 하는 수층까지 내리고 네트를 열어 채집한 후 다시 네트를 닫는다. 네트는 채집용량이 크고, 정확한 개폐능력이 있고, 서로 다른 층에서 채집된 시료들이 섞이는 것을 최소화하며, 채집된 시료가 네트 안에서 손상되지 않도록 고안된 것이 좋다. 네트의 개폐는 메신저(전달추)에 의한 물리적 충격, 전기신호, 시간, 압력 등에 의해 조절할 수 있다. Clarke-Bumpus 채집기, Bongo 네트, MTD 네트, ORI 네트는 메신저에 의해 작동하는 폐쇄식 또는 개폐식 채집기이다. 조사자가 언제, 어디서 네트를 개폐할 것인가를 결정하기 위해서는 표층에서 채집기 시스템을 조절하고, 네트의 작동상황이나 환경요인들을 감지할 수 있는 장치를 가지고 있어야 한다.

연속 플랑크톤 채집기(continuous plankton recorder: CPR)는 약 $1 \sim 7m\ s^{-1}$의 속도로 움직이는 배의 후미에서 연속적으로 플랑크톤을 채집할 수 있는 기기이다. 연속 플랑크톤 채집기를 사용하면 넓은 해역에서 동물플랑크톤의 분포를 짧은 시간 안에 조사할 수 있다. 그러나 연속 플랑크톤 채집기의 여과거즈에 걸린 플랑크톤이 채집기 안에 있는 포르말린 탱크로 감겨 들어갈 때 2개의 거즈 사이에서 압축되어 형태가 변하는 단점이 있다.

공간분포형태를 연구하는 새로운 접근방법은 현장에서 사용할 수 있는 카메라 시스템과 채집기에 부착된 전자식 동물플랑크톤 계수기를 사용하는 것이다. 이러한 기구들을 사용해 현장에서 네트를 통과하는 동물플랑크톤을 계수하고, 크기를 측정할 수 있다. 엽록소나 수온, 밀도, 수심과 같은 환경자료 등도 fluorometer나 CTD(염분, 수온, 수심을 잴 수 있는 장비)를 채집기에 부착해서 채집과 동시에 측정할 수 있다. MOCNESS(Multiple Opening/Closing Net and Environmental Sensing System)와 같은 채집기가 바로 이런 종류에 포함된다.

2.4 시료의 농축

채수하여 채집한 시료를 관찰하기 위해서는 여과망, 원심분리기, 침전통,

전도현미경, 막여과지 등을 사용해 물을 농축할 필요가 있다. 여과방법을 사용할 때는 우선 물을 약 200μm 망목의 여과망으로 통과시켜 중형 플랑크톤을 걸러 내고, 소형 플랑크톤을 200ml 이하의 용량으로 농축시킨다. 작은 편모충류와 섬모충류는 20~35μm 망목의 여과망을 통과하므로, 미세여과망을 통과한 물 중 일부분을 채수하여 원심분리나 침전 등의 방법으로 농축한다. 소형 플랑크톤은 1,000~2,000rpm 속도로 5~10분 정도 원심분리하여 농축한다. 작은 배 위에서는 진동 때문에 사용할 수 없으며, 많은 양의 물을 농축하기가 어렵다는 단점이 있다. 침전방법은 시간이 오래 걸리나 가장 간단한 방법이다. 고정한 시료를 1~2일 동안 가만히 놓아 두어 플랑크톤을 실린더 바닥으로 침전시키고, 사이펀(siphon)을 사용하여 표층의 물을 조용히 제거하여 농축한다. Utermöhl 방법(전도현미경법)은 식물플랑크톤이나 소형 플랑크톤을 침전·계수하는 데 가장 많이 사용된다. 셀룰로오스 에스터(cellulose ester)로 만들어진 Millipore와 Gelman 여과지나 폴리카보네이트(polycarbonate)로 만들어진 Nuclepore 여과지는 소형 플랑크톤을 여과하는 데 사용된다. 여과는 약 250mmHg 정도의 낮은 압력에서 해야 한다. 표백제를 사용하여 세척한 여과지를 직접 현미경으로 관찰할 수 있는 장점이 있다.

2.5 고정과 보존

채집한 동물플랑크톤은 가능한 빨리 고정한다. 건중량이나 화학성분을 측정하는 경우를 제외하고는 채집 후 10분 이내에 고정하는 것이 좋다. 시료의 상태는 초기 고정과정에 따라 결정되므로 주의를 기울인다. 시료를 고정하는 일반적인 방법은 중성 포르말린을 사용하는 것이다. 살아 있는 플랑크톤에 직접 고정액을 넣으면 형체가 변형되는 일이 종종 일어나므로 이런 경우 고정하기 전에 동물플랑크톤을 마취하는 것이 좋다. BHT(butylated hydroxytoluene)나 BHA(butylated hydroxyamisole)를 사용하면 고정된 어류나 갑각류의 체색을 상당 기간 보존할 수 있다. 시료보관에는 플라스틱 용기가 일반적으로 사용되나 투명한 유리병이 더욱 적합하다. 입구가 넓고 polypropylene이나 고무로 안쪽을 댄 플라스틱 스크류 뚜껑이 있는 유리병이 좋고, 금속용기나 뚜껑은 녹이 생기므로 사용하지 않는다. 보관 중 보존액이 증발될 수 있으며 보존액의 pH가 유기물의 산화로 낮아질 수 있으므로 수시로 점검해야 한다.

2.6 관찰

대형 플랑크톤은 스쿠버 다이빙이나 스노클링을 하며 관찰할 수도 있으나, 대부분 동물플랑크톤은 크기가 작으므로 네트로 채집하여 현미경으로 관찰한다. 현미경을 통해 살아 있는 동물플랑크톤을 관찰하면 물 속 마이크로세계의 신비함과 다양함을 발견할 수 있다. 살아 있는 소형 동물플랑크톤은 슬라이드 글라스 위에 물 한두 방울을 떨어뜨리고 커버 글라스를 덮고 관찰할 수 있다. 슬라이드 글라스는 면 거즈로 깨끗하게 닦아 사용하고, 동물플랑크톤이 커버 글라스에 눌리지 않도록 플랑크톤 거즈나 바셀린 등을 이용해 커버 글라스와 슬라이드 글라스 사이에 공간을 만든다. 움직이는 동물플랑크톤을 현미경으로 관찰하기는 쉽지 않다. 이들의 움직임은 물의 점성을 높임으로써 둔화시킬 수 있다. 100m*l*의 해수에 10g의 메틸 셀룰로오스(methyl cellulose)를 녹여 1~2일 경과한 후 불용성 물질을 원심분리하여 제거한 용액 몇 방울을 해수시료에 떨어뜨리면 생물의 유영속도를 현저하게 줄일 수 있다. 마취제를 사용하는 것도 한 방법으로서 마취효과는 플랑크톤 종류에 따라 다르며, 수온이나 동물의 생리상태에 따라서도 다르다. 그러므로 실험자 자신이 화학물질의 종류나 농도를 바꿔 가면서 가장 좋은 방법을 찾아야 한다. 연체동물이나 다모류는 Janus Green B 용액, 클로랄 하이드레이트 크리스탈(chloral hydrate crystal), 우레탄(urethane) 등으로 마취하고, 니코틴은 섬모충류와 연체동물 유생의 섬모운동을 일시적으로 중지시킬 수 있다. MS-222와 트리케인(Tricane)을 사용하면 요각류와 치어를 효과적으로 마취시킬 수 있다.

최근에는 현미경에 부착된 카메라와 VTR을 이용해 먹이섭취, 포식자-피식자 관계, 교미 등 동물플랑크톤의 행동을 녹화하여 관찰할 수 있다. 이 시스템의 장점은 장치만으로 모니터링이 가능하며, 플랑크톤의 행동을 화상분석할 수 있다는 것이다. 시각이 각 화상에 자동적으로 기록되므로 이 화상을 재생하면서 유영속도를 계산할 수도 있다.

2.7 분할, 선별, 계수

시료 안에 개체수가 필요 이상으로 많거나, 여러 목적을 위해 시료를 나누어 사용해야 할 경우 Stempel 피펫, Folsom 분할기, Motoda 분할기 등을 사용하여 시료를 분할한다. 분할 후에는 동물플랑크톤을 분류군으로 선별하고 계수하게 된다. 연구목적이 동물플랑크톤의 종조성이나 군집 내에서 생태학적 역할을 조사하는 것이라면, 플랑크톤을 선별하는 것이 편리하다. 고정한 시료를 취급할 때는 고정액에서 formaldehyde 기체가 생기므로 선별은 통풍이 잘 되는 방에서 하도록 한다. 연안에서 미세한 망목의 네트로 동물플랑크톤을 채집한 경우 상당한 양의 유기쇄설입자나 퇴적물이 시료 안에 섞여 있으므로 플랑크톤을 이들로부터 구별해 내기가 쉽지 않다. 이런 경우 플록신(phloxine) B, 로즈 벵갈(rose bengal) 또는 보락스 카민(borax carmine) 등을 사용하면 동물플랑크톤이 염색되어 선별과 계수가 용이해진다. 소형 플랑크톤의 계수는 혈구계수기(hemocytometer)나 Sedgwick-Rafter 계수판을 사용하고, 중형 플랑크톤은 Bogorov 계수판을 사용해 현미경하에서 계수한다.

플랑크톤의 구성은 흔히 단위면적이나 용적당 개체수나 퍼센트로 표시된다. 이외에 'C-R 방법'이 있는데, 플랑크톤의 풍도를 CC(아주 흔함), C(흔함), R(드묾) 혹은 RR(아주 드묾) 등과 같이 출현빈도에 따라 표시한다. 이 방법은 어떤 해역의 플랑크톤 군집의 구성이나 각 종의 상대적인 출현 등을 명확하게 보여 준다.

2.8 종 검색

종 검색에는 많은 경험이 요구되므로 정확한 검색은 분류 전문가의 자문을 구하는 것이 좋다. 그러나 연구대상 생물에 대한 분류학의 기본적인 지식은 어느 생태학자에게도 필요하다. 연구자는 다른 종으로부터 연구대상 종을 구별할 수 있는 능력이 있어야 하고, 시료 속의 플랑크톤 군집에서 이 종의 계통분류학적 위치를 알아야 한다. 연구대상이 된 시료는 연구를 끝마친 후라도 미래의 연구를 위해 보관해 놓는 것이 바람직하다. 전문가에 의해 검색된 표본은 앞으로 다시 검색할 때 비교자료로 중요할 것이다. 종 검색을 위해서는 기본적으로 현미경, 그림 그리는 도구, 사진 찍는 도구, 표본용기뿐만 아니라 슬라이드 글라스와 커버 글라스, 피펫, 핀셋, 해부용 침, 마취제, 보존액, 염색약 등이 필요하다. 정확한 종 검색을 위해서는 현미경하에서 해부해야 할 경우도 있다. 요각류는 글리세롤이나 프로필렌 글리콜과 같이 점성이 큰 액체 속에서 동정하기가 더 쉽다. 젖산을 이용해 조직이 투명해질 때 해부하는 것이 좋다. 갑각류의 현미경 관찰을 위해서는 메틸렌 블루(Methylene blue)나 리그닌 핑크(lignin pink)로 염색하는 것이 좋다.

2.9 생체염색기법

연구목적에 따라 채집할 당시 살아 있는 동물플랑크톤과 죽은 동물플랑크톤 개체수에 관한 자료가 필요할 때가 있다. 발전소의 냉각기를 통과한 동물플랑크톤 사망률을 측정하는 것이 한 예가 될 것이다. 염색약 뉴트럴 레드(neutral red)를 사용하면 살아 있는 플랑크톤이 염색되므로 채집 후 시료 속에 살아 있는 것과 죽은 것을 구별하여 빨리 계수할 수 있다. 염색효과는 종이나 발생단계에 따라 다르며, 칼라노이드 요각류가 가장 염색이 잘 된다. 이 염색약은 윤충류, 다모류, 모악류 등에도 효과가 있다. 그러나 사이클로포이드 요각류나 하팍티코이드 요각류, 따개비의 노플리우스 유생, 십각류의 조에아 유생은 종종 엷게 염색이 되거나 불완전하게 염색이 된다. 살아 있는 표본과 죽은 표본을 분류할 때 실수를 줄이고 플랑크톤에 대한 여러 가지 환경 스트레스의 영향을 좀더 정확하게 결정하기 위해 쉽게 염색이 되는 분류군을 동물플랑크톤의 지표종으로 선택하는 것이 바람직하다.

3. 생물량과 화학조성

동물플랑크톤 군집구조나 생태계 내에서 이들의 역할을 이해하기 위해서는 생물량에 대한 연구가 필요하다. 예를 들어 동물플랑크톤의 생물량은 해역간의 비교나 계절변화연구에 중요한 변수가 되고, 하위 영양단계에서 상위 영양단계로 이동하는 에너지와 물질을 정량화하기 위해서도 필요하다. 동물플랑크톤의 생물량에는 용적으로 표시하는 침전량과 배수량, 무게로 표시하는 습중량, 건중량, 건조유기물중량 또는 탄소량 등이 있다. 이 중 침전량, 배수량, 습중량은 측정방법이나 동물플랑크톤의 종류에 따라 큰 차이가 난다. 고정한 동물플랑크톤은 용적이나 무게가 감소하는 경향이 있으므로 고정 후 되도록 빠른 시간 내에 측정하도록 한다. 갑각류의 경우에는 용적손실이 비교적 적으나 젤라틴질 동물플랑크톤이 우점할 경우 상당한 양의 손실이 있으므로 이 경우 침전량이나 배수량을 측정하는 것은 좋지 않다. 가장 좋은 방법은 살아 있는 동물플랑크톤의 건중량이나 건조유기물중량, 탄소량을 측정하는 것이다.

3.1 침전량과 배수량

동물플랑크톤의 용적은 침전량이나 배수량으로 측정한다. 침전량은 시료를 50~100m*l* 매스실린더에 넣고 유리막대로 조용히 저은 후 일정 시간 동안 가라앉혀 측정한다. 간편한 측정방법이지만 동물플랑크톤 종조성이나 침전용기에 따라 침전량에 변화가 큰 것이 단점이다. 배수량은 플랑크톤을 포함한 전체 물의 양을 우선 측정하고, 물만의 용적을 측정하여 이 차이로 측정한다. 배수량을 측정할 때는 플랑크톤 사이의 간극수를 잘 제거하는 과정이 중요하다.

3.2 습중량

습중량은 가능한 주변의 물을 최대로 제거한 후 측정한다. 물은 진공펌프로 제거하며, 여과지로 여분의 물을 제거한다. 진공펌프를 켤 때는 압력조절마개를 열어 놓아 너무 강하게 흡입되지 않도록 한다. 그런 후 흡착된 물이 없는 플랑크톤 시료의 중량을 측정한다. 습중량은 mg m^{-3}으로 표시된다. 습중량은 플랑크톤을 여과망이나 스크린으로 거르고 묻어 있는 물기를 여과지로 흡수한 후 측정한다. 시료는 시간이 지날수록 건조되므로 간극수를 제거한 후 바로 무게를 측정하는 것이 좋다.

3.3 건중량과 건조유기물중량

포르말린으로 고정된 플랑크톤의 화학적 성분, 건중량과 유기물중량은 시간에 따라 크게 변하므로 건중량을 측정하기 위해서는 살아 있는 플랑크톤을 사용하여야 한다. 만약 건중량도 측정하고 종 검색하는 것도 필요하다면, 시료를 같은 정점에서 두 번 채집하든지 아니면 시료를 선상에서 분할하여 반은 건중량을 재는 데, 나머지 반은 현미경으로 관찰하는 데 사용한다. 이미 고정한 시료의 건중량을 잴 때는 고정한 지 약 1개월이 지나 중량이 거의 변하지 않을 때 사용한다. 요각류의 건중량은 흔히 1~3,000μg 범위이므로 아주 정밀한 전자저울을 사용해 측정한다.

건조유기물중량은 건조표본무게를 재고 전기로에 넣어 400~500°C로 소각한 후 건조기 안에서 식혀 다시 중량을 측정하여 건중량에서 재(ash)의 무게를 뺀 중량으로 결정한다. 그러나 빗해파리같이 젤라틴질 대형 플랑크톤의 경우에는 이 방법이 적절하지 않다.

3.4 체장이나 용적과 중량의 관계

동물플랑크톤의 체장이나 용적과 중량 사이에는 일정한 관계가 있어, 체장을 측정하여 동물플랑크톤의 생물량을 추정할 수 있다. 동물의 체장(L)과 중량(W) 사이에는 일반적으로 다음과 같은 관계식이 성립한다.

$$W = aL^b \quad \text{또는} \quad \log W = \log a + b \log L$$

여기서 a, b는 상수이고 b값은 3에 가깝다. 용적과 습중량 사이의 관계는 동물들의 비중이 1에 가까우므로 1ml = 1g으로 환산이 가능하다. 체장은 현미경의 접안렌즈 안에 마이크로미터를 넣어 정확하게 측정할 수 있다.

3.5 화학조성

동물플랑크톤의 생물량은 탄소, 질소, 인과 같은 화학원소의 양이나 단백질, 지방, 탄수화물과 같은 생화학 성분을 측정하여 표시할 수 있다. 동물플랑크톤의 화학조성을 조사할 때는 주의해야 할 점이 있다. 포르말린으로 고정한 시료는 유기물이나 화학원소의 성분에 상당한 변화가 일어나므로 화학분석연구에는 부적합하다. 신선한 동물플랑크톤 시료나 건조 또는 냉동시킨 시료가 유기물 분석에 적합하며, 원소분석에는 건조시료를 흔히 사용한다. 냉동시료는 보관 중에 탈수되어서 습중량이 과소평가될 수 있으므로 밀폐된 용기에 보관하는 것이 좋다.

동물플랑크톤의 화학조성은 주변 환경의 변화나 동물의 생리적 조건에 따라 개체 사이 또는 종 사이에 뚜렷한 변화가 있다. 유기물 중에 단백질과 지방질이 동물플랑크톤을 이루는 중요한 구성물질이나, 지방질의 양은 변화폭이 크다. 탄소, 질소, 수소는 기체 크로마토그라피를 이용해 분석한다. 무게를 잰 동물플랑크톤 시료를 일정한 양의 순수한 산소로 연소시킬 때 발생되는 CO_2, H_2O 그리고 기체 질소산화물이 탄소, 수소, 질소로써 전자적으로 감지되고 기록된다. 유기물 분석시 CHN 분석기의 주된 장점은 간단한 작동방법과 적은 양의 시료(주로 건중량 1~3mg)만으로도 가능하다는 것이다. 연소온도가 고온이므로(약 900°C) CHN 분석기로 측정된 탄소, 수소, 질소의 양은 동물플랑크톤의 유기물, 무기물의 총량이 된다. 해양 동물플랑크톤의 경우 대부분의 세포 내 질소(65~90%)는 아미노산 형태로 존재한다.

원소(C, H, N, P)와 유기물(단백질, 탄수화물, 지방질) 사이의 관계는 유용한 정보를 제공한다. 세 가지 유기물질 중에 단백질과 지방질은 각각 질소와 인의 양이 많고, 탄수화물은 질소와 인의 양이 아주 적다. 탄소와 수소의 양은 모두 비슷하다. 해양 동물플랑크톤의 경우 탄수화물이 지방질이나 단백질보다 양이 적기 때문에 단백질과 지방질이 탄소, 수소, 질소, 인의 중요한 근원이 된다. 그러므로 지방에 대한 단백질의 비는 C/N, H/N, N/P와 같은 원소비로부터 추정할 수 있다. 예를 들어 단백질에 대한 C/N비는 약 3이고, 지방질에 대한 C/N비는 질소의 양이 탄소에 비해 엄청나게 적기 때문에 아주 크며, 따라서 동물의 C/N비는 지방질/단백질 비에 따라 증가한다. 그러나 단백질이나 지방질의 종류와 양은 종에 따라 변화가 있을 수 있다.

3.6 열량

동물플랑크톤의 생물량은 에너지량으로도 표시할 수 있으며, 에너지량은 유기물을 태웠을 때 나오는 열량을 직접 열량계로 측정할 수 있다. 또한 열량은 유기물의 성분에 따라 다르므로, 생화학적 성분분석을 한 후 각 성분별 열량 환산값을(단백질 4.2cal mg^{-1}, 지방질 9.5cal mg^{-1}, 탄수화물 4.2cal mg^{-1}) 이용해서 계산할 수도 있다. 열량의 단위로는 cal mg dry $weight^{-1}$나 cal mg organic $weight^{-1}$를 사용하며, 동물플랑크톤의 영양역학(trophodynamics) 연구에 유용하다.

4. 분포의 시 · 공간적 변화

플랑크톤은 해수의 흐름에 역행하여 스스로 그 존재의 위치를 고정할 수 있는 능력이 없는 생물군이라고 앞서 정의되었다. 이러한 정의와 해류의 연속성 등을 생각하면, 해양에 분포하는 플랑크톤은 한정된 공간 안에서는 무작위 분포를 하고, 보다 넓은 공간에서도 전세계적으로 공통으로 분포하는 종류가 제법 많을 듯하다. 그러나 실제에 있어서는 전세계적으로 분포하는 범세계종(cosmopolitan species)도 그리 많지 않을 뿐만 아니라 상대적으로 제한된 공간 안에서도 무작위 분포를 보이지는 않는다. 오히려 있는 곳에는 많이 있으나 없는 곳에는 매우 드물게 나타나는 경우가 더 많다. 이렇게 플랑크톤이라는 용어의 정의에서 의미하는 바와는 달리, 공간적으로 무작위 분포를 보이지 않고, 있는 데에는 많이 있으나 없는 데에는 매우 드물게 나타나는 플랑크톤 분포의 특성을 불균일(patchy) 분포라 한다. 이는 동물플랑크톤 분포의 두드러진 특징이기도 하지만, 다른 대부분의 생물분포의 특징이기도 하다.

이러한 특성을 갖는 동물플랑크톤의 분포는 시간적으로도 항상 일정하지 않고 계속하여 변화하고 있으며, 해역에 따라 그 변화의 정도도 일정하지 않다. 이 절에서는 시간적 · 공간적으로 변화하는 동물플랑크톤 분포의 양상을 살펴보고, 이러한 분포의 변화가 어떤 이유에서 야기되는지 등을 살펴본다.

4.1 불균일한 무리분포

자연환경에 분포하는 생물의 분포상을 살펴보면 크게 세 종류의 서로 다른 분포형태가 있음을 알 수 있다. 첫째는 서로 인접한 생물간의 거리가 일정하게 유지되는 경우인데, 이는 사람이 인위적으로 경작한 논이나 밭에서 주로 발견되는 경우이다. 이러한 분포를 우리는 규칙적인 분포라 한다. 둘째는 서로 인접한 생물간의 거리가 무작위 분포를 보이는 경우로 무작위 분포라 부르는데, 많은 동 · 식물의 분포가 무작위 분포이기도 하다. 셋째는 생물이 있는 곳에는 많이 밀집되어 있는 반면에 없는 곳에는 잘 나타나지 않는 분포형태로서 이를 집중분포 또는 불균일 분포라 하고, 대부분의 플랑크톤이 이러한 특징을 보인다(그림 4.8).

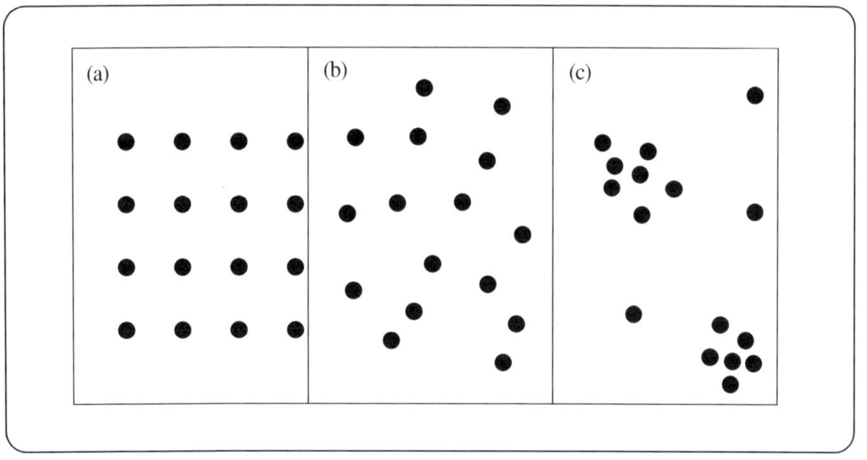

그림 4.8 생물분포의 세 형태. (a) 균일 분포(even distribution), (b) 무작위 분포(random distribution), (c) 불균일 분포(patchy distribution)

이러한 플랑크톤의 불균일 분포의 한 특성은 공간적으로 그 무리(patchy) 사이의 거리간격이 다양하게 나타나고 있다는 것이다. 예를 들면 몇 m의 거리 안에서도 있는 곳과 없는 곳의 차이가 나타나는 소위 소규모(micro-scale) 무리가 있는가 하면, 수백 km의 거리영역에서 많고 적음에 차이가 나는 중규모(meso-sclae) 무리가 있기도 하다(Haury *et al.*, 1978).

이러한 무리의 원인을 일반화하여 설명하기는 쉽지 않다. 그것은 무엇보다도 우선 동물플랑크톤의 경우 현장에서 관찰하기 어렵다는 제약 때문에 분포의 규모를 파악하기 쉽지 않고, 설사 잘 파악되었다 하더라도 그 공간규모에 따라 분포차이의 원인이 서로 다를 수밖에 없기 때문이다. 지금까지 제시된 무리분포의 원인은 크게 몇 가지가 있다. 첫째는 해수의 물리화학적 환경요인의 차이에 따라 동물플랑크톤의 지리적 분포에 차이가 있다는 것, 둘째는 동물플랑크톤의 생식, 즉 재생산과 관련되어 있는 곳에 집중되어 나타난다는 것, 셋째는 먹이에 대한 경쟁관계나 사회적 행동양태의 차이 때문에 불균일 분포가 된다는 것, 이 밖에 잘 파악되지 않는 소위 무작위 과정에 의한다는 설명도 있다(Hutchinson, 1953; Stavn, 1971). 특히 해수의 물리화학적 환경요인의 차이는 동물플랑크톤 분포의 시간적 · 공간적 차이를 유발하는 가장 큰 원인이 되곤 한다.

4.2 분포의 공간적 차이

깊은 바다 속을 제외하면 빛, 수온, 염분 등과 같은 많은 해양의 생태요인은 공간적으로 큰 차이를 보이고 있다. 따라서 세계 어느 곳에서나 쉽게 발견할 수 있는 범세계종이라 칭하는 종류는 깊은 바다 속을 제외하면 그리 많지 않다. 대부분의 동물플랑크톤은 지구 전체로 보면 같은 위도상의 비슷한 수온범위를 따라 분포영역이 한정되어 있다. 예를 들면 우리나라 연안에 흔히 나타나는 요각류 *Paracalanus parvus*는 열대와 온대 수역에는 많이 나타나나 극지방에는 나타나지 않고 있다(Bougis, 1976). 북반구의 온대 수역에 많이 나타나는 종류들은 북반구의 열대나 극지방에 적게 분포하고 있으며, 남반구의 온대 수역에 다시 많이 나타나는 경향이 있다. 이렇게 적도를 중심으로 양 극지방으로 가면서 대칭적으로 나타나는 동물플랑크톤 분포의 양상을 양극

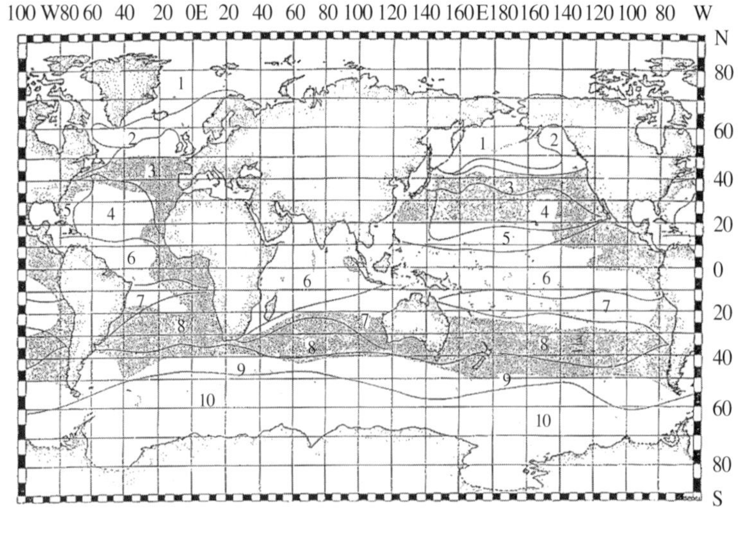

그림 4.9 대양을 동물플랑크톤의 분포양상에 따라 구분한 예(van der Spoel and Hayman, 1983). 1 = Arctic area, 2 = Subartic area, 3 = N. Temperate area, 4 = N. Subtropical area, 5 = N. Subtropical-Terminal area, 6 = Equatorial area, 7 = S. Subtropical-Terminal area, 8 = S. Subtropical-Central area, 9 = S. Temperate area, 10 = Antarctic area, dotted = areas of strongly mixing water masses

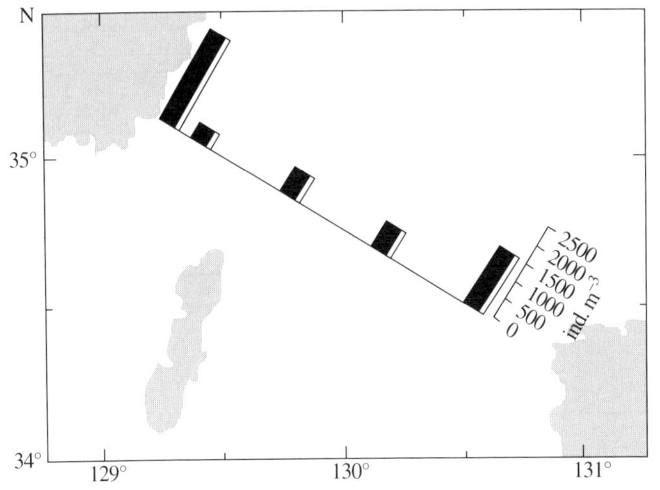

그림 4.10 대한해협에서 동물플랑크톤 요각류의 분포 (Kim *et al.*, 1993)

분포(bipolar distribution)라고 부르기도 한다. 동물플랑크톤의 분포양상에 따라 대양을 그림 4.9에서와 같이 몇 개의 해역으로 구분할 수도 있다.

한편 공간적 분포를 보다 작은 범위에서 살펴보면, 한 해역 내에서도 생물량의 분포에 차이가 있음을 알 수 있다. 그림 4.10은 우리나라 대한해협에서 살펴본 동물플랑크톤 요각류의 개체수 분포이다. 육지에 인접한 곳에서 보다 많은 양이 분포함을 알 수 있다. 또한 그림 4.11은 아산만 내부의 10개 정점에서 살펴본 여름철 최대 우점종인 요각류 *Acartia bifilosa*(*A. hongi*로 종명 정리)의 분포도이다. 같은 만 안에서도 지리적으로 수도에 큰 차이가 있음을 알 수 있다.

이러한 지리적 분포차이의 원인은 위에서 언급된 불균일한 무리분포의 원인들과 맥이 통하는 것들이다. 즉, 수온이나 염분 등의 환경요인의 차이와 동물플랑크톤들의 환경요인에 대한 서로 다른 내성범위가 분포의 지리적인 차이를 야기하기도 하며, 종간 경쟁, 포식과 피식, 재생산을 위한 적응 등 생물학적 상호관계가 지리적 분포차이를 유발하기도 한다. 지리적으로 서로 다른 양상을 보이는 종조성이나 생물밀도의 원인을 알기 위해서는 많은 물리화학적 환경요인에 대한 정보와 대상 동물플랑크톤들의 섭식습성, 생활사, 재생산 기작 등 많은 생물학적 정보를 모아야 한다. 과거의 축적된 정보를 바탕으

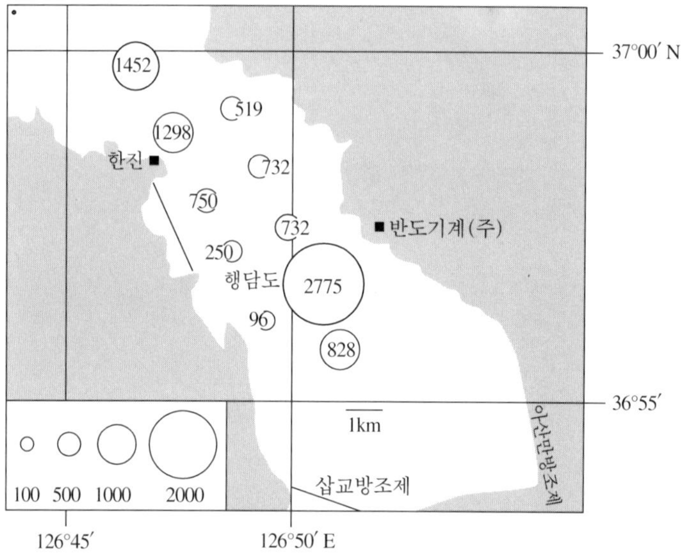

그림 4.11 아산만 내부 10개 정점의 여름철 최우점종 *Acartia bifilosa* 분포. 1996년 8월 자료로 숫자는 cells m^{-3}의 수도단위임.

로 동물플랑크톤들을 생태학적 관점에서 한수종, 난수종, 연안종, 외양종 등으로 구분하기도 한다.

한편, 공간적인 분포의 차이는 항상 일정하게 유지되는 것이 아니고 시간적으로도 끊임없이 변화한다. 따라서 종조성이나 생물밀도의 공간적 차이를 파악하는 일은 통상 시간적인 변화를 파악하는 일과 병행하여 이루어진다.

4.3 분포의 시간적 변동

같은 해역에서도 빛, 수온, 염분 등의 해양생태환경은 시간적으로 변화한다. 그 변화의 주기는 하루, 일주일 내지는 보름, 계절 등 다양하다. 이러한 환경요인의 시간에 따른 변화는 동물플랑크톤의 분포에도 영향을 주어 결과적으로 동물플랑크톤의 종조성과 양적 분포가 시간에 따라 변화하게 한다. 그림 4.12는 아산만에 서식하는 요각류 *Calanus sinicus*의 계절 및 연간 변동을 보인 것이다. 한 해 동안 봄철에 가장 많이 출현하고 여름, 가을, 겨울에 걸

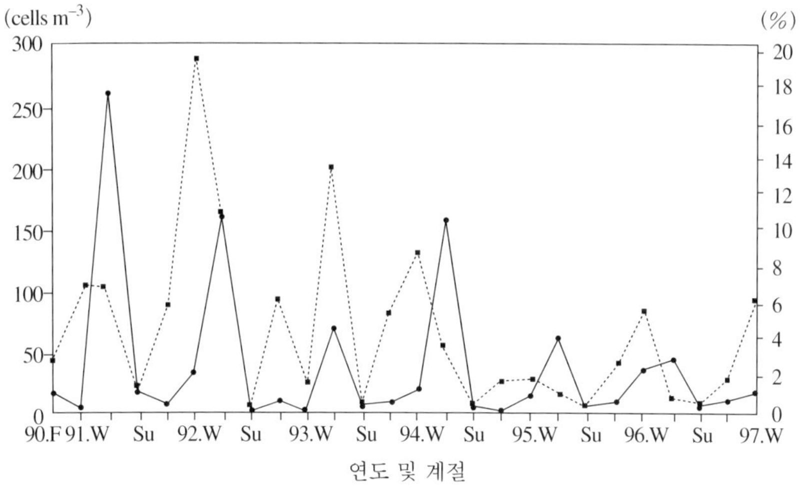

그림 4.12 아산만 일원에 서식하는 주요 요각류 *Calanus sinicus*의 계절 및 연간 변동. — 개체수, ⋯ 빈도

쳐 그 분포량이 줄어들고 있음을 알 수 있다. 이러한 계절변동은 종에 따라 다르게 나타나기도 하는데, 같은 해역에서 모악동물인 *Sagitta crassa*는 여름철에 가장 많이 나타났다(Choi and Park, 1993).

동물플랑크톤 분포의 시간적 변화를 초래하는 원인은 공간적 분포차이의 원인이 되는 요인들과 맥을 같이한다. 공간적인 차이를 보이는 물리화학적 환경요인은 시간적으로도 변화하고 있으며, 따라서 이들 환경요인에 대한 내성범위가 서로 다른 동물플랑크톤들은 시간적으로도 종조성과 양적 분포에서 차이를 나타내게 된다. 나아가 종조성의 변화는 생물 상호간의 경쟁, 포식과 피식관계, 재생산을 위한 적응양태들에 영향을 주게 되어, 결과적으로 분포의 공간적 차이를 야기한 원인들이 곧 시간적 변화를 야기하는 원인으로 작용하게 한다.

5. 군집구조의 천이

어느 한 시간대에 어떤 특정 해역에 분포하는 동물플랑크톤의 종류는 매우 다양하다. 이렇게 다양한 여러 종의 생물모임을 우리는 군집이라 부르고, 어떤 종류가 다른 종류에 비하여 얼마나 많으며 그 이유는 무엇인가, 또 어떤 종류가 다른 어떤 종류와 함께 또는 배타적으로 분포하고 있는가 등의 분포특성을 군집구조라 한다.

이러한 군집구조는 위에서 살펴본 바와 같은 시간과 공간에 따라 변화하는 동물플랑크톤의 종조성과 양적 분포의 변화를 반영하는 것인데, 시간에 따른 군집구조의 변화를 천이라 하며, 좁게는 시간에 따른 군집 우점종의 변화를 칭하기도 한다.

서해에 있는 아산만이라는 제한된 공간을 살펴보자. 위에서 언급된 바와 같이 요각류인 *Calanus sinicus*는 겨울철과 봄철에 가장 많은 양이 분포하고, 모악동물인 *Sagitta crassa*는 여름철에 가장 많이 분포한다. 이것은 곧 종마다 선호하는 서식환경이 다르다는 것을 의미한다. 생물이 살고 있는 환경이 시간에 따라 변화하기 때문에, 같은 해역이라 하더라도 시간의 흐름에 따라 변화한 환경에 보다 잘 적응하여 살아가는 종류가 있는가 하면, 변화한 환경에 잘 적응하지 못하여 새로운 서식환경을 찾아가거나 그 곳에서의 생활을 마감하는 종류가 있게 된다. 이 결과 시간이 흐르면서 그 해역에 가장 잘 적응하여 우점종으로 나타나는 종류가 점차 바뀌게 되고, 그러한 군집을 이루는 생물종류들도 바뀌게 된다. 이러한 현상을 우리는 군집구조의 천이라 한다.

우리나라 서해 아산만의 경우 봄철에는 요각류 *Calanus sinicus*, *A. hongi* 등이 우점하고, 여름철에는 요각류 *Paracalanus indicus*, *A. pacifica*, 모악동물인 *Sagitta crassa*와 십각류 유생 등이 많이 출현하며, 가을철에는 요각류 *Labidocera euchaeta*와 연체동물인 이매패(부족류) 유생 등이 가장 많고, 겨울철에는 두드러지게 우점하는 종이 없는 계절적 군집의 천이를 보인다(Choi and Park, 1993; 명 등, 1994).

6. 수직분포와 수직운동

앞에서 동물플랑크톤의 공간적인 분포차이와 시간적 분포변화에 대하여 살펴보았다. 이때 우리가 살펴본 공간이라 함은 해양환경이라는 3차원 공간에서 수직적인 차이를 배제한, 수평적 차이를 주대상으로 하였다. 서식처의 물리화학적인 환경요인들이 수직적으로도 일정하게 유지되지 않고 있음을 생각하면, 수평적으로 고정되고 수직적으로 변화하는 서식공간(즉, 수심의 차이)에 따라서도 동물플랑크톤의 분포가 균등하게 유지되지는 않을 것임을 쉽게 예측할 수 있다.

초식성 동물플랑크톤은 광합성을 위하여 빛이 풍부한 상층에 주로 분포하는 식물플랑크톤을 먹어 에너지를 취하기 때문에, 식물플랑크톤이 풍부한 상층에 상대적으로 많이 분포할 것임도 쉽게 예측할 수 있다. 초식성 동물플랑크톤은 식물플랑크톤을 먹어 에너지를 취하지만, 보다 상위의 영양단계에 있는 동물들에게는 에너지원이 되는 먹이가 된다. 따라서 포식자를 피하기 위한 적응을 필요로 하며, 이러한 이유로 식물플랑크톤에 비하여 상대적으로 운동능력이 큰 동물플랑크톤은 빛이 적게 도달하는 보다 깊은 곳으로 이주하기도 한다.

한편, 동물플랑크톤이 산란한 알들은 종에 따라 알주머니(egg sac)의 형태로 성체의 몸에 붙어 있기도 하지만, 성체와 분리되어 침강하거나 부유하기도 한다. 이러한 알들이 부화하여 초기생활사가 시작되는 때는 성체의 서식장소로부터 수직적으로 떨어져 있음을 알 수 있다. 이들은 궁극적으로 언젠가는 성체가 서식하였던 수심으로 이동할 것이다.

이렇게 동물플랑크톤 수직분포의 양상이 다양하고 일정 주기로 변화할 것이라는 예측은 실제의 관측과 채집에서 확인되었다. 그 예로 수중 음파에 대한 반사층이 심해에 존재하고, 이러한 심해산란층(deep scattering layer)이 동물플랑크톤과 소형 유영생물에 의한 것이며, 이 층이 주기적으로 상하운동을 함이 확인되었다. 분포의 중심이 시간에 따라 수직적으로 변화한다는 것은 동물플랑크톤이 수직적으로 이동한다는 것을 의미하며, 이러한 수직이동은 나름대로 정해진 수심을 주기적으로 왕복하는 것을 의미하기 때문에 회유라는 의미도 포함하고 있다. 따라서 단순히 수직운동(vertical movement)이라 하지 않고 수직이동(vertical migration)이라 칭한다.

이 수직이동의 주기는 장주기와 단주기의 두 형태가 있는데, 장주기는 생활사의 진행과 관련되어 있으며, 단주기는 하루 동안에 일정 거리를 왕복하는 것으로 나타났다. 생활사의 진행과 관련된 수직이동의 양상은 그림 4.13에서와 같은 형태로, 발생적 수직이동(ontogenetic vertical migration)이라 칭한다. 하루 주기의 수직이동의 예는 그림 4.14와 같으며, 일주 수직이동(diel vertical

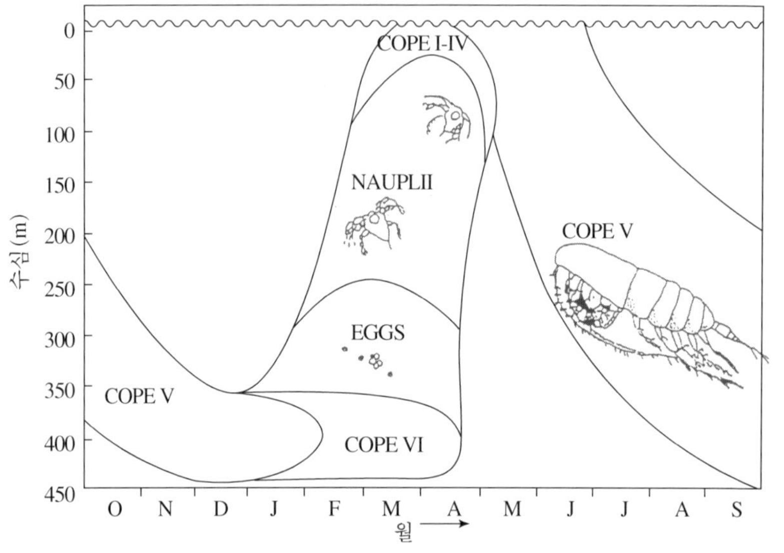

그림 4.13 요각류 *Calanus plumchrus*의 생활사의 진행에 따른 수직이동(COPE, copepodid stage; Fulton, 1973)

migration)이라 칭한다. 과거에는 하루 주기의 수직이동은 많은 종류의 동물플랑크톤이 낮에 상대적으로 깊은 곳에 위치하다가 밤에 표층에 올라와 분포하는 양상을 보인다는 점에서 주야 수직이동(diurnal vertical migration)이라고도 했으나, 수직이동의 양상이 종에 따라 다양하게 나타남이 확인되면서(Park *et al.*, 1989) 일주 수직이동이라는 용어를 더 많이 사용한다. 한편 일주 수직이동은 모든 종에 공통적인 것이 아니고, 수직이동을 하는 종에서도 모든 개체가 다 수직이동을 하는 것은 아님을 유의해야 한다. 식물플랑크톤인 와편모조류에서도 일주 수직이동은 관찰된 바 있다.

일주 수직이동현상은 잘 알려져 있는 데 반하여, 그 원인에 대하여는 아직도 확실하지 않다. 이동의 주기가 하루이며 하루의 주기로 변하는 환경요인이 빛이라는 점에서 빛이 일주 수직이동의 원인으로 간주되기도 하나 만족할 만한 설명은 아직 없다. 역시 빛과 관련되어 상층에 먹이가 되는 식물플랑크톤이 분포하고 있기 때문에, 야간에 포식자를 피해 상층에 올라와 먹이를 취하고 밝은 주간에 하층에 분포하여 포식자를 피한다는 가설도 있었으나(Roger, 1971), 역전된 수직이동의 경우는 반대가 되며, 동물플랑크톤을 포식

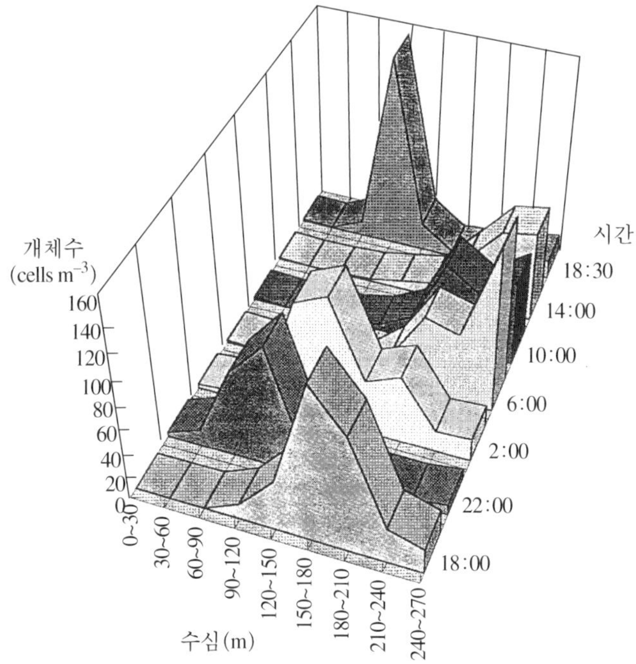

그림 4.14 동해의 주요 우점 요각류 *Metridia pacifica*의 하루 주기의 수직이동
(Park *et al.*, 1997)

하는 영양단계상 상위의 동물들도 유사한 이동을 한다는 점에서 역시 완전한 설명이 되지 못한다. 수직적 수온분포와 먹이인 식물플랑크톤과 관련하여, 상층에서 먹이를 취하고 상대적으로 저온인 하층에 위치하여 대사율을 낮추어 에너지 관리상 유리함이 있다는 설명도 있었으나(McLaren, 1963), 이 역시 이동에 소모되는 에너지가 너무 크다는 반론도 있어(Petipa, 1967; Vlymen, 1970), 일주 수직이동의 원인에 대하여는 아직 만족할 만한 설명이 없는 실정이다. Park *et al.*(1991)은 우리나라 서해 연안역과 같이 조류가 강하고 수심이 비교적 얕아 해수의 혼합이 활발한 해역에서도 이러한 일주 수직이동이 있음을 관찰하였는데, 같은 종이라도 계절에 따라 수직이동의 양상이 변하였다.

동물플랑크톤의 생활사와 관련된 발생적 수직이동은 계절의 변화와 밀접하다는 점에서 이를 계절적 수직이동이라고도 한다. 이러한 장주기의 수직이동

역시 종류에 따라 다양하며, 후기 유생 및 성체의 시기에 단주기인 일주 수직이동이 함께 나타나기도 하여 매우 복잡한 양상을 띠기도 한다. 이러한 생활사와 관련된 장주기의 수직이동 역시 그 양상과 원인이 확실히 규명된 경우는 많지 않으나 경쟁을 최소화하며, 생활사 초기에 포식에 의한 사망률의 감소를 위한 적응 등으로 이해되고 있다.

7. 이차 생산

식물플랑크톤에 의한 해양의 일차 생산은 해양생태계를 유지하는 에너지의 원천이다. 초식성 동물플랑크톤이 식물플랑크톤을 섭식하여 얻은 에너지의 일부는 자신들의 생활 에너지로 사용되며, 남은 일부의 에너지는 체장, 체중의 증가형태 또는 생식에 소비된다. 그리하여 결과적으로 식물플랑크톤에 의하여 생산된 생물 에너지는 초식성 동물플랑크톤에게 전달되고, 이 동물플랑크톤에 전달된 에너지는 먹이망을 따라 연쇄적으로 영양단계의 상위에 있는 각종 동물에게 전달된다. 이때 초식성 동물플랑크톤이 섭식하여 궁극적으로 다른 생물의 먹이로 제공되는 과정을 우리는 이차 생산이라 칭한다. 이는 달리 표현하면, 동물플랑크톤 개체의 성장 또는 개체군의 증가를 말하는 것으로 개념적으로는 초식성 동물플랑크톤 생물량의 증가를 의미한다.

가령, 어느 초식성 동물플랑크톤 개체군의 시각 t_0일 때의 개체수 N_0와 평균체중 W_0가 시각 t_1일 때 개체수 N_1, 평균체중 W_1으로 변화하였다면, 이 개체군의 시간 t_0에서 t_1까지 생산은 $[N_1W_1 - N_0W_0]$에 해당하며, 이러한 변화를 보이는 모든 초식성 동물플랑크톤 생산의 합을 우리는 이차 생산이라 부른다.

해양의 이차 생산을 측정하는 일은 해양의 일차 생산을 측정하는 것에 비하면 매우 어렵다. 그것은 이차 생산을 담당하는 초식성 동물플랑크톤의 종류가 다양하며, 각각 종류들의 생활사 길이와 생활형태가 다르고, 순수한 초식성보다는 육식도 함께 하는(즉, 삼차 생산으로 간주될 수 있는) 잡식성이 많이 공존하며, 서식공간도 일차 생산자에 비하여 크게 변화하기 때문이다. 이러한 이유에서 일차 생산에 비하여 이차 생산의 경우, 과거에 측정된 사례도 매우 적으며 그 결과도 많은 가정을 전제로 하고 있기 때문에 과연 실제의 이차 생산과 얼마나 맞을지 그 신뢰성이 의문시되기도 한다.

이론적으로 이차 생산을 측정하는 방법은 다섯 가지가 있다(Bougis, 1976). 첫째는 동일 연급군 방법(cohort method)으로, 원래는 저서생물이나 어류 등 상위 영양단계에 있는 생물의 생산측정에 사용되었던 방법이다. 재생산이 주기적이며 연령군의 사정이 용이한 개체군에 대하여, 위에서 언급된 $[N_1W_1 - N_0W_0]$를 파악하는 방법이다. 이론적으로는 가능하나, 동물플랑크톤의 경우 재생산이 연중 계속되어 일어나고 군집의 구성이 매우 다양하여, 모든 개체군에 대하여 일일이 생산을 파악하기 쉽지 않다는 점에서 현실적으로 사용하기에는 어려움이 많은 방법이다.

둘째는 누적성장법(cumulative growth method)이라 불리는 방법으로서 군집을 이루는 각각의 개체군에 대하여 각 개체의 1일 성장, 여기서 얻어지는 각 개체의 새로운 체중의 증가, 여기에 기여하는 개체군의 크기(개체수) 등을 곱하여 개체군의 생산을 측정하고, 군집의 모든 개체군에 대하여 통합하는 방식이다(그림 4.15). 그림 4.15의 (a)에서 보이는 것은 개체군의 1일 성장이며, (b)에서는 연령별 새로운 무게의 증가를 나타낸 것이다. (c)는 각 연령군

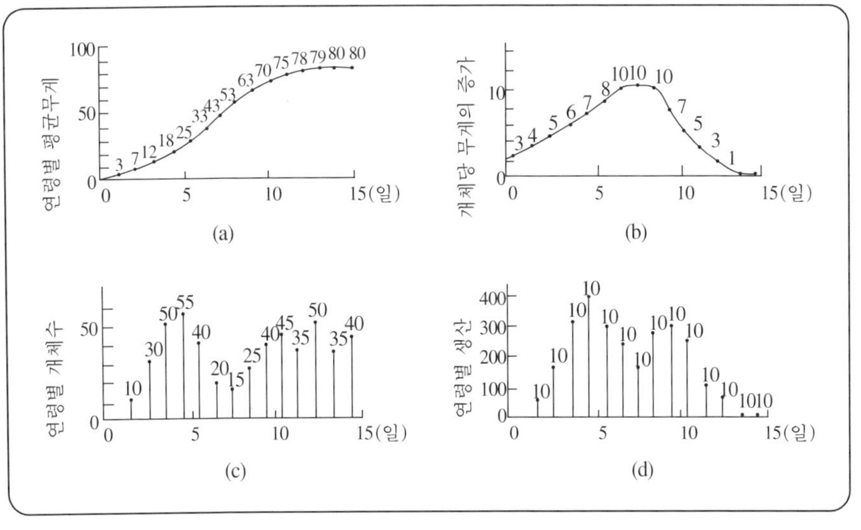

그림 4.15 누적성장법에 의한 이차 생산의 측정 모식도. (a) 개체군의 1일 성장, (b) 연령별 새로운 무게의 증가, (c) 각 연령군의 돗수분포, (d) (b)와 (c)의 대응되는 연령군에 대한 곱으로서 각 연령군의 생산을 의미한다. 따라서 이 개체군의 생산은 (d)의 모든 연령군에 대한 생산의 합에 해당된다.

의 돗수분포이며, (d)는 (b)와 (c)의 대응되는 연령군에 대한 곱으로 각 연령군의 생산을 의미한다. 따라서 이 개체군의 생산은 (d)의 모든 연령군에 대한 생산의 합에 해당된다. 따라서 어떤 해역에서 특정 기간의 이차 생산은 당시의 모든 초식성 동물플랑크톤 개체군에 대한 이러한 생산의 합에 해당되는 것으로, 이 방법 역시 계속적이며 일정한 간격의 채집과 측정 등이 필요하여 실제에 적용하기에는 많은 어려움이 따른다.

셋째는 생물량(B)과 생산량(P)의 비율을 이용하는 B/P ratio method 또는 turnover time method라는 방법이다. 이 방법은 생활사보다 더 긴 시간간격에서 생물량의 변화가 거의 없는, 소위 평형상태가 이루어지고 있다면, 그 기간 동안의 생활사의 순환횟수로부터 군집(또는 개체군)의 생산을 추론할 수 있다는 점을 활용하는 방법이다. 예를 들어, 연간 생물량이 20으로 유지되고(이는 개체수와 무게의 곱으로 이해를 돕기 위하여 단위는 생략함) 생활사가 4개월마다 반복된다면, 전환율(turnover rate)은 1/3이고, 이는 곧 B/P = 1/3이므로 생산은 생물량(20)의 3배, 즉 60이라는 판단을 하는 방법을 말한다. 그러나 이 방법은 '생활사보다 더 긴 시간간격에서 생물량의 변화가 거의 없다'는 가정을 만족시키는 자연생태계가 많지 않다는 점에서 현실성이 떨어진다. 특히 우리나라와 같이 계절적으로 생물량의 변화가 심한 곳에서 사용하기에는 매우 어려운 방법이라 할 수 있다.

넷째는 이차 생산을 담당하는 개체군들에 대하여 각각 생물 에너지 수지(bioenergetics)를 파악하여, 여기에서 얻어진 모든 개체군 각각의 성장부분을 합하는 방법이다. 여기서 생물 에너지 수지란, 한 생물체가 얼마의 먹이를 먹어 그 중 얼마를 흡수하고(ingestion), 얼마를 배출하며(egestion), 흡수된 에너지의 얼마를 호흡(respiration), 배설(excretion), 성장(growth) 또는 생식(reproduction)에 할당하는가를 파악하는 것을 말한다. 따라서 성장 또는 생식에 해당하는 부분들을 이차 생산을 담당하는 모든 개체군에 대하여 합하면 이차 생산을 계산할 수 있다는 것을 의미하며, 이러한 방법으로 이차 생산을 파악하는 것을 생리학적 방법(physiological method)이라 한다. 이 방법 역시 각 생물군의 에너지 수지를 파악하는 것이 쉽지 않을 뿐만 아니라, 이차 생산을 담당하는 모든 개체군에 대하여 에너지 수지를 파악하는 일은 더욱 어렵기 때문에 결코 쉬운 방법이 아니다.

마지막으로 생각할 수 있는 것은 모델을 이용하는 방법으로, 과거의 많은 자료들을 바탕으로 이차 생산에 관련된 항목들을 수치화하여 적절한 식으로 계산하는 방법이다. 과거의 관련 자료들이 많이 모아진 상태라면 이론적으로는 쉽게 이차 생산을 파악할 수 있다고 판단되나, 각각 자료의 신뢰도, 수식의 적절성 등 역시 많은 어려움이 있다.

따라서 일차 생산의 측정과는 달리 이차 생산의 측정은 현실적으로 많은 어려움을 갖고 있어 현재까지도 매우 제한된 측정결과만이 있을 뿐이며, 이러한 맥락에서 그 내용 역시 측정된 수역의 한정된 시기의 자료로만 이해하여야 한다는 취약점이 있다.

과거 이차 생산 측정의 결과들은 대체로 수~수십 mg C m^{-2} d^{-1} 범위의 값을 보이고 있으며, Georges Bank에서는 200mg C m^{-2} d^{-1} 와 같은 높은 값이 계산되기도 하였다(Riley, 1947). 우리나라 근해에서도 몇 차례 이차 생산의 측정을 시도한 예는 있으나(Shim and Yun, 1990), 많은 가정과 제한 속에 측정된 것이어서 향후 더 많은 연구가 필요하다.

8. 표영생태계의 먹이망

8.1 용어와 개념

조류에 의한 광합성으로 고정된 탄소의 동태를 고찰하고 표영생태계를 이해함에 있어서, 그리고 어류 생산량의 잠재 가능성을 파악하는 데 있어서 먹이사슬에 대한 이해가 중요하다. Elton(1966)은 한 종류의 생물이 또 다른 종류에 의존하고, 궁극적으로 사슬의 초기에는 식물에 의해 유지되는 과정을 먹이사슬(food chain)이라는 용어를 사용해 설명하였다. 이 용어는 먹이망(food web)이라는 표현으로 대치되었다. 대부분의 동물들이 광범위한 먹이와 포식자를 갖고 있기 때문에 먹이사슬은 복잡한 관계가 형성된다. Elton은 또한 먹이사슬의 상위에서는 생물수가 점진적으로 감소한다는 사실, 즉 초식동물은 그들을 섭취하는 육식동물보다 수가 많고 이차 육식동물은 일차 육식동물보다 수가 적다는 점에 주목하고, 이를 수의 피라미드(pyramid of numbers)라 불렀다.

먹이사슬개념에서는 생물의 구성을 영양단계 내에 내포시키는 것이다. 따라서 녹색 식물은 일차 생산자 단계에 속하고, 광합성 독립영양생물(photoautotrophs)이라고도 부른다. 화학합성 독립영양생물(chemoautotrophs)도 일차 생산자이지만 플랑크톤으로서는 중요하지 않다. 초식동물은 식물을 먹이로 취하는 일차 소비자(primary consumers)이다. 초식동물을 섭식하는 육식동물은 이차 소비자(secondary consumers)가 된다. 각 영양단계(trophic level)에서는 생산량이 있으며, 첫 단계에서 이루어지는 광합성은 일차 생산(primary production)으로 나타난다. 일차 생산량의 많은 부분은 생산자 자신의 호흡으로 소비되기 때문에 우리는 총일차 생산량(gross primary production)과 순일차 생산량(net primary production)을 구별할 수가 있다. 순일차 생산량은 겉보기 광합성(apparent photosynthesis)이라고도 하며, 다음 영양단계에서 이용될 수 있는 것은 바로 이 부분이다. 각 소비자 단계의 생물은 먹이를 섭취하여 그 일부를 동화하고, 동화된 부분의 많은 양을 호흡하며, 또 다른 부분은 새로운 조직을 만든다. 이 새로운 조직이 그 영양단계에서의 생산량이다. 따라서 소비자는 이차 생산량(secondary production)의 주역이며, Odum(1983)은 소비자 단계의 모든 생산은 이차 생산량이라고 하였다.

각 단계에서 일부 에너지는 배출되어 소실된다. 국제생물학계획(International Biological Program: IBP)에서는 이 배출된 부분을 동화된 것으로 간주하지 않지만, 해양생물학자 사이에서는 인정하고 있어서 논쟁의 여지가 있다(Grahame, 1983). 통상 동화량은 섭취량에서 분변량을 뺀 것이다. 질소배설물을 동화된 부분으로 인정하건 안 하건 간에 영양단계에 대한 생산량값에서는 분명히 제외된다.

에너지는 일을 할 수 있는 능력이다. 생물들은 먹이 에너지로 여러 가지 물질 속에 고에너지로 결합된 화학 에너지를 이용한다. 광합성 독립영양생물은 광 에너지를 이용해서 탄수화물을 형성할 때 화합물형태로 저장한다. 이것은 한 형태로부터 다른 형태로의 에너지 변환의 한 예이지만, 에너지는 생성될 수도 파괴될 수도 없다(열역학 제1법칙). 농축형태로부터 분산형태로 에너지의 일부가 분해되지 않는 한 에너지 변환의 과정은 동시에 일어나지 않는다. 보통 이 분산된 형태는 열이며, 에너지가 한번 생화학적 과정에서 열로 분산되면 일에 이용될 수가 없다. 각 영양단계에서는 에너지의 본질적인 손실이 있으며, 다음 영양단계에서 이용될 에너지는 현 단계에 이용할 수 있는 에너지의 일부분에 불과하게 된다.

영양단계 사이에 전달되는 에너지의 효율은 생태효율(ecological efficiency; *E*)이라고 하며, 주어진 한 영양단계로부터 추출된 에너지의 양을 그 단계에 공급된 에너지로 나눈 것으로 정의한다. 생태효율은 실제로 측정하기가 어렵기 때문에 전달효율(transfer efficiency; E_T)로부터 쉽게 근사값을 구할 수가 있다. 전달효율은

$$E_T = \frac{P_t}{P_{t-1}}$$

로 정의하며, 여기서 P_t는 영양단계 t에서의 연간 생산량, P_{t-1}은 앞 영양단계인 $t-1$에서의 연간 생산량이다. 이 식에서 생산량은 에너지(calories나 joules) 혹은 생물량(gram C)으로 표시할 수 있다. 식물플랑크톤과 동물플랑크톤 사이의 에너지 전달에 대한 E_T는 일차 생산량으로 초식동물의 연간생산량을 나눈 이차 소비자(즉 육식성 동물플랑크톤)가 될 것이다. 해양생태계 내에서 식물로부터 초식동물의 전달효율이 약 20%로, 더 높은 단계에서는 10~15%로 측정되어 왔다. 이것은 영양단계 사이에서 일차적으로 호흡을 통해 80~90%의 에너지 손실이 있음을 의미한다.

어느 한 때의 생물량 혹은 현존량과 이 생물량의 증가율(생산력)의 구별은 중요하다. Elton의 수의 피라미드에서 수는 일반적으로 상위로 가면서(생산자로부터 연속적인 소비자 수준으로 가면서) 감소하며, 수를 현존량으로서의 생물량으로 전환시켜도 마찬가지이다(Odum, 1983). 그렇지만 전도되었거나 혹은 부분적으로 전도된 생물량(또는 수)의 피라미드가 종종 발견되는데, 그 한 예가 플랑크톤 먹이망에서 보인다. 흔히 인용되는 사례는 English Channel의 경우로서, 이 곳에서는 건중량 4g m^{-2}의 일차 생산자가 건중량 21g m^{-2}의 소비자를 부양하는 것으로 계산되었다(Odum, 1983). 이는 일차 생산자 영양단계에서 얻어지는 생산력 대 생물량(P/B ratio)의 높은 비율 때문인 것으로 설명된다. 일반적으로 생물체의 크기가 작을수록 이 비율은 높아질 것이다. 수 또는 생물량의 피라미드가 전도될 수 있는 반면에 에너지 흐름의 피라미드는 전도될 수가 없다. 즉 연속적인 영양단계들에게 이용될 수 있는 에너지의 양은 열역학 제2법칙에 따라 감소해야 한다. 생물량 피라미드의 예들은 English Channel의 플랑크톤을 연구한 Holligan *et al.*(1984)의 연구(그림 4.16)로부터 볼 수 있다. 이 연구자들은 3개의 수층영역, 즉 성층수역(E5), 전선수역

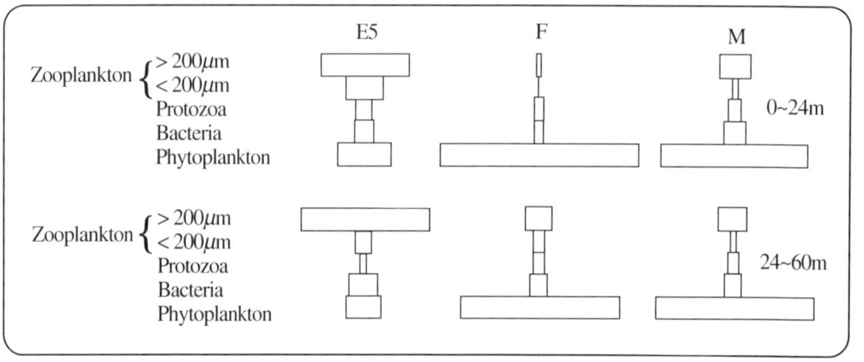

그림 4.16 여름철 English Channel에서 성층수역(E5), 전선수역(F), 조석 혼합 수역(M)의 플랑크톤 중 5개 생물군이 점유하는 탄소량 비율(Holligan *et al.*, 1984). 성층수역에서의 수온약층은 18m로부터 25m까지 확장되었고, 전선수역에서는 수온약층이 15m로부터 28m까지 약화되었다. 성층수역에서 종속영양생물이 우점하는 것은 필시 일부 저서군집으로의 유출을 포함하여 성층에서의 높은 식물 탄소이용효율을 의미할 것이다.

(F) 및 조석 혼합수역(M)을 구별하였다. 이 세 수역 중 성층수역에서만 전도된 생물량 피라미드가 나타났다. 이러한 상태를 지속시키는 요인들을 정확히 이해하지 못하고 있다고 말하면서 E5 정점에서의 전도된 생물량 피라미드를 해석함에 있어 신중을 기하고 있다.

고에너지 결합 속에 포함된 화학 에너지가 한 번 호흡에서 사용되고 나면 또 다른 호흡에 이용될 수 없다는 것은 자명한 일이다. 이 점은 생태계에서 에너지와 물질 간에 기본적 차이를 드러내는 것이다. 왜냐하면 물질은 순환할 수 있고 생태계가 최소한 이 점에서는 폐쇄될 수 있는 반면, 에너지는 계 내에서 끊임없이 소산되기 때문이다. 그러므로 에너지 면에서 생태계는 개방되어야 하고 계속적인 유입에 의존한다.

8.2 고정된 탄소의 동태

8.2.1 세포 외 산물(extracelluar products)

식물플랑크톤의 광합성 산물 중 상당 부분이 글리콜산($CH_2OH \cdot COOH$)과 같은 용해성 탄수화물로서 세포로부터 바다로 분비된다. Fogg(1996)는 광합성 산물이 상태에 따라 5~35%까지 소실될 수 있을 것이라 했다. 글리콜산염의 분비가 능동적 과정인지 수동적 과정인지는 분명치 않다(Harris, 1980). 그것은 분명히 광제한인 경우와는 반대로 성장이 영양염에 의해 제한되고 광합성이 새로운 탄수화물 구조물질로 합성되거나 호흡으로 이용되는 속도보다 빨리 진행될 때, 또는 세포가 광저해와 같이 생리적으로 스트레스를 받았을 때 나타날 수도 있다. Sharp(1977)는 건강한 세포가 상당량의 광합성 산물을 바다로 소실하는지에 대해서는 의문을 나타냈으나, 노쇠세포나 동물플랑크톤 섭식으로 파괴된 세포로부터 용해성 산물의 손실이 클 수 있음을 인정하였다. 그는 식물플랑크톤 생물체가 이러한 방법으로 광합성 산물의 상당량을 손실할 여유가 없을 것이라고 했으나, 이러한 논란은 글리콜산염 분비가 과다한 광합성 산물을 방출하는 데 대한 부분적 안전판이라는 가능성을 간과하는 것이다. Berman and Holm-hanser(1974)는 열대 태평양 부영양해역에서는 고정된 탄소의 6~12%가, 그리고 빈영양수역에서는 17~27%가 세포 외 산물로서 소실됨을 발견하였다. 이들은 이러한 손실수준이 때때로 보고되어 온 것보다 낮음에 주목하고, 실험오류에 의해 기존의 연구들이 과다한 결과를 얻은 것임을 지적한 바 있다.

Fogg(1966)는 용존성 세포 외 산물의 배출이 일차적으로 박테리아에게 유리하며, 이들 물질이 바다에 축적되지 않으므로 어떤 방법으로든지 소비되고 있음이 틀림없다고 하였다. 글리콜산과 같은 세포 외 산물은 해양에서 총용존유기물질 중 미생물이 이용하기 어려운 것으로 생각되는 대량의 유기물질과 구별되어야 한다(Jørgensen, 1976). 전 해양의 용존유기물질의 총량은 약 1.5×10^{12}으로서 30년간의 일차 생산량과 맞먹는다. 내화성 부분의 동태는 알려진 바가 빈약하지만, 현재 글리콜산염과 같은 분자들로서 취해지는 경로에 관하여 많은 것이 연구되고 있다. 이 점은 종속영양 플랑크톤에게는 거의 또는 직접적 중요성이 없으나 박테리아에게는 중요하다는 것으로서 광범위하게 인정되고 있다. 예컨대 Bell(1983)은 배양 중의 조류로부터 나온 유기탄소가 물기둥으로부터 박테리아에게 전달되는 것을 연구하여 세포 외 산물급원(extracellular products pool)을 통해서 유기탄소의 빠른 전달이 있음을 밝혔는데, 이는 매우 희석된 물질을 이용하는 박테리아의 능력 때문에 나타나는 것으로 생각된다.

8.2.2 먹이망

동물플랑크톤 개체가 때와 장소에 따라 무엇을 섭식하느냐에 관한 단편적 정보는 많이 있으나, 동물플랑크톤 군집에 대한 연구는 희귀한 상태이다. 그 이유는 이러한 연구가 엄청난 노력을 요구하기 때문에 수행하기가 매우 어렵다는 데 있다.

고위도 해역에는 전형적으로 생물 종수가 적으며, 따라서 극해역 먹이망은 다른 곳의 먹이망보다 단순한 경향을 갖는다. 이러한 이유로 남극해의 먹이망(그림 4.17)을 예로 드는 것이 먹이망을 이해하는 데 크게 도움이 될 것이다.

이 먹이망에는 두 가지 형태의 생산자가 있다. 식물플랑크톤과 얼음 속에 사는 조류가 그것인데, 후자는 해빙조류(海氷藻類, epontic algae)라 하며, 이 조류는 얼음의 하부 표면에서 생활하면서 낮은 광도에 적응해 온 저서성 종이다. 이 해역에 풍부한 크릴은 우점하는 초식동물이므로 남극해 먹이망의 중심이며, 육식성 동물플랑크톤, 표영성 어류, 오징어 등의 많은 종들은 수염

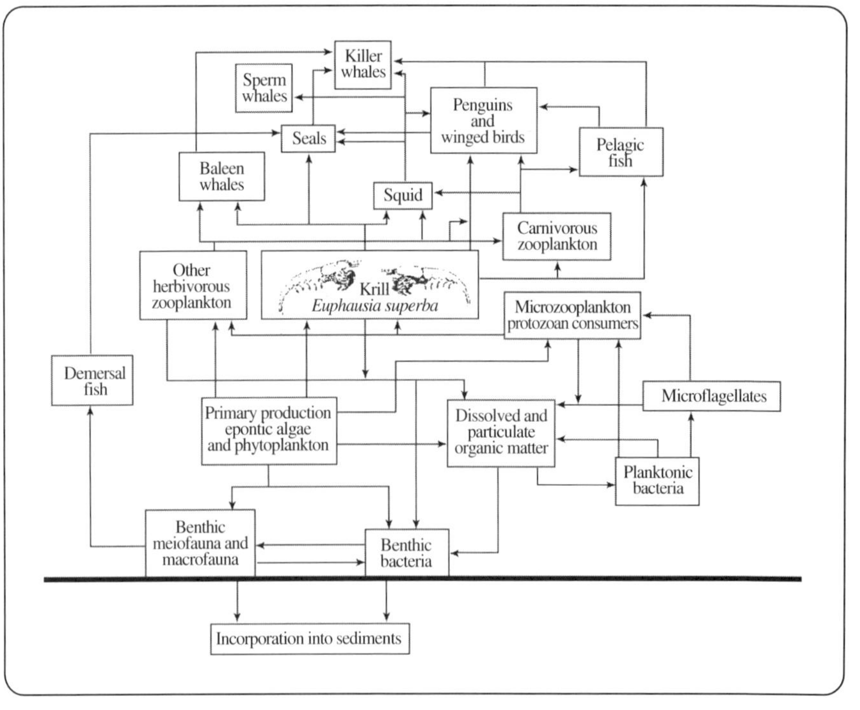

그림 4.17 남극해의 먹이망 모형도 (Lalli and Parsons, 1993)

고래, 물개, 바다새 등에게 중요한 먹이원이 된다. 크릴의 풍성함은 보통크기인 대형 고래 한 마리가 한 번에 2~3톤을 소비한다는 사실로써 잘 설명된다. 그림 4.17에서 볼 수 있는 바와 같이 수개의 종이 한 종류의 먹이에 크게 의존할 때 그들이 공유하는 먹이가 제한자원이 될 수 있고, 상이한 식자 사이에 먹이경쟁이 일어날 수가 있다. 상업적 포경활동으로 남극의 수염고래가 1/10로 감소되었는데, 이 결과는 먹이망을 통한 에너지 흐름이 경쟁종을 제거시키거나 감소시킴으로써 얼마나 변화될 수 있는가를 잘 나타내 준다. 표 4.3은 고래 자원량의 감소 전후에 상이한 포식자에 의한 상대적 크릴 소비량을 보여 준다. 수염고래가 1/5로 줄면, 경쟁종이 크릴 생물량을 훨씬 더 많이 이용할 수 있게 된다. 결과적으로 남극의 물개와 바다새의 개체군이 3배 증가했으며, 이후 종간의 경쟁은 또한 최상위 영양단계에 있는 상업어종의 생물량을 감소시킬 수 있다. 예컨대 유생인 어류는 요각류나 다른 먹이에 대하여 모악동물, 해파리, 자포동물 및 기타 무척추 육식성 동물플랑크톤 등과 경쟁한다. 결국 먹이생물의 어떤 부분만이(궁극적으로 일차 생산) 어류자원량으로 전이된다. 먹이에 대한 경쟁과 상위 영양단계에 대한 결과적인 에너지의 손실은 그림 4.18에서 설명된다. 동일한 부유성 무척추 포식자 역시 저서동물 중 일시성 유생을 먹으며, 따라서 홍합과 조개 등은 물론 비상업성 저서동물의 생산을 감소시킨다.

표 4.3 3개의 상이한 해양서식환경에서 일차 생산량과 어류생산량과의 관계 (Lalli and Parsons, 1993)

Habitat	Oceanic	Coastal	Upwelling
Percent ocean area	90	9.9	0.1
Mean primary productivity($g\ C\ m^{-2}\ yr^{-1}$)	50	100	300
Total plant production(10^9 tonnes $C\ yr^{-1}$)	16.3	3.6	0.1
Number of energy transfers between trophic levels	5	3	1.5*
Average ecological efficiency(%)	10	15	20
Mean fish production**($mg\ C\ m^{-2}\ yr^{-1}$)	0.5	340	36,000
Total fish production***(10^9 tonnes $C\ yr^{-1}$)	0.2	12	12

* 용승해역에서의 영양단계 수는 2개(초식성 어류가 우점할 경우) 또는 3개이므로 에너지 전달에 대한 평균값으로 1.5를 취했음.

** 식 $P = BE^n$으로부터 계산된 것임.

*** 해양의 총면적 $362 \times 10^6 km^2$ 중 각 서식해역이 점유하는 비율로 보정해 준 값임.

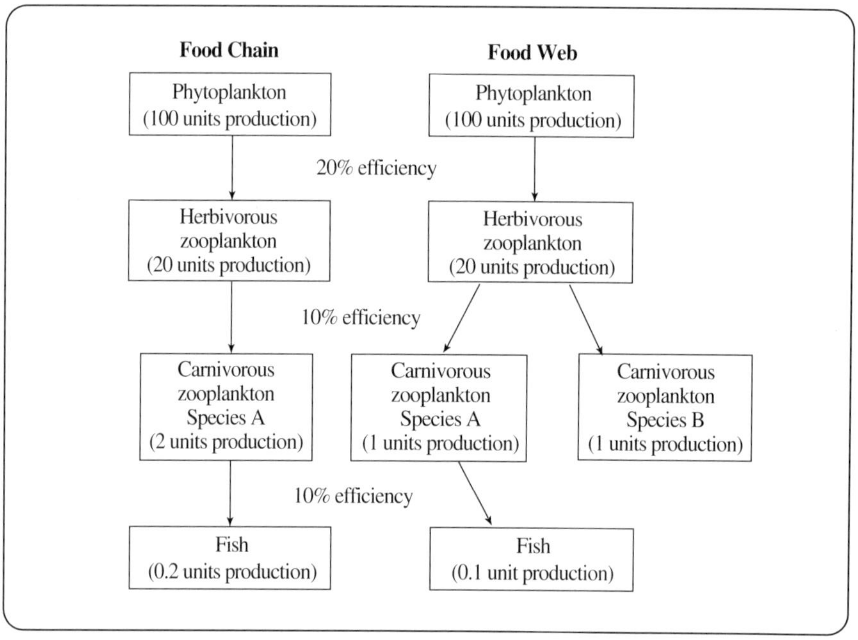

그림 4.18 이론적인 먹이사슬과 먹이망의 비교(Lalli and Parsons, 1993). 두 경우 모두 식물플랑크톤의 일차 생산량을 인위적인 단위 100으로 시작한다. 이 일차 생산량으로부터 먹이사슬은 0.2의 어류를 생산하지만, 먹이망은 0.1의 어류만을 생산한다. 먹이망에서 2개의 육식종 A와 B는 초식성 동물플랑크톤의 공급량에 대하여 서로 경쟁한다. 그 결과 A와 B는 각기 공급량의 50%씩 소비하게 되며, 어류는 B종을 섭식하지 않기 때문에 그들의 주먹이공급은 50% 미만이 된다.

비록 먹이망이 먹이사슬보다 실제적이기는 하지만 생태학적으로 정량화하기는 더 어렵다. 이것은 에너지 수지분석을 목적으로 충분히 연구된 해양 시스템이 없기 때문이다. 그러나 북해는 어장으로서 오랜 중요성을 지니고 있고 비교적 해역이 소규모라는 점, 그리고 해양연구기관들이 주변에 많다는 점 등으로 해서 철저히 연구되어 왔다. 그림 4.19는 개별 종보다는 주요 생물군에 기초하여 북해의 먹이망을 통한 에너지 흐름에 대하여 정량분석한 결과를 요약한 것이다(Lalli and Parsons, 1993). 이 그림의 먹이망은 일차 생산력이 90g C m^{-2} yr^{-1}인 것을 기초로 동물플랑크톤이 식물플랑크톤 전부를 소비하고, 그 먹이의 약 30%를 분립(feces)으로서 배설하는 것으로 가정한다. 이 시스템에서 우점 요각류인 *Calanus finmarchicus*에 의한 초식동물의 생산량은 야외

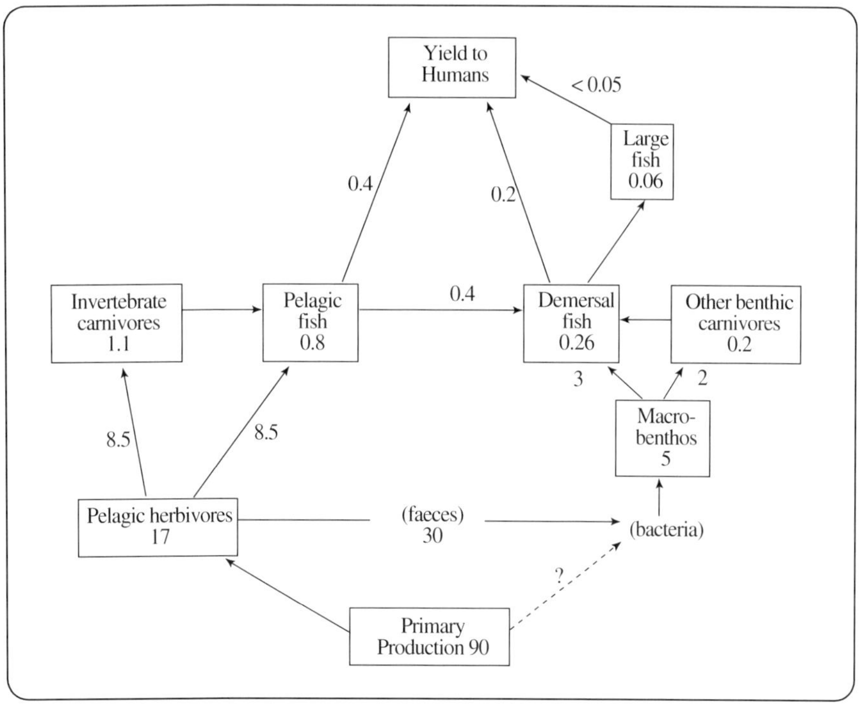

그림 4.19 북해(North Sea)의 먹이망. 표시된 수는 $g\,C\,m^{-2}$으로 표시한 연간 생산량을 나타낸다.

조사와 실험실 연구를 통해 $17 g\,C\,m^{-2}\,yr^{-1}$인 것으로 계산되었다. 다음 영양단계의 생산량값은 초식성 동물생산력의 70%가 무척추 육식동물(모악동물과 자포동물)에 의해 포식된다는 가정으로부터 추정된다. 그러나 이와 같은 에너지의 동일 할당은 어류가 높은 에너지 수요를 갖고 있고 무척추동물보다 그 먹이의 더 많은 부분을 호흡으로 연소시키기 때문에 어류의 생산량이 낮은 값으로 나올 수 있도록 가정된 것이다. 분립의 침강, 박테리아에 의한 분해, 그리고 박테리아 생산량의 저서 무척추동물로의 동화 등을 통한 에너지의 분할은 동일한 가정들을 토대로 한 것이다. 어획량으로 본 예측 수확량은 식물생산량의 약 0.8%인 $0.7 g\,C\,m^{-2}\,yr^{-1}$ 이하이다.

그림 4.19에서의 생산량의 값들은 비록 시험적이고 여러 가정을 토대로 한 것이지만, 이 모델은 표영 및 저서 생산량을 연계시키고 복잡한 생태계를 정량화하려는 계획을 마련해 준다. 이러한 연구들은 난점을 갖고 있으나 우리로 하여금 영양염류 유입의 상호작용, 일차 및 이차 생산량의 검토, 그리고

생산량의 결정인자들을 알 수 있게 해 준다. 뿐만 아니라 왜 특정 유형의 종 결합과 에너지 흐름이 있게 되는지, 그리고 어떻게 이런 것들이 시간의 경과 속에 지속하게 되는지에 관한 해답을 줄 수가 있다. 그리고 먹이망이 오염과 상위 영양단계의 상업적 수확과 같은 간섭에 어떻게 반응하는지를 이해하는 것도 중요하다.

8.3 먹이연쇄와 어업

8.3.1 기본적 유형

Ryther(1969)는 해양을 3개의 영역, 즉 외양(빈영양성) 그리고 보다 부영양성인 연안해역과 용승해역으로 나누어 해양의 생산량에 관한 정보를 요약하였다. 생산력, 먹이사슬의 길이, 생태효율 및 어류생산량 등에 관한 그의 결론은 표 4.4에서 보여 준다. 표 4.4는 여러 영양단계를 갖고 있는 3개의 주요 해양서식환경에서 일차 생산력의 일반적 값을 연결하고, 3개 환경 중 용승해역이 단연 단위면적당 어류의 최고 생산량을 나타내는 반면, 외양해역은 최소 생산량을 나타낸다는 사실을 보여 준다. 해양면적비율을 고려하더라도 면적이 작은 용승해역에서 연안역에서와 같은 양의 어류를 생산한다. 이 환경은 각각 방대한 외양역에 비해 60배의 어류생산을 나타낸다. 사실상 용승해역은 현재 전세계 어획량의 50%를 점유한다. 보다 부영양성인 해역에서 짧은 먹이사슬을 유도하는 요인은 사슬이 소형 편모류 대신에 비교적 대형인 돌말류로 시작함으로써 그 결과 보다 큰 생물체들이 관련되는 데 있다. 이러

표 4.4 1900~1984년 동안 주요 포식자들에 의해 소비된 남극 크릴의 변화량 추정치(Lalli and Parsons, 1993)

Predator	Annual krill consumption(tonnes × 10^6) 1900	1984
Baleen whales	190	40
Seals	50	130
Penguins	50	130
Fish	100	70
Squid	80	100
Total	470	470

한 맥락에서 먹이사슬의 길이는 특히 상업적으로 유용한 동물로 이어지는 사슬로 정의되었다.

연안해역과 용승해역에서의 짧은 먹이사슬과 보다 큰 생태효율을 지적함으로써 Ryther는 보다 소량의 일차 생산을 토대로 해서 보다 큰 어류수확량을 유지할 수 있는 기작을 제시할 수 있었다. 생태효율은 비록 확고한 증거가 있는 것은 아니지만 부영양해역에서 보다 높은 것으로 고려된다.

표 4.4에서 보인 어류생산은 독립적인 추정이 아니고 일차 생산량과 먹이사슬의 길이 및 효율을 기초로 계산한 것이다. Ryther는 이 양이 잠재수확량이 아니고 어류가 지속적으로 수확되어야 할 양이라고 지적하였다. 그의 요약은 취약점도 갖고 있다. 그러나 먹이망의 본질과 동태가 궁극적으로 인류에 대한 잠재수확량을 지배하는 데 매우 중요하다는 사실은 의심의 여지가 없다.

8.3.2 먹이망의 구조

환경조건이 비교적 안정한 상태의 표영생태계에서는 일차 생산자가 아주 작은(< 10μm) 플랑크톤이다. 다소 큰 독립영양생물은 보다 환경변화가 큰 조건을 선호한다. 이러한 사실은 소형 편모류, 와편모조류 등이 성층화된 상태를 선호하고, 상대적으로 큰 돌말류가 전선해역과 조석 혼합해역을 선호한다는 English Channel에서 수행된 Holligan(1984)의 연구결과로 알 수 있다. 우점한 와편모조류는 *Gyrodinium aureolum*으로 체적이 3,847μm^{3}인 반면, 우점한 돌말류는 *Rhizosolenia stolterfothii*로 체적이 48,000μm^{3}이었다. 이러한 현상에 대한 이유는 충분히 알려지지 않았으나, 식물플랑크톤의 크기변화는 어떤 한 가지 요인만으로 일어나는 것은 아닐 것이다. 영양염을 흡수할 때 소형 세포와 대형 세포는 각각 저농도와 고농도의 영양염상태를 선호한다. Parsons and Takahashi(1973)는 대형 세포에게는 영양염과 광이 충분히 공급되어야 함을 지적한 바 있다. 또 다른 요인은 물의 수직이동속도이다. 보다 빠른 속도는 침강속도가 큰 대형 세포에게 유리하다. 또한 해저에 있는 세포나 휴면포자가 물기둥으로 유입되어 돌말류 개체군을 유지하도록 한다. 그래서 비교적 강한 수직이동이 있는 곳에서는 대형 식물플랑크톤이 우세한 경우가 많다. 여기서 시사하는 바는 안정된 조건하에서는 일차 생산자가 소형인 반면, 환경의 변화가 심하면 대형 세포가 중요해진다는 점이다.

먹이사슬에 관한 고전적 개념은 먹이사슬의 수가 연속적인 영양단계에서 에너지의 점진적 소산에 의해 제한된다는 것이다(에너지 제한설). 다른 가능성들은 포식자가 그들의 먹이보다 큰 경향 때문에 크기에 제한이 있다는 것, 또는 하위단계 먹이사슬에서의 섭식이익(하위 영양단계에서의 풍부한 에너지 때문에)이 먹이사슬을 짧게 유지하도록 작용한다는 것 등이다. Pimm (1982)은 문헌에 기록된 먹이망을 분석하여 대부분이 3~4개의 영양단계로 구성되어 있음을 발견하였다. 그는 영양단계의 수가 먹이망이 무작위 과정에서 형성되었을 경우 예상되는 수보다 적다는 점을 밝히고, 먹이망이 사슬길이를 짧게 하려는 경향을 가지고 있다고 결론을 내렸다. Pimm은 짧은 먹이사슬에 대하여 통용되는 설명이 부적절하고, 특히 에너지 제한설은 먹이사슬이 생산성이 높은 수역에서는 더 길어져야 한다는 점을 예측케 하지만 이에 대한 증거가 없다고 하였다. 실제로 플랑크톤 군집에서는 그 반대현상이 나타날 수 있다. 안정된 중위도 외양역에서는 낮은 일차 생산량에 비해 긴 먹이사슬이 형성되는 반면, 불안정한 연안해역, 용승해역 및 남극해역에서는 높은 일차 생산력에 비해 짧은 먹이사슬이 형성된다.

Pimm and Lawton(1977)은 먹이사슬의 길이를 제한하는 또 하나의 이유를 설명했다. 이들은 Lotka-Volterra 방정식을 이용하여 먹이사슬길이가 변화하는 모델 시스템을 연구하였으며, 개체군이 간섭을 받은 후 평형상태로 돌아가는 데 얼마나 오래 걸리는지 회귀시간을 추정하였다. 이 회귀시간은 영양단계의 수에 따라 증가하였고, 이 점이 짧은 먹이사슬이 형성되는 원인일 것이라고 하였다. 간섭의 빈도가 증가함에 따라 먹이사슬이 더 짧아지고, 이 점이 바로 플랑크톤 먹이망에서의 경우라 할 것이다.

8.3.3 먹이사슬의 효율

생산성이 높은 해역에서 먹이망의 먹이사슬 효율은 생산성이 낮은 해역보다 높을 것으로 생각되어 왔다(Ryther, 1969). Cushing(1973)은 그가 전달계수 (transfer coefficient)라고 명명한 두 연속적인 영양단계에서의 생산량비를 추정하였다. 그는 인도양의 용승해역(높은 생산량)으로부터 안정된 외해역(낮은 생산량)에 이르기까지 다양한 해역에서 일차 생산량과 이차 생산량을 추정하였다. 계수의 평균값은 10%에 가까웠으나 저생산성 해역에서의 30% 이상으로부터 고생산성 해역에서의 5% 이하 범위를 갖는다. Blackburn(1973)은 열대 태평양에서 전달효율 사이에 유사한 역상관관계의 증거를 보고한 바 있다. 먹이사슬의 상위 영양단계로 전달되는 상대적인 에너지의 양은 안정된 조건에서 높고, 변화가 큰 조건에서 낮은 유형으로 변화할 것이다.

개별 생물체는 성장과 생식에 의해 자원이 증가하는 데 일정한 시간이 걸리고, 생물체가 대형일수록 이 시간이 길어질 것이다(Peters, 1983). 생산자와 소비자의 크기와 성장률이 유사한 먹이사슬에서는 소비자 개체군이 생산자 개체군을 비교적 밀접하게 뒤따르게 될 것이다. 이와는 대조적으로 생산자가 수시간에서 수일간의 세대시간을 갖는 돌말류이고 소비자가 수주에서 수개월의 세대시간을 갖는 요각류인 경우에는, 먹이사슬 사이에 탈결합(uncoupling)이 있다. 이러한 상황에서는 플랑크톤 먹이망에서 상당량의 유기물질이 저서생물에게로 유출된다.

8.3.4 에너지 수지

위의 이차 생산에서 간략히 설명한 바 있는 에너지 수지란 한 생물체가 먹이를 먹어 그 중 얼마를 소화·배설하며, 흡수된 에너지의 얼마를 호흡, 배설, 성장 또는 재생산 등에 사용하는지를 의미한다. 일부 종류에서는 생물발광에 에너지를 소비하지만(예: 야광충, *Protoperidnium* 등의 와편모조류와 *Metridia*와 같은 요각류 등), 아직 발광(bioluminescence)에 소비되는 에너지가 얼마나 되는지 정량화한 자료는 없다. 다만 성장을 위한 에너지보다는 적고, 운동에 쓰이는 에너지보다는 큰 것으로 알려져 있다(Latz and Jeong, 1996).

동물플랑크톤의 에너지 수지에 대한 정보는 대부분 갑각류, 특히 요각류에 대하여 국한되어 있다. 최근 원생동물을 대상으로 한 연구가 활발해지고 있는데, 이에 대하여는 3장에서 부분적으로 취급되었으며, 여기에서는 요각류를 대상으로 먹이를 취득하는 과정과 에너지 수지의 파악방법만을 간략히 소개한다.

8.4 먹이의 취득

요각류의 먹이섭식방법은 먹이종류에 따라 다르다. 초식성 또는 잡식성 요각류의 경우에는 섭식흐름(feeding current)을 이용하여 그 안에 들어 있는 먹이들을 걸러 먹고, 육식성의 경우에는 먹이를 하나씩 포획하여 먹는다. 이들의 섭식과정은 3단계로 나눌 수 있는데, 첫 단계는 먹이를 감지하는 단계이고, 두 번째 단계는 먹이를 모으거나 잡는 단계, 그리고 세 번째는 먹이를 입으로 넣는 단계이다. 먹이의 감지방법에는 기계적 자극감응(mechanoreception)과 화학적 자극감응(chemoreception)이 있다(Koehl and Strickler, 1981; Paffenhofer *et al.*, 1982). 시각에 의한 감지는 실험을 통하여 요각류가 어둠 속에서도 먹이를 선택하여 먹을 수 있음이 밝혀져 그 설득력이 적다(Gauld, 1953; Richman and Rogers, 1969).

첫번째 안테나에 있는 물리적 자극감지기관은 먹이의 움직임에 의해 발생되는 물의 움직임을 감지하는 것으로 알려져 있다(Strickler, 1975; Landry, 1978, 1980; Legier-Visser *et al.*, 1986; Yen *et al.*, 1992). *Acartia* 등은 멀리 떨어져 있는 먹이의 위치도 원격감지에 의해 알 수 있음이 밝혀졌다(Jonsson and Tiselius, 1990). 이러한 감지방법은 먹이의 움직임이 중요하기 때문에 육식성이나 잡식성 요각류에서 많이 쓰일 것이다.

초식성 및 잡식성 요각류는 주로 화학물질 자극감지방법에 의해 먹이를 감지한다(Buskey, 1984). 화학물질 자극감지기관은 주로 첫번째 안테나에 있고, 몸의 다른 부분에도 있는 것 같다. 부유성 새우인 *Acestes sibogae*의 경우 첫번째 안테나를 없앴을 때 여전히 먹이의 냄새에 반응을 하였지만, 그 감지능력이 매우 손상된 것을 알 수 있었다(Hamner and Hamner, 1977).

다음 단계는 먹이를 모으거나 잡는 단계로, 초식성 또는 잡식성 요각류는 입 주위의 부속지들을 움직여 섭식흐름을 일으키고, 길고 얇은 많은 강모를 가지고 있는 입 주위 부속지를 이용하여 섭식흐름에 포함되어 있는 먹이를 잡는다(Koehl and Strickler, 1981; Paffenhofer *et al.*, 1982). 육식성 요각류의 경우에는 몇 개의 짧고 굵은 강모를 가지고 있는 입 주위 부속지를 이용하여 먹이를 잡는다. 과거에는 제2소악(second maxillae)을 통과하는 먹이를 수동적으로 걸러서 먹이를 잡는다고 생각하였으나, 고성능 촬영시스템을 이용하여 관찰한 결과 제2소악을 능동적으로 움직여 섭식흐름 속에 먹이가 들어 있는 물 부분을 분리하여 먹이를 능동적으로 잡는 것이 밝혀졌다(Alcearez *et al.*, 1980).

먹이를 입으로 넣는 단계에서 요각류는 대악(mandible)을 이용하여 먹이를 갈거나 물어뜯는다. 초식성 또는 잡식성 요각류의 경우는 주로 가는 데 적합한 형태적 특성을 보이고, 육식성 요각류의 경우에는 날카로운 소수의 이빨을 가지고 있어 물어뜯는 데 적합한 형태를 보인다(Mullin, 1966). 요각류의 먹이로는 식물플랑크톤, 세균, 원생동물, 유기쇄설물(detritus)(Heinle *et al.*, 1977) 및 기타 후생동물(metazoan) 등 매우 다양하다.

먹이섭식률을 파악하는 방법에는 몇 가지가 있다. 흔히 사용되던 방법은 실험실에서 식물플랑크톤만을 넣어 배양한 병(대조병, control bottle)에서 식물플랑크톤의 성장을 파악하고, 식물플랑크톤과 동물플랑크톤을 함께 넣은 배양병(실험병, experimental bottle)에서 식물플랑크톤량의 변화를 추적하여, 이 두 병 안의 식물플랑크톤량을 비교하여 동물플랑크톤의 섭식률을 파악하는 방법이다.

식물플랑크톤만 넣은 대조병의 실험 전(t_1)과 실험 후(t_2)의 세포농도를 각각 C_1, C_2라 하면,

$$C_2 = C_1 \exp[k(t_2 - t_1)]$$

이라고 표현할 수 있는데, 이때 k는 식물플랑크톤의 성장계수를 의미한다. 같은 방법으로 식물플랑크톤과 동물플랑크톤이 함께 있는 실험병 속의 식물플랑크톤 농도(C^*)의 변화를 살피면, 위 식에서 k 대신에 $(k - g)$가 들어갈 것이다. 여기서 g는 동물플랑크톤 섭식에 의한 식물플랑크톤의 감소율, 즉 동물플랑크톤의 섭식계수(grazing coefficient)이다.

$$C_2^* = C_1^* \exp[(k - g)(t_2 - t_1)]$$

시간 t_1에서 t_2까지의 실험병 속의 평균세포농도 $\langle C \rangle$는

$$\langle C \rangle = \frac{C_1^* \mid \exp[(k - g)(t_2 - t_1)] - 1 \mid}{(k - g)(t_2 - t_1)}$$

에 해당되며, 여기에서 구한 g와 실험용기의 체적 V, 용기 속의 동물플랑크톤 개체수 N 등에서 동물플랑크톤 한 개체가 먹이를 섭식하기 위하여 여과하여 식물세포를 제거한 용적인 여과용적 F는

$$F = Vg/N \ (\text{m}l \text{ copepod}^{-1} \text{ h}^{-1})$$

로 표현된다. 여기서 여과용적이란 식물세포가 고정된 위치에 있다는 개념적 상황에서 동물플랑크톤이 여과하여 먹이를 먹음으로써 식물플랑크톤이 없어

진 체적을 말하는데, 실제에 있어서는 없어진 식물플랑크톤의 위치에는 다른 식물플랑크톤이 끊임없이 이동해 오고 나가고 할 것이다.

이 방법은 실험실에서 쉽게 사용될 수 있으나, 먹이가 자연상태의 먹이와 같지 않다는 점, 동물플랑크톤이 들어 있는 실험병에서는 동물플랑크톤의 배설에 의한 암모니아의 증가로 식물플랑크톤의 성장이 더 촉진된다는 점 등 많은 문제점이 있다(Harbison and McAlister, 1980; Roman and Rublee, 1980). 그러나 Frost(1972)의 연구 이래 이 방법에 의한 연구는 먹이농도와 동물플랑크톤의 섭식노력과의 관계 등 많은 정보를 제공하였다.

또 다른 섭식량 파악방법은 동물플랑크톤의 소화관 내 형광물질의 양과 이들 먹이들의 소화관 통과시간을 파악하는 방법이다(Mackas and Bohrer, 1976; Baars and Helling, 1985). 이 방법은 먹이가 형광물질인 클로로필을 함유하고 있는 식물플랑크톤인 경우에 국한된다는 제한이 있으나, 현장 섭식량을 파악할 수 있다는 장점을 가지고 있다.

8.5 섭식된 에너지의 분할이용

섭취된 먹이는 일부 소화되어 동물플랑크톤의 몸에 동화되고(assimilation), 일부는 소화되지 않고 분립으로 몸 밖에 배출된다(egestion). 섭식된 에너지에 대한 흡수된 에너지의 비를 동화율(assimilation rate: AR)이라고 한다. 이 동화율은 6~99%에 이르는 것으로 알려져 왔고(Conover, 1966), 먹이의 종류에 따라 달라지며, 편모충류를 먹이로 했을 때가 돌말류를 먹이로 했을 때보다 더 큰 것으로 알려졌다.

소화·흡수된 에너지가 이용되는 부분은 호흡, 배설, 성장의 세 가지로 나눌 수 있다(그림 4.20). 호흡에 사용되는 에너지는 표준호흡 에너지(standard respiration energy: 섭식을 하지 않고 쉬고 있을 때 드는 기본적인 에너지), 단백질로 합성되지 않은 아미노산의 분해 때 쓰는 에너지, 동화된 대사물질의 소화, 운반, 합성시 드는 에너지, 그리고 운동할 때 쓰는 에너지 등을 포함한다. 배설 에너지는 이러한 호흡작용의 산물들을 재정제·흡수하는 데 쓰이는 에너지를 말하며, 때로는 이 둘을 합하여 광의의 호흡으로 간주하기도 하나, 호흡에서는 산소를 소모하고, 배설에서는 암모니아를 합성한다는 점에서 구분된다. 이렇게 소모하고 남은 에너지는 체중의 증가로 나타나는 것이 성장

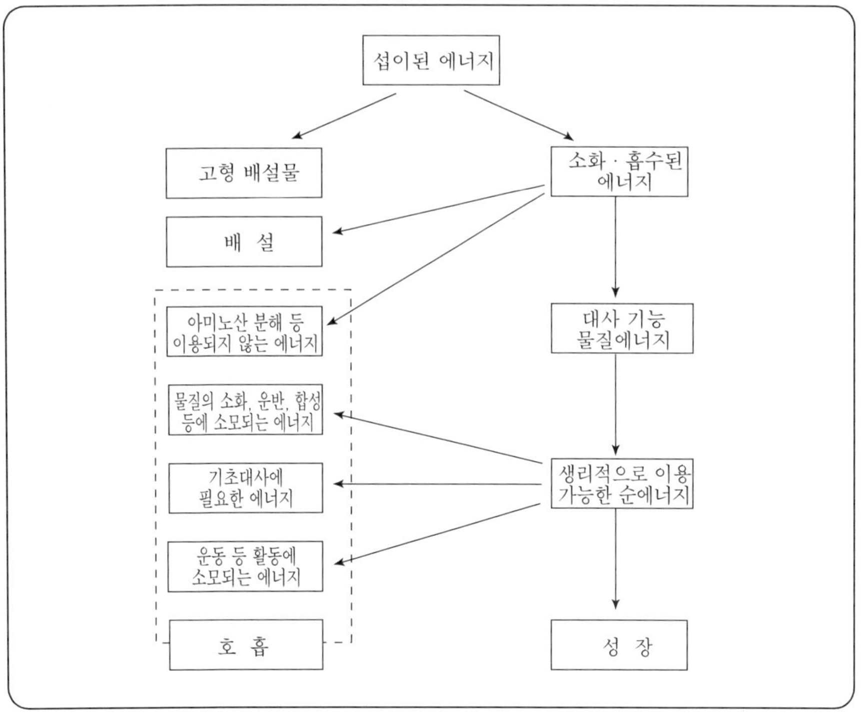

그림 4.20 동물플랑크톤에 섭식된 에너지의 분할이용

이며, 더 이상의 체중증가가 없는 성체에서는 성장이 재생산의 형태로 알과 정자의 형성에 쓰인다.

따라서 호흡, 배설, 성장은 각각 소모한 산소량, 배출된 암모니아량, 증가한 체중 또는 새로이 만들어지는 알의 양 등의 파악을 통하여 측정된다.

9. 경쟁과 공생

해양생태계에 서식하는 많은 동물플랑크톤은 서식공간과 에너지원인 먹이 등을 공유하고 있다. 따라서 함께 서식하는 많은 종류의 동물플랑크톤들은 끊임없이 경쟁하며 공생한다. 함께 살아가면서 공통의 자원을 서로 취득하기 위하여 행하는 노력을 우리는 경쟁이라 한다. 이러한 경쟁은 종간에도 발생하며, 같은 종 내에서도 나타난다. 종내 경쟁의 대표적인 경우는 생식을 위한 짝짓기의 경우를 생각할 수 있고, 종간 경쟁은 무엇보다도 먹이를 대상으로 하는 경우가 많다. 경쟁(competition)은 각 개체군의 밀도를 조절하는 인자가 되기도 한다. 한편, 경쟁관계는 경쟁대상간에 직접적인 물리적 접촉, 다툼 등이 있는 경우(contest competition)와 공통의 자원을 이용하는 방법의 개발 등과 같이 직접적인 마찰 없이 행해지는 경우(scramble competition)가 있다. 경쟁이 극심해지면 같은 공간, 같은 시기에 서로 같은 생태적 역할을 하는 생물군이 공존할 수 없다는 '경쟁배제원칙(Gause's principle 또는 competitive exclusion principle)' 이 성립되기도 한다.

먹이를 대상으로 한 경쟁이 극심한 경우는 서로 먹고 먹히는 관계로까지 발전한다. 먹고 먹히는 포식과 피식의 관계는 동물플랑크톤 내에서뿐만 아니라 식물플랑크톤과 소형 유영생물을 포함하는 광범위한 생물군에서 나타난다. 해파리는 요각류뿐만 아니라 원생동물의 개체군을 제어할 만큼 강력한 포식자이다(Stoecker *et al.*, 1987). 해파리인 *Aurelia aurita*는 미소 동물프랑크톤 중 유종섬모충류(tintinnids), 빈섬모충류(oligotrichs), 윤형동물(Rotifera), 요각류 유생 등을 선택적으로 먹는 것으로 알려져 있다. 동물플랑크톤은 어류의 좋은 먹이가 된다. 미소 동물플랑크톤은 치자어의 좋은 먹이가 되고, 큰 동물플랑크톤은 성어의 먹이가 된다.

함께 산다고 하여 경쟁만 하는 것은 아니다. 때로는 서로 도움을 주고받으며 살아가기도 한다. 서로 도와 가며 살아가는 형태에는 상리공생(mutualism)과 편리공생(commensalism)의 경우가 있다. 전자는 서로 도움을 주고받는 경우이고, 후자는 한쪽에서는 도움을 받지만 다른 한쪽은 도움도 피해도 없는 경우이다. 반대로 함께 살아 가면서 더 이상 경쟁이 없이 한편이 다른 한편의 몸에 붙어 일방적으로 편익을 구하고, 다른 한편은 불이익을 감수하면서 살아가는 경우가 있다. 이러한 형태의 공생을 기생(parasitism)이라 한다.

기생성 동물플랑크톤은 주로 와편모류에 속하는 것들이 많다. 와편모류인 *Duboscquella*는 유종섬모충류와 빈섬모충류인 *Strombidium*, *Strobilidium* 등에 기생하는데 숙주에게 치명적이기도 하다(Stoecker *et al.*, 1983; Coats, 1988). 일반적으로 기생생활을 하는 생물은 숙주를 일정한 종류로 국한하는데, 숙주를 죽음에까지 이르게 하지는 않는다고 알려져 있다. 기생성 동물플랑크톤의 숙주는 요각류, 환형동물, 어류 등 다양하다.

10. 어란 및 자치어

어류는 난생(oviparity)에서 태생(viviparity)에 이르는 여러 가지 번식방법을 보이고 있다. 난생의 경우, 방출된 알은 알과 주위 물과의 비중차이에 의해 침성란(demersal egg)과 부유성 난(pelagic egg)으로 구분된다. 침성난은 종류에 따라 부착사를 내거나 점액질을 분비하여 다른 물체에 붙어 있기도 한다. 태생의 경우는 혼자 독립해서 살 수 있을 정도로 발달된 새끼가 어미의 몸 밖으로 나온다.

알 속에 있던 배(embryo)가 어느 정도 발달하면 알껍질을 깨고 나오는데, 이를 자어(larva)라 한다. 갓 태어난 자어는 난황을 달고 있으며, 운동기관이 발달하지 않아 유영능력이 약하기 때문에 먹이를 포획할 수 있는 능력이 없으며, 아직 입이 완성되어 있지 않는 경우가 많다. 난황이 체내로 흡수되면서 지느러미가 형성되기 시작하고, 운동에 관련된 기관과 시각기관이 발달되면 비로소 섭이활동을 시작할 수 있다. 난황의 흡수시기를 전후하여 전기 자어(pre-larva)와 후기 자어(post-larva)로 나누어진다.

난태생(ovo-viviparity)의 경우는 대부분 후기 자어 상태로 산출되기 때문에 바로 섭식을 시작할 수 있다. 이들은 성장함에 따라 지느러미줄(fin ray) 수가 일정 수에 달하여 성어에서 나타나는 형질을 보여 주는 치어(juvenile)가 된다.

따라서 어류는 생활사의 초기에 아직 유영력이 없거나 미약하여 일시적으로 부유생활을 하게 되는데, 이를 어류 플랑크톤(ichthyoplankton)이라 하며, 이들은 부유성 난과 자치어로 구성된다.

10.1 부유성 난

부유성 난은 보통 표면이 매끄럽고 구형이다. 그러나 일부 어종은 독특한 모양을 보인다. 앨퉁이는 알껍질에 육각형의 돌출물이 나와 있으며, 멸치의 알은 타원형이다(그림 4.21). 부유성 난은 크기가 작은 것은 직경이 0.6mm 내외이며, 큰 것은 2mm에 이른다. 같은 종이라도 알의 크기는 서식하는 장소나 산란시기에 따라 달라질 수 있다. 돛양태류의 난은 수온이 낮은 5월에 산란된 난이 가장 크고, 수온이 증가함에 따라 난의 크기가 감소하는 경향을 보인

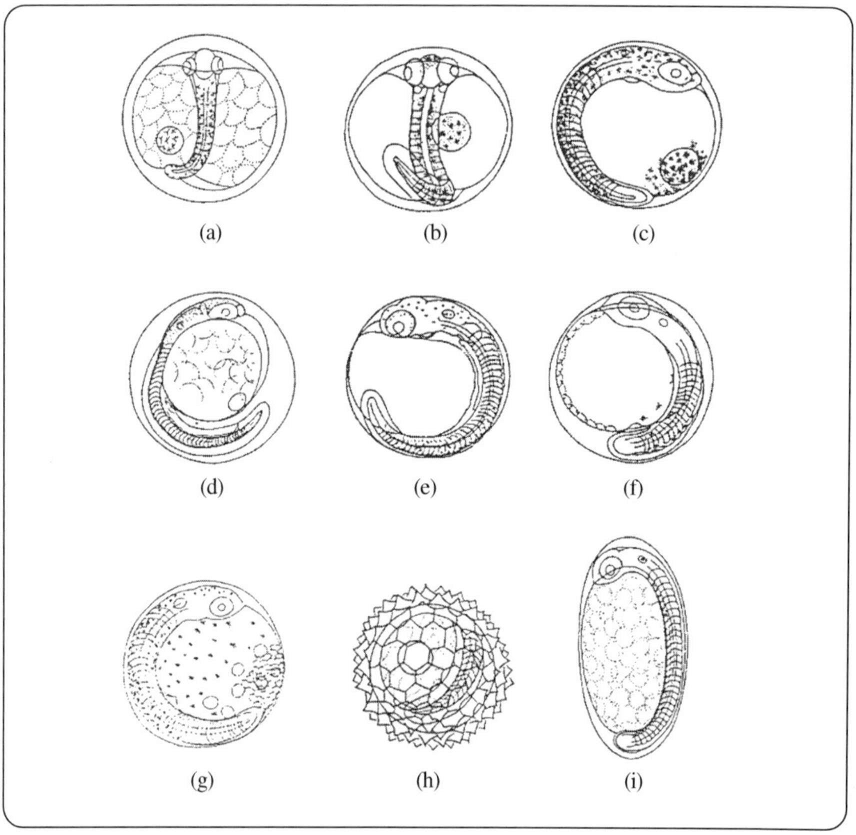

그림 4.21 부유성 난의 여러 가지 형태. (a) 보리멸(*Sillago sihama*, 0.59~0.68mm), (b) 주둥치(*Leiognathus nuchalis*, 0.60~0.65mm), (c) 보구치(*Argyrosomus argentatus*, 0.73~0.78mm), (d) 전어(*Konosirus punctatus*, 1.14~1.60mm), (e) 명태(*Theragra chalcogramma*, 1.24~1.70mm), (f) 동갈양태(*Repomucenus richardsonni*, 0.65~0.75mm), (g) 개서대(*Cynoglossus robustus*, 0.85~0.90mm), (h) 앨퉁이(*Maurolicus muelleri*, 1.29~1.82mm), (i) 멸치(*Engraulis japonicus*, 0.6~0.8 ×1.2~1.5mm)

다(차, 1987). 동부 태평양에 서식하는 명태의 경우 북부의 북동 베링해에서는 난경이 1.46~1.65mm이나, 남쪽으로 내려올수록 작아져서 캐나다 연안에서는 1.35~1.45mm의 크기를 보인다. 같은 위도상에서도 아시아산 명태가 북미산 명태보다 약간 크다(김과 장, 1994).

수정되지 않은 알의 껍질은 보통 2개의 층으로 나누어진다. 가장 바깥부분은 장막(chorion)이라고 불리는 껍질이 있다. 알을 외부의 물체에 부착시키는 부착사나 알 표면의 거친 돌기 등이 여기에서 나타난다. 안쪽에는 얇은 막(vitelline membrane)이 있어서 난황과 세포질 등의 난질(ovoplasm)을 둘러싸고 있다. 매끄러워 보이는 알껍질도 주사전자현미경(SEM)으로 보면 종마다 미세구조가 다르다. 장막에는 정자가 침투되는 깔때기 모양의 정공(精孔, micropyle)이 동물극 가까이에 있으며, 작은 구멍을 통하여 내부의 세포질과 연결되어 있다. 수정이 이루어지면 알껍질과 난질 사이에 위란강(perivitelline space)이라는 공간이 형성되어 알세포의 삼투압 조절과 외부의 극심한 환경 변화에 대한 완충역할을 한다. 대부분의 어류는 난황이 알 내부 전체에 골고루 분포되어 있는 등황란(homogeneous yolk)이다. 난황에는 균열이 없는 경우(unsegmented yolk)와 균열이 있는 경우(segmented yolk)가 있다. 알세포 내부에는 주로 지질(脂質)로 이루어진 물방울 모양의 작은 유구가 있다. 유구는 보통 하나이지만, 종에 따라 여러 개가 있거나 아예 없는 종류도 있다.

부유성 난은 대부분 구형이며, 크기도 비슷하여 발생이 어느 정도 진행되어 종의 특징이 발현되기까지는 종의 검색이 불가능할 때가 많다. 그러나 난의 형태, 난막의 돌기, 난경과 같은 외부 형태와 난황의 형태, 유구의 수, 위란강의 크기, 유구경 등과 같은 내부의 특징을 이용하여 어느 정도의 검색이 가능하다(Robertson, 1975; 차 등, 1987).

부유성 난은 비중에 따라 수층에 머무르거나 수면을 향해 떠오르게 된다. 알껍질의 두께, 배와 난황에 있는 저염분수, 유구 등은 알의 비중에 영향을 미친다. 알은 발생과정 중에 알 내부의 조직과 기관이 분화하면서 구성물질이 바뀌기 때문에 비중에 변화가 일어난다. 따라서 발생과정 중에 비중변화에 따라 알은 수직이동을 할 수 있다. 더욱이 해양은 수층별로 비중이 다른 해수로 구성되어 있기 때문에 알은 해수의 비중과 균형을 이루는 깊이에 부유하게 된다. 알의 수직이동에 관한 현상은 명태알의 경우 상세히 연구되어 있다(Kendall and Kim, 1989). 우리나라의 멸치란은 발생이 진행됨에 따라 침하하는 경향을 보인다(김과 최, 1988).

10.2 자치어

자치어는 성장이 매우 빠르고, 성어와는 다른 모습을 하고 있기 때문에 종의 검색에 어려움이 많다. 어류의 분류에 흔히 이용되는 계수형질(計數形質,

meristic character)은 자어에서 치어로 변하는 시기에 완성되므로 자어의 검색에 사용되기 어렵다(그림 4.22). 색소포의 모양과 분포, 머리부분의 가시와 같은 특수한 구조 등이 자어의 검색에 사용되지만, 그 변화가 연속적이어서 성어의 분류에서 사용되는 것과 같은 검색표를 만들기 힘들다. 주로 사용되는 형질은 전자어기부터 나타나는 계수형질인 근절수가 있으며, 체형, 항문의 위치, 지느러미의 위치 등을 이용하여 대략적인 어류의 종류를 파악할 수 있다. 각 어종마다의 독특한 무늬와 색깔이 계수형질이 완성될 때까지 존재하므로 색소포의 위치와 형태가 종의 동정에 유용하게 사용된다. 실제 검색에 있어서는 계수형질이 완성된 치어를 포함하여 다양한 크기의 개체가 함께 채집되었을 때 검색이 용이하다.

어류의 초기 생활사에 있어서 먹이의 양은 사망률과 성장률에 큰 변동을 주는 것으로 알려져 있다(May, 1974). 따라서 대부분의 어류는 먹이생물의 양이 충분한 시기에 번식하고 있다. 우리나라 연안역에서 어류의 산란은 먹이가 풍부한 초여름에 최대의 산란기를 맞이한다. 물론 수온이 낮은 겨울에 산란하는 어류도 있는데, 이들은 대부분 침성란을 낳는다. 봄과 가을에 산란하는 어류는 많지 않다. 따라서 우리나라 연안역에서 부유성 난은 6월과 7월에 최대의 출현 종수와 출현량을 보이며(차와 심, 1988), 자치어는 7월에 최대의 출현 종수와 출현량은 보인다. 해역에 따라서는 겨울에도 일부 어종에 의한 자치어의 출현량 증가가 나타난다(차 등, 1990).

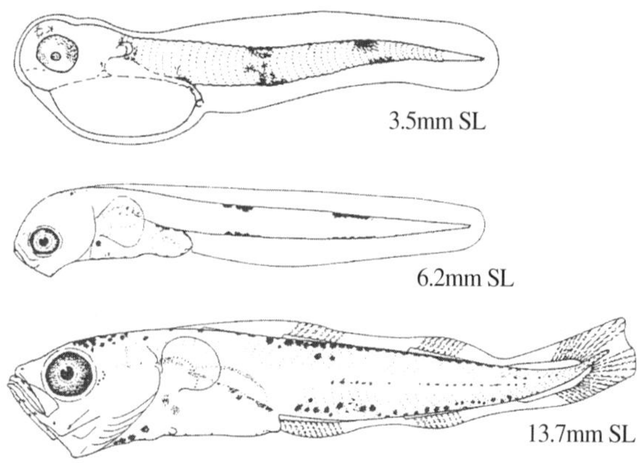

그림 4.22 명태(*Theragra chalcogramma*)의 성장에 따른 형태변화

실제 산란이 일어나는 시기는 여러 가지 요인이 복합적으로 작용하지만, 그 중에서 수온이 미치는 영향이 크다. 우리나라와 같은 온대 해역에서는 수온이 뚜렷한 계절변동을 보이기 때문에 수온의 영향은 다른 요인보다 더욱 크게 작용한다. 어종에 따라 적정 산란수온범위가 있으며, 산란이 집중적으로 이루어지는 최적수온이 있다. 어류는 종에 따라 각기 적정한 시기에 산란을 하며, 해황의 연간 변동은 어류의 난과 자치어의 출현시기에 영향을 준다.

부유성 난과 자치어의 분포에는 수온과 염분의 분포, 해류, 수괴와 같은 물리요인과 먹이생물과 포식자의 조성과 출현량과 같은 생물요인, 그리고 수질을 결정짓는 여러 가지 화학요인이 난과 자치어의 수평분포에 영향을 준다. 이 중에서 수온과 염분의 분포가 이들의 분포에 가장 많은 영향을 준다. 온대 해역에서 계절에 따라 변화를 보이는 수온은 넓은 해역에서는 위도에 따라 차이를 보이며, 좁은 해역에서는 조간대의 넓이와 연안으로부터의 거리와 같은 미세환경에 의해 차이를 보인다. 산란 초기에는 수온이 일찍 상승한 해역에서부터 산란이 이루어지기 때문에 우리나라의 경우 봄부터 여름 사이에 산란하는 어종은 남쪽에서부터 출현하기 시작하며, 좁은 해역에서는 수온이 일찍 상승하는 연안이나 하구에서 일찍 출현하는 경향을 보인다. 따라서 산란 초기에 채집이 이루어지면 수온이 높은 정점에서 출현량이 더 많은 경향을 보인다. 반면에 가을과 겨울에 출현하는 어류는 북쪽에서부터 출현하기 시작한다. 그러므로 부유성 난과 자치어의 수평분포는 채집시기에 따라 정점별 출현량이 달라질 수 있으므로 수평분포에 대한 연구는 조사시기를 고려하여 조심스럽게 다루어야 한다.

염분은 성어의 분포를 제한함으로써 부유성 난의 분포를 제한한다. 자어는 확산에 의하여 난보다 더 넓은 범위에 걸쳐 분포하게 되는 것이 일반적이다. 자어는 미약하나마 유영력을 가지고 있기 때문에 원래의 산란위치에서부터 다른 곳으로 서서히 이동하는 경우도 있다. 염분은 난이나 자어의 생존에 영향을 주어 자어의 분포에 영향을 준다. 만경강 하구에서 전어는 담수의 영향을 받는 내만에서 주로 산란하며, 만 외부에 분포하던 난도 부화 이후에는 만 내부로 이동한다. 멸치와 밴댕이는 염분에 대한 내성이 달라 분포에 차이를 보였다. 멸치는 염분 28‰ 이상에서 분포하며, 강물의 유입에 의한 저염은 멸치 자어의 분포를 제한하였다. 반면에 밴댕이는 저염에 대한 내성이 강하여 염분 22‰까지 분포하였다(차와 박, 1991).

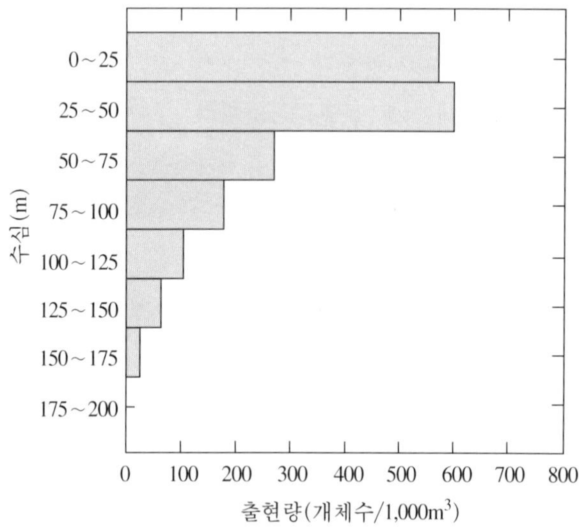

그림 4.23 자어의 수심별 평균출현량 (Cha *et al.*, 1994)

자어의 수직분포는 빛의 강도, 수주의 물리적 구조, 발생단계, 먹이의 농도와 분포, 종간 · 종내의 각종 자원에 대한 경쟁과 같은 물리요인과 생물요인에 의하여 영향을 받는다(Cha *et al.*, 1994). Ahlstrom(1959)이 미국 캘리포니아 연안에서 대부분의 자어가 상부 혼합층과 수온약층의 상부에서 출현함을 발견한 이래로 비슷한 결과들이 다른 여러 해역에서 보고되었다. 그림 4.23은 아열대 해역인 플로리다 키스(Florida Keys) 부근에서 야간의 자치어의 수직분포를 보여 주고 있다. 0~50m에서 64.6%가 출현하였으며, 50m 이하에서는 수심이 증가할수록 출현량이 감소하였다.

자어의 수직분포는 종에 따라 차이를 보인다. 그림 4.24는 멕시코만류가 흐르는 플로리다 키스 부근에서 자어가 종류에 따라 수직분포에 차이가 있음을 보여 준다. 이들은 0~25m에서 주로 분포하는 종류, 0~50m에서 주로 분포하는 종류와 50m 이상의 깊은 곳에 주로 분포하는 종류로 나누어진다. 표층에 주로 분포하는 종류는 수온이 높은 곳에서 빠른 속도로 성장하는 시각포식자들이었으며, 수온약층 하부나 그 밑에 분포하는 종류는 낮은 온도에 적응하여 서서히 성장하는 종류들이다.

자어는 주야 수직이동을 할 수 있다. 대부분의 종은 수시간 동안에 100m

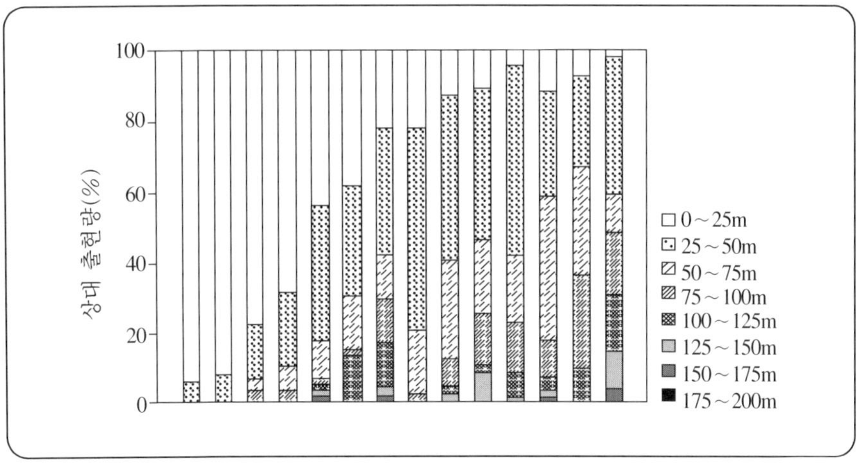

그림 4.24 수심에 따른 주요 14개 과의 상대 출현량(Cha *et al.*, 1994). Scm: Scombridae, Car: Carangidae, Lab: Labridae, Bot: Bothidae, Gon: Gonostomatidae, Gob: Gobiidae, Myc: Myctophidae, Ser: Serranidae, Ple: Paralepididae, Scr: Scorpaenidae, Bre: Bregmacerotidae, Pli: Paralichthyidae, Syn: Synodontidae, Pho: Phosichthyidae

정도까지 이동할 수 있다. 제주도 연안역에서 여름철에 출현하는 자치어의 표층출현량은 종별로 시간에 따라 변화를 보였다(유 등, 1990). 시간에 따른 자치어의 표층출현량으로부터 여름철에 제주도 연안역에 출현하는 자치어를 표층에 출현하는 시각에 따라 나누어 보면, 자리돔, 저울베도라치, 각시돔과 멸치와 같이 야간에 주로 출현하는 종류, 독가시치와 같이 주간에 주로 출현하는 종류, 앞동갈베도라치와 같이 주야에 관계없이 출현하는 종류, 학치류와 같이 일출 · 일몰시에 출현하는 종류로 나누어졌다. 이러한 결과는 자치어가 시간에 따라 수직이동을 하기 때문에 나타나는 현상이다. 우리나라 동해 연안역에서 멸치 자치어는 야간에는 0~30m 층에, 주간에는 30m 이심에서 분포비율이 높은데, 이는 주야 수직이동의 증거로 보인다(김과 최, 1988).

10.3 성장과 섭이

어류의 유영력은 체장이 증가함에 따라 증가한다. 자어가 포식자로부터 도망가고, 먹이를 찾아 포획하는 능력을 향상시키기 위해서는 빠른 성장을 통하여 유영력을 확보하여야 한다. 이러한 의미에서 어류의 초기 성장은 생존에 매우 중요하다. 또한 생물체는 크기가 작을수록 단위체중을 유지하는 데 높은 열량을 필요로 한다. 그러므로 갓 태어난 작은 자어는 짧은 시간 내에 체중을 증가시켜 에너지를 경제적으로 활용하려 한다.

전기 자어는 난황이 있기 때문에 먹이를 얻는 데 에너지를 소모하지 않는다. 초기에는 난황의 대부분이 성장에 기여하게 되므로 성장이 매우 빠르다. 난황이 거의 흡수될 즈음에는 성장률이 갑자기 둔화되기 시작한다. 그 이후에는 자어의 먹이획득의 성공에 따라서 성장률이 좌우된다. 즉, 먹이를 바로 얻으면 계속 빠른 성장이 가능하지만, 그렇지 못할 경우에는 자어의 크기가 줄어들기 시작한다. 명태의 경우 난황이 흡수되기 전에는 0.2mm d^{-1}의 성장률을 보이다가 외부로부터 먹이를 취한 후에는 0.35mm d^{-1}로 성장률이 증가한다.

성장률은 종에 따라 다르다. 유영능력이 좋은 고등어나 가다랭이의 자어는 커다란 먹이를 잡을 수 있기 때문에 성장률이 높지만, 멸치는 작은 먹이를 먹으므로 성장률이 낮다. 우리나라 연안역의 멸치는 난황흡수 후 10일경에 체장이 10.5mm에 달하고, 성장률은 0.50mm d^{-1}로 높은 값을 보인다. 40일경에는 체장 22.9mm, 성장률은 0.28mm d^{-1}이다. 성장률은 체장이 증가함에 따라 서서히 감소하며, 20일부터 40일 사이에 평균 0.38mm d^{-1}의 성장률을 보인다(차, 1990).

전기 자어는 난황으로부터 영양을 공급받기 때문에 신진대사에 적합한 온도가 성장에 가장 중요한 요인으로 작용하지만, 후기 자어부터는 온도와 함께 먹이가 중요한 요인이 된다. 자치어의 성장률은 총플랑크톤의 밀도보다는 실제로 먹이가 되는 플랑크톤의 밀도와 밀접한 관계가 있다. 자어가 실제로 포획 가능한 먹이는 40~50μm 정도이다.

배가 난막을 벗고 자어가 되면, 산소의 공급이 좋아지고 대사물질의 처리가 빨라지므로 성장이 쉬워진다. 자어는 크기가 커지면서 시각, 턱, 입, 근육이 발달하고, 유영과 섭이에 대한 훈련을 하게 된다. 난황이 거의 흡수되었을 때 먹이를 잡는 시도를 하게 된다. 섭이시작시점에는 경험도 부족하고 운동능력도 미약하여 섭이성공률이 낮지만, 몇 차례의 훈련을 통하여 점차 향상되어 간다. 먹이의 종류가 바뀌면 섭이성공률이 뚝 떨어지지만, 수일 내에 원래의 성공률로 회복되는 것으로 보아 훈련과 경험이 섭이성공률에 큰 영향을 미치고 있는 것 같다.

자치어의 중요한 먹이생물은 요각류의 난과 유생(nauplius)이지만 원생동물, 연체동물의 벨리저 유생(mollusks veliger), 유종섬모충류, 지각류 등도 먹이로 한다. 몇 종류의 자어는 장에서 초록색의 엽록체 잔해들이 발견되고 있으나, 이들은 자어가 물을 삼킬 때 우연히 들어간 것으로 보이며, 양으로 보아도 자치어의 중요한 위치를 차지하는 것 같지 않다.

섭이시작시점에는 입의 크기가 먹이선택을 제한한다. 이 시기에는 자기 입보다 작은 것이면 종류에 구애받지 않고 무엇이든지 먹기 때문에 먹이에 대한 선택성이 분명하지 않은 것 같다. 성장하면서 입의 크기가 커지고 유영력이 증가함에 따라 먹이생물을 선택해서 잡아먹는다. 다른 어류에 비하여 크기가 작은 북미산의 멸치(*Engraulis mordax*)는 직경이 50μm인 와편모조류도 먹고 있으나, 전세계의 멸치속 자어는 요각류의 난과 노플리우스 유생이 주요 먹이이다. 우리나라의 멸치(*Engraulis japonicus*) 자어의 주요 먹이생물은 요각류 난과 노플리우스 유생, 유종섬모충류인데, 이 중에서 요각류 노플리우스 유생은 멸치 자어가 가장 선호하는 중요한 먹이생물이다(그림 4.25). 멸치는 성장함에 따라 먹이선택성이 증가하여 척색장 3.8mm부터는 요각류 노플리우스 유생만을 선택적으로 섭식하는 것으로 나타났다(박과 차, 1995).

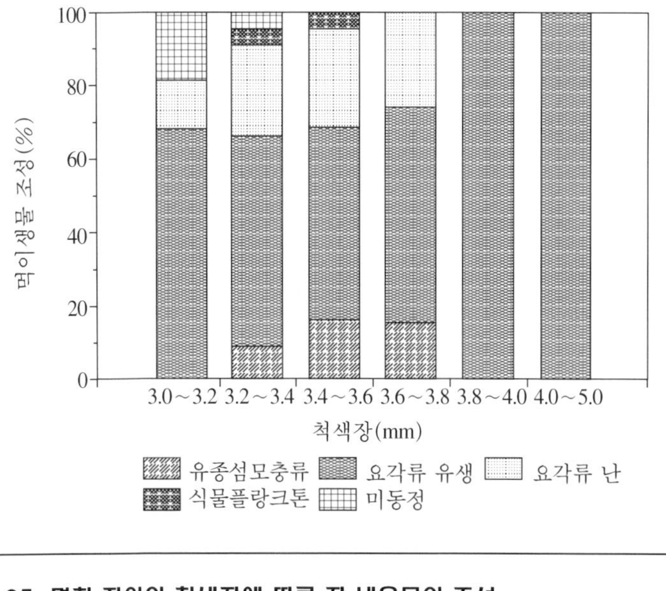

그림 4.25 멸치 자어의 척색장에 따른 장 내용물의 조성

전어는 멸치에 비하여 먹이생물이 다양한 것으로 나타났다. 전어 자어의 장에서 관찰된 먹이생물의 종류는 요각류의 난과 노플리우스 유생, 유종섬모충류의 *Tintinnopsis*와 *Codonellopsis*, 돌말류인 *Amphora* 등이다. 이 중에서 중요한 먹이생물은 요각류 노플리우스 유생과 유종섬모충류의 *Tintinnopsis*였다. 전어는 초기에는 유영속도가 느린 먹이생물을 섭이하며, 성장함에 따라 유영속도가 빠른 먹이도 먹는다(박 등, 1996).

해양 어류는 대부분 시각포식자로 낮 동안에 섭식하며, 달빛이 밝은 경우에도 섭식이 이루어진다(Arthur, 1976). 섭식참여율은 이른 아침과 오후 3시경에 높게 나타난다(Young and Davis, 1990).

자어가 생존하기 위해서는 물 속에 먹이생물이 1,000cell l^{-1} 이상의 밀도로 서식해야 하는데, 실제로 해양에서 이러한 밀도의 해수를 발견하기는 쉽지 않다. 밀도가 높은 만이나 하구에서도 요각류 유생의 밀도는 200cell l^{-1} 정도에 불과하다. 그러나 해양의 먹이생물은 무리(patchy)를 이루고 있기 때문에, 자어가 무리를 발견하여 그 주변에 모여들면 적정농도의 먹이를 찾을 수 있다.

체장이 5.2mm인 명태의 장에서 평균 6.1마리의 *Pseudocalanus* 유생이 발견되었고, 소화시간을 약 5시간, 하루 중 섭식시간을 15시간으로 가정하면, 명태 자어는 하루에 18마리의 유생을 섭취하여야 한다. 자어는 성장하면서 매일 섭취하여야 할 체중에 대한 먹이의 양이 계속 줄어드는데, 7mm 자어는 자기 체중의 62.4%를, 18mm의 치어는 27%의 먹이를 매일 먹어야 한다.

최초 섭이시점에서 장은 일직선이다. 이 시기에는 장의 기능이 분화되지 않고, 소화효소가 장 전체에서 분비되고 있는 것으로 보인다. 장은 발달함에 따라 길어지며 휘감기면서, 위와 장이 분화된다.

소화시간은 장 속의 내용물이 없어져 투명하게 되는 시간을 측정하거나, 먹은 음식물이 배설물의 색으로 변하는 시점을 관찰하여 판정한다. 소화시간은 먹이의 종류나 먹이의 양에 따라 상당히 다르다. 12일 자란 청어에서는 9℃에서 12~19시간 만에 장 내의 음식물이 모두 없어진다. 대서양 대구의 치어는 300μm의 요각류 유생을 30분 만에 소화하고, 더 작은 먹이는 15~20분이면 먹이가 투명해진다. 멸치는 3~5mm의 자어가 반시간 이내에 먹이의 형체를 거의 알아볼 수 없게 소화하기 때문에 소화율을 계산하기 쉽지 않다. 소화시간은 온도의 영향을 받아 온도가 높을수록 소화시간이 짧다.

10.4 사망과 가입량 변동

산란장에서는 무척 많은 알이 어미로부터 방출되지만, 많은 수가 발생하는 동안에 죽게 된다. 또한 어류의 알과 자치어는 해수에 의한 운송과 확산작용에 의해 시간이 지남에 따라 애초에 태어난 곳에서부터 점차 다른 곳으로 퍼져 나가게 된다. 따라서 동일한 시기에 태어난 알은 시간이 경과함에 따라 밀도가 점점 줄어들게 된다.

알이나 전기 자어는 난황이 있기 때문에 굶주림의 위협이 없지만, 사망률이 대단히 높다. 이 시기에는 수많은 동물플랑크톤과 어류에 의한 포식의 영향이 가장 클 것이다. 심지어 자기가 낳은 알을 잡아먹는 동종섭이현상도 흔히 발견된다.

알은 유영능력이 없으므로 포식자의 공격을 피할 방법이 없다. 다만 부유성 난은 대부분 투명하여 포식자로부터 발견될 가능성이 적어 사망의 위험을 줄이고 있다. 커다란 알은 작은 알에 비하여 크고 강한 자어를 생산하므로 생존능력이 우수하다는 장점이 있다. 그러나 부화시간이 길어져 포식자에 의한 사망위험이 더 높아질 수 있다. 더욱이 커다란 알을 낳게 되면 산란수가 줄어드는 문제도 있다.

알은 유영능력이 없으므로 물의 이동에 따라 그들의 분포가 결정된다. 알의 발생이 정상적으로 진행되기 위해서는 적정 수온과 적정 염분이 필요한데, 운송에 의한 급격한 환경변화는 대량 사망을 유발할 수 있다. 일반적으로 낭배기가 끝날 때까지의 발생 초기와 부화 직전의 발생 후기는 비정상적인 자연환경조건에 매우 취약하다.

일반적으로 알이 클수록 부화시간이 길고, 잘 발달된 강한 자어를 생산한다. 난황이 큰 알에서 부화된 자어는 약 6일 정도까지 견딜 수 있으나, 작고 난황이 작은 알에서 부화된 자어는 하루 이틀 정도밖에 견뎌 내지 못한다. 따라서 난황의 흡수와 최초 섭이는 연속적으로 연결되어야 한다. 이 시기에 먹이가 충분하지 못하면 기아에 의한 사망이 발생하는데, 이 시기를 어류의 임계시기(critical period)라고 한다.

자어는 난황이 모두 흡수되었을 때, 곧바로 먹이를 획득하지 못해도 얼마동안 생존할 수 있다. 그러나 계속 먹이를 먹지 못하면 허약해져서 나중에 먹이가 생기더라도 먹을 수 없게 되어 서서히 죽게 된다. 이 시점을 자어의 회생불능시점(point of no return)이라고 한다. 회생불능시점은 알의 크기나 수온에 따라 차이가 크다.

자어 사망의 주요 원인은 기아와 포식이라고 할 수 있다. 실제로 자어가 굶어서 죽는 경우는 별로 없으나, 굶게 되면 움직임이 둔해지고 포식자의 공격을 피하기 어려워진다. 또 해류가 비정상적으로 흘러 생존에 부적합한 곳으로 운송되어 사망하거나, 자외선에 의한 사망도 있을 수 있다. 환경이 좋지 않을 때는 기아, 감염, 포식에 더욱 취약해진다.

어류의 자치어기에 기아에 의한 사망이 성어까지 성장하는 양(가입량)에 영향을 준다고 생각하는 가설에는 Cushing의 일치-불일치 가설(match-mismatch hypothesis)과 Lasker의 해양의 안정성 가설(stability hypothesis)이 대표적이다.

어류는 서식해역의 평균기후에 적응하여 산란시기가 결정되어 있기 때문에 매년 거의 같은 시기에 같은 장소에서 산란한다. 하지만 식물플랑크톤의 번성은 자연조건에 따라 결정되므로 해마다 번성시기가 차이를 보인다. 결과적으로 자치어의 먹이가 되는 동물플랑크톤의 번성시기는 식물플랑크톤의 번성시기에 따라 해마다 다르게 된다. 최초섭이가 일어나는 시기가 먹이생물의 번성기와 일치한다면(match) 어류 개체군의 크기가 늘어날 수 있지만, 그 때에 먹이생물이 번성하지 않았다면(mismatch) 기아에 의한 사망이 증대되어 가입에 이르는 미성어의 수가 적어지게 된다는 생각이 일치-불일치 가설이다.

한편, 해양의 안정성은 먹이생물의 실제 밀도에 영향을 줄 수 있다. 해양이 안정되면 먹이생물의 밀도가 높아 자치어가 충분한 먹이를 섭취할 수 있지만, 표층이 교란되어 플랑크톤의 밀도가 자어가 요구하는 밀도보다 낮아지게 되면 영양이 결핍되어 가입량이 줄어들게 된다. 그러므로 자어의 생존은 해양의 물리적 안정성에 의하여 결정된다는 생각이 해양의 안정성 가설이다.

포식은 알과 자치어 사망의 주요 원인으로 인식되어 왔지만, 대부분의 연구는 포식보다는 오히려 자어의 먹이이용과 기아를 중점적으로 다루어 왔다. 어류의 자치어 사망률을 조사해 보면 연령과 사망률이 역상관관계를 보이고 있다. 이러한 결과는 자치어가 성장할수록 그들을 포식하는 잠재포식자의 수효가 줄어들기 때문이라고 볼 수 있다. 알과 자치어의 사망률을 기아나 포식 혹은 물리적 작용 등 각 요인별로 나누는 것은 쉬운 일이 아니다. 사망은 하나의 요인에 의해서 발생하기보다는 한 요인에 의한 영향이 직접 사망을 일으키는 요인에 대하여 더욱 취약하게 만드는 경우가 많다. 예를 들면 굶주린 자치어는 잡아먹히기 쉬우므로 직접적인 사망원인은 포식이지만, 실제로는 영양상태와 관계가 있다.

어류의 알과 자치어의 포식자는 크게 부유성 무척추동물과 플랑크톤을 섭식하는 어류로 구분할 수 있다. 무척추동물은 적은 양으로 만족감을 느끼기 때문에 하루에 공격하는 양의 한계를 가지고 있지만, 어류는 알과 자치어의 밀도가 증가하면 포식량이 계속 증가한다. 어류는 알에서부터 치어까지의 모든 생활사 단계를 공격한다. 반면에 무척추동물은 시각보다는 물의 교란과 같은 기계적 감각에 의존하기 때문에 알은 무척추동물에게 감지되지 않으며, 유영능력이 작아 도피할 수 없는 자어를 주로 공격한다.

포식자에 대한 유생의 취약성에 영향을 미치는 요인은 두 가지로 구분할 수 있다. 첫째는 성숙상태로서, 감각기관이나 운동기관이 성숙될수록 치사율이 낮아진다. 둘째는 외부적 요인인 수온과 먹이의 양이다. 낮은 온도는 성장을 지연시켜 위험에 노출되는 기간을 길게 한다. 영양상태가 좋지 못한 자치어는 유영능력이 감소되므로 포식자로부터의 도피성공률이 낮아지게 된다. 또한 유영능력이 감소하면 무리를 이루지 못하고 확산되어 포식될 가능성이 높아진다.

해류에 의한 알이나 자치어의 운송은 그들의 생존에 매우 중요하다. 이들은 해류의 흐름에 역행하여 유영할 수 없으므로, 해류에 의해 그들의 분포가 결정된다. 자치어가 해류를 따라 표류하는 동안에 충분한 양의 먹이를 발견할 수 없거나, 해류가 정상적인 흐름에서 벗어나 알이나 자치어를 일정한 보육장으로 운반해 주지 못하고 그들이 살기에 부적합한 곳으로 운반하면 사망률이 높아지게 된다.

초기 발생시기는 환경변화에 대하여 취약한 시기이므로, 여러 가지 환경요인이 자치어의 사망을 일으킬 수 있다. 환경요인에는 해수의 염분과 같이 자연적인 구성성분도 있지만, 각종 독성물질도 있다. 그들의 농도가 일정 수준 이상으로 높을 때는 자치어를 짧은 시간 내에 죽게 만들거나 비정상적인 발생을 유발한다. 오염물질의 농도가 급성독성을 일으킬 정도가 아니더라도, 장시간에 걸쳐 체내에 축적된다면 만성적인 효과가 나타날 수 있다. 자연적인 수온의 변동은 어류에게 문제가 되지 않지만, 연안에 위치한 발전소에서 배출되는 온배수는 부근 해역의 알과 자치어의 성장과 생존에 영향을 미친다. 강이나 호수에서는 산성비에 의한 담수의 산성화로 인하여 어류가 감소하거나 절멸된 경우가 있다. 그러나 해양에서는 해수의 완충능력에 의하여 자치어에 별 영향을 주지 않는다. 태양의 자외선은 자어의 눈과 뇌의 기능장애를 일으키고 성장을 지연시키며 사망률을 증가시킨다. 색소가 적은 종류들은 색소가 많은 종류보다 자외선의 영향을 많이 받는다.

참고문헌

고철환, 박철, 유신재, 이원재, 이태원, 장창익, 최중기, 홍재상, 허영택. 1997. 『해양생물학』. 서울대학교출판부.

김수암, 장창익. 1994. 『어류생태학 — 산란 및 초기생활사를 중심으로 —』. 서울프레스, p. 273.

김진영, 최영민. 1988. 「멸치, Engraulis japonica 난. 치어의 수직분포」, 『한수지』 21(3). pp. 139-144.

명철수, 유재명, 김웅서. 1994. 「아산만 해역의 동물플랑크톤 분포」, 『한국해양학회지』 29(4). pp. 366-375.

박광재, 차성식. 1995. 「광양만 멸치(*Engraulis japonica*)의 후기자어의 먹이생물」, 『한수지』 28(3). pp. 247-252.

박광재, 차성식, 허성회. 1996. 「광양만 전어(*Konosirus punctatus*)의 후기자어의 먹이생물」, 『한수지』 29(4). pp. 450-455.

오모리 · 이케다. 1996. 『동물플랑크톤 생태연구법』. 심재형, 김웅서 역. 동화기술, p. 503.

유재명, 김용억, 차성식. 1990. 「여름철 제주도 연안역의 치자어 표층출현량의 일주기 변동」, 『해양연구』 12(2). pp. 87-96.

차성식. 1990. 「전남 연안 해역 멸치(*Engraulis japonica*)의 연령과 초기 성장」, 『한수지』 23(5). pp. 385-393.

차성식, 심재형. 1988. 「황해 중동부 연안역의 부유성 어란 군집의 계절 변동」, 『한해지』 23(4). pp. 184-193.

차성식, 유재명, 김종만. 1990. 「황해 중동부 연안역의 자치어 군집의 계절 변동」, 『한해지』 25(2). pp. 96-105.

차성식, 유재명, 김종만, 허형택. 1987. 「황해 중동부 연안역의 부유성 난 자치어의 검색표 작성 연구」, 『한해지』 22(4). pp. 236-245.

Ahlstrom, E.H. 1959. "Vertical Distribution of Pelagic Fish Egg and Larvae off California and Baja California," *U.S. Fish and Wildlife Serv., Fish. Bull.* 60. pp. 107-146.

Alcearez, M.G.A., G.A. Paffenhofer, and J.R. Strickler. 1980. "Catching the Algae: A First Account of Visual Observations on Filter-feeding Calanoids," In *Evolution and Ecology of Zooplankton Communities*. ed. W.C. Kerfoot. Hanover, New Hampshire: The University Press of New England, pp. 241-248.

Arthur, D.K. 1976. "Food and Feeding of Larvae of Three Fishes Occurring in the California Current, Sardinops Sagax, Engraulis Mordax, and Trachurus Symmetricus," *Fish. Bull. U.S.* 74. pp. 517- 530.

Baars, M.A. and G.R. Helling. 1985. "Methodical Problems in the Measurement of Phytoplankton Ingestion Rate by Gut Fluorescence," *Hydrological Bull.* 19(1). pp. 81-88.

Bamstedt, U. 1986. "Chemical Composition and Energy Content," In *The Biological Chemistry of Marine Copepods*. eds. Corner, E.D.S. and S.C.M. O'Hara. Clarendon Press, pp. 1-58.

Bell, W.H. 1983. "Bacterial Utilization of Algal Extracellular Products. The Specificity of Algal-bacterial Interaction," *Limnol. Oceanogr.* 28. pp. 1131-1143.

Berman, T. and O. Hbolm-Hansen. 1974. "Release of Phytoassimilated Carbon as Dissolved Organic Matter by Marine Phytoplankton," *Mar. Biol.* 29. pp. 305-310.

Blackburn, M. 1973. "Regressions Between Biological Oceanographic Measurements in the Eastern Tropical Pacific and Their Significance to Ecological Efficiency," *Limnol. Oceanogr.* 18. pp. 552-563.

Bougis, P. 1976. *Marine Plankton Ecology.* Amsterdam: North-Holland Publishing Co.

Buskey, F.J. 1984. "Swimming Pattern as an Indicator of the Roles of Copepod Sensory Systems in the Recognition of Food," *Mar. Biol.* 79. pp. 165-175.

Cha, S.S., M.F. McGowan, and W.J. Richards. 1994. "Vertical Distribution of Fish Larvae off the Florida Keys, 26 May-5 June, 1989," *Bull. Mar. Sci.* 54(3). pp. 828-842.

Choi, K.H. and C. Park. 1993. "Seasonal Fluctuation of Zooplankton Community in Asan Bay, Korea," *Bull. Korean Fish. Soc.* 26(5). pp. 424-437.

Coats, D.W. 1988. "Dubscquella Cachoni n. sp. a Parasitic Dinoflagellate Lethal to its Tintinnine Host *Eutintinnus pectinis*," *J. Protozool.* 35. pp. 607-617.

Conover, R.J. 1966. "Assimilation of Organic Matter by Zooplankton," *Limnol. Oceanogr.* 11. pp. 338-345.

Cushing, D.H. 1973. "Production in the Indian Ocean and the Transfer from the Primary to the Secondary Level," In *The Biology of the Indian Ocean.* eds. Zeitzschel, B. and Gelach, S.A. Berlin: Springer-Verlag.

Elton, C. 1966. *Animal Ecology*. London: Methnen and Co. Ltd.

Fogg, G.E. 1966. "The Extracellular Products of Algae," *Oceanogr. Mar. Biol. Ann. Rev*. 4. pp. 195-212.

Frost, B.W. 1972. "Effects of Size and Concentration of Food Particles on the Feeding Behavior of the Marine Planktonic Copepod *Calanus pacificus*," *Limnol. Oceanogr.* 17(6). pp. 805-815.

Fulton, J. 1973. Some Aspacts of the Life History of *Calanus plumchrus* in the Strait of Georgia,"

J. Fish. Res. Bd. Can. 30. pp. 811-815.

Gauld, D.T. 1953. "Diurnal Variations in the Grazing of Planktonic Copepods," *J. Mar. Biol. Assoc. UK.* 31. pp. 461-474.

Grahame, J. 1983. "Adaptive Aspects of Feeding Mechanisms," In *The Biology of Crustaceae.* vol. 8, eds. Vernberg, J.F. and Vernberg, W.B. New York: Academic Press.

Hamner, P. and W.M. Hamner. 1977. "Chemosensory Tracking of Scent Trails by the Planktonic Shrimp *Acetes sibogae australis,*" *Science(Wash.)* 195. pp. 886-888.

Harbison, G.R. and V.L. McAlister. 1980. "Fact and Artifact in Copepod Feeding Experiments," *Limnol. Oceanogr.* 25(6). pp. 971-981.

Harris, G.P. 1980. "The Measurement of Photosynthesis in Natural Population of Phytoplankton," In *The Physiological Ecology of phytoplankton.* ed. Morris, I. Oxford: Blackwell Scientific Publications.

Haury, L.R., J.A. McGowan, and P.H. Wiebe. 1978. "Patterns and Processes in the Time-space Scale of Plankton Distribution," In *Spatial Pattern in Plankton Communities.* ed. J.H. Steele. Plenum Press, pp. 277-327.

Heinle, D.R., R.P. Harris, J.F. Ustach, and D.A. Flemer. 1977. "Detritus as Food for Copepods," *Mar. Biol.* 40. pp. 341-353.

Holligan, P.M., Harris, R.P., Newell, R.C., Harbour, D.S., Head, R.N., Linley, E.A.S., Lucas, M.I., Tranter, P.R.G., and Wcekley, C.M. 1984. "Vertical Distribution and Partioning of Organic Carbon in Mixed Frontal and Stratified Waters of the English Channel," *Marine Ecology Progress Series* 14. pp. 111-127.

Jonsson, P.R. and P. Tiselius. 1990. "Feeding Behavior, Prey Detection and Capture Efficiency of the Copepod *Acartia tonsa* Feeding on Planktonic Ciliates," *Mar. Ecol. Prog. Ser.* 60. pp. 35-44.

Jørgensen, C.B. 1976. "August Putter, August Krogh and Modern Ideas on the Use of Dissolved Organic Matter in Aquatic Environments," *Biol. Rev.* 51. pp. 291-328.

Kendall, A.W. and S. Kim. 1989. "Buoyancy of Walleye Pollock, *Theragra chalcogramma*, Eggs in Relation to Water Properties and Movement in Shelikof Strait, Gulf of Alaska," In *Effects of Ocean Variability on Recruitment and Evaluation of Parameters Used in Stock Assessment.* eds. R.J. Beamish and G.A. McFarlane. *Can. Spec. Publ. Fish. Aquati. Sci.* 108. pp. 169-180.

Kim, W.-S., J.M. Yoo, and C.S. Myung. 1993. "A Review on the Copepods in the South Sea of Korea," *Bull. Korean Fish. Soc.* 26(3). pp. 266-278.

Kim, W.-S., J.M. Yoo, C.S. Myung, and E.K. Lee. 1994. "Distribution of Chaetognaths in the Southern Sea of Korea in Relation to the Water Masses in Fall," In *Recent Advances in Marine Science and Technology* 94. eds. Bellwood, O., H. Choat, and N. Saxena. PACON International and James Cook University of North Queensland, pp. 203-210.

Koehl, M.A.R. and J.R. Strickler. 1981. "Copepod Feeding Currents: Food Capture at Low

Reynolds Number," *Limnol. Oceanogr.* 26. pp. 1062-1073.

Lalli, C.M. and T.R. Parsons. 1993. *Biological Oceanography*. Oxford: Pergamon Press.

Landry, M.R. 1978. "Predatory Feeding Behavior of a Marine Copepod, *Labidocera trispinosa*," *Limnol. Oceanogr.* 23. pp. 1103-1113.

______. 1980. "Detection of Prey by *Calanus pacificus*: Implications of the First Antennae," *Limnol. Oceanogr.* 25. pp. 545-549.

Latz, M.I. and H.J. Jeong. 1996. "Effect of Red Tide Dinoflagellate Diet and Cannibalism on the Bioluminescence of the Heterotrophic Dinoflagellates *Protoperidinium* spp.," *Mar. Ecol. Prog. Ser.* 132. pp. 275-285.

Legier-Visser, M.F., J.G. Mitchell, A. Okubo, and J.A. Fuhrman. 1986. "Mechanoreception in Calanoid Copepods," *Mar. Biol.* 90. pp. 529-535.

Lonsdale, D.J., E.M. Cosper, W.-S. Kim, M. Doall, A. Divadeenam, and S.H. Jonasdottir. 1996. "Food web Interactions in the Plankton of Long Islands Bays, with Preliminary Observations on Brown Tide Effects," *Mar. Ecol. Prog. Ser.* 134. pp. 247-263.

Mackas, D. and R. Bohrer. 1976. "Fluorescence Analysis of Zooplankton Gut Contents and an Investigation of Diel Feeding Patterns," *J. Exp. Mar. Biol. Ecol.* 25. pp. 77-85.

May, R.C. 1974. "Larval Mortality in Marine Fishes and the Critical Period Concept," pp. 3-20. In *The Early Life History of Fish.* ed. Blaxter, J.H.S. Berlin, Heidelberg, New York: Springer-Verlag, p. 765.

McLaren, I.A. 1963. "Effects of Temperature on Growth of Zooplankton and the Adaptive Value of Vetical Migration," *J. Fish. Res. Bd. Can.* 20. pp. 685-727.

Mullin, M.M. 1966. "Selective Feeding by Calanoid Copepods from the Indian Ocean," In *Some Contemporary Studies in Marine Sciences*. ed. Barnes, H., Allen and Unwin. pp. 545-554.

Nybakken, J.W. 1993. *Marine Biology, An Ecological Approach.* Harper Collins, p. 462.

Odum, E.P. 1983. *Basic Ecology*. Phyladelphia: Sounders College Publishing.

Paffenhofer, G.A., J.R. Strickler, and M. Alcaraz. 1982. "Suspension-feeding by Herbivorous Calanoid Copepods: A Cinematographic Study," *Mar. Biol.* 67. pp. 193-199.

Park, C., C.R. Lee, and S.Y. Hong. 1997. "Patterns of Vertical Distribution and Diel Vertical Migration of Zooplankton in the East Sea of Korea (Sea of Japan)," *J. Korean Soc. Oceanogr.* 32(1). pp. 38-45.

Park, C., J.H. Wormuth, and G.A. Wolff. 1989. "Sample Variability of Zooplankton in the Nearshore off Louisiana with Consideration of Sampling Design," *Continental Shelf Res.* 9. pp. 165-179.

Park, C., K.H. Choi, and C.H. Moon. 1991. "Distribution of Zooplankton in Asan Bay, Korea with Comments on Vertical Migration," *Bull. Korean Fish. Soc.* 24(6). pp. 472-482.

Parsons, T.R. and M. Takahashi. 1973. "Environmental Control of Phytoplankton Cell," *Limnol. Oceanogr.* 18. pp. 511-524.

Peters, R.H. 1983. *The Ecological Implications of Body Size.* Cambridge: Cambridge University

Press.

Petipa, T.S. 1967. "On the Efficiency of Utilization of Energy in Pelagic Ecosystems of the Black Sea," *Fish. Res. Bd. Can.* Translation.

Pimm, S.L. 1982. *Food Webs.* London: Chapman & Hall.

Pimm, S.L. and J.H. Lawton. 1977. "Number of Trophic Levels in Ecological Communities," *Nature, London* 268. pp. 329-331

Richman, S. and J.N. Rogers. 1969. "Feeding of *Calanus helgolandicus* on Synchronously Growing Populations of the Marine Diatom Ditylum Brightwellii," *Limnol. Oceanogr.* 14. pp. 701-709.

Riley, G.A. 1947. "A Theoretical Analysis of the Zooplankton Population of Georges Bank," *J. mar. Res.* 6. pp. 104-113.

Robertson, D.A. 1975. "A Key to the Planktonic Eggs of Some New Zealand Marine Teleosts," *Fish. Res. Division Occasional Publication No.* 9. Wellington, New Zealand: Universal Printers Ltd., p. 19.

Roger, C. 1971. "Les Euphausiaces du Pacifique Equatorial et Sud-tropical," *Zoogeographe, Ecologie, Biologie et Situation Trophique*. Provence, Marseille: These d'Etat, Univ.

Roman, M.R. and P.A. Rublee. 1980. "Containment Effects in Copepod Grazing Experiments: A Plea to End the Black Box Approach," *Limnol. Oceanogr.* 25(6). pp. 982-990.

Sharp, J.H. 1977. "Excretion of Organic Matter by Marine Phytoplankton: Do Healthy Cells Do It?" *Limnol. Oceanogr.* 22. pp. 381-399.

Shim, J.H. and K.H. Yun. 1990. "Seasonal Variation and Production of Zooplankton in Chonsu Bay, Korea," *J. Oceanol. Soc. Korea* 25(4). pp. 229-239.

Stoeker, D.K., A.E. Michaels, and L.H. Davis. 1987. "Grazing by the Jellyfish, *Aurelia aurita*, on Microzooplankton," *J. Plankton Res.* 9. pp. 901-915.

Stoeker, D.K., L.H. Davis, and Provan. 1983. "Growth of *Favella* sp. (Ciliata: Tintinnina) and Other Microzooplankters in Cages *in situ* and Comparison to Growth *in vitro*," *Mar. Biol.* 75. pp. 293-302.

Strickler, J.R. 1975. "Intra- and Interspecific Information Flow Among Planktonic Copepods' Receptors," *Int. Ver. Theor. Angew. Limnol. Ver.* 19. pp. 2951-2958.

UNESCO. 1976. *Zooplakton Fixation and Preservation.* ed. Steedman, H.F. Unesco Press, p. 350.

______. 1979. *Zooplankton Sampling.* Unesco Press, p. 174.

Van der Spoel, S. and R.P. Heyman. 1983. *A Comparative Atlas of Zooplankton.* Berlin: Springer-Verlag.

Vlymen, W.J. 1970. "Energy Expenditure of Swimming Copepods," *Limnol Oceanogr.* 15. pp. 348-356.

Yen, J., P.H. Lenz, D.V. Gassie, and D.K. Hartine. 1992. "Mechanoreception in Marine Copepods: Electrophysiological Studies on the First Antennae," *J. Plankton Res.* 14(4). pp. 495-512.

Young, J.W. and T.L.O. Davis. 1990. "Feeding Ecology of Larvae of Southern Bluefin, Albacore and Skipjack Tunas (Pisces: Scombridae) in the Eastern Indian Ocean," *Mar. Ecol. Pro. Ser.* 61. pp. 17-29.

제 5 장

환경과 플랑크톤

1. 환경조절자로서의 플랑크톤

지구는 우리가 아는 한 인류를 위시하여 다양한 생물이 번성하고 있는 유일한 천체이다. 이른바 생명이 탄생하고 35억 년 이상의 오랜 시간 동안 번성할 수 있는 조건이란 무엇이며, 이러한 조건을 어떻게 갖추게 되었는가 하는 점은 매우 흥미로운 과학적 명제이다. 생물이 존재하기 위한 필수조건에는 여러 가지가 있겠으나 지구 내부 요인에 국한하여 살펴보면 풍부한 물과 함께 적절한 양의 산소, 온도, 염분, 수소이온농도의 유지가 핵심이다. 과거에는 이러한 조건들이 무생물적 과정에 의해 조절되어 생물의 역할이 별로 중요하지 않았을 것으로 생각하는 견해가 지배적이었으나 점차 생물역할의 중요성이 부각되고 있다. 이 절에서는 현미경으로나 관찰되는 작은 단세포 생물인 식물플랑크톤이 어떻게 지구규모의 환경을 조절하는 데 기여하고 있는지에 대하여 기존 학설과 최근의 가설을 중심으로 살펴보고자 한다.

1.1 열역학적 비평형과 생물의 역할

지구화학자들은 생물이 살기에 적절한 환경조건이 무생물적으로, 다시 말해 지질학적으로 조절되었다고 주장해 왔으며, 이는 하버드 대학의 Holland (1984) 교수의 저서 『대기와 해양의 화학적 진화』(*The Chemical Evolution of the Atmosphere and Oceans*)에 잘 정리 · 수록되어 있다. 이러한 견해는 생명이 무기물로부터 만들어질 수 있다는 실험증거와 함께 학계를 지배하는 정설로 인정되어 왔다. 이 학설은 1970년대 후반 영국 과학자 James Lovelock에 의해 정면으로 도전받게 되었는데, 새로운 가설의 핵심은 생물에 의한 조절이다. Lovelock이 새로운 이론을 제시하는 데에는 해양화학에 거대한 발자취를 남긴 스웨덴의 저명한 화학자 Gunar Lars Sillén의 연구결과로부터 크게 도움을 받았다. 1950년대에 Sillén은 지구가 열역학적인 평형에 있다고 가정할 때 대기와 해양에 존재하는 주요 원소가 어떠한 화학물질의 형태로 존재하여야 하는가 하는 것을 계산하였고, 실제 존재하는 화학물질과 비교해 본 결과(표 5.1) 아주 다르다는 점을 지적하였다. 가장 극명한 예는 대기의 3/4을 차지하고 있는 기체 질소로서 만약 현재의 산화성 대기(기체 산소가 충분히 많은) 조건에서 화학적 평형에 있다면 질소 원자는 모두 해양에서 질산염(NO_3^-)으로 녹아 존재해야 한다는 결론과 상충하는 것이다. 열역학적 측면에서 화학적 평형이란 가용 에너지가 없다는 것을 의미하며, 반대로 비평형상태는 평형상태로 이동하는 과정에서 양이야 얼마가 되든간에 가용한 에너지가 포함되어 있다는 것을 시사한다. 무엇이 대기와 해양의 화학적 조성을 비평형상태로 유지되도록 조절하고 있는가라는 물음에 대해 단 두 가지의 답변만 가능하다고 보이는데, 하나는 평형상태로 전이되는 중간과정에 있다는 것이고,

표 5.1 현재 지구의 대기와 해수를 구성하는 물질의 성분비와 열역학적 평형을 가정했을 때의 물질의 성분비와의 비교

	주성분 물질의 조성비(%)		
	화학성분	현재의 지구	평형을 가정한 지구
대기	이산화탄소	0.03	99
	질소	78	0
	산소	21	0
	아르곤	1	1
해양	물	96	85
	염분	3.5	13
	질산나트륨	미량	1.7

다른 하나는 무엇인가 비평형상태를 유지시키는 역할을 하고 있다는 데 있다. 첫번째 견해는 지구의 대기에 산소가 출현한 지 20억 년이나 되기 때문에 궁색하게 들린다. 따라서 두 번째 견해가 합리적이라 판단된다. 무생물적인 견지에서 지구의 내부는 탄생 초기처럼 환원상이기 때문에 육상과 해양저에서의 화산활동으로 유입되는 환원물질이 지구의 화학적 비평형을 유지시킨다고 주장한다. 그런데 실제 화학적 평형상태라면 존재하지 않아야 했을 메탄, 아산화질소, 암모니아 등 환원성 기체는 비록 기체 110만 분자당 1개꼴로 매우 적은 양이지만 지구 대기 어디서나 발견되며, 이들 기체를 생물이 만들어 낸다는 것은 잘 알려진 사실이다. 이들은 대기에서 산소에 의해 쉽게 산화되기 때문에 미미한 농도이지만, 대기 중에 항시 같은 농도로 존재하기 위해 생물이 매년 만들어 내야 하는 양은 실제로는 아주 큰 양이며, 특히 암모니아의 경우는 대기의 산성도를 조절하는 데 중요한 정도의 양이 된다. 1958년 Alfred Redfield는 해수에 존재하는 입자의 평균화학적 조성을 조사하여 훗날 Redfield ratio라고 일컬어지는 탄소 : 질소 : 인의 원소비가 106:16:1이라는 결과를 발표하면서, 대기와 해양의 화학적 조성은 생물학적 과정에 의해 지배된다는 주장을 하였다. 대기와 해양의 화학적 조성이 단적으로 무생물 또는 생물작용에 의해서만 가능하다는 일방적인 주장은 나름대로 이론적 배경을 가지고 있지만, 현재 논쟁이 진행중이므로 여기서는 이 두 가지가 모두 중요하다는 중도적인 입장에서 산소, 물과 염분, 산도의 조절에 대해 생물이 어떻게 관여하고 있는지에 대하여 살펴보도록 하자.

1.2 플랑크톤과 원시대기의 진화

지구와 가장 비슷한 행성인 금성은 여러 면에서 지구와 비교된다. 지구와 크기가 비슷하고 또한 가장 가까이 있는 금성의 대기를 이루는 주성분은 이산화탄소이다(표 5.2). 이산화탄소는 잘 알려진 온실효과 기체로서, 이 기체의 온실효과로 말미암아 금성의 표면온도는 460°C나 되어 생물이 살기에는 부적절하게 높다. 현재의 기후를 가지기 위해서는 온실효과의 주원인인 이산화탄소의 농도를 매우 낮게 유지시켜야만 가능하다. 무엇이 지구를, 어떻게 적절히 냉각시켜 오늘날과 같은 기후를 갖도록 조절하였는가? 지질학적 증거는 지금으로부터 약 20억 년 이전의 지구의 대기는 금성과 마찬가지로 이산

표 5.2 지구와 인접 행성 대기의 성분비교

기 체	행 성			
	금성	생명이 없는 지구	화성	현재의 지구
이산화탄소(%)	96.5	98	95	0.03
질소(%)	3.5	1.9	2.7	79
산소(%)	미량	0.0	0.13	21
아르곤(%)	70ppm	0.1	1.6	1
메탄(%)	0.0	0.0	0.0	1.7ppm
표면온도(°C)	459	240~340	~53	13
기압	90	60	0.0064	1.0

화탄소가 주성분이었음을 알려 주고 있다. 과거 대기로부터 이산화탄소가 제거된 증거는 탄산염 퇴적암과 화석연료에 기록되어 있다. 문제는 어떻게 이러한 막대한 양의 탄산염 광물과 유기물이 퇴적되었는가 하는 과정에 있다. 다수의 지구화학자들은 빗물에 녹아 바다로 유입된 이산화탄소가 지화학적 반응을 통해 탄산염 광물을 만들어 퇴적되어, 이산화탄소가 제거되고 고층 대기에서 물의 광분해(빛 에너지가 물분자를 수소와 산소로 분해시킴)로 인해 현재의 대기가 조성될 수 있었다고 주장한다. 가이아 이론을 제시한 Lovelock은 Holland와 Broecker의 다른 견해에 더욱 공감하고 있다. 새로운 주장은 해양의 식물플랑크톤의 역할에 더욱 큰 비중을 두고 있는데, 식물의 광합성은 생물이 이용하고자 하는 빛 에너지를 화학 에너지로 바꾸는 생화학적 과정으로서 다음과 같이 표현된다.

$$nCO_2 + nH_2O = (CH_2O)n + nO_2$$

이 식은 식물플랑크톤의 사체 등 유기물(CH_2O)이 분해되지 않고 퇴적되면, 탄소 한 원자가 묻힐 때마다 대기 중의 이산화탄소 한 분자가 제거되며, 산소 한 분자가 대기로 공급됨을 나타낸다. 과거 해양에 산소의 양이 아주 적었을 때 유기물은 현재에 비해 잘 분해되지 않고 퇴적되었을 확률이 높으며, 이들이 곧 오늘날 인류가 가장 중요한 에너지원으로 의존하고 있는 화석연료이다. 해수에 산소가 원활히 공급되는 현재에도 해양에서 합성된 유기물의 0.1~1%는 퇴적물로서 영구히 제거되는 과정이 계속되고 있다. 단순히 말해 현재의 과정이 이산화탄소가 풍부했던 과거에는 더욱 왕성하게 일어났었다고

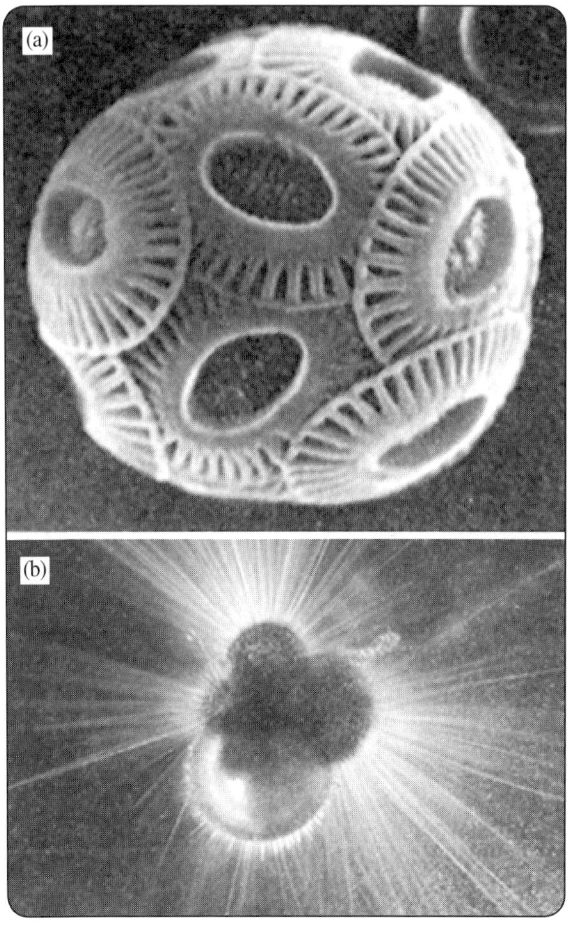

그림 5.1 탄산칼슘 외피를 만드는 대표적인 플랑크톤 분류군. (a) 식물플랑크톤에 속하는 석회비늘편모조류(Coccolithophorid)의 일종인 *Emiliania huxleyii*, (b) 동물플랑크톤에 속하는 유공충의 일종

이해하면 된다.

플랑크톤 중에는 탄산염 광물로 이루어진 껍질을 가지는 종류가 많이 있으며, 석회비늘편모류(Coccolithophorid)와 유공충(Foraminifera)이 대표적인 종류이다(그림 5.1). 석회질($CaCO_3$) 외피를 만드는 과정은 화학적으로는 다음과 같이 표현된다.

$$Ca^{2+} + 2HCO_3^- = CaCO_3 + CO_2 + H_2O$$

중탄산이온은 이산화탄소가 바닷물에 녹아 해리되어 만들어지는 이온으로 탄산칼슘 한 분자가 만들어질 때마다 대기의 이산화탄소 한 분자가 소모됨을 나타낸다. 이들의 껍질은 석회질로 이루어져 있기 때문에 표층에서 살다가 죽어서 해저에 가라앉게 되어 석회질 퇴적암을 만들게 되면 이산화탄소를 제거시키는 효과를 준다. 방사성 동위원소로 추정한 지구의 나이는 45억 년 내지는 46억 년 정도이며, 최초의 광합성 생물화석은 35억 년 전 것으로 스트로마톨라이트(stromatolite)라는 특이한 암석에서 발견되었으며, 오늘날에도 흔히 발견되는 남세균(cyanobacteria)의 일종이다. 현재에도 호주의 해안에서 발견되는 스트로마톨라이트는 남세균과 석회암 또는 규소암을 이루는 광물층의 복합체로서 이것은 광합성 식물이 만든 아파트로 비유되며, 동물인 산호충이 만드는 산호초에 대비될 수 있다. 늦어도 35억 년 전에 이미 시작된 광합성의 결과로 생물에 의한 산소의 공급이 시작되었을 것이나, 대기에 산소가 축적되기 시작한 것은 이보다 훨씬 뒤인 약 20억 년 전으로 추산된다.

산소의 존재는 화학적으로는 필연적으로 산화-환원 전위를 변화시키며, 원소간의 화학반응을 주도하는 중요한 요인의 하나가 산화-환원 전위이다. 예를 들어 철이온은 환원상에서는 철 2가 이온으로 존재하며, 산화상에서는 철 3가 이온으로 존재한다. 그런데 2가인 철이온은 물에 잘 용해되나, 3가인 철이온은 빠르게 불용성 침전물을 형성한다. 현생 생물의 화학반응에 철은 매우 중요하게 이용된다. 따라서 모든 생물에게 철은 소량이지만 필수적이다. 생물은 세포막을 통해 물질을 흡수하는데, 입자는 세포막을 투과할 수 없다. 따라서 생물이 현재 물 속에서 불용성인 철을 이용한 생화학 반응을 하도록 진화한 것은 언뜻 보면 실수처럼 보이지만, 원인은 진화 초기단계에서의 해양의 환경요인 때문으로 풀이된다. 과거 환원성 대기를 가지고 있을 때 철은 물에 잘 녹는 2가 이온으로 물 속에 용해되어 풍부하였기 때문에 생물의 진화 초기단계에서 선택되었던 것으로 보인다. 참고로 철은 현재 수중환경에서는 미량으로 존재하지만, 지구 전체로 보면 지구를 구성하는 주원소의 하나이다.

식물플랑크톤이 광합성을 통하여 이산화탄소를 제거하며 산소를 내놓았다면, 물 속에서는 산화-환원 전위의 변화가 일어났을 것이며, 이로 인해 지질학사를 통해 단 한 번 전세계에 걸쳐 일정 시기에 산화-환원반응에 의해 퇴적된 철 광상이 생겼다. 지금으로부터 약 18~26억 년 전 사이에 있었던 띠

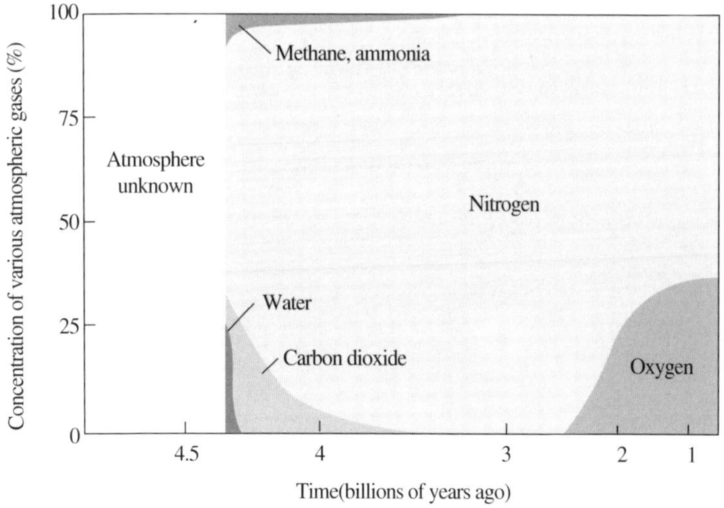

그림 5.2 지구 대기를 이루는 기체 성분비의 시간에 따른 변화. 지질사를 통해 이산화탄소가 줄고 산소가 증가한 것이 가장 큰 변화이다.

모양의 철 광상의 형성은 지구 대기조성변화의 증거이자 그 시기를 알려 주고 있다. 바다에서 식물플랑크톤이 내놓은 산소는 즉시 대기로 방출되지 않고 물 속의 철이온을 산화시켜 침전시키는 데 사용되었던 것으로 설명된다(그림 5.2). 한때 물 속에 풍부하였던 철은 거의 모두 제거되어 현재 바닷물에는 아주 미량으로 들어 있어서 식물플랑크톤의 광합성을 제한하는 요인으로 지목된다. 철이 모두 산화되어 제거된 뒤 대기로의 산소방출이 시작되었으며, 현재 대기 중의 산소의 양은 부피로 21%를 차지하게 되었다고 설명한다. 이러한 시나리오에 따르면 지구의 대기와 물은 환원성에서 산화성으로 바뀌게 되며, 이는 지구 원시생물에게 대혼란을 초래하는 엄청난 사건이었음에 틀림없다. 오늘날 우리가 살기 위해 산소는 필수적인 유익한 물질로 인식되고 있지만, 환원성 대기와 물 속에 살던 생물에게는 이들의 세포기관을 산화시켜 죽게 만드는 매우 유해한 물질이다. 그렇다면 산소를 싫어하는 혐기성 생물은 멸종하였는가 하면 그렇지 않다. 이들은 현재 산소가 투과되지 않는 깊은 퇴적물 속 등 지구 내부 그리고 동물의 내장 속에서 살고 있다.

이산화탄소를 대기로부터 영구히 제거시키는 방법은 탄산염 퇴적물로서 변환하는 방법이 유일하며, 이러한 작용은 지구 표면 대부분을 덮고 있는 바다에서 일어났을 것이며, 과거 해양의 식물플랑크톤이 주역을 담당하였을 것이다. 그렇다면 왜 대기 중의 산소는 과거에서처럼 계속하여 증가하고 있지 않는가 하는 의문을 품게 될 것이다. 실제 대기 중에서 이산화탄소가 줄고 산소가 증가한 이유에 대해서는 생물에 의한 것이라는 주장과 단순히 지구화학적이라는 주장이 팽팽히 맞서 있기 때문에, 현재의 조성이 최근 10억 년 이상 큰 변화 없이 유지되고 있다는 것을 살펴보는 것이 과학적으로 중요한 관건이 된다고 보여진다.

1.3 현재의 대기조성과 플랑크톤의 역할

현재 인간을 위시한 생물이 살아가는 데 산소가 필수적이라는 사실에는 과학자는 물론 일반인들도 다 동의할 것이다. 산소의 농도는 동물의 생존이 걸린 문제이다. 산소의 농도가 낮아지면 많은 생물이 호흡장애를 일으킬 것이고, 고지나 해양 내부에서의 생활에 어려움이 닥치게 된다. 이렇듯 많은 생물이 사용하며 또한 물질을 산화시키는 능력이 매우 강한 산소의 대기 중 농도는 최근 10억 년간 거의 일정하게 유지되고 있다. 열역학 계산에 따르면, 유기물을 산소로 산화시켰을 때 가장 많은 에너지가 나온다. 우리가 알고 있는 많은 생물이 산소호흡을 하며 살아가고 있는 것은 진화를 거듭하며 열 효율이 가장 높은 대사방법이 선택되었음을 시사한다. 그림 5.2는 45억 년이란 장구한 지구의 역사를 통해 지구의 대기를 조성하는 기체의 성분이 변화했음을 알려 주고 있으며, 여기서 가장 중요한 사실은 약환원성 대기가 산화성 대기로 바뀌었다는 점이다. 지상에서 산소는 어디서나 발견되는 흔한 기체이나, 지구 내부를 포함하여 큰 안목에서 바라보면 지구의 표피만 산화성이지 지구의 내부로 조금만 들어가도 곧 환원상태로 변화된다. 이러한 예는 해양 퇴적물에서 가장 쉽게 발견된다. 서해의 개펄을 조사해 보면 얕게는 표층 수 mm만 들어가도 황화수소 냄새가 짙게 풍기는 산소가 없는 환경이 나타난다. 지구화학자들은 이것을 과거 지구가 환원성이었음을 나타내는 증거로 제시한다. 산소의 가장 큰 특징은 원소의 이름이 나타내는 바와 같이 매우 강한 산화력을 지니는 데 있다. 따라서 생물의 입장에서 산소는 유기물로부터 에너지를 추출하는 데 가장 효율적인 연소제이지만, 조심스럽게 다루지 않으면 안 되는 위험물질이다. 인간의 오래 살고 싶은 욕망은 거의 본능에 가까운 것이어서 노쇠와 사망에 대한 연구가 활발히 진행되고 있으며, 이러한 연구의 결과 세포의 노쇠가 산소화합물에 의해 주도되는 것이 밝혀졌다. 특히 과산화물(peroxides)은 생체에 필수적인 유전자나 효소를 공격하므로 세포에 치명적이다. 세포 외적인 문제, 다시 말해 생태학적인 관점에서 보면 자연 화재의 확률과 산소의 농도는 불가분의 관계에 있다. 단적으로 말해 산소의 농도가 2%만 증가하여도 대도시나 숲 속에서의 생활이 불가능해진다. 문제를 유발하는 원인은 화재이다. 육상생태계에 대하여 강의를 들어 본 경험이 있는 사람은 숲의 천이단계에서 성숙한 산림의 화재가 얼마나 중요한지에 대하여 잘 이해하고 있을 것이다. 자연적으로 일어나는 화재는 경험을 한 이에게는 재앙이지만, 지구 전체로 볼 때에는 산소의 농도를 유지시키는 중요한 작용으로 해석된다. 산소의 농도가 25% 가량 되면 심지어 수분을 많이 함유한 열대우림조차 발화할 것으로 학자들은 지적하고 있으며, 12% 이하가 되면 성냥이 점화되지 않는다. 한편 인간을 위시한 동물은 격렬한 운동시 산소부족을 경험한다. 이러한 사실을 모두 종합하여 내려진 결론은 현재 대기 중 산소의 농도는 위험을 최소화시킨 가운데 최적의 상태로 유지되고 있다는 것이다. 그렇다면 계속되는 광합성의 결과로 방출되는 산소를 적절히 소모시켜 유지시키는 기작이 필요한데, 학자들은 화산 등으로 지구 내부로부터 분출되는 환원물질이나 자연 화재로만은 불충분하고, 생물이 내놓은 환원성 물질에 주목하고 있다. 이 부류에 속하는 환원성 기체로서 가장 중요하게 취급되는 기체는 메탄, 아산화질소와 암모니아이다(표 5.3). 최근 기후변화에 관련된 문제를 연구하는 과정에서 생물이 많은 양의 환원성 기체를 방출하고 있으며, 그 양은 산소를 소모시켜 산소의 농도를 유지시키는 데 커다란 역할을 하는 정도의 양으로 해석되고 있다. 가장 중요한 기체는 메탄으로 습지나 오염된 하수, 개펄 등에서 발생하며, 이들이 대기로 방출되면 많은 양의 산소를 소모하여 이산화탄소로 산화되고, 이때 발생된 이산화탄소는 식물의 광합성에 쓰이게 된다. 식물플랑크톤이 메탄을 직접 방출한다는 증거는 아직 포착된 바 없지만, 개펄이나 얕은 바다의 퇴적물에 포함된 유기물의 많은 양은 이들로부터 공급되었음에는 의심의 여지가 없다. 해양학적인 관점에서는 뒤에 언급될 기체 질소와 함께 연안역에서의 기체공급이 앞으로 중요하게 다루어져야 할 부분이다.

여기서 바닷물의 염분이 낮아지면 대기 중의 기체에서 더욱 많은 양의 산

표 5.3 대기 성분 중 반응성을 갖는 일부 기체와 가이아 가설에서 이들 기체의 역할

기체	조성비 (%)	유동량 (109톤/년)	비평형비율	역 할
질소	79	300	10^{10}	기압유지, 화재방지, 질산염 이온 대체물질
산소	21	100,000	기준점(1)	산화환원 에너지 표준기체
이산화탄소	0.03	140,000	10^{3}	광합성, 기후조절
메탄	10^{-4}	1,000	무한 배율	산소농도 조절
산화질소	10^{-5}	30	10^{13}	산소 및 오존농도 조절
암모니아	10^{-6}	300	무한 배율	pH 조절, 과거의 온실기체
황화물 기체	10^{-8}	100	무한 배율	황 순환매체
염화메틸	10^{-7}	10	무한 배율	오존조절
요오드화메틸	10^{-10}	1	무한 배율	요오드 순환매체

소가 녹아들어 갈 것이라는 점에 주목할 필요가 있다. 즉 염분이 줄면 해수에 산소가 더 녹아들어 대기 중의 산소농도가 줄게 된다. 이 한 가지만으로도 바닷물의 염분은 생물의 생존에 필수적인 요인이라는 주장은 큰 설득력을 갖는다. 현재 바닷물에 녹아 있는 염의 양이 단순히 무생물적인 자연순환에 지배받을 것이라는 종전의 예상은 단순한 계산 하나로도 난처한 처지에 빠지게 된다. 현재 강물을 통해 매년 바다로 유입되는 염의 양으로 계산하면 빗물이 현재의 염분으로 변화하는 데 걸리는 시간은 약 8,000만 년 정도이고, 해저산맥을 통한 지구 내부로부터의 유입을 고려하면 더욱 줄어 약 6,000만 년 규모이다. 따라서 바닷물의 염분이 계속해서 상승하지 못하도록 조절하는 기작이 작동하고 있음을 쉽게 알 수 있다. 지구 표면의 71%를 차지하고 있는 바다의 염분변화는 엄청난 면적과 부피로 인해 대기의 조성을 쉽게 바꾸어 놓을 수 있다. 다른 관점에서 생물들은 체내의 염분함량을 약 0.8% 부근의 거의 일정한 수준으로 유지시키고 있다. 이는 생물의 진화 초기에 해양의 염분이 그리 높지 않았음을 지시하는 증거의 하나로 보인다. 특수한 세포막을 지닌 몇몇 호염성(halophilic) 생물을 제외한 생물은 삼투압에 따른 물의 유실로 인해 고염의 매체에서 살 수 없다. 우리가 목이 마르더라도 바닷물을 마실 수 없다는 것은 이미 잘 알고 있는 사실이다. 바닷물의 염분(3.5%)은 생물이 견딜 수 있는 한계값(6%)과 커다란 차이를 보이지 않는다. 흥미로운 사실은 과거에 바닷물의 염분이 생물체가 견딜 수 있는 한계값인 6%를 넘어선 적이 없다는 사실이다. 따라서 해양의 식물플랑크톤을 비롯한 몇몇 생물이 염분의 상승을

막는 능력을 보유하고 있다는 설명은 설득력이 있어 보이는 주장이다. 증류수에 칼슘을 많이 넣어 주고 이산화탄소를 불어넣어 주면 과포화상태를 넘게 되어 자발적으로 불용성 탄산칼슘이 침전한다. 하지만 마그네슘이 많이 들어 있는 바닷물에서의 상황은 이와 매우 다르다. 마그네슘은 칼슘과 흡사한 성질을 지니지만, 탄산이온과 불용성 침전물을 만들지 않는다. 따라서 생물이 탄산칼슘을 만들기 위해서는 마그네슘을 차별하는 효소를 지녀야 하며, 이는 다시 말해 에너지가 소모되는 과정임을 의미한다. 생물학자들은 바닷물에 녹아 있는 주성분 원소들도 생물에 의해 농도가 조절되고 있다고 주장한다. 한 가지 예외는 염소이다. 염소는 음이온으로 해양에 가장 많이 들어 있는 원소로서 다른 양이온과 쉽게 화합물을 만들지 않는 특성을 지니고 있어 지화학적 또는 생물학적인 과정을 통해 쉽사리 제거되지 않는다. 염소가 해수로부터 대량으로 제거되는 유일한 방법은 대양으로부터 격리된 해수가 증발하면서 소금으로 침전되는 것이다. 과거에 증발을 통해 해수의 소금이 대량으로 제거된 증거가 있는데, 여기에 생물이 관여하는지에 대해서는 확실한 증거가 제시되지 않고 있다.

대기의 3/4 이상을 차지하는 질소는 화학적 반응성이 아주 약한 불활성 기체에 가까운 특성을 지닌다. 이 때문에 별로 중요하게 다루어지고 있지 않으나, 열역학적 평형으로 예측된 질산염이온으로 존재하지 않고 기체로 존재한다는 사실은 매우 중요한 의미를 지니는 것으로서, 과학자들에게는 간과되어서는 안 되는 중요한 부분이다. 원시대기에서 질소의 양은 기체 암모니아의 존재로 인해 현재처럼 높지 않았으며, 원시대기의 상태를 어느 정도 가늠케 하는 화성과 금성의 대기 또한 이러한 예측을 지지하는 것으로 보인다. 산소가 대기로 방출되면서 암모니아 또한 산화되어 질소로 바뀌게 된 것이다. 해양학자들은 질소를 해양의 기초생산력을 제한하는 첫번째 요인으로 지목하고 있다. 연안역에 사는 박테리아와 식물플랑크톤은 왜 탈질소과정(denitrification)을 통하여 육지로부터 유입된 귀중한 질산염이온을 질소나 산화질소로 만들어 대기로 되돌리는지 지구환경측면에서 내포된 의미에 대하여 앞으로 더 깊이 논의되어야 할 것이다. 여하간 질소는 대기압을 '1'로 유지시키는 데 중요한 기체이며, 비반응성이란 특성을 지녀 산소와 이산화탄소의 상대적인 비를 유지시키는 중요한 역할을 담당하고 있다. 질소가 산화되어 질산이온으로 존재한다면 대기, 강물, 바닷물은 현재처럼 중성에 가까운 산도를 유지하기 곤란하였을 것이며, 질소의 조절에 생물이 깊숙이 관여하고 있을 것임이 분명하다. 탈질소과정의 중간산물인 아산화질소(N_2O)는 대기로 노출되면 빛에 의해 분해되고, 질소와 산소를 대기에 공급하는 기능을 발휘한다.

열역학적 평형은 누가 물을 공급하였든간에 온도만 적절하면 생물이 살아가는 데 필요로 하는 액체상태의 물이 존재하는 것이 아니라는 점을 분명히 말해 준다. 현재와 같은 기압과 온도조건에서 모든 대기가 수소로 구성되어 있다면 물은 환원되어 수소로 변하게 되며, 반대로 산소만으로 이루어져 있다면 물은 산화되어 모두 산소로 변화된다. 즉 물이라는 분자는 산화와 환원을 지배하는 두 원소인 수소와 산소의 결합으로 이루어져 있으며, 또한 수소는 산-염기반응을 주도하는 자유수소이온을 만들어 내기 때문에 물은 산-염기반응, 산화-환원반응의 매체로서 결정적인 역할을 한다. 생물이 물 안에서 일어나는 화학반응에 의존하여 살게 된 것은 필연적인 선택으로 해석된다. 이러한 관점에서 액체의 물이 존재하는 데 비활성 기체인 질소의 존재가 매우 중요하다는 점이 재평가되어야 하며, 아직 우리가 잘 알지 못하지만 질소의 조성을 조절하는 데 생물이 깊숙이 관여하고 있을 것이다.

이산화탄소가 줄어든 것은 기후학적으로 대단히 중요한 의미를 내포하고 있다. 이산화탄소는 대표적인 온실효과 기체로서, 이 기체의 대기 중 농도는 현재 350ppm 수준으로 학자들은 미량 기체로서 분류한다. 과거에 있었던 이산화탄소의 감소는 지구 평균온도를 크게 낮추었음에 의심의 여지가 없다. 학자들이 복원한 최근 40만 년 동안의 지구의 평균온도와 이산화탄소의 농도는 명백한 상관관계를 보인다(그림 5.3). 이 그림은 지구의 평균기온이 하강했을 때 이산화탄소의 대기 중 농도는 예외 없이 낮았음을 보여 준다. 하지만 현재 인류는 이산화탄소의 증가에 의한 온난화를 걱정하고 있다. 인구의 증가와 산업화로 인해 많은 에너지가 필요하게 되어 인류는 과거 지구에 번성했던 육상식물과 바다의 플랑크톤이 퇴적되어 매장시킨 화석연료를 연소시켜 다량의 이산화탄소를 발생시키고 있으며, 또한 거주지와 식량생산을 위하여 열대 우림 등 산지를 파괴하고 있다. 무절제한 이산화탄소의 방출은 과거 지구의 역사를 돌이켜 볼 때 지구의 온난화를 일으킬 것이 명백하며, 이는 식량공급과 해안범람, 예측하기 어려운 지역기후변동을 초래하여 인류의 생존에 위협적인 요인으로 지목되고 있다.

학자들은 인류가 대기로 방출시킨 이산화탄소의 60% 정도는 대기에 있으

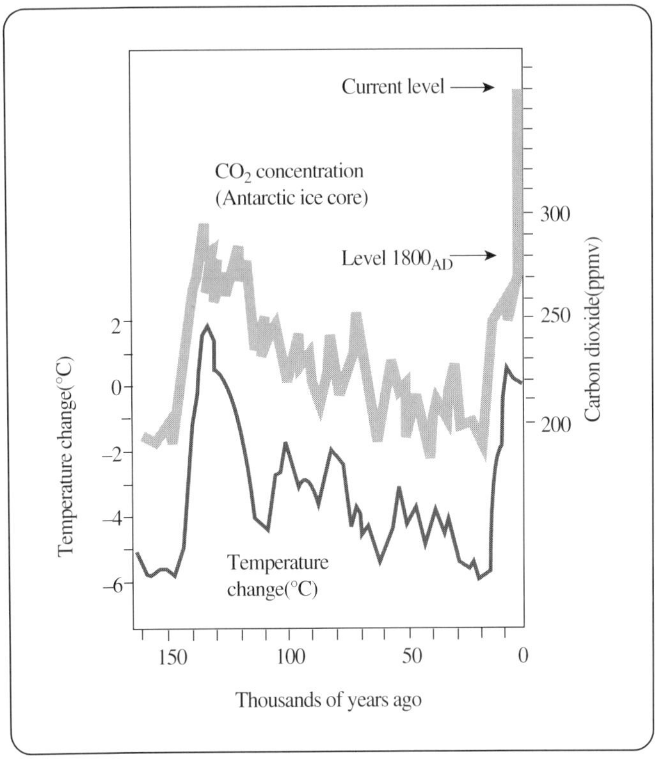

그림 5.3 남극의 얼음에 갇힌 기체방울로부터 복원한 최근 16만 년 동안 대기 중의 이산화탄소의 농도와 지구 평균온도와의 상관관계. 이산화탄소는 가장 중요한 온실효과 기체로서, 이들의 농도는 탄소의 생지화학적 순환에 의해 결정된다. 학자들은 해양의 식물플랑크톤이 광합성을 통해 대기의 이산화탄소 농도조절에 절대적인 영향력을 행사하였을 것으로 보고 있다.

나, 나머지는 육상 및 해양생태계에서 흡수하는 것으로 예측하고 있다. 해양에서의 이산화탄소 흡수는 현장 자료가 많지 않기 때문에 모델을 이용하여 추산되었으며, 최선의 예측은 연간 약 2Gton C(giga = 10^9)이다(표 5.4). 이산화탄소는 해수에 녹으면서 이온으로 해리하기 때문에 많은 양이 녹아 들어갈 수 있으며, 현재 해양에 들어 있는 이산화탄소의 양은 대기의 60배 가량으로 절대적으로 많다. 식물플랑크톤은 광합성을 통해 이산화탄소를 제거하지만, 워낙 많은 양의 이산화탄소가 바다에 들어 있기 때문에 소량의 이산화탄소를 첨가하여도 인이나 질소처럼 시비효과에 의한 광합성의 증가가 일어나지 않는다. 따라서 식물플랑크톤은 최근 100년간(즉, 산업혁명 이후) 대기 중의 이

표 5.4 1995년도에 인류가 배출한 이산화탄소의 수지 (단위: 10^9톤/년)

배출원	산정값	오차
화석연료의 연소	5.5	0.5
열대 우림의 파괴 등 대지 이용	1.6	1.0
소계	7.1	1.1
흡수원		
대기에 누적된 양	3.2	0.2
해양이 흡수한 양	2.0	0.8
북반구에서의 산림 회복	0.5	0.5
시비효과(육상생태계)	1.4	1.5
소계	7.1	?

산화탄소는 증가 일로에 있었지만, 이에 상응하는 광합성의 증가는 없었던 것으로 예상하고 있다. 따라서 인류가 배출한 이산화탄소는 생물이 아닌 다른 과정에 의해 바다로 녹아 들어가고 있으며, 학자들은 이를 용해펌프(solubility pump)라 부르며 고위도 해역에서 심해수가 만들어질 때 대기와의 접촉에 의해 심해로 녹아 들어가는 것으로 이해하고 있다.

학자들은 인간이 방출한 이산화탄소의 최종 도착지는 바다라는 데에 의견을 같이한다. 그러나 해수가 전 대양을 한 번 순환하는 데 걸리는 시간은 1,000년 규모로서 매우 긴 편이기 때문에 이대로 두면 이미 대기로 방출한 이산화탄소가 앞으로 수백 년간 지구를 온난화시킬 전망이다. 21세기 중반, 즉 앞으로 50~70년 후면 대기 중의 이산화탄소의 농도는 산업혁명 이전의 자연 배경값의 2배가 될 것으로 확실시되고 있다. 그리고 이에 따른 기온증가는 지구 평균으로 1.5~4℃로 예측되고 있다. 현재의 수준으로는 지역기후의 변화에 대해 거의 예측이 불가능한 실정이다. 이러한 우려에 대해 미국의 Martin은 식물플랑크톤에 의한 이산화탄소 제거방법을 제시하였고, 미 정부의 지원에 힘입어 갈라파고스 제도 주변해역에서 소규모 실험을 수행하여 긍적적인 결과를 보고한 바 있다. 현재 대양의 일차 생산력이 육지의 사막에 비교될 정도로 매우 낮은데, 이 가운데 몇 곳은 식물플랑크톤이 필요로 하는 영양염이 풍부한데도 불구하고 여전히 생산력이 낮은 곳이 있다. 대표적인 곳이 남빙양이다. 이 제안의 핵심은 영양염이 풍부함에도 불구하고 일차 생산이 낮은 원인은 식물이 필요로 하는 미량 금속측 철의 결핍에서 비롯된 것으로, 이러한 특정 해역에 철을 뿌려 주면 일차 생산이 급격히 증가하여 대기 중의 이산화탄소 농도를 빠른 시일 안에 줄일 수 있다는 데 있다. 해양생태학자들은 대규모 실험에 대하여 예기치 못한 부작용을 우려하여 실제 적용에는 미온적이지만, 현재 이보다 더 효율적이고 간편한 대안은 제시되고 있지 못하다. 이 방법은 과거 식물플랑크톤이 10억 년 정도의 시간규모에서 이산화탄소를 제거했던 방법을 단기간에 수행하도록 촉진시키는 것이다. Martin 박사는 한 학술발표장에서 "내게 유조선 몇 대 분의 철을 주면 곧 빙하기를 선물하겠다"고 공언한 바 있다. 이렇게 식물플랑크톤이 표층에서 광합성을 하여 대기 중의 이산화탄소를 제거하는 방법을 학자들은 생물펌프(biological pump)라고 부르며, 잠재적인 능력이 매우 크다는 것에 동의하고 있다.

보다 더욱 중요한 사실은 과거 지구 대기의 대부분의 이산화탄소를 현재 ppm 수준으로 낮추는 데에 가장 큰 역할을 한 것이 해양 식물플랑크톤이라는 데 있다. 이들에 의해 지구는 태초보다 냉각되어 오늘날 우리가 쾌적하게 느끼는 기후로 변하였다. 지구를 연구하는 학자들은 일반인의 예상과는 달리 현재 우리가 살고 있는 온난화된 시기, 즉 간빙기보다는 추웠던 빙하기가 생태적 관점에서는 더 건강한 시기였다고 주장하고 있다. 따라서 과학자들의 예측대로 현재보다 더 온난화된다면 인류를 비롯한 생물에게 고난의 시기가 될 것임을 시사하고 있다. 해양의 식물플랑크톤은 이들이 과거에 했었던 것처럼 지구의 기후를 조절하려는 적응을 보일 것이다. 식물플랑크톤의 거동을 파악하는 것은 매우 중요한 과학적 과제로서, 이에 대한 이해는 인류의 걱정을 크게 덜어 줄 수 있을 것이다.

1.4 플랑크톤은 기후의 원격조절자인가?

지구 온난화에 대한 우려는 복잡한 기후체계에 대한 연구를 가속화시켰으며, 이로부터 예전에 알지 못했던 많은 사실들이 속속 드러나게 되었다. 기후를 예측하는 데 어려움을 주는 과정은 많이 있지만, 그 중에서도 매우 난감한 문제의 하나는 기후에 대한 구름의 역할이다. 구름은 지표 가까이 생기기도 하지만 대류권 상층에도 존재하며, 과학자들은 구름의 위치와 모양에 따라 기온을 상승시키는 역할을 하는가 하면 반대로 냉각시키는 역할을 한다는 사실에 주목하게 되었다. 또 다른 문제는 에어로졸의 역할이다. 도시에서는 많은 양의 화석연료를 소비하고, 그 결과 연료에 포함되어 있던 황이 배출되어 에어로졸을 만드는 주역할을 하고 있으며, 이들이 입사되는 햇빛의 양을 줄임으로써 기온을 냉각시키는 역할을 하고 있음을 알게 되었다. 구름이든 에어로졸이든 물분자를 응집시켜 만들어지며, 이를 위해서는 응축핵이 필요하다. 다시 말해 완전히 순수한 물은 섭씨 0도가 되어도 실제로는 얼지 않는다. 구름과 에어로졸을 만드는 데에는 핵으로서 작용할 수 있는 물질이 반드시 필요하며, 자연계에서 이러한 역할을 담당하고 있는 기체가 황이다. 황은 물에 잘 녹기 때문에 빗물에 의해 육지에서 바다로 흘러든다. 따라서 오래 노출된 육지에서 황은 쉽게 결핍되는데, 어떻게 지구규모 황의 순환이 지속될 수 있는지에 대해 학자들은 의문을 품어 왔었다. Lovelock과 동료들이 가스 크로마토그라피에 쓰이는 이온포획검측기(electron capture detector)를 가지고 대기에 들어 있는 극미량 기체를 분석하는 방법을 개발하기 이전에는 황을 위시한 몇 가지 원소가 기체상태로 해양에서 대기로 공급되고 있음을 전혀 모르고 있었다. 최근에 들어서야 자연상태에서 황을 대기로 공급하고 있는 방법에 대한 실마리가 풀렸다. 중요한 공급원은 놀랍게도 식물플랑크톤을 위시한 해양식물임이 밝혀졌다.

식물플랑크톤과 다시마와 같은 대형 조류(macroalgae)는 해수로 황화이메틸(dimethyl sulfide: DMS)이란 황화합물을 배출하며, 이 물질이 대기로 노출되면 산화되어 아황산으로 변한다. 아황산은 앞서 밝힌 대로 구름과 에어로졸을 형성하는 핵으로 작용한다. 왜 식물플랑크톤이 값비싼 에너지를 소모하며 황화이메틸을 방출하는가에 대한 설명은 일부 과장이란 비판을 듣기도 하지만, 비를 내리게 하여 식물이 필요로 하는 영양소를 육지로부터 공급받기 위한 것으로 풀이되고 있다. 연안의 해수에서 먼바다의 해수에 비해 훨씬 많은 양의 황화이메틸이 존재한다는 것은 이미 잘 알려진 사실이 되었다. 이와 같은 논리를 확장시키면, 식물플랑크톤은 강력한 기후조절자라고 할 수 있다. 과거에는 지구 대기의 이산화탄소를 퇴적물로 격리시켜 현재의 대기조성을 갖도록 하였으며, 이에 따라 지구의 기온은 현재처럼 냉각되었다. 한편 지구의 자전과 공전 궤도는 주기적으로 변동하고, 이에 따라 지구가 받는 태양에너지의 흡수량의 변화로 인해 주기적으로 지구에 빙하기가 도래하는 것으로 설명되고 있으며, 빙하기 사이에는 현재처럼 온난한 간빙기가 있다. 지구가 계속 냉각되거나 가열되거나 하지 않았다는 사실은 지구시스템 자체가 온도조절능력을 보유하고 있음을 증명하는 것으로, 과거 지구 대기성분에 대한 연구결과는 지구의 평균온도와 이산화탄소 농도 사이에 강한 상관관계가 있음을 이미 설명한 바 있다. 이산화탄소의 가장 큰 저장고가 바다이고, 바다에서 광합성을 수행하는 주체가 식물플랑크톤이기 때문에 이들에 의한 조절임에는 의심의 여지가 없다. 그리고 최근에 구름의 양도 조절할 수 있는 능력을 보유하고 있다는 사실은, 구름 자체가 기온을 조절하는 중요한 인자가 되므로 우리가 아직 정량적인 자료를 제시하기에는 불충분하지만 식물플랑크톤이 기후를 원격조정한다고 주장할 수 있다. 현재 해양의 식물플랑크톤이 얼마나 있는가 하는 것은 위성을 통해 연구되고 있으며, 1991년 북대서양에서 있었던 석회비늘편모조류의 봄철 대량 증식은 바닷물의 색을 우유빛으로 변화시켜 해수의 빛 반사율을 변화시키기에 충분한 정도임을 알게 되었다. 지구 표면의 71%가 바다이기 때문에 해수의 빛 반사율 변화는 지구기후를 조절하기에 충분한 잠재적 가능성을 가지고 있다.

황의 예에서 보듯이 해양식물이 어떤 원소에 메틸기를 결합시켜 휘발성이 강한 물질을 만들어 내는 능력은 과학적으로 흥미로운 사실이다. 많은 원소는 메틸화되면 휘발성 기체가 되는데, 다른 한 가지 예는 수은의 메틸화이다. 수은은 식물이 필요로 하는 아연(Zn)과 구조가 매우 비슷하여 쉽게 세포 안으로 흡수되는데, 수은은 주지하는 바와 같이 생체에 대해 맹독성을 지닌다. 따라서 식물플랑크톤에 의한 수은의 메틸화는 독성 물질을 제거하는 방법으로 해석된다. 메틸 유도체로서 배출되는 독성 원소로는 비소(As)와 납(Pb)의 경우도 이미 확인되었다. 최근에서야 밝혀 낸 이와 같은 사실들은 식물플랑크톤이 아직 우리가 알지 못하는 다양한 기능들을 가지고 있을 가능성이 매우 높다는 것을 의미한다. 염화메틸의 경우는 대기에 방출된 염소가 대기 화학반응을 통해 오존을 파괴하기 때문에 세포에 해로운 자외선을 조절하기 위한 작용으로 해석되고 있다. 따라서 식물플랑크톤은 기후에 대해서도 더 복잡하고 다양한 기능을 발휘하고 있을 소지가 크며, 이에 대한 연구를 활성화시키는 것이 바람직하다고 본다.

2. 중금속 오염

2.1 중금속의 정의

중금속은 흔히 학술적으로 정확하게 정의되지 않은 채 사용되고 있다. 그러므로 중금속이라는 용어는 여러 가지 의미로 사용된다. 카드뮴(Cd), 구리(Cu), 수은(Hg), 셀레늄(Se), 아연(Zn)과 같은 금속들을 총칭할 때 주로 사용된다. 한편 미량 금속이라는 개념과 혼동되어 사용되기도 하는데, 이 때는 주로 생물체 구성에 필수적인 금속을 말한다. 많은 종류의 금속들이 생물체에게 필수적이지만 나트륨(Na), 칼륨(K), 칼슘(Ca), 마그네슘(Mg)과 같이 해수 중 다량으로 존재하는 금속들은 중금속이라고 하지 않는다. 해수 중 원소로서 생물체에 필요한 미량의 금속들로서는 알루미늄(Al), 비소(As), 크롬(Cr), 코발트(Co), 구리(Cu), 철(Fe), 망간(Mn), 몰리브덴(Mo), 니켈(Ni), 셀레늄(Se), 주석(Sn), 바나듐(V), 아연(Zn) 등이 있다. 이 중 알루미늄은 중금속을 정의할 때 흔히 제외되는 경향이 있고, 비소와 셀레늄은 준금속으로서 역시 배제되는 경향이 있다. 그러나 그 외의 금속들은 예외 없이 중금속에 포함시키는 데 이론이 없는 듯하다. 비록 생물체에 필수원소는 아니지만 해수 중 미량 원소인 카드뮴(Cd), 금(Au), 납(Pb), 수은(Hg), 은(Ag) 등이 중금속의 범주에 속한다.

2.2 중금속의 분포에 영향을 주는 요소들

2.2.1 착염형성과 중금속의 용해도

금속이온은 양성자를 잘 내놓기 때문에 산과 같은 성질을 띠고 염기와 반응한다. 이런 경우 금속이온, 즉 양이온을 중심원자라 하고 이와 결합하는 음이온이나 분자들을 통칭하여 리간드(ligand)라 한다. 해수 중 OH^-, PO_4^{3-}, SO_4^{2-}, Cl^- 등 무기음이온은 금속의 착염형성 매체로서 매우 중요한 역할을 한다. 이렇게 하여 결합한 양이온과 리간드를 합하여 착염(complex)이라고 한다. 만약 염기가 리간드를 하나 이상 가지고 착염을 만들 때 결합의 위치가 하나 이상이면 이를 다중결합착염 또는 킬레이트(chelate)라고도 한다. 해수

중에는 다량의 리간드가 존재하므로 중금속과 리간드가 착염을 형성하는 경향이 있다. 이렇게 형성된 중금속 착염이 물에 대한 용해도가 높으면 이 금속은 해수 중 주로 용존상태로 존재하게 된다. 한편 이때 형성된 착염이 불용성 착염이라면 용해도는 떨어지고 단시간 내에 해저로 침전하게 될 것이다.

2.2.2 킬레이트

자연수(natural water)에서 금속이온은 물 속에 존재하는 여러 리간드와 결합하여 착염을 형성한다. 실제 자연상태의 물에는 유기물질이 소량 존재하고, 이들은 대부분 금속이온과 킬레이트를 형성할 수 있다. 이렇게 유기물질과 중금속이 서로 쉽게 결합하는 경향은 해양환경에서 중금속의 거동에 매우 중요한 역할을 한다. 금속분포에 대한 용존유기물의 영향은 다음과 같다.

용존유기물은 (1) 금속을 착염화할 수 있고 금속용해도를 증가시킨다. (2) 금속을 산화된 형태와 환원된 형태 사이로 변화시킬 수 있다. (3) 금속독성을 완화시킨다. (4) 금속이 부유물에 흡착하는 범위에 영향을 준다. (5) 금속을 함유한 colloid의 안정성에 영향을 준다.

이상과 같은 과정을 통하여 해수 중 용존금속의 농도가 결정된다. 즉, 불용성 착염으로서 킬레이트를 형성하지 않으면 침전하여 퇴적물로 유출되어 버릴 중금속이온들이 해수 중에 존재하는 소량의 유기분자에 의해 킬레이트를 형성하여 중금속의 저장고로서의 역할을 하므로, 식물플랑크톤이 사용할 수 있는 형태로 존재한다.

2.2.3 해수의 pH와 Eh

해수 중에 존재하는 중금속을 포함한 원소들의 대부분은 이온상태로 존재하며 이들의 반응이 대부분 수소이온의 이동을 수반하므로 해수의 수소이온 농도, 즉 pH는 이들의 반응형태와 존재상태를 결정하는 매우 중요한 요소이다. 그러나 해수는 함유된 이산화탄소 체계에 의하여 완충능력을 가지므로 대부분의 해수는 일정한 pH 범위 내에 있다. 그러므로 일반적인 해양환경 중 중금속의 거동에 pH의 영향은 크게 고려하지 않는다.

해수의 산화된 정도를 나타내는 산화-환원 전위(Eh)의 경우 중금속의 거동에 결정적인 영향을 줄 수 있다. 그러나 흑해의 심층수와 같이 무산소상태인 환경을 제외하고는 대부분의 해수에는 산소가 풍부하게 존재하므로 일반적인 해수에서 중금속의 거동을 설명하기 위하여 Eh를 고려하지 않고 있다. 그러나 여름철 마산만과 같은 내만역의 경우 이를 고려해야 할 때도 있다.

2.2.4 입자의 존재

해수 중에 각종의 중금속이 어떠한 형태로 존재하는가에 관하여는 (2)항에서 언급한 요소로부터 이론적으로 추정할 수도 있으나, 실제 해양환경 자체는 이상적인 수용액이 아니라는 점을 잊지 말아야 한다. 왜냐하면 실제 해양환경 내에서는 그 속에 무기입자도 존재하고, 박테리아와 플랑크톤과 같은 생물의 활동도 있으며, 천해역에서는 퇴적물과의 성분교환 등의 작용으로 입자 속에 존재하는 중금속도 있기 때문이다.

2.3 중금속 오염과 이동경로

해양으로 유입되는 금속은 두 종류로 나눌 수 있다. 수은(Hg), 셀레늄(Se), 비소(As)와 같이 입자상태로 대기에 방출되어 빗물에 의해 용존상태로 해수에 유입하는 종류와 납(Pb), 아연(Zn), 바나듐(V)와 같이 입자상태로 대기 중에 방출되어서 입자상태로 지상이나 해양으로 낙하하는 종류가 있다(Mackenzie and Wollast, 1975).

중금속들의 유입원은 인간의 활동에 의한 배출과 자연으로부터의 유입으로 구분할 수 있다. 이들 중 크롬(Cr), 바나듐(V), 니켈(Ni), 주석(Sn), 구리(Cu), 카드뮴(Cd), 아연(Zn), 비소(As), 셀레늄(Se), 몰리브덴(Mo), 은(Ag), 수은(Hg), 납(Pb)의 경우 인간의 활동에 의한 배출량이 자연에 의한 발생량보다 많게 나타난다(Lantzy and Mackenzie, 1979). 이러한 금속들 중 특히 수은(Hg)과 납(Pb)의 경우 인공적인 배출량이 자연적인 발생량의 200~300배에 해당한다는 것은, 인간의 활동이 자연적인 지화학 순환체계에 막대한 영향을 미치고 있다는 것을 의미한다.

지난 20년간 이러한 미량 중금속에 의한 연안역의 오염은 급속히 심화되었으며, 이런 사실은 최근에 쌓인 연안 퇴적물이나 도시 주변의 호수 퇴적물을 분석하여 보면 명백하게 발견된다. 산업혁명 이후 많이 사용된 납, 아연과 카드뮴은 그린랜드의 만년빙을 시추하여 분석하여 보면 빙하 속에 그 영향이 기록되어 있다.

이러한 금속 오염문제를 다룰 때 빠질 수 없는 것이 메틸수은(methyl mercury)문제이다. 이웃 일본의 미나마타만에서 산업시설로부터 방출된 수은이 해양 퇴적물 내의 미생물에 의해 메틸수은으로 전환된 후 먹이사슬을 통해 어패류에 농축됨으로써 이를 장기간 섭취한 주민들에게 미나마타병을 유발시켰다. 이 메틸수은의 심각성은 이들이 인간의 지방조직에 축적되어 농축효과가 일어난 장애이다.

따라서 어떤 오염물질의 환경 내 농도 자체보다는 인체 내에서의 농축 및 체류시간 등을 고려한 다각적인 접근방법이 필요하다. 또한 흔히 말하는 중금속의 총농도 자체보다는 해당 중금속이 해수 중에서 생성할 수 있는 화학종의 농도나 그들의 생태계 내에서의 행동에 관한 연구가 보다 필요하다.

2.4 중금속 오염과 플랑크톤

호수 생태계 내 중금속농도는 다음과 같은 영향을 주게 된다.

(1) 치사농도까지 증가하는 중금속함량은 수중 생물들의 생존에 영향을 주고, 플랑크톤의 군집을 독성에 강한 종들로 바뀌게 한다.

(2) 유기염소계 탄화수소물(chlorinated hydrocarbons)이 생태계 먹이사슬을 통하여 생농축(bioaccumulation)되는 것과는 다르게 수은, 구리, 카드뮴, 아연, 납 등은 생농축되지 않는다.

(3) 금속농도와 용존유기물질은 서로의 분포에 영향을 미치고, 용존중금속의 화학종(speciation)에 영향을 주게 된다.

2.5 중금속의 독성

해수 중 구리, 코발트, 철, 망간, 니켈, 셀레늄, 바나듐과 아연은 많은 생물에 필수적인 원소이다. 이러한 금속들의 제거, 이동 그리고 이용함에 있어 생물들은 어느 정도 한계농도를 지니고 있다. 그러나 일단 한계농도 이상을 넘게 되면 그 금속이 필수적인 금속일지라도 독성을 나타내고, 필수적이지 않은 희귀한 금속들(Ag, Cd, Hg, Pb)도 과량이면 독성효과가 나타난다.

고농도의 중금속이 해양생물의 생존을 위협한다는 것은 수십 년 전부터 알려져 왔다. 그러나 일반인들의 관심대상 지역은 주로 연안과 하구지역이었

표 5.5 해양의 중금속분포

	원양역	연안역		하구, 만			
중금속	북해	동해	황해[2]	Briistol Channel[1] (공장폐수, 도시하수)	마산만[3] (공장폐수, 도시하수)	울산만[4] (공장폐수, 도시하수)	Restronguet Creek[1] (광산폐수)
As	1.35~2.5	1.52~2.4	8~23			1.73~7.27	3.3~65.4
Cd	0.002~0.025	0.005~0.48	0.02~0.05	0.4~9.4	0.010~0.028	0.26~0.30	0.7~38
Cr	0.088~0.56	-					
Cu	0.025~0.64	0.01~6.8	0.2~0.6	0.6~5.4	6.00~19.79	6.00~19.79	3~176
Hg	0.004~0.012	0.003~0.08		0.009~0.07			0.005~0.03
Ni	0.18~0.70	0.01~4.8	8~35	0.2~3.0			1~18
Se	0.06~0.12	0.09~0.47		0.2~1.8			0.1~0.3
Pb	0.006~0.015	0.006~1.23	0.01~0.045	0.385~13			<2~4
Zn	0.0007~0.588	0.006~70	0.1~0.3	2.7~44	5.48~48.13	5.48~48.13	22~20460

1) Furness and Rainbow, 1990.
2) 한국해양연구소, 1994.
3) 한국해양연구소, 1992.
4) 양 등, 1996.

다. 이 곳으로 주로 산업이나 도시하수의 배출수가 유입되기 때문이다(표 5.5). 중금속의 오염이 아주 심한 경우에는 원인과 결과의 관계가 명확하게 나타나고 대책이 세워진다. 그러나 많은 경우 중금속의 농도는 현장에서 그 오염의 영향을 즉시 보거나 측정하기에는 농도가 너무 낮다. 따라서 느리게 진행하는 만성 오염의 위협에 해양생태계는 오랫동안 노출되게 된다.

최근 이러한 금속 오염의 영향을 시각화하는 데 도움을 줄 수 있는 다양한 지표종이 보고되고 있다. 비록 현재의 연구단계에서 충분하지는 않지만, 중금속과 이들 화합물들에 의한 피해를 예측할 수 있는 이러한 지표종들의 효용가치가 점차 알려지고 있다.

2.6 금속의 독성효과

고농도의 금속에 노출되면 생물체는 결국 죽게 된다. 금속의 독성에 관련된 과거 연구는 LC_{50}(반치사농도) 같은 단기간에 실험한 연구들에 의하여 다소 오도되어 왔다. LC_{50}은 오염발생에 의한 직접적인 원인으로 인한 해양생물의 피해를 현장에서 직접 측정하기 위한 목적으로 개발된 것이다. 그러나 용존금속의 실제 해수 중 농도와 실제 해양생물에 급성 독성을 일으키는 농도를 비교한 결과(Mance, 1987), 몇 군데 극심하게 오염된 해역을 제외하면 현 상태의 금속 오염은 해양생물에 즉각적인 해를 줄 정도는 아닌 것 같다. 상당히 심각하게 오염된 곳마저 급성 독성농도에 미치지 못하는 것으로 나타났으며, 직접적인 효과는 공장폐수나 도시하수, 광산폐수의 배출구와 매립지 인접지역에 국한된다. 해수에 유입된 고농도의 금속은 일차적으로 다량의 해수에 의하여 희석되어 결과적으로 넓은 지역이 다소간 높은 농도의 금속 오염지역으로 확대되고, 따라서 만성 독성을 조사하는 것이 이러한 해양환경을 조사하는 데 더욱 합리적이라고 할 수 있다.

2.6.1 독성에 영향을 주는 요소들

독성효과는 생물체가 배설, 대사작용, 저장 등 무독화작용 중에 있더라도 더 이상 독성물질의 생물체 내로의 유입속도를 감당할 수 없을 때 나타난다. 이러한 무독화과정에 대한 생물체의 능력은 생물의 종간, 군집간에 다양하고, 어떠한 한 개체 내에서도 성장단계에 다소 차이가 있을 것이다. 그렇기 때문에 흔히 나타나는 독성조사의 결과는 정확한 한 농도보다는 일정한 농도 범위로 표시한다. 대부분 생물들은 실험실보다 자신들이 서식하는 자연환경에 더 잘 적응되어 있다. 따라서 금속에 대한 생물의 내성은 해당 생물이 선천적으로 타고난 것이며, 서식환경의 노출에 의하여 영향을 받기도 한다. 일반적으로 금속의 농도는 환경 내에 존재하는 금속의 총농도로 표시한다. 그러나 해수 중 금속의 화학종에 따라 생물에 대한 독성은 다르게 나타난다. 또한 금속의 독성에 대한 일반적인 법칙은 온도가 높을수록, 염분이 낮을수록 증대된다고 알려져 있다. 카드뮴, 크롬, 납, 수은, 니켈, 아연과 같은 금속들이 낮은 염분조건에서 더욱 강한 독성을 나타내는 것은 빠른 흡수속도에 의한 것이다. 이러한 현상은 주로 하구환경에서 일어난다. 해수 내 유기물이 다소 존재할 때 생물체는 금속의 독성을 덜 받는다고 알려져 있다.

금속의 오염은 단일 금속에 의한 오염보다는 흔히 여러 가지 금속에 의한 영향이 동시에 작용한다. 따라서 금속으로 인한 독성간의 상승작용과 상쇄작용이 나타난다. 특히 카드뮴-아연, 구리-은, 구리-망간, 카드뮴-셀레늄,

수은-셀레늄과 같은 금속들간에는 서로 경쟁하는 관계에 있다는 것이 알려져 있다. 구리와 망간 사이에는 망간이 구리와 경쟁하여 조류세포의 필수원소인 망간의 흡수를 방해하기 때문에 생물체는 망간결핍에 빠지게 된다. 그러나 대부분의 금속들의 복합작용은 충분히 연구되어 있지 않다.

산화-환원 전위는 금속들의 화학종, 생물에 대한 적용농도 그리고 독성을 결정하는 데 결정적인 영향을 준다. 무산소상태의 경우 흔히 고농도의 금속이 출현하게 되고, 이러한 조건인 경우 금속간의 독성은 서로 상승작용을 일으킬 것이다. 구리의 경우 낮은 산소농도와 어떤 pH 상태에서는 Cu^{2+}로 존재하는 비율이 높기 때문에 흡수율을 상승시키고, 따라서 독성 또한 높아지게 된다. 그러나 해수의 완충능력 때문에 해수 중 실제 pH의 변화는 그리 심하지 않다.

2.6.2 플랑크톤의 성장과 생산력에 대한 저해작용

식물플랑크톤의 중금속에 대한 반응이 주로 성장률의 관점에서 연구된 경우는 식물플랑크톤이 중금속에 대하여 매우 예민한 단세포 생물이기 때문이다. C^{14}의 합성률을 이용하여 중금속에 대한 영향을 조사한 결과가 표 5.6에 제시되었다. 최근 플랑크톤의 반응에 대한 독성조사는 단일종에 대한 조사보다는 자연군집에 대하여 조사하는 경향이 있다. 이러한 조사에서 지속적으로 논쟁이 되는 부분은 미세 조류의 배양액에는 다량의 킬레이트 형성용 리간드가 주입되어 있는 조건인 데 반하여, 독성조사는 주로 자유이온상태의 독성조사가 대부분이라는 점이다. 이러한 킬레이트를 형성하는 물질은 철이나 망간과 같은 필수금속의 거동에 영향을 미치리라고 생각된다. 특히 구리와 수은에 대하여 이들의 독성을 무력화하는 데 작용할 것이다. 결과적으로 플랑크톤의 생장에 저해를 주는 것으로 보고된 농도는 해수의 착염형성능력에 따라 달라질 수 있으며, 성장을 저해하는 자유이온의 농도(Cu^{2+})는 총금속의 양보다 훨씬 낮은 농도일 것이다. 실제 자연상태에서 발견되는 구리의 농도는 착염을 형성하지 않은 경우, 특히 중금속농도가 높은 용승역에서 저해농도가 될 수 있다. 그러나 실제 구리가 $0.19 \sim 0.3 \mu g\, l^{-1}$의 농도범위에서 저해작용을 하는 것은 명백하지만, 대향의 용승역에서 이보다 더 높은 농도가 흔히 발견되기도 한다.

수은 역시 낮은 농도($< 1 \mu g\, l^{-1}$)에서 플랑크톤의 성장을 저해하는 것으로 보

표 5.6 중금속의 식물플랑크톤에 대한 성장률 장해

Species	Metal concentration($\mu g\ l^{-1}$)								반 응	References
	Ag	As	Cd	Cu	Hg	Ni	Pb	Zn		
천연군집				0.3					Reduced C^{14} fixation	Sunda *et al.*, 1981
천연군집			1.0	1.0	1.0				Reduced C^{14} fixation	Ibragin and Patin, 1976
천연군집				10.0					Reduced C^{14} fixation	Saward *et al.*, 1975
천연군집		23	112	6.4	<6.0	60	20	20	Reduced C^{14} fixation	Holibaugh *et al.*, 1980
Monochrysis lutheri					21.6 0.07(Cu^{+})				Reduced growth	Sunda and Lewis, 1978
천연군집					0.8				Reduced divison	Thomas *et al.*, 1977
천연군집					1.0				Reduced productivity	Thomas *et al.*, 1977
천연군집								15	Reduced photosynthesis	Davis and Sleep, 1979
천연군집	5								Reduced growth	Sunders and Vermersch, 1982

고된 바 있으나, 이러한 농도는 매우 심하게 오염된 만이나 하구역에서만 가능한 농도이다. 아연은 15~20$\mu g\ l^{-1}$에서 성장을 저해할 수 있으나, 이러한 농도는 연안에서도 흔치 않은 농도이다. 카드뮴에 대한 자료에 대하여 다소 상반되는 결과가 보고되는 것은 착염의 형성 혹은 조사대상 군집의 차이 때문이라고 생각된다. 비소는 5$\mu g\ l^{-1}$ 정도의 농도에서 성장을 저해하므로 비소가 함유된 연안해수에서 생산력을 감소시킬 것으로 생각된다. 납의 경우 20$\mu g\ l^{-1}$ 이상이 되어야 성장을 저해하고 셀레늄, 니켈 그리고 크롬의 경우 50$\mu g\ l^{-1}$ 이상이 되어야 저해하므로 대부분의 해수에서 성장의 저해요인이 되지 않을 것이다. 이상은 중금속이 식물플랑크톤 생산력에 영향을 주는지에 대하여는 다소 확실하지 않은 점이 있으나, 적어도 일부 오염된 해역에서 성장과 광합성을 저해할 수는 있다.

2.6.3 플랑크톤 군집의 중금속 오염에 대한 반응

플랑크톤 군집의 금속 오염에 대한 반응은 주로 현장실험을 바탕으로 조사된다. 여러 가지 금속에 대한 식물플랑크톤의 조성과 우점종의 변화는 중형폐쇄생태계(mesocosm) 속에서 조사된다. 일반적으로 조사된 금속은 미세 조류의 민감성에 따라 다르지만, 저항력이 강한 종을 예측한다는 것은 쉽지 않다.

그러나 중금속으로 오염된 해역의 돌말류에서 깃돌말류가 중심돌말류를 대치하는 것이 지속적으로 관찰되었다. 지중해의 플랑크톤을 $1 \sim 1{,}000 \mu g\ l^{-1}$ 정도의 카드뮴, 크롬, 납, 수은에 노출하였을 때 대부분의 농도에서 *Cylindrotheca closterium*이 우점종이 되었다(Ibragim and Patin, 1976). 배경농도의 5배 정도인 구리는 $5 \mu g\ l^{-1}$, 수은은 $1 \sim 5 \mu g\ l^{-1}$, 비소는 $5 \mu g\ l^{-1}$의 조건하에서 역시 깃돌말류들이 우점종이 된다는 보고가 있다(Thomas and Seibert, 1977; Thomas *et al.*, 1977; Sanders and Vermersch, 1982).

식물플랑크톤 군집의 다양성이 변화하는 것이 반드시 중금속에 대한 반응은 아니라는 지적이 있지만, 이것은 아마도 포식압력의 변화 때문일 수도 있

표 5.7 적조발생과 관련 있는 중금속

Species	Associated metals			Environmental event	Situation	References
Heterosigma akashiwo	Fe, Mn			River run-off Formation of bottom water with low oxygen content	*in situ*	Mee *et al.*, 1986 Tauber, 1981 Smayda and Shimizu, 1991
Gymnodinium breve	Fe			River run-off in Florida	*in situ* and *in vitro*	Wells *et al.*, 1991 Katsunga *et al.*, 1984
Gymnodinium sp.	Fe Mn 32~172 times higher than seawater content			Shrimp pond	*in situ*	Jiasheng *et al.*, 1991
Skeletonema costatum, *Coscinodiscus* sp.	Metal	seawater	shrimp pond	Shrimp pond	*in situ*	Mingyuan, 1991
	Fe	10	2.7~5.0			
	Mn	2	0.22~0.47			
	Pb	0.3	0.003~0.01			
	Zn	1	0.22~0.26			
	Cr	0.5	<0.1			
	Cd	0.1	<0.0046			
	Cu	3	<0.01			
	Hg	0.3	<0.003			
Aureococcus anophagefferens	Metal	conc. ($\mu mol\ l^{-1}$)	growth response	Complexing ability of detergent (phosphate)	*in vitro* and *in situ*	Cosper *et al.*, 1991
	Fe	9	increased			
	Se	0.009	reduced			

다(Thomas *et al.*, 1977). 그대로 식물플랑크톤 군집의 변화는 상위 영양단계의 근본적인 변화를 야기시키게 된다. 왜냐하면 우점종의 변화는 비록 생산력이 저하되지 않아도 선호하는 먹이생물의 선택이나 농도에 의하여 영향을 받게 된다. 예를 들면 비소의 농도가 15$\mu g\ l^{-1}$일 때 플랑크톤 군집이 섬모충류에서 더 작은 크기인 저항력이 높은 돌말류로 전환됨으로써, 포식자인 요각류의 산란율과 생존율에 영향을 주게 된다. 일반적으로 실험실에서의 결과를 자연 생태계에 적용시키는 데는 주의가 필요하지만, 이러한 실험이 식물플랑크톤 군집이 중금속에 의하여 어떠한 영향을 받는가에 대한 정보를 준다.

2.7 플랑크톤의 대량 번식과 중금속

철은 편모조류의 적조발생과 관련이 있다는 사실은 이미 잘 알려졌다(Kim and Martin, 1974; Glover, 1978; Doucette *et al.*, 1989; Okaichi *et al.*, 1989). 또한 최근 셀레늄이 몇몇 종류의 플랑크톤의 대량 번식과 관련이 있다고 보고되었다(Ichimaru *et al.*, 1989). 이러한 연구는 대부분 철과 망간을 중심으로 연구되었고, 간간이 구리나 아연도 조사한 결과가 있다(표 5.7). 이들 연구 중 플로리다 적조는 담수의 유입으로 인하여 발생한다고 알려져 있다(Wells *et al.*, 1991). 중국에서는 최근 새우양식장에서 발생한 적조가 중금속과 관련된 것으로 보고된 바 있다(Jiasheng *et al.*, 1991; Mingyuan, 1991).

3. 적조와 독성

3.1 적조란 무엇인가?

유독성과 비독성의 경우를 막론하고 적조에 대한 연구보고는 상당히 오랜 역사를 가지고 있으며, 최근에 와서는 해를 거듭할수록 적조발생의 횟수가 전세계적으로 크게 증가하고, 그 발생해역도 광범위해지고 있는 추세이다. 따라서 이에 따른 연안환경의 악화는 물론이고 발생해역의 특성에 따라서는 지역 수산업에 엄청난 타격을 가할 뿐만 아니라 수산식품에 적지 않게 의존하고 있는 인류의 보건을 위협하고, 지역공동체에서 해결하기 어려운 사회

그림 5.4 적조발생에 의한 해색변화모습

적 · 경제적 문제를 야기시키기도 한다. 또한 지역경제의 활성화를 위해 애써 개발한 관광해역과 위락환경의 폐쇄를 초래하기도 한다.

적조란 수중의 식물플랑크톤이 대량 증식 또는 집적하여 바닷물의 색을 적색, 황색 또는 갈색으로 변색시키는 현상을 말한다(그림 5.4). 적조현상이 발생했을 때의 바닷물의 색은 적조생물에 따라 다르지만 일반적으로 돌말류인 *Chaetoceros*속과 *Skeletonema*속은 황갈색을, 그리고 편모조류인 *Heterosigma*속, *Prorocentrum*속은 적갈색 또는 황록색을 띤다. 최근에는 적조생물 중에 어패류를 독화시키고 이런 독화된 패류를 사람이 먹으면 마비성 · 설사성 중독을 일으키는 종이 있어 사람의 건강까지도 위협을 주고 있기 때문에 사회 · 경제적으로 문제가 되고 있다.

적조현상은 아주 오래 전부터 알려져 있어 기원전인 구약성서 출애굽기에서부터 시작된다. 가까운 일본에서는 7세기경부터 적조관련 기록이 있고, 우리나라에서는 이조실록 중 정종 1년(1398년)에 바다의 이상현상을 언급한 것이 최초의 적조기록으로 볼 수 있다. 북미의 경우는 백인이 이주하기 전부터 홍합을 중독시키는 와편모조류 적조가 있었던 것으로 추정되기도 한다.

본 절에서는 적조발생에 관한 일반적 사항과 향후 적조방지 및 방제를 위해서는 어떠한 연구 및 노력들이 필요한지를 요약해 놓았고, 이를 통해 적조에 관해 많은 사람들이 이해할 수 있도록 서술하였다.

3.2 적조발생원인과 환경

3.2.1 적조발생원인

적조의 발생원인은 아직 충분히 밝혀지진 않았지만 우선 적조발생 가능성이 높은 환경조건으로는, 첫째 외해와 해수교환이 적은 폐쇄성 내만 수역이며, 둘째 풍부한 영양염류(질소, 인 등)를 갖고 있는 각종 육상기인 유입수가 많고, 셋째 충분한 일사량으로 광합성작용이 활발할 수 있고 수온이 적절하며, 넷째 바닥에 유기물질이 많이 퇴적된 곳이나, 다섯째로 적조생물의 증식 자극물질인 비타민류와 철, 망간 등의 미량 원소 등이 풍부하게 녹아 있는 해역일수록 그 가능성이 높다.

한편 적조의 발생기작에 대해서는 오랫동안 많은 연구들이 진행되어 왔지만, 역시 일부분만이 밝혀져 있으며 아직도 해결해야 할 많은 과제들이 남아 있다. 적조생물은 일반적으로 돌말류와 편모조류로 크게 나눌 수 있는데, 이들은 생리적 특성의 차이가 나기 때문에 발생원인도 다소 다르게 나타난다. 돌말류의 경우는 일차적으로 영양염류가 풍부하고 일조량, 수온, 염분 등의 환경조건이 적절하면 일시적으로 대량 번식하여 바닷물의 색을 적색 또는 황갈색으로 변화시키는 적조현상을 일으킨다. 반면에 편모조류의 경우는 다소 차이가 있어 일반적인 영양염류 외에 비타민류, 미량 원소, 특수유기물질 등과 같은 증식촉진물질의 영향도 크게 받는 것으로 알려져 있다. 또한 대부분의 편모조류는 환경조건이 불리할 때 휴면포자(resting cyst)를 형성하여 해저에 가라앉아 휴면시기를 거치며(그림 5.5), 다시 환경이 좋아지면 영양세포(vegetative cell)로 발아하여 플랑크톤으로 돌아가는 생활사를 나타낸다. 즉 적당한 환경이 조성되면 언제든지 대량 번식할 가능성을 지니고 있는 것이다.

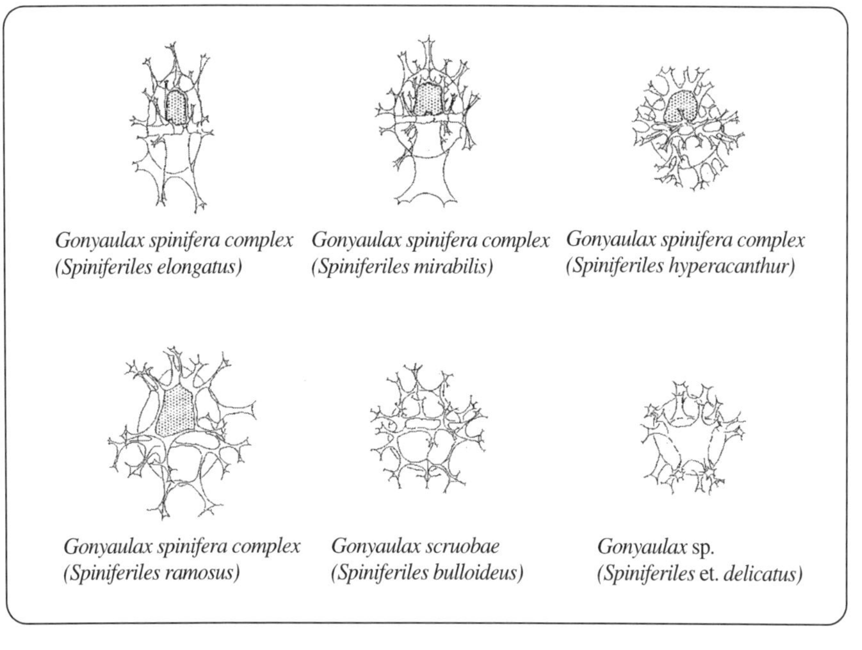

그림 5.5 여러 가지 모습을 갖는 *Gonyaulax*속의 휴면포자

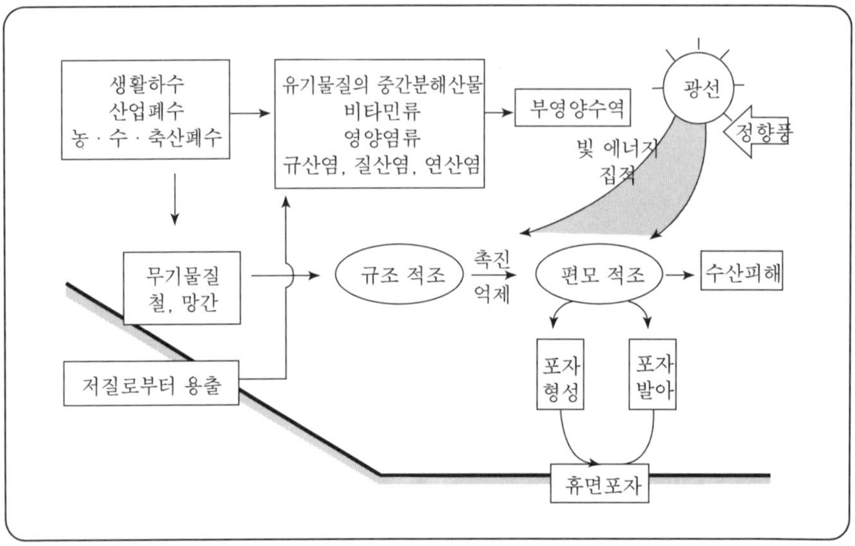

그림 5.6 적조발생 모식도(수산진흥원, 1997)

따라서 이 같은 편모조류에 의한 적조현상은 매년 비슷한 시기에 유사환경에 지속적으로 발생하는 경우가 많다(그림 5.6)

이상에서와 같이 적조현상은 일반적으로 봄철에서 늦은 가을철까지 육지로부터의 오염물질 유입이 많은 곳에서 주로 발생한다. 그러나 최근에 와서는 계절에 관계없이 발생하기도 하고, 오염물질이 적은 다소 외해에서도 자주 발생하는 특이한 경향을 보이고 있다.

3.2.2 적조발생환경

적조는 주로 육상으로부터 유입되는 유기성 오염물질(영양염류, 비타민류, 유기물류)이 일조량, 수온, 염분 등 환경조건과 결합하여 플랑크톤이 대량 번식한 후 바람이나 조류의 이동에 의해 집적되어 발생하는 것이 일반적인 현상이다.

주요 환경요인별 관련성을 보기 위해 우선 계절적 요인에 대해 살펴보면 적조는 대체로 5~9월경에 많이 발생하고 있지만, 그 외의 저수온기에도 발생횟수는 적지만 나타나고 있다. 따라서 적조는 고수온기에 많지만, 거의 연중 발생한다고 볼 수가 있다. 발생 적정수온도 각 적조생물에 따라 다르지만, 대체로 15~25°C의 범위에 주로 발생하고 있는 것으로 알려져 있다.

한편 강우와의 관계는, 강우에 의해서 일어나는 해수의 염분저하가 플랑크톤 이상증식의 물리적 자극으로 작용한다. 또한 강우에 동반해서 육지로부터 유입수에 무기영양물질과 유기물, 미량 금속 등이 유입되고, 이것들이 적조를 유발시킨다고 알려져 있다. 적조 편모조류가 자연해수농도의 1/4~4/5의 저염분농도에서 잘 증식한다는 연구결과로 미루어 볼 때, 강우 등에 의한 염분농도의 저하는 편모조류의 증식에 적합한 염분환경을 초래하는 물리적 자극역할을 통해 그 증식에 기여하고 있다고 볼 수 있다. 따라서 강우 및 강수 유입에 동반한 해수염분의 저하는 적조발생을 유발하는 하나의 중요한 독립된 요인으로 간주되고 있다. 이와 같이 강우는 적조의 발생과 밀접한 관련을 가지고 있지만, 다른 기상 · 해황조건에 의해서 강우 뒤에 적조가 발생하지 않는 경우도 있고, 또한 강우를 동반하지 않는 적조발생도 있고 해서 양자의 관계는 다양한 경우를 보이고 있다.

기상조건 중 바람과의 관계를 보면, 적조의 발생에는 수괴의 안정된 성층이 필요하고, 강한 바람에 의해서 이것이 소멸되면 적조발생조건으로서는 맞지 않게 된다. 해수의 위 · 아래층의 혼합이 현저한 현상은 조류가 빠른 해역에서도 보여지고 있고, 이와 같이 물의 흐름이 빠른 수역에서 적조가 발생하기 어려운 원인의 하나로서 흐름에 의한 물의 상 · 하 혼합을 예로 들 수 있다. 게다가 파랑과 조류에 의해 적조생물이 수평방향으로 이동 · 분산해서 적조를 형성하기 어렵게 하는 수도 있을 것이다. 또한 반대로 바람에 의한 적조생물의 집적도 알려지고 있다.

적조생물의 대부분은 식물성 플랑크톤이기 때문에 적조의 발생에 태양이 필요한 것은 당연하지만, 일사량과 일조시간의 관계에 대해서는 명확하지 않다. 지금 식물플랑크톤의 증식속도에 관련한 광합성 활성을 보면, 수온과 영양염 등의 조건에 따라 다르지만, 내만에서는 일반적으로 2~7mg C chl^{-1} mg^{-1} h^{-1}의 비교적 높은 수치를 나타냄을 알 수 있다.

끝으로 수질의 부영양화를 들 수 있다. 이와 같은 연안역 부영양화의 원인은 육상 오염물질인 정화되지 않은 도시 생활하수 또는 산업폐수가 강이나 하천을 통하여 또는 직접적인 투기 등으로 인하여 연안에 유입되면서 해양오염이 발생하고, 또한 해수의 물리 · 화학적 특성이 악조건으로 바뀌면서 부영양현상과 그로 인한 복합적 작용에 의해 적조현상이 발생하게 된다.

3.3 적조원인생물

적조현상을 일으키는 해양생물로서는 식물플랑크톤, 원생동물, 세균 등이 있으나 식물플랑크톤이 주류를 이루고 있다(그림 5.7). 식물플랑크톤은 형태와 생리적 특성에 따라 남세균(cyanobacteria), 갈색 편모조류, 황갈색 조류, 돌말류, 녹색 편모조류, 녹조류 등으로 나눈다. 연안수역에서 적조현상을 일으킨 생물들은 표 5.8과 같으며, 특히 온대지방의 저수온기에는 돌말류가 그리고 고수온기에는 와편모조류가 적조를 일으키고 있다.

3.4 유독 적조생물의 발생

유독 적조생물은 주로 와편모조류에 의한 패류나 어류의 독화현상으로서, 옛날부터 미국의 인디언이나 에스키모, 러시아의 아프리카 탐험대원 등이 해안에 자생하는 패류를 먹고 사망사고를 일으킨 사건 혹은 프랑스의 홍합 중독 등 1600년대 말기에서 1700년대에 걸쳐 나타났다.

적조에 의한 어류의 폐사기구는 유독성 플랑크톤에 의한 중독사와 다량 발생한 비독성 플랑크톤에 의한 산소결핍의 질식사를 들 수 있다. 적조의 독성에 대해서는 최근 연구가 급진전되어, 지금까지 독성이 확인된 플랑크톤은 20여 종 이상이 알려져 있다(표 5.9). 살아 있는 적조생물이 생산하는 독소에 관해서 유명한 것은 *Gymnodinium breve*, *Gyrodinium aureolum*으로서 어류의 대량 폐사가 외국에서 보고되어 있다. 또한 *Prymnesium*이라는 담수의 녹조는 용혈작용을 가진 독소를 생산해서 양식어를 대량 폐사시키는 것으로 알려져 있다. 일본의 세토내해에서 크게 문제가 되었던 *Chattonella*는 단기간 내에 직접 어류를 폐사시킨 기록이 있고, 1988년부터는 북구의 *Crysochromulina polylepis*에 의한 어류의 대량 폐사가 큰 문제로 등장되기도 하였다.

한편 유독 플랑크톤이 생산하는 독은 직접 어패류에는 치명상을 주지 않고 어패류에게 먹힌 다음 그것을 섭취한 사람을 중독시켜 피해를 주는 것이 있으며, 여기에는 다섯 가지 종류가 있다. 첫째, *Alexandrium catenella*, *A. tamarense* 등과 같은 종류에 의한 마비성 패독(paralytic shellfish poisoning: PSP), *Gymnodinium breve*에 의한 신경성 패독(neurotoxic shellfish poisoning:

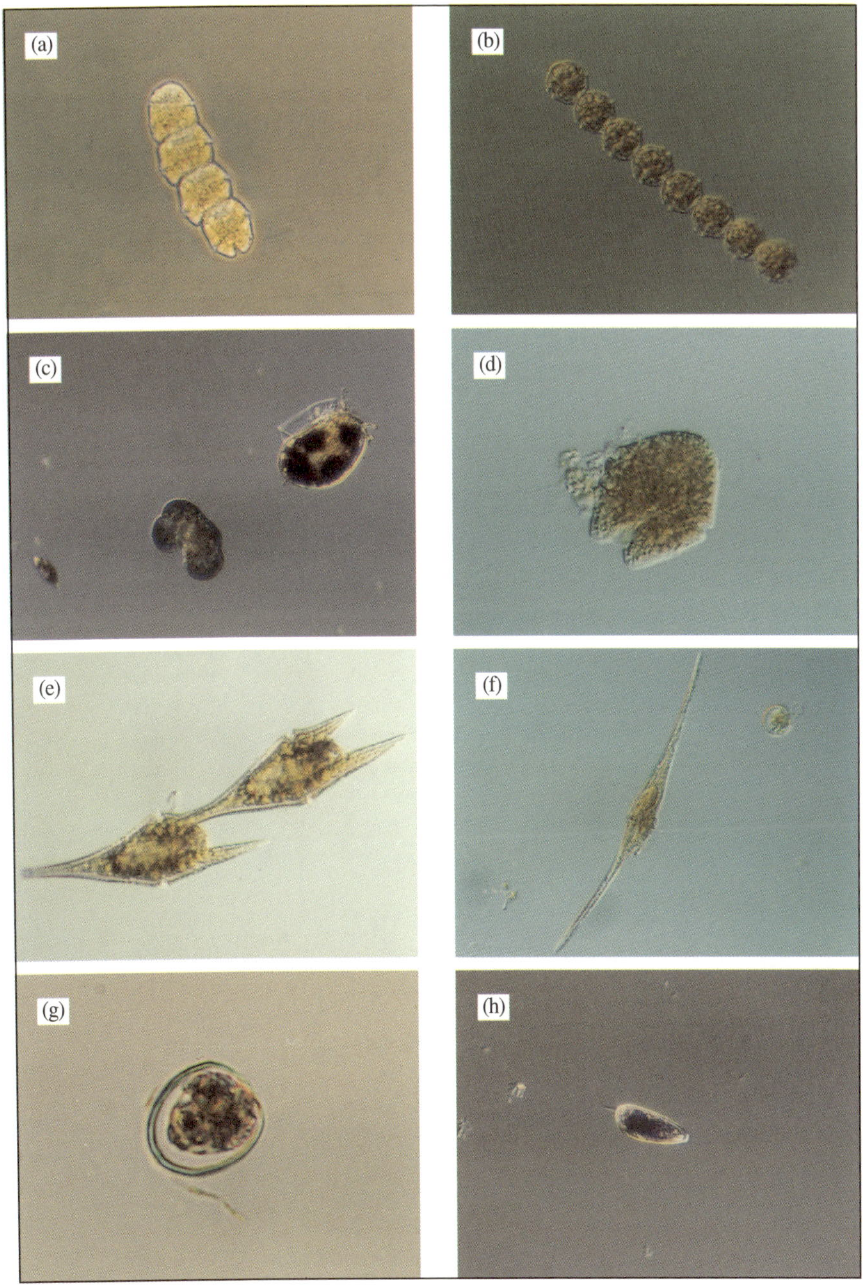

그림 5.7 적조를 일으키는 식물플랑크톤. (a) *Cochlodinium polykrikoides*, (b) *Alexandrium tamarense*, (c) *Dinophysis fortii*, (d) *Gymnodinium sanguinum*, (e) *Ceratium furca*, (f) *Ceratium fusus*, (g) *Prorocentrum minimum*, (h) *Prorocentrum gracile*

표 5.8 세계적으로 알려진 적조를 일으키는 플랑크톤 종류

Division	Class	Order	Genus
Bacteriomycota	Pseudomonadomycetes	Rhodobacteriales	*Chromatium*
Cyanophyta	Cyanophyceae	Nostocales	*Tricodesmium*
			Anabaena
		Chroococcales	*Microcystis*
Cryptophyceae	Cryptomonadales	Chyptomonadales	*Chroomonas*
			Cryptomonas
			Rhodomonas
	Ebriophyceae	Ebriales	*Ebria*
Dinophyta	Dinophyceae	Prorocentrales	*Prorocentrum*
		Dinophysiales	*Dinophysis*
		Gymnodiniales	*Cochlodinium*
			Gymnodinium
			Oxyrrhis
		Noctilucales	*Noctiluca*
		Peridiniales	*Ceratium*
			Gonyaulax
			Peridinium
			Pyrodinium
			Alexandrium
Haptophyta	Haptophyceae	Prymnesiales	*Prymnesium*
Chrysophyta	Chrysophyceae	Ochromonadales	*Uroglena*
		Dictyochales	*Dictyocha*
	Bacillariophyceae	Centrales	*Cyclotella*
			Coscinodiscus
			Skeletonema
			Chaetoceros
		Pennales	*Fragilaria*
			Asterionella
			Nitzschia
			Navicula
	Rhaphidophyceae	Rhaphidomonadales	*Chattonella*
			Fibrocapsa
			Heterosigma
Euglenophyt	Euglenophyceae	Euglenales	*Eutreptia*
			Eutreptiella
			Euglena
Chlorophyta	Prasinophyceae	Pyramimonadales	*Pyramimonas*
		Nephroselmidales	*Micromonas*
		Prasino dales	*Tetraselmis*
	Chlorophyceae	Volvocales	*Dunaliella*
			Oltmannsiellopsis
Protozoa			
Ciliophora	Kinetofraagminophorea	Prostomatida	*Mesodinium*

표 5.9 독성을 나타내는 식물플랑크톤 종류

종 류	독
Alexandrium catenella	PSP(saxitoxin, gonyotoxins)
Alexandrium tamarense	PSP(saxitoxin, gonyotoxins)
Alexandrium cohorticula	PSP(saxitoxin, gonyotoxins)
Pyrodinium bahamense var. *compressum*	PSP(saxitoxin, gonyotoxins)
Gymnodinium catenatum	PSP(saxitoxin, gonyotoxins)
Prorocentrum lima	DSP(okadaic acid derivatives)
Dinophysis acuminata	DSP(okadaic acid derivatives)
Dinophysis caudata	DSP(okadaic acid derivatives)
Gymndinium breve	NTX(brevetoxin)
Gambierdiscus toxicus	MYX(ciguatoxin)
Nitzschia pungens	ATX(domoic acid)

NSP), *Pseudonitzschia* sp.에 의한 기억상실성 패독(amnesic shellfish poisoning: ASP), *Dinophysis fortii*와 *D. acuminata*에 의한 설사성 패독(diarrhetic shellfish poisoning: DSP), 그리고 *Gambierdiscus toxicus*에 의한 시구아테라(Ciguatera)독이다.

유독 플랑크톤의 세계적 발생분포를 보면, 마비성(PSP)의 원인종으로 맨 먼저 미국과 캐나다에서 밝혀진 *Alexandrium tamarense*와 *A. catenella*는 범세계적 및 지역적 분포 면에서 가장 중요한 종류들이다. *A. catenella*는 남부 캘리포니아에서 브리티시 콜롬비아와 알래스카 남동부까지 북미의 서부 연안에 많이 분포한다. *A. tamarense*는 *A. catenella*보다 더 넓게 분포하는 종류로서 북극에서 열대까지 출현하는데, 캐나다 연안의 PSP 피해사건의 원인종이기도 하다. 열대 해역은 단지 열대 대서양 서부 해역에 국한되는데, 베네수엘라 아마존강 입구 연안, 푸에르토리코 지역 등이다. 북대서양에서는 동아일랜드에서 북극, 포르투갈에서 노르웨이까지 출현하며, 태평양에서는 브리티시 콜롬비아, 알래스카만, 일본 등에 출현한다(그림 5.8).

영국 연안에서는 1828년 이래 *Alexandrium*에 의한 PSP는 10여 건 보고되어 있으며, 노르웨이 남서해안과 스페인 북서해안에도 적조가 발생했는데 이때 원인종인 *Gyrodinium aureolum*에 의한 독화현상이 있었으며, 이런 현상은 북구에서도 있었다. 한편 *Dinophysis acuminata*에 의한 설사성 패독(DSP)이 프랑스에서 많이 나타났으며, 특히 1982년과 1984년에 크게 발생했다. 네덜란드

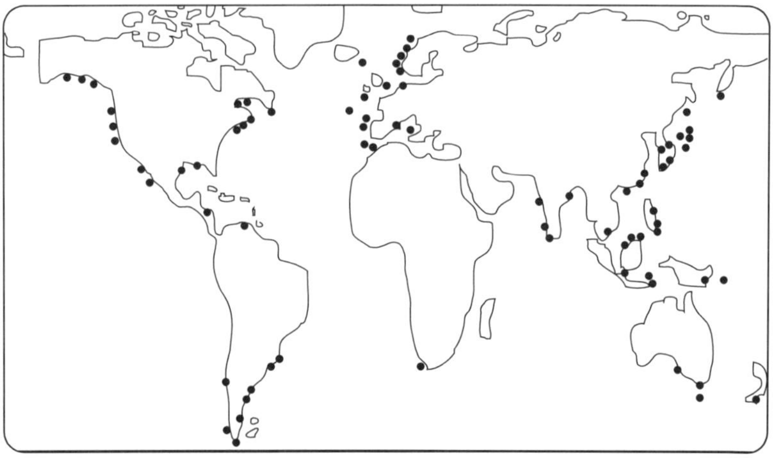

그림 5.8 PSP 발생분포도

에서는 1961년에 기록되어 1976, 1979, 1981년에 피해가 생겼다. 설사성 패독은 홍합의 생산국인 네덜란드, 스페인과 소비국인 프랑스, 벨기에의 무역문제에도 깊은 관계가 있다. 한편 호주 타스마니아에서는 *Gymnodinium catenatum*과 *A. tamarense*가 일본이나 한국으로부터 선박의 바닥짐 용수(ballast water)에 의해서 운반되어 왔다고 주장하고 있어, 이 유독종의 세계적 전파가 현재 심각한 문제로 제기되고 있는 실정이다.

3.5 적조의 피해

3.5.1 무산소층 형성에 의한 피해

적조를 일으키는 식물플랑크톤의 대발생은 특히 고착성인 저서생물에 치명적 영향을 주는데, 이것은 수중 용존산소의 결핍에서 비롯된다. 용존산소는 식물플랑크톤의 대발생과 이에 따른 분해작용에서 생물이 살 수 없을 정도로 감소한다. 식물플랑크톤의 대발생으로 야기되는 수층이나 저층의 산소결핍 또는 무산소층은 저서생물과 일부 어류의 폐사를 초래한다(그림 5.9)

즉 생리적인 스트레스가 증가하고, 종간 경쟁률이 증가하며, 포식의 증가에 따른 주변 생물들의 자연사망률이 증가하게 된다. 1979년 텍사스 연안의 빈산소현상은 엄청난 봄철 유량증가와 돌말류의 대발생에서 기인하여 어류들은 다른 곳으로 회유하였지만, 단각류와 극피동물을 포함한 대부분의 고착성 동물은 폐사되었다(Harper *et al.*, 1981).

산소결핍현상은 뉴욕 바이트 연안에서도 자주 일어나는데, 이런 현상은 식물플랑크톤 대발생과 밀접하게 관련되어 있으며, 이 경우 어류가 주로 폐사되었다. 롱아일랜드 사운드에서 1968년 와편모조류인 *Prorocentrum micans*가 대발생한 결과로 일어난 빈산소현상은 이 곳에 서식하는 주요 수산물인 menhaden, blue fish, 겨울가자미, 바닷가재, 게 등의 폐사를 초래하였다. 무산소현상은 연안에 국한되어 일어나지만, 1976년 와편모조류 *Ceratium tripos*의 대발생은 뉴저지 연안까지 확산되어 13,000km^{2}가 영향을 받았으며, 특히 조개를 포함한 저서생물의 대량 폐사가 일어난 경우도 있다(Mahoney, 1989).

그림 5.9 무산소층 형성에 따라 대량 폐사한 어류

3.5.2 중독사

어패류 중독사를 일으키는 원인물질로는 적조생물 및 이차적으로 발생한 세균이 생산한 생물학적 독성물질(biotoxin)과 적조생물 분해시 생기는 각종 유독물질 등을 들 수 있다. 현재까지 독성물질을 생산하는 적조생물은 20여 종 이상이 알려졌고, 이 중에서 어패류를 폐사시키는 것은 표 5.10과 같다. 대표적으로 해산 어류를 대량 폐사시키는 *Chattonella* sp., *Ptychodiscus breve*를 들 수 있고, 담수 조류로는 이스라엘에서 잉어를 대량 폐

표 5.10 어패류 폐사를 일으키는 적조생물

적조생물	대상 생물	생산 독소
Amphidinium carteri	어패류(test fish)	Choline esters
A. klebsii	어패류(test fish)	Acetycholinelike subatances
Chattonella spp.	어패류(방어)	Fat soluble substances
Cochlodinium Type '78	어패류(방어)	-
Gymnodinium nagasakiense	어패류(방어)	Fat soluble solbstances
G. venificum	어패류(방어)	Acetyl cholinelike substances
Noctiluca miliaris	어패류(Killfish)	Ammonia
Peridinium polonicum	어패류(Killfish)	Glenodinine
Protogonyaulax spp.	어패류(무지개송어)	Cytotoxin
Prymnesium parvum	어패류(이스라엘 잉어)	Prymnesin(cytotoxin)
Microcystis aeruginosa	가축	Polypeptide
Anabaena flos-aquae	가축, 물새	Acetyl-derivatives

사시킨다고 보고되었다(Ogata and Kodama, 1986). 이들 독성물질은 세포 내에 있으나 세포 밖으로도 분비되기 때문에 큰 피해를 주게 된다. 그리고 적조발생시 이차적으로 생기는 세균이 생산하는 독성물질에 의하여 폐사가 발생하는 경우도 있으며, 이와 같은 독성물질을 neuro motor toxin이라 칭하였다.

3.6 적조대책

적조발생에 의한 피해를 최대한 줄이기 위하여서는 크게 두 가지 방향으로 대책을 수립하여야 한다. 첫째로는 적조발생을 사전에 차단하는 것이다. 즉 적조원인생물이 충분히 번식하여 대량 집적할 수 있는 모든 원인과 기작을 규명하여 최대한 사전방지조치를 강구하는 것이다. 둘째로는 발생 후 피해를 최소화하는 대책수립이다. 이에는 발생과정을 면밀히 조기 발견 · 추적하는 것과 피해 가능한 해역에서 방제할 수 있는 대안을 만드는 것 등이 있다.

3.6.1 적조발생 방지대책

적조발생을 사전에 방지하려면 우선 내만성 적조유발의 가장 큰 원인인 연안의 부영양화 진행을 막아야 한다. 따라서 첫째, 육상기인 오염물질의 규제를 철저히 하여야 한다. 즉 하수 및 공장폐수처리 폐기물 등 점오염원의 관리를 빈틈없이 하여 부영양화 원인이 되는 유기물질의 유입을 가능한 한 차단하고, 여기에 비점오염원인 비료 및 농약 등의 관리를 통한 부영양화의 심화를 억제시키는 일이 중요하다. 둘째, 해상기인 오염물질의 규제를 위해서 해상 양식장의 시설관리 및 정비를 강화하고, 신규 양식장의 허가기준을 강화하여 밀식이나 노후에 따른 자체 오염가중을 막으려는 노력이 필요하다. 그리고 저인사료를 개발하려는 노력 또한 필요하다. 셋째, 이미 오염이 심화된 수질 및 퇴적층을 정화하는 방법으로, 퇴적물의 주기적이며 지속적인 준설이나 오염물질의 인위적 제거작업이 필요하다. 넷째, 적조 상습발생 특별관리해역의 확대지정을 통하여 하천으로 유입되는 오염물질의 총량규제 및 특별관리가 요구된다. 이를 위해서는 경제위축 가능성에 대한 정책적 배려를 통한 합리적 방안이 도출되어야 할 것이며, 또한 효율적 총량규제를 위해서는

적조발생 방지대책

- 부영양화 현상방지
  - 영양염류, 증식촉진물질의 해양유입 규제
    - 법적 규제: 총량규제 및 특별관리
    - 하수 · 배수처리시설 확충
  - 자가오염방지
    - 시설관리 및 정비, 새로운 양식기술 개발, 사료개발
- 환경개선
  - 수질개선 – 해수교환, 영양염류 회수
  - 저질개선 – 퇴적물 준설, 오염원 제거
- 해역의 과학적 관리시설
  - 어장정비사업 확대
  - 특별대책지구 지정확대
  - 해역이용행위 제한
- 국민홍보 강화
  - 환경보전교육 프로그램 개발
  - 환경 조기교육 강화

그림 5.10 적조발생 방지대책

지속적인 연안해역의 환경용량연구가 절대적으로 필요하다. 마지막으로는 역시 국민홍보 강화의 측면이 필요하다. 즉, 환경보전교육 프로그램 개발이나 환경 조기교육 실시를 통하여 장기적인 안목의 적조예방조치가 필요하다(그림 5.10).

3.6.2 적조방제대책

적조발생시나 발생 후 대책으로는 적조를 구제하는 방법과 양식시설물을 안전해역으로의 이동, 침하 또는 격리시키거나 양식물을 긴급 채취하여 피해를 경감시키는 방법이 있다. 적조생물 자체를 구제하는 방법으로는 화학약품 살포 등과 같은 몇 가지 방법들이 사용되고 있다. 그러나 환경보전측면과 경제적 측면에서 평가해 볼 때 현실적으로 실효성을 거두기가 매우 힘들고, 실제로 최근 적조발생시에도 뚜렷한 성과를 거두지 못하였다. 따라서 현재의 방제방법과 향후 새로운 방제대책 수립의 몇 가지 방법들을 기술하고, 새로운 기술들을 소개한다.

3.6.2.1 기존의 방제방법

지금까지 알려진 적조생물의 구제 및 제거방법은 다음과 같이 적조생물의 세포를 파괴하는 화학약품 살포, 초음파 및 오존처리법, 해면회수 및 침강법, 점토흡착법 등의 몇 가지 방법들이 있다(표 5.11).

(1) 화학약품살포법

과거부터 황산동($CuSO_4$)이 사용되었으나, 다른 생물에 대해 영향을 미치거나 또는 대규모 사용은 지속성이 없고 경제적이지 못한 것으로 알려져 있다.

(2) 초음파 및 오존처리법

농축한 적조생물을 초음파를 이용하여 세포를 파괴하는 방법으로 1974년 일본 수산청의 위탁사업으로서 민간기관에서 실시했는데, 실내 실험에서

표 5.11 적조생물의 구제방법

방 법	이용원리	응용물질
화학약품살포법	치사, 파괴	황산동, 유기화합물
초음파처리법	파괴	초음파(160~400kHz)
오존처리법	독성, 중화	오존
해면회수 및 침강법	응집, 여과	원심분리무기응집제, 계면활성제
점토살포법	흡착, 치사	활성점토(Montmorillonite)

*Rhodomonas*속, *Prorocentrum*속, *Heterosigma*속 및 *Chattonella*속에 대해 실험하였다. 주파수가 19, 160, 400kHz의 순으로 파괴율이 높고, 조사시간은 2분 정도가 가장 효과적이었다. 초음파처리 후의 응집은 *Chattonella*속과 *Euglena*류가 현저하였으나 그 외의 것은 효과가 보이지 않았다.

(3) 해면회수 및 침강법

적조회수 처리선을 사용해서 선상에서 원심분리기, 응집본조, 혼합조 및 가압부상조로 되는 가압부상분리장치를 갖추어 이 장치로서 발생시킨 기포로써 적조생물을 흡착, 부상시켜 해표면에서 회수하는 방법이다. 이 방법은 1973~1974년 일본 수산청의 위탁사업으로서 민간기관에서 실시하였는데 좋은 효과를 얻지 못해 실용화에는 문제가 있었다. 한편 적조생물의 회수율을 높이기 위하여 응집제를 첨가하면 더욱 효과적인데, 응집제를 사용하여 적조발생을 응집, 침강시켜 회수하는 방법이다. 응집제는 무기물, 계면활성제 및 고분자응집제의 세 가지로 대별한다. 일반적으로 황산알루미늄, 황산 제2철, 염화 제2철, 황산 제1철 등이 사용된다.

(4) 점토흡착법

점토를 해수 중에 살포하면 적조생물을 흡착하여 침강시키고, 또한 점토 중의 알루미늄 이온이 용출되어 적조생물의 세포를 파괴시키는 성질을 이용한 방법이다. 점토에는 주성분에 따라 Kaolinite, Montmorillonite, Muscovite, Quartz 등 여러 가지의 종류가 있으나, 적조구제효능을 가지려면 해수 중에 살포하여 해수의 pH를 5 이하로 떨어뜨려 산성을 나타내고 활성이 크며 이온교환성을 가진 알루미늄을 용출시키는 점토여야 하며, 대체적으로 Montmorillonite계 점토가 이들 조건을 충족시키고 있다.

3.6.2.2 새로운 방제대책

(1) 원격탐사에 의한 조기예보체계 구축

적조를 사전에 방지하기 위한 많은 노력들도 필요하지만, 실제로 적조발생 후의 피해를 최소한으로 막기 위한 조기탐지 및 예보체계 구축이 절실히 요구된다. 따라서 점차 광범위해지고 동시다발적인 적조를 조기 탐지하기 위해서는 인공위성을 이용한 원격탐사기술 개발이 필수적이며, 여기에 해수순환모델을 적용시켜 정밀한 예보체계까지 갖추어야 할 것이다(그림 5.11).

특히 1996년에 미국과 일본에서 SeaWIFS나 OCTS와 같은 해색(ocean color) 원격탐사가 가능한 센서를 지닌 위성을 발사할 예정이라 더욱 조기예보 기술

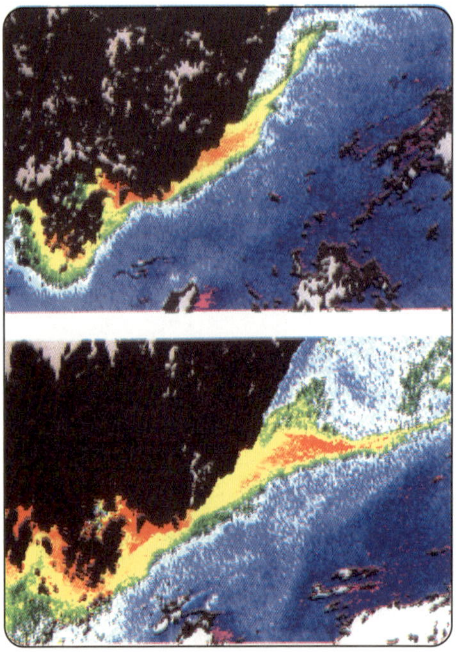

그림 5.11 CZCS에 의한 남해 동부 연안의 식물색소분포

개발이 가능해졌다. 또한 국내에서도 정지위성을 포함하여 7기의 과학위성을 발사할 계획이므로 이와 같은 시스템 개발은 필수적이라 할 수 있다.

(2) 유기 · 생화학적 방법개발

최근 선진국에서 적조발생에 따른 피해를 줄이기 위한 첫번째 방법으로는 불포화지방산 유도체의 개발을 들 수가 있다. 즉 EPA 등이 적조 플랑크톤의 세포벽을 붕괴시킴으로써 증식을 억제하는 방법으로 아직은 경제성, 해수에의 불용성 등의 문제해결이 필요하다. 현재는 Linoleic acid 등의 싼 지방산을 써서 극성작용기의 결합 등의 유기생화학적 반응을 이용해서 실제 응용성을 높이는 방법을 연구하고 있다. 또한 적조원인생물의 Siderophore나 기타 성장촉진 유기물질의 분리, 구조결정 규명을 통하여 성장촉진과정의 차단에 응용하는 연구도 대두되고 있다.

(3) 생물조작법(biomanipulation) 개발

적조현상은 이들이 필요한 영양염류나 주변 환경요인과 같이 적조원인생물들의 번식에 필요한 조건들에 의해 상향조절이 되기도 하고, 천적생물에 의해 하향조절이 되기도 한다. 지금까지는 흔히 오염물질의 유입을 규제하는 등 상향조절을 통해 적조를 방지하려고 노력하였으나, 이제는 시각을 달리하여 천적생물을 이용한 하향조절을 통해 적조를 다스릴 수 있는 방법을 개발할 시점이다. 따라서 동물플랑크톤을 이용하여 적조생물을 억제하거나 제거하는 방법과 세균을 이용한 적조생물의 사멸을 이끌어 내는 방법들의 연구가 필요하다.

3.7 해양에서의 독성물질

패류나 어류 같은 해산물을 섭취함으로써 발생하는 계절적인 식중독현상은 16세기부터 알려져 왔다(Steidinger and Baden, 1984). 그러나 이러한 중독현상을 독성 미세 조류와 관련지은 것은 최근 40여 년에 불과하다. 주로 특정 와편모조류의 적조현상과 관련된 이러한 현상은 이들이 생성한 독성물질이 어패류의 체내에 축적됨으로써 발생하는데, 단시간 내에 어류와 저서생물에 직접적인 영향을 미침은 물론, 먹이사슬을 통하여 인간에게까지 치명적인 손상을 가져온다. 또한 수개월 전의 대발생으로 현재 해수 내 독성 조류의 농도가 높지 않다 할지라도, 그 동안 매개생물의 체내에 축적된 독성물질은 이를 먹이로 하는 생물에게 직접적으로 또는 먹이사슬을 통하여 간접적으로 다른 생물에게 피해를 끼칠 정도의 높은 농도로 남아 있는 경우가 있어 그 문제가 더욱 심각하다. 인간은 주로 독성 조류가 생산한 자연발생의 독성물질에 오염된 해산물을 섭취함으로써 이들 독성에 노출된다.

현존하는 5,000여 종의 식물플랑크톤 중에는 약 40여 종이 유독종인 것으로 알려져 있는데, 주로 와편모조류인 *Alexandrium*, *Gymnodinium*, *Dinophysis*, *Prorocentrum*속의 여러 종들로 구성되며, 약간의 돌말류와 착편모조류가 대부분이다. 하지만 지난 20년 동안 이들 독성 조류의 대발생에 의한 공간상의 피해범위가 점차 확대되고, 관련된 문헌상의 자료수도 증가하는 추세에 있어(Anderson, 1989), 새롭게 밝혀진 유독종의 수는 계속 늘어나고 있으며, 더불어 이들에 대한 연구활동의 중요성도 점차 증가하고 있다.

유독 조류가 생산하여 공중보건상의 문제를 야기하는 대표적인 독성물질들에는 기억상실성 패독(ASP), 시구아테라독(CFP), 설사성 패독(DSP), 신경성 패독(NSP), 마비성 패독(PSP) 등이 있다. 이러한 해양의 생물독은 주로 와편모조류나 착편모조류와 같은 미세 조류의 대발생과 관련되지만, 때로는 박테리아와 다른 생물이 관련되기도 한다. 예를 들어 tetrodotoxin이나 palytoxin은 조류보다는 박테리아에서 기원한 것으로 알려져 있다. 따라서 본 장에서는 이러한 해양 생물독의 전반적인 모습을 살펴보고자 한다.

3.7.1 Hydroxypurine 계열

(1) Saxitoxin과 유도체

인간에게 마비성 패독(PSP)을 일으켜 적조의 독성물질 중 가장 널리 알려져 있는 saxitoxin(STX)과 그 유도체들(gonyautoxins: GTX)은 *Alexandrium tamarense*, *A. catenella*, *Gymnodinium catenatum*, *Pyrodinium bahamense* var. *compressa* 및 *Aphanizomenon flos-aquae* 등에 의해서 생성된다. STX는 주로 먹이사슬을 통하여 홍합, 굴, 대합, 가리비 등과 같이 플랑크톤을 먹이로 하는 여과성 이매패류에 독화되는데, 이들에게는 별다른 영향을 미치지 않지만 고등동물은 매우 민감하게 반응한다. STX는 복어독인 tetrodotoxin에 필적하는 맹독을 가지고 있어 성인 남자의 경우 1mg 정도를 섭취하여도 치사에 이르는 것으로 알려져 있다. 신경세포 내의 Na^+ 이온 유입을 억제하여 고등동물의 신경근육계에 급격한 영향을 미치며, 증상은 손·발끝이 저리거나 운동이 실조되고 심할 경우 전체적인 마비현상이 일어나 24시간 이내에 호흡곤란으로 죽음에 이른다. STX와 GTX는 최근 분석방법이 많이 개선되어 20 이상의 유도체가 밝혀졌는데, 이들은 모두 기본적으로 3중고리의 화합물구조를 보이고 있다.

(2) Tetrodotoxin

복어의 독으로 잘 알려진 tetrodotoxin(TXT)은 가장 위험한 신경독 중의 하나로서 Na^+ channel에 영향을 주어 PSP와 유사한 독성작용을 일으키며, 심장순환계에 대한 피해가 특히 크다. TXT는 어류, 양서류, 연체동물 등 매우 다양한 해양생물에서 발견되고 있으며, 발생해역은 열대와 아열대 해역뿐 아니라 한국, 일본, 베트남, 캘리포니아 연안 등도 포함한다. TXT는 공생박테리아에 의하여 생성되는 것으로 많은 연구자들을 통해 확인되고 있다. 순수배양한 박테리아에 의하여 생산된 독량이 매우 낮은 농도에 불과하고 TEM상에서 관찰되는 박테리아가 거의 없음에도 불구하고, TXT에 대한 박테리아 기원설은 전세계적으로 인정되고 있다.

3.7.2 Polyether

(1) Okadaic acid와 유도체

Okadaic acid(OKA)와 유도체들(dinophysistoxins: DTX-1, DTX-2, DTX-3)은

설사성 패독(DSP)을 일으키는 독성물질로서 1978년 일본 동북부 연안의 *Dinophysis fortii*에 의한 홍합 식중독을 통하여 처음으로 학계에 보고되었다. OKA는 *D. fortii* 외에도 *Dinophysis*속의 많은 종들에 의하여 독이 생산되는 것으로 알려져 있으며, *Prorocentrum lima*와 *Prorocentrum concavum*도 OKA를 생산한다.

OKA에 의한 중독증세는 설사와 구토, 복통 등으로서 주로 위장장애를 일으킨다. 사람의 생명에는 지장을 주지 않고 있으며, 대부분 수일 이내에 회복된다. 하지만 OKA와 DTX-1은 종양을 촉진하는 물질로 밝혀져 그 악영향이 심각한데, 그 반면 종양기작의 많은 부분을 규명하는 데 이용되어 현재 종양연구의 중요한 연구시약으로 인류에 기여하고 있다.

OKA의 또 다른 유도체 중에서 pectenotoxin(PTX)과 yessotoxin은 설사를 일으키지 않는 패독으로 알려져 있는데, 그 중 PTX는 간에 대한 독성이 강하여 단시간에 간세포를 괴사시키는 반면, 인체의 결장암, 폐암, 유방암 등에 대해서는 항암활성을 나타내는 것으로 밝혀졌다. Yessotoxin은 다음에 기술된 brevetoxin과 구조적으로 비슷하나 자세한 독성과 기작은 보고되지 않았다.

(2) Brevetoxin 계열

Brevetoxin(BTX)은 신경성 패독(NSP)을 일으키는 독성물질로서 미국 플로리다와 멕시코만의 연안역에서 발생한 *Gymnodinium breve* 적조에 의하여 발견된 신경독이다. BTX는 탄소고리의 형태와 배열에 의하여 brevetoxin A(BTX-A) 계열, brevetoxin B(BTX-B) 계열, hemibrevetoxin(HemiBTX) 세 가지로 나뉜다. BTX는 주로 어류의 대량 치사를 유발하며 오염된 저서생물을 섭취한 사람에게는 위장장애, 감각기관의 비정상적인 반응, 마비증상 등 마비성 패독과 유사한 증상을 일으킨다. 인간에게는 Na^+ 이온의 신경세포로의 투과를 촉진하여 STX와는 정반대의 작용을 일으킨다. 특징적인 점은 다른 패류독과는 달리 파도나 폭풍으로 인하여 파괴된 세포에서 에어로졸 형태의 독이 공기 중으로 유리되어 사람에게 직접 접촉함으로써 안질이나 호흡기 계통의 질환을 일으키기도 한다는 점이다.

(3) Ciguatoxin

Ciguatoxin은 시구아테라 어류독(CFP)을 일으키는 매우 위험한 신경독으로서 PSP보다 빈도는 낮지만 상당히 치명적인 독성물질이다. 원인생물은 *Gambierdiscus toxicus*, *Ostreopsis lenticularis*, *Ostreopsis siamensis* 등으로 알려져 있다. 인도, 스리랑카, 일본, 하와이, 프랑스령 폴리네시아, 플로리다 남부 해역 등 주로 25°N~25°S 사이의 열대, 아열대 해역에서 풍토병처럼 빈번하게 발생하고 있지만, 최근 영국, 프랑스를 포함한 온대역으로 확산되는 추세에 있다. 주로 해조류 쇄설물을 통하여 전파되며 미국산, 캐나다산 어류를 통하여 확산되는 경우도 있다.

사람은 산호초에 서식하는 초식성 또는 육식성 어류를 섭취함으로써 중독된다. 중독되었을 때 증상은 경련, 구토, 설사 등을 포함한 마비성 패독의 증상과 설사성 패독의 증세를 모두 보여 주며, 심한 경우 호흡곤란으로 사망한다. 회복되는 기간은 수주에서 수년까지 다양하며, 만니톨을 투여하면 그 증상이 경감되는 것으로 알려져 있다. Ciguatoxin은 BTX와 마찬가지로 신경세포 내의 Na^+ 이온의 유입을 촉진하는 작용을 한다.

3.7.3 아미노산: domoic acid 계열

아미노산의 일종인 domoic acid(DA)는 기억상실성 패독(ASP)을 일으키는 독성물질이다. 원인생물은 돌말류인 *Pseudonitzschia multiseries*, *P. australis*, *P. pseudodelicatissima* 등이 알려져 있으며, 돌말 적조에 의하여 생성되는 유일한 독물질이다. 1987년 가을 캐나다의 Prince Edward 섬에서는 DA로 독화된 홍합을 섭취하여 4명이 사망하고 100여 명이 위내장중독과 신경중독을 일으킨 적이 있으며, 1991년 미국의 Monterey 만에서는 펠리칸이 DA에 중독된 멸치류를 섭취하여 대량으로 죽은 사건이 발생하기도 하였다. DA는 미국의 캘리포니아에서 워싱턴에 이르는 넓은 해역에 걸쳐 폭넓게 분포하는 것으로 밝혀졌다. ASP에 중독되면 독화된 패류를 섭취한 후 24시간 이내에 설사와 구토를 동반한 위장장애를 일으키고, 증세가 심한 경우에는 48시간 이내에 어지럼증, 두통, 단시간의 기억상실, 호흡곤란 등 신경계통의 장애를 일으킨다. DA는 뇌의 glutamate receptor에 결합하여 이를 손상시킴으로써 뇌의 해마조직에 심각한 해를 미친다. 매개생물은 주로 담치류인 *Mytilus edulis*이다.

ASP 독은 DA 외에도 isodomoic acid A, B, C, D, E, F 등이 있으나, isodomoic acid A, B, C는 *Pseudonitzschia* spp.와 패류에서는 발견되지 않고 있으며, isodomoic acid D, E, F의 경우에는 매우 낮은 농도로 존재한다. DA는 원인생물의 지수성장이 끝나고 안정기에 접어들었을 때 또는 인산염이나 규산염이 결핍될 때 많이 생성되는 것으로 알려져 있다.

3.7.4 Galactopyranosyl 계열

(1) Ichthyotoxin

구조적으로 hemolysin과 관련되고 주로 galactopyramosyl에서 유도되는 ichthyotoxin은 일반적으로 외부환경으로 분비되는 특성을 가지며, 물고기의 아가미에 출혈과 부종을 일으킨다. 북유럽 연안역에서 연어, 송어, 자치어, 굴의 유생, 어린 가리비 등을 죽이고 일본에서 양식장을 황폐화시키는 원인의 하나이며, *Gyrodinium aureolum*, *Gymnodinium mikimotoi*, *Amphidinium carterae* 등이 원인생물로 알려져 있다. *A. carterae*는 태평양의 열대 해역에서 시구아테라와 함께 나타나는 경향이 있다.

(2) Prymnesin

Prymnesin은 체세포 독성과 용혈성 독성작용을 일으키는 외부유출 독성물질로서 어류에 심각한 피해를 준다. 원인생물은 *Prymnesium parvum*과 *Chrysochromulina polylepis* 등으로서 *C. polylepis*의 경우에는 노르웨이, 스웨덴, 덴마크 등 북유럽의 연안역에서 대규모 적조를 형성하여 양식 어류에 막대한 피해를 끼쳤다.

3.7.5 Single-structure fatty acid

Palytoxin은 tetrodotoxin과 마찬가지로 심장, 내장, 호흡기, 신장 등에 작용하는 매우 위험한 신경독으로서 박테리아에서 기원한 것으로 밝혀졌다. Palytoxin은 강장동물인 *Palythoa toxica*와 *Palythoa tuberculosa*에서 분리하였으며, 하와이에 국한되어 발견된다.

3.7.6 구조 미상의 독성물질

Venerupin은 1942년 일본 하나마 호수에서 114명의 죽음을 일으킨 *Prorocentrum minimum* 적조에서 분리한 독성물질이다. 이때 매개생물은 이 독성물질 이름의 기원이 된 이매패류 *Venerupis semidecussata*였다. Venerupin 독성은 DSP나 PSP와 달리 주로 간에 국한되어 나타났다. *Gymnodinium veneifcum*은 실험실 환경에서 다양한 해양생물을 죽게 하는 신경독을 만들어 낸다. 이 와편모조류는 English Channel에서 발견되는데, 아직 현장에서의 독성에 대한 자료는 없다. *Chatonella subsalsa*는 지중해 연안에서 ichthyotoxin을 수중으로 분비하여 어류양식에 치명적인 영향을 미치고 있으며, 일본의 연안역에서는 1969년 이래로 *Chatonella antiqua*와 *Chatonella marina*가 적조를 일으켜 방어양식에 극심한 피해를 끼치고 있다.

4. 배양과 이용

실용적인 측면에서 식물플랑크톤은 자연채취 또는 인공배양의 형식으로 오래 전부터 인류가 이용해 왔다(Farrar, 1966; Léonard, 1966). 주로 식물플랑크톤의 방제와 굴 유생의 먹이가 되는 식물플랑크톤의 소규모 배양(Bruce *et al.*, 1939) 등에 관한 연구를 1950년대 이전부터 시작하였으며, 2차 세계대전 이후 이들을 '미래의 식량'으로서(Burlew, 1953) 연구하게 되었다. 이들 세포체(그 자체가 작은 유기물 덩이임)를 사료나 비료(De, 1939)로 사용하거나, 이들로부터 액체 및 기체 연료(Gaffron and Rubin, 1942; Golueke *et al.*, 1957)를 생산하려는 연구도 있었다. 이 가운데 식량이나 기체 연료를 위한 연구는 '태양 에너지 이용'(Tamiya, 1956)이라는 입장에서 추진하였다. 이와 함께 유기물 폐수의 처리에 식물플랑크톤을 이용하기 위한 연구도 이 시기에 시작하였다(Oswald *et al.*, 1953).

1970년대에 들어서면서 이들 세포체의 대량 생산방식보다는 소규모 배양을(Broneske *et al.*, 1995) 통한 세포대사 특성물질의 이용가치와 이들 물질의 생산·가능성에 관한 연구를 많이 하게 되었다. 즉, 이들의 대사 특성물질 가운데 건강식품, 식품첨가제, 항암물질, 독성물질, 사료첨가 성분, 의료용 시약, 각종 약제 등으로 응용할 수 있는 성분을 추출하고, 이들의 성능, 분자구조, 생산 가능성 등을 연구하게 되었다(Yamaguchi, 1997). 더 나아가 지금은 이러한 특정 물질의 세포 내 함량 및 생산율을 증가시키거나 특정 물질의 생산을 유도하기 위해 여러 가지 환경변조실험과 유전자조작기법(Vachhani and Vonshak, 1997) 및 인공적인 세균/식물플랑크톤/원생동물 공생체계(Sode *et al.*, 1997) 등을 응용하고 있는 단계에 있다.

4.1 1970년 이전에 시작된 식물플랑크톤의 실용적 이용연구

4.1.1 굴 유생의 양식을 위한 식물플랑크톤의 배양

직경 1.5~7.0μm 정도의 미세 편모조류(nano-phytoflagellates) 6종을 순수분리하여 배양한 후, 이들을 굴 유생의 먹이로 이용하는 실험에서 Bruce *et al.* (1939)은 6종 가운데 2종(후에 *Isochrysis galbana* 및 *Pyramnmonas grosii*으로 밝혀짐)이 영양학적으로 아주 우수하다고 하였다. 이 실험 이후 많은 연구결과가 발표되었으며, Korringa(1952)는 이들을 정리하였다. 위의 두 종 이외에 *Chlorella*, *Chlorococcum*, *Cryptomonas*, *Chromulina*, *Cyclotella*, *Dicrateria*, *Dunaliella*, *Hemiselmis*, *Monochrysis*, *Platymonas*, *Phaeodactylum* 등의 속도 연구하였다. 미국에서도 1960년대 중반에 굴의 생산이 1910년대에 비해 약 1/100 수준으로 급락하자, 이 분야에 대한 본격적인 연구를 시작하였다. 최근에도 꾸준히 계속되고 있는 이러한 연구에서는, 양식대상 생물의 종류도 다양해져 이매패류, 어류, 새우류, 동물플랑크톤 등이 포함된다. 이 중 동물플랑크톤(rotifer, copepod, cladoceran 등)은 다시 다른 양식생물의 먹이가 된다. 1980년대에 들어서는 이미 이러한 식물플랑크톤들의 대량 생산기술과 생산단가에 관한 실질적인 연구를 하고 있다.

4.1.2 식물플랑크톤 단백질

식품이나 가금의 사료로서 연구해 온 식물플랑크톤의 단백질 함량은 대부분 건중량으로 40~70%에 이르고 있다(Becker, 1988). 식물플랑크톤을 식품으로 이용한 기록을 보면, 1512년 훨씬 이전부터 Tenochtitlán(지금의 멕시코시티) 원주민들이 tecuitlatl이라고 부르던 남세균 건조품 과자(Farrar, 1966)와 아프리카 Chad 원주민들의 *Spirulina platensis* 건조품 과자(Léonard, 1966) 등의 예가 있어, 이미 오래 전부터 인류가 이를 이용해 왔음을 알 수 있다. 2차 세계대전 중 Harder and von Witsch(1942)는 규조로부터 베타-카로틴과 식물성 기름을 얻을 수 있다고 제안하였다. 대전 후에는 미래의 식량난에 대비하기 위하여, 미국 카네기 연구소의 후원으로 미국, 독일 및 일본에서 *Chlorella*의 대량 배양에 관한 연구를 추진하였다(Burlew, 1953). 그러나 상업적인 대량 생산단계까지 이르지도 못하였을 뿐 아니라, 식품으로서의 안전성 및 경제성이 적절치 못하여 잠시 연구를 소홀히 하게 되었다(Burlew, 1953). 반면에 일본에서는 *Chlorella* 대량 배양시의 문제점을 적절히 해결하여 1965년경에는 이미 시장성 있는 대량 생산단계에 진입하였으며, 1977년에는 *Spirulina*의 생산도 시작하였다. 대조적으로 한국에는 1977년에 단 하나의 *Chlorella* 생산공장이 있었다. *Spirulina*는 단백질 함량이 건중량의 70%에 이르며, 최적환경조건이 고온, 고염, 고알칼리 등의 예외적인 상태이므로 다른 경쟁자를 배제할 수 있고, 세포벽도 소화가 잘되는 장점이 있다. 이미 1960년에 식용 가능성이 거론되었으며, *Spirulina*의 대량 생산을 위한 기초연구도 활발하다. 멕시코는 천연환경이 특별히 유리하여 세계 최대의 *Spirulina* 생산국이 되었다.

식물플랑크톤 이외에도 박테리아, 효모, 원생동물에 이르는 광범한 종류 가운데 소위 식품 '단세포 단백질(single cell protein: SCP)'로 이용할 수 있는 단세포 생물들을 대량 생산하기 위한 연구를 1차 세계대전 중에 독일에서 시작하였다. 2차 세계대전 중에 독일에서는 연간 16,000톤의 Torula(wood sugar yeast)를 음식물에 첨가하여 식품으로 공급하였다(Bressani, 1968). 그 후 박테리아 가운데 대장균(*Escherichia coli*)은 어린 쥐 및 병아리의 사육실험에서 훌륭한 단백질 보충제로 확인되었고(Roberts, 1953), 1963년에 탄화수소(석유)를 이용하는 박테리아 *Pseudomonas*의 세포 단백질을 식용으로 생산하기 위한 기초연구논문이 발표되자(Takahashi *et al.*, 1963) 이 분야에 대해 여러 나라에서 연구력을 집중해 왔고, 그 첫번째 회의가 1967년 미국 MIT에서 있었다(Mateles and Tannenbaum, 1968).

4.1.3 유기물 폐수의 처리

유기물 폐수의 처리와 동시에 동물사료의 생산을 목표로 하는 HRAP(high-rate algal pond) 시스템은 본래 캘리포니아 대학교의 Oswald 연구팀이 착안한 것이다(Oswald *et al.*, 1953). 이는 식물플랑크톤의 성장에 필요한 영양성분이 풍부한 유기물 폐수를 담수 또는 해수와 섞어 만든 배양수에서 식물플랑크톤을 고속배양하는 장치이다. 이로써 수중의 산소농도는 높아지고 영양염농도(N, P 등)는 아주 낮아지게 되며(폐수처리), 동시에 '미소 생물덩이'가 부산물로 생긴다. 그 이후 대상 폐수의 종류도 다양해져, 생활하수(Ryther *et al.*, 1975)와 도시 하수에까지 이르고 있다. Ryther *et al.*(1975)은 다단계 배양기법을 연구하였다. 즉, 식물플랑크톤 연못에서 성장한 세포체를 패류 양식장으로 보내 먹이로 활용하고(패류 양식장에는 다모류나 새우류 등을 함께 자라게 하여 처리수의 완벽성을 추구하였음), 패류 양식장의 배출수를 대형 조류(*Chondrus*, *Ulva* 등) 배양장으로 보내어 수중의 질소영양염농도를 평균연안해수 중의 농도와 대차 없이 처리하였다.

4.1.4 남세균(cyanobacteria) — 생물비료

논에서의 질소고정자로서 남세균을 '생물비료'로 이용하려는 착상은 인도의 De(1939)에서 비롯되어 Watanabe *et al.*(1959), Venkataraman(1981) 등 아시아의 학자들을 중심으로 연구되고 있으며, 필리핀에는 IRRI(International Rice Research Institute)가 있어 이에 관한 구심점으로 알려져 있다. 또한 이용되는 남세균의 종류도 독자적으로 질소고정을 할 수 있는 단세포체로부터 다세포 남세균 및 남세균 공생 양치류인 *Azolla*(Moore, 1969)에 이르기까지 다양하다.

4.1.5 우주탐사와 식물플랑크톤

식물플랑크톤 성장시 발생하는 산소 기체를 우주선이나 우주정거장에서 인간의 호흡을 위해 이용하려는 연구를 1960년대에 미국과 소련에서 시작하였다. 미국에서는 1970년에 이러한 용도로 algatron이라는 생물반응기(bioreactor)를 개발하였고(Shelef *et al.*, 1970), 소련에서는 우주선 내에서 인간의 배설물을 식물플랑크톤이 이용하고, 거기서 자란 *Chlorella*를 인간이 다시 먹는 폐쇄순환적 생물반응장치를 연구하였다(Soeder, 1986).

4.2 1970년 이후에 시작된 식물플랑크톤의 실용적 이용연구

식물플랑크톤의 실용적 연구분야에서 1970년 이후에는 세포체를 직접 이용하려는 분야의 연구 이외에, 세포대사 특성물질 중 유용한 성분을 추출, 분석, 생산하려는 새로운 연구가 빠른 속도로 발전해 나가고 있다. 이런 분야의 연구는 식물플랑크톤의 세포체를 대량 생산하는 방식보다 단위배양시설당 경제성이 훨씬 높기 때문에 실내 배양으로서도 상업성을 유지할 수 있다는 장점이 있다. 동시에 유기화학적 합성에 의존하던 일부 물질을 생물체를 통하여 얻음으로써, 생산된 천연물을 인간에게 적용할 경우 위험성이 상대적으로 감소한다는 이점이 있다.

4.2.1 비타민

식물플랑크톤은 일반 식물과 마찬가지로 비타민을 요구하기도 하고 (Provasoli and Carlucci, 1794) 스스로 만들어 내기도 한다. 이렇게 만들어진 비타민 가운데 경제성이 있는 종류는 비타민 B_{12}와 비타민 E(tocopherol) 및 비타민 C 등이다. 현생 식물플랑크톤은 총 24,000여 종에 달하며, 이 가운데 약 500여 종이 미세조류은행에 보관되어 있으나, 겨우 60여 종에서만 비타민의 함량이나 비타민 배출여부가 보고되었다. 이는 비타민 생산에 관련된 식물플랑크톤의 기초연구가 아직도 시작단계에 있음을 의미한다. 그리고 종에 따라 비타민 함량에 큰 차이가 있어, 앞으로 새로운 유망종을 선별해 내는 연구도 가치가 있다. 한 예로 *Spirulina*에는 다른 녹조류에 비해 비타민 B_{12}의 함량이 10배 정도나 높다.

4.2.2 베타-카로틴

식품 착색제, 어류(Schiedt *et al.*, 1985) 및 닭의 먹이 중 천연색 강화용 사료 첨가물, 사육우의 건강 및 생식률 증진제, 항암제(Suda *et al.*, 1986) 등으로 응용할 수 있는 베타-카로틴(β-carotene)은 모든 종류의 식물플랑크톤에 존재하는 보조색소의 하나이다. 특별히 녹조류 중 *Dunaliella*는 배양환경조건이 적절하면 매우 높은 β-carotene의 함량을 보인다. 현재 상업적으로 *Dunaliella*를 배양하는 회사가 호주, 미국 및 이스라엘 등에 5개 이상 있으며, 이미 베타-카로틴 제품을 판매하고 있다(Vonshak, 1997). 유전자조작기법을 포함한 *Dunaliella salina*의 카로티노이드 함량에 관한 기초연구는 아직도 계속되고 있으며, 이와 함께 새로운 특허가 계속 발표되고 있다.

4.2.3 Phycofluor

남세균 및 홍조류의 빛 에너지 흡수보체인 피코빌리솜(phycobilisome)을 구성하는 기본단위가 되는 빌로단백질(phycobiliprotein)은 수용성이며 남색 또는 붉은 색을 띤다. 이 빌로단백질은 해당 apoprotein과 보결분자단(prosthetic group)인 피코빌린(phycobilin) 색소로 되어 있다. 세 종류의 phycobilin(phycocyanobilin, phycoerythrobilin 및 phycourobilin)과 두 종류의 apoprotein(α, β)이 조합을 이루어 결정되는 phycobiliprotein에는 각기 광흡수 및 형광특성이 뚜렷하고 독특한 네 종류가 있다(Lee, 1989). 이들 phycobiliprotein을 특별한 생물활성 분자와 결합할 수 있는 단백질 분자와 결합시킨 합성체를 phycofluor라고 하며(Glazer and Stryer, 1984), 결합된 생물활성 분자가 항체일 경우 여러 가지 면역학적 응용분야에 이용될 수 있다. 또한 phycofluor의 광학적 특성이 보통 쓰이고 있는 fluorescin에 비해 10배 정도 더 우수하고, 네 종류의 빌로단백질을 한 파장의 입사광으로써 각각 추적할 수 있기 때문에(Waterbury *et al.*, 1989) 3색 내지 4색의 세포 분급이 가능하다. 이러한 용도로 판매되는 빌로단백질은 그 가격이 kg당 10,000달러 이상이다(Benemann *et al.*, 1987). 대상 식물플랑크톤은 남세균 *Spirulina*, *Synechococcus*, 홍조류 *Porphyridium cruentum* 등이다.

4.2.4 약제 생산 및 생물활성물질

아직 본격적인 상품생산단계에 있지는 않으나 현재 많은 기초연구를 진행하고 있는 분야 중의 하나로서, 식물플랑크톤 세포체나 배양액 추출물을 응용하는 연구를 들 수 있다. 항박테리아, 항곰팡이, 항종양, 신경계통 조절, 혈압조절, 적혈구 분해 등의 능력에 대한 평가와 원인물질의 분석에 관한 연구 등이 그 예이다. 영양강화 지방산인 DHA(dicosahexaenoic acid)는 다양한 식품의 고가 첨가물질로서 이용되는데, 이미 여러 종류의 식물플랑크톤으로부터 DHA가 생산되고 있으며, 최근에는 해양 식물플랑크톤인 *Crypthecodinium*류에서 높은 함량이 보고되어 이에 대한 관심이 고조되었다(Borowitzka, 1995). 사람의 필수지방산이며 C_{20} 화합물(프로스타글란딘 등)의 천연 전구물질인 아라키돈산(arachidonic acid)은 대개 동물조직(간, 부신)으로부터 생산해 왔으나, 홍조류인 *Porphyridium cruentum*의 arachidonic acid 함량이 매우 높음을 알게 된 이후 프로스타글란딘(prostaglandin) 생산체계의 일부로서 *Porphyridium cruentum*의 배양을 응용할 수 있게 되었다(Arad, 1986). 식물플랑크톤 세포체의 추출물 속에 발효미생물, 식물조직 및 세포, 동물세포 등의 성장을 촉진하는 성분이 들어 있어 이에 대한 연구의 결실이 특허로 다수 발표되었다. 전복 및 패류의 유생의 변태 및 정착유도물질인 GABA(γ-aminobutyric acid) 유사체가 홍조류에 속하는 대형 조류로부터 추출되었는데, 식물플랑크톤인 *Porphyridium cruentum* 역시 같은 물질을 생산하는 것으로 밝혀져 연구의 대상이 된다. 독성을 갖는 와편모류의 독소를 정제할 경우 의료

분야에 응용할 수 있음을 알게 된 후(Kao, 1966), 이에 대한 연구는 공중위생(Suzuki *et al.*, 1997), 독극물 대비전술 및 의료분야에까지 확장되어 많은 연구결과가 보고되었다.

4.2.5 연료생산

식물플랑크톤으로부터 연료(기체 및 액체)를 생산하는 방법에는 크게 보아 두 가지가 있다. 첫번째 방법은 그 자체가 유기물 덩이인 식물플랑크톤을 혐기분해(anaerobic digestion)시켜 그로부터 메탄이나 탄화수소 등을 얻는 것이다. 두 번째 방법은 식물플랑크톤의 종류와 배양환경에 따른 대사 특성물질 가운데 연료의 전구물질(예: 글리세롤, 탄수화물, 탄화수소, 수소가스 등)을 직접 생산하는 것이다. 이 분야는 일회용 화석연료를 대치할 재생산 생물연료로서 많은 연구의 대상이 된다. 특히 수소가스 생산연구는 생산수단이 단순하다는 점 이외에 연료사용시 무공해라는 점, 수소생산과 동시에 식물플랑크톤 세포물질이 부산물로 생긴다는 장점이 있다(Mitsui and Kumazawa, 1977). 수소가스 생산에 있어 세포부동화기술(cell immobilization technique)을 이용하여 생산성을 크게 높인 예도 보고되었고, 폐수처리와 동시에 수소를 생산하려는 연구도 진행중이다(Mitsui, 1987).

4.2.6 CO_2 저감대책

인류의 활동이 증가함에 따라 불가피하게 대기 중으로 배출되는 화석연료 기원의 이산화탄소의 총량이 증가하면서, 장기적으로는 전 지구적인 문제를 걱정하게 되었다. 이와 같은 대기 중 이산화탄소 농도의 증가추세를 완화시키는 두 가지 방안으로 배출량 자체를 감축시키기 위한 노력과 CO_2 싱크(sink)를 늘리는 방법을 들 수 있다. 해양 식물플랑크톤이 광합성작용을 통해 이산화탄소를 유기물로 고정함으로써 일시적인 CO_2 싱크가 될 수 있으며, 이 경우 다른 대형 식물에 비해 CO_2 대사능력이 뛰어나다는 연구결과가 발표되었다(Espie *et al.*, 1991). 아직 경제적인 실용화 단계에 이르지는 못하였으나, 구미 선진국과 일본에서는(Kurano *et al.*, 1995) 활발한 기초연구가 이루어지고 있으며, 우리나라에서도 이 분야의 연구가 시작되었다(통상산업부, 1996).

4.2.7 식용유 생산

Thorpe and Retledge(1972)는 식용 단세포 단백질(single cell protein: SCP)과 비교되는 말로서 식용 지방(single cell oil: SCO)이라는 용어를 처음 사용하였다. 그 이후 효모의 배양으로 지방을 얻으려는 분야는 이미 상업생산단계에 이르렀으며, 그 외에도 식물조직, 식물세포 및 식물플랑크톤을 이용하려는 연구도 주목의 대상이 되었다. 녹조류에 속하는 *Botryococcus*(Largeau *et al.*, 1988), *Dunaliella*(Casadeval *et al.*, 1985) 및 홍조류의 *Porphyridium cruentum* 이외에도 쪽배꼴 돌말류 중 몇 종(Chelf, 1990)에 대한 연구를 수행하게 되었으며, 기대되는 분야로 평가를 받고 있다.

4.2.8 기타

식물플랑크톤의 빌로단백질 및 보조색소체를 추출하여 각종 천연 착색제(사육생물, 식품) 및 화장품으로 응용하고 있으며, 대상이 되는 식물플랑크톤의 종류는 남세균 *Spirulina*, *Synechococcus* 및 녹조류 *Haematococcus* 등이다. 대형 조류로부터 추출해 오던 콜로이드(colloids)의 새로운 공급원으로서 식물플랑크톤인 *Porphyridium cruentum*, *Rhodella*, *Rissoella*, *Dunaliella*, *Isochrysis galbana* 등을 연구함으로써, 천연자원의 채취에 의존해 오던 생산방식을 탈피할 수 있는 가능성을 찾게 되었다. 특정 식물플랑크톤의 세포구성물질 및 배양액 중에는 응집제 및 흡착제로 이용할 수 있는 것들이 있어, 이들을 생물기원 응집제 및 흡착제로 개발할 수 있게 되었다(Lion Corp., 1989). 학술연구 및 의료분야에 활용할 수 있는 유기물질로서 특별한 종류의 방사성 동위원소(^{14}C, ^{13}C, ^{15}N 등)로 분자 내의 일정한 부분을 표지시킨 유기분자를 생산하기 위해, 배양액 중에 무기물형태로 해당 방사성 동위원소를 첨가해 주는 대형 조류배양방법은 이미 개발되었다. 이 방법을 식물플랑크톤에 응용하여 단가가 매우 높은 순물질을 생산할 수 있게 되었다(Delente, 1987).

4.3 우리나라에서의 식물플랑크톤의 실용적 이용연구

우리나라에서 식물플랑크톤을 실용적인 분야에 응용하기 위하여 실시한 최초의 연구사례는 수산분야에서 먹이생물로서의 식물플랑크톤에 관한 연구일 것으로 여겨진다(Yoo, 1960). 식품업계에서 클로렐라(*Chlorella*)를 식품첨가물로 응용하고 있으나 아직 시도단계에 불과하다. 폐수처리에 관한 연구 가운데 식물플랑크톤을 포함한 미소생물을 응용하는 생물학적 유동층에 관한 논문이 수편 발표되었으며, 식물플랑크톤의 세포구성물질 가운데 특정 성분을 분리하여 연구한 사례가 있다. 해양환경문제와 관련되어 적조를 일으키는 식물플랑크톤의 천적생물을 이용해 적조문제를 해결하기 위한 연구(Jeong *et al.*, 1997)와 해양 남세균을 이용하여 석탄연소로 발생한 이산화탄소를 유용한 세포물질로 전환하고자 하는 연구가 시작되었으나(통상산업부, 1996), 아직도 체계적이고 본격적인 식물플랑크톤 실용연구의 단계에 이르지는 못하였다. 따라서 대부분의 식물플랑크톤 제품 및 응용상품은 외국으로부터 수입하는 실정에 있으며, 이 분야에 큰 발전이 없는 한 앞으로 그 수입품목의 수와 총가격은 급격히 증가할 뿐 아니라 영구적으로 대외의존상태를 면치 못하게 될 것이다. 다행히 최근에 각종 식물플랑크톤의 다양한 표본배양(strain culture)을 채집, 유지, 공급하는 역할을 맡는 미세조류은행(culture collection center; Hunter-Cevera and Belt, 1996)이 국내에서도 설립·운영되기 시작하여, 이 분야 연구에 큰 도움을 주게 되었다. 이로부터 식물플랑크톤의 기초과학적 연구(조류학, 생물해양학, 환경학, 세포학 등)를 위한 재료의 공급뿐 아니라(Miyashita *et al.*, 1996), 식물플랑크톤 실용연구에 관한 필수 재료 및 자료의 공급이 가능하게 되어, 이 분야의 빠른 발전을 뒷받침할 수 있을 것이다.

5. 온배수의 영향

수서환경으로의 인위적인 열량의 부하는 생태계를 변화시킬 수 있는 중요한 외부 스트레스가 된다. 연안에 건설된 화력 및 원자력발전소 등은 냉각기(condenser)를 통과한 온배수를 수중환경으로 유출시키게 되는데, 이 현상을 긍정적 측면에서는 열 강화(thermal enrichment), 중립적 측면으로는 열 분산(thermal dispersion)이라 칭할 수 있으나, 생태계 평형의 파괴를 우려하는 측면에서는 열 오염(thermal pollution)이라 한다(Moore, 1958). 온배수의 열량은 배출수역 주변에 저장되어 수온상승을 수반하는 부분, 해류나 조류를 통해 외해로 빠져 나가는 부분 및 해면을 통해 대기로 방출되는 부분으로 대별할 수

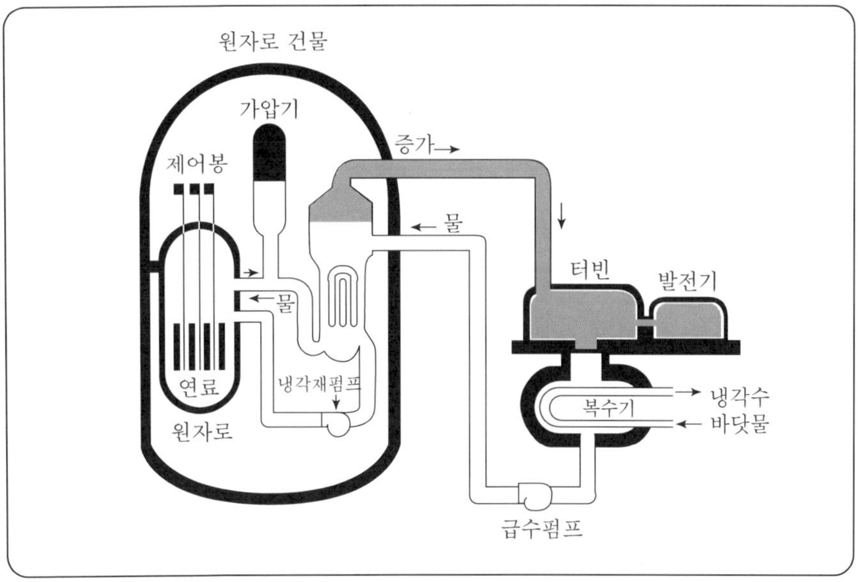

그림 5.12 일반적인 원자력발전소의 구조

있으며, 열 오염측면에서는 확산되어 가는 열량보다 계속적인 수온상승이 일어나는 수역에 관심이 집중된다. 원자력발전소의 경우 냉각수의 배출경로는 그림 5.12에서 볼 수 있는 바와 같이 복수기를 통과한 후 외부로 유출된다. 발전소 냉각계통을 통과한 냉각수는 필연적으로 온도가 상승되어 환경에 방출되는데, 특히 원자력발전은 냉각기와 아울러 반응로의 온도조절을 위해 많은 양의 물을 필요로 하며, 열효율은 33% 정도로 화력발전보다 낮아 (Glasstone and Jordan, 1980) 주로 해안에 건설되곤 한다. 따라서 이러한 열 에너지의 연속적인 첨가는 주변해역에 서식하는 각종 생물의 종조성, 군집구조 및 생산량의 변화를 야기한다. 많은 수생생물들은 그들의 온도내성범위 중 최적온도의 상한에 가까운 환경에서 서식하는 경향이 있는데, 이러한 수온에서 그들 체내의 화학 및 생화학적 제반 반응이 가장 효율적으로 일어나기 때문이다. 따라서 수온은 조금만 증가하여도 어류 및 플랑크톤들이 죽는 현상이 나타나고, 종의 조성에 뚜렷한 변화가 생길 수 있다. 비록 치사되지는 않는다 하더라도 수온의 상승은 각종 생물의 배우체 생성시기 및 성장시기의 변화 또는 휴지기의 출현 등을 초래하기도 한다.

해수를 냉각수로 이용하는 발전소의 가동에 따른 해양생물상의 피해는 크게 냉각수의 취수 구조물에 충돌하여 입는 대형 생물의 치사 및 냉각계통을 통과하는 미소생물의 치사와 주변 수온상승 수역의 생물상 변화양상 등을 들 수 있다(Barnett, 1972; Laws, 1981). 그 중 냉각계통 연행에 따른 플랑크톤 군집은 크게 세 가지의 과정, 즉 수온상승과 냉각계통 내 부착생물 제거를 위한 염소 등의 화학물질 투여 및 기계적 충격에 의해 치사를 일으킨다.

일본 타카하마(Kakahama) 원자력발전소에서 연구한 결과는 엽록소량 및 ATP가 냉각계통을 통과한 후 수온상승 등의 요인에 의해 확실한 감소를 보였고, 동물플랑크톤인 요각류는 무려 71~81%가 치사하는 것으로 보고하였다(Anraku and Kozasa, 1979). 일반적으로 동물플랑크톤은 식물플랑크톤에 비해 오히려 냉각계통에 따른 치사율이 더 크며, 식물플랑크톤 중에는 돌말류가 와편모류 군집의 서식을 방지하기 위한 염소 등의 화학물질 첨가에 의한 영향으로 일차 생산을 심각한 수준으로 감소시킬 수 있고, 이에 따라 미국 환경청(Environmental Protection Agency: EPA)은 발전소 배수구의 잔류염소가 0.2~0.5ppm 수준이 될 것을 추천하였다(Rice, 1980). 냉각계통 통과에 따른 플랑크톤 군집의 또 다른 피해로 기계적 충격에 의한 영향을 들 수 있는데, 요각류와 같은 동물플랑크톤이 상당한 영향을 받는 것으로 알려져 있다. 그러나 돌말류 등의 식물플랑크톤에 있어서는 냉각계통 통과시 기계적 충격에 의한 피해는 수온상승에 따른 영향요인에 비하면 그다지 크지 않은 것으로 요약된다. 우리나라의 고리 및 영광 원전에서 조사된 바에 의하면, 냉각계통을 통과하면서 식물플랑크톤은 생물량의 약 30~50% 정도가 치사되며(심과 여, 1992; 한전, 1994), 동물플랑크톤의 경우도 22~60% 정도가 치사하는 것으로 보고되었다. 그리고 이러한 치사율은 계절변화를 보이며, 일반적으로 기존 수온이 높은 하절기에 높은 치사율을 나타내는 공통적인 특징을 가지고 있다.

온배수 유출로 인한 주변수의 수온상승이 플랑크톤 군집에 주는 영향은 세계 여러 수역에서 광범위하게 연구되어 왔고, 그 일반적인 결과는 동일한 환경에서 같은 폭의 수온상승이 있을지라도 계절에 따라 플랑크톤 군집의 생물량과 생산력이 다를 수 있다는 것이다. 즉 여러 연구결과를 종합하면 동·식물플랑크톤 및 종속영양의 수생 미생물 군집은 온배수 영향권 내의 수괴에서 생물량 및 생산력이 불규칙한 시·공간적 변화를 보이고, 따라서 그 양상을 정형화시키기에는 현재로서는 무리가 있다. 그러나 전반적인 견해를 종합하면 저온의 해수에 온배수의 유입은 생물량 및 생산량에 긍정적 기여를 하는 것으로 보이며, 반대로 생물활성 임계수온 이상의 열 에너지 첨가는 생물대사를 저해하는 것으로 요약된다. 따라서 여름철의 경우 온배수 확산 수역에서는 그 피해정도가 커질 수 있다.

1996년 현재 우리나라는 경남 고리와 경북 월성, 울진 및 전남 영광에 총 11기의 원자력발전소가 상업가동중이며, 2000년까지는 표 5.12에서 볼 수 있는 바와 같이 총 16기의 원자력발전소를 가동할 계획에 있다. 따라서 기타의 수자원을 끼고 건설된 소규모의 화력발전소로부터 배출되는 온배수문제들도 연구 및 환경영향평가에서 논의되어야 하겠지만, 다량의 온배수를 배출하는 원전 주변해역의 온배수문제는 장기적인 생태학적 관측이 필요하다.

그림 5.13은 동물플랑크톤 연행에 대한 연구에서 얻은 자료를 요약하여 온배수영향의 지표를 동물플랑크톤의 평균비율 감소로 나타낸 것이다. 대부분

표 5.12 우리나라 원자력발전소 현황

호 기	위 치	용량(만 kW)	착 공	준 공
고리 원자력 1	부산시 기장	58.8	1971. 11	1978. 4
고리 원자력 2	부산시 기장	65	1977. 3	1983. 7
고리 원자력 3	부산시 기장	95	1979. 4	1985. 9
고리 원자력 4	부산시 기장	95	1979. 4	1986. 4
고리 원자력 5	부산시 기장			
고리 원자력 6	부산시 기장			
월성 원자력 1	경북 경주	67.9	1977. 5	1983. 4
월성 원자력 2	경북 경주	70	1991. 10	1997. 6
월성 원자력 3	경북 경주	70	1992. 7	1998. 6
월성 원자력 4	경북 경주	70	1992. 7	1999. 6
영광 원자력 1	전남 영광	95	1980. 12	1986. 8
영광 원자력 2	전남 영광	95	1980. 12	1987. 6
영광 원자력 3	전남 영광	100	1989. 6	1995. 3
영광 원자력 4	전남 영광	100	1989. 6	1996. 1
영광 원자력 5	전남 영광	100	1997. 6	2002. 5
영광 원자력 6	전남 영광	100	1997. 6	2003. ?
울진 원자력 1	경북 울진	95	1982. 3	1988. 9
울진 원자력 2	경북 울진	95	1982. 3	1989. 9
울진 원자력 3	경북 울진	100	1992. 5	1998. 8
울진 원자력 4	경북 울진	100	1992. 5	1999. 6

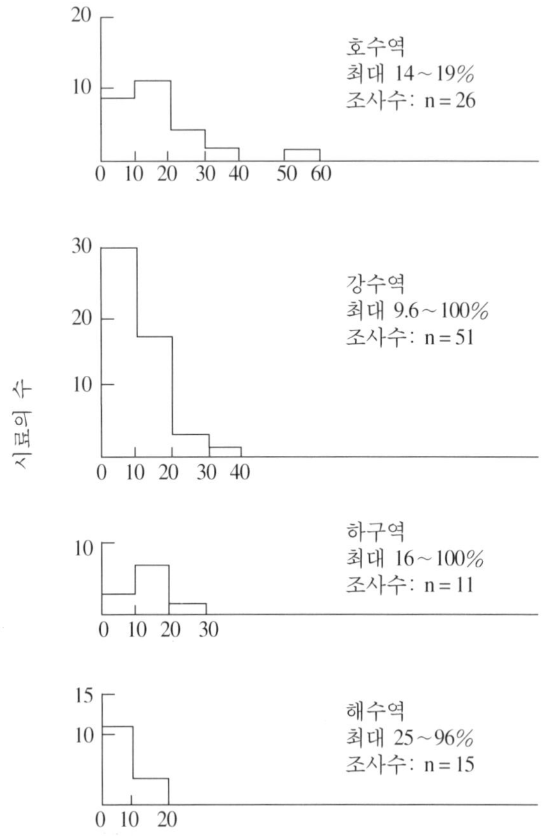

그림 5.13 여러 수역에 설치된 발전소에서 연행된 동물플랑크톤 중 평균치사율 분포 (Lawler *et al*., 1979)

의 조사정점에서 연행된 동물의 치사율은 20% 이내이지만, 실제적인 영향범위는 장소와 계절에 따라 크게 변화한다(Lawler *et al.*, 1979). 즉 그림 5.13에서 보는 바와 같이 강수와 하구의 냉각수를 취수하는 곳에서 최대 치사율이 100%에 이르고, 호수와 해수의 경우에는 최대 치사율이 각각 90%, 96%에 달한다. 최대 영향은 통상 여름철 수온이 최고치를 나타내는 기간에 나타나며, 배수구에서 수온이 30℃를 나타내는 곳에서 치사율이 증가하였음을 보여준다.

어류 유생의 경우는 연행된 개체수 중 49.5%가 기계적 충격에 의해서, 그리고 34.5%가 열에 의해 치사를 일으키지만(Teleki, 1976), 미국의 펠리세이드 발전소에서는 열에 의해서만 50%까지 치사율을 보여 주고 있다(Edsall and Yocum, 1972). 한편 Haddering(1978)에 의하면, 호수에 위치한 지역 발전소에서는 일반 잡어류의 유생 중 5%까지가 냉각수에 연행되지만, 그것의 90%까지가 생존할 수 있음을 보고하여 어류 유생의 치사율을 일반화하기에는 좀더 축적된 자료의 분석이 요구된다.

온배수의 배출이 부근 수생생태계의 모든 영양단계에 영향을 미치는 것은 명백하다. 대부분의 미소생태계 연구는 통제된 조건하에서 이러한 영향이 있음을 입증하고 있는데(Copeland *et al.*, 1974), 이들 연구는 생태계의 감시를 목적으로 이루어진 것이다. 온배수 배출수역의 생태계 내에서 장차 일어날 변화에 대비하기 위해서는 예측모델이 요구되며, 이에 따라 식물플랑크톤(Boreman *et al.*, 1978)과 동물플랑크톤(McNaught, 1976) 등의 생물군에 대한 연행과 취수치사의 영향을 예측하려는 모델들이 개발되었다. 그러나 온배수의 영향을 결합시키는 모델, 특히 전체 생태계에 대한 영향을 포함하는 모델은 아주 희귀한 실정이다. 모델은 영양단계들 중 한 단계의 온도상승효과가 나타났을 때, 영양단계들간의 상호작용에 의해 야기될 잠재적 변화를 평가하는 데 가장 유용하다. 예컨대 그림 5.14는 온도변화에 의해 전어의 산란이 변화를 일으킬 수 있다는 가정하에 전어의 산란성공비율 변화가 동물플랑크톤 생물량에 대하여 미치는 영향을 예측하려는 것이다(Murarka *et al.*, 1981). 연

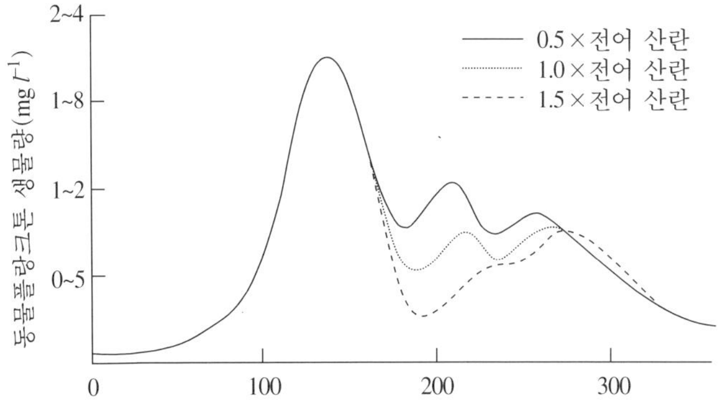

그림 5.14 동물플랑크톤 생물량에 대하여 전어의 산란성공률 변화가 미치는 영향을 나타내는 모의실험 결과 (Larimore and McNurney, 1979)

구자들은 모델화 실험의 결과가 반드시 판단력과 경험의 바탕 위에서 적용되어야 함을 강조하였는데, 이러한 점은 물론 상이한 생태계에 대한 오랜 시료채집과 연구경험이 획득자료를 해석하는 데 유리한 현장자료에 대해서도 마찬가지일 것이다.

참고문헌

국립수산진흥원. 1987.『적조현상과 어장보전』.

______. 1997.『한국연안의 적조』.

국립환경연구원. 1996.『해양오염과 적조』.

박주석, 김종두. 1967.「진해만의 적조현상에 관한 연구」,『국립수산진흥원 연구보고(1)』. pp. 63-79.

심재형, 여환구. 1992.「한국연안에 있어서 온배수 배출의 생태학적 영향. II. 고리 원자력 발전소 냉각계통 통과에 따른 식물플랑크톤의 변화」,『한국환경생물학회지』 10. pp. 1-8.

일본수산청. 1983.『적조대책기술개발』.

통상산업부. 1996.「해양남세균을 이용한 CO_2 가스의 유용 화학원료 전환시스템 연구」(1차년도 중간보고서), p. 75.

한국전력공사. 1994.『영광원자력발전소 5, 6호기 건설사업 환경영향평가서』.

한국해양연구소. 1996.『적조종합연구기획』.

村上潼 男. 1976.『적조의 부영양화』. 동경: 공해대책기술동우회.

花岡 資. 1980.『적조에 관한 최근의 견해와 연구의 문제점』. 일본수산자원 보호협회.

Anderson, D.M. 1989. "Toxic Algal Blooms and Red Tides: A Global Perspective," In *Red Tides: Biology, Environmental Science and Toxicology*. eds. Okaichi, T., D.M. Anderson, and T. Memoto. New York: Elsevier, pp. 11-16.

Anraku, M. and E. Kozasa. 1979. "The Effects of Heated Effluents on the Production of Marine Plankton (Takahama Nuclear Power Station-II)," *Bull. Plankton Soc. Jap*. 26. pp. 77-86.

Arad, S. 1986. "Biochemicals from Unicellular Red Algae," *Int. Indus. Biotechnol.* 7. pp. 281-283.

Barnett, P.R.O. 1972. "Effects of Warm Water Effluents from Power Stations on Marine Life," *Proc. R. Soc. Lond. B.* 180. pp. 497-509.

Becker, E.W. 1988. "Micro-algae for Human and Animal Consumption," In *Micro-algal Biotechnology*. eds. Borowitzka, M.A. and Borowitzka, L.J. Cambridge University Press, pp. 222-256.

Benemann, J.R., Tillett, D.M., and Weisman, J.C. 1987. "Microalgae Biotechnology," *Trends in Biotechnology* 5. pp. 47-53.

Boreman, J., Goodyear, C.P., and Christensen, S.W. 1978. "An Empirical Transport Model for Evaluating Entrainment of Aquatic Organisms by Power Plants," Fish and Wild Life Service, Biological Services Program, FWS/OBS-78/90, US Department of Interior, Washington, DC., p. 67.

Borowitzka, M.A. 1995. "Patents," *J. Appl. Phycol.* 7. pp. 509-520.

Boussiba, S. 1988. "*Anabaena azollae* as a Nitrogen Biofertilizer," In *Algal Biotechnology*. eds. Stadler, T., Mollion, J., Verdus, M.C., Karamanos, Y., Morvan, H., and Christiaen, D. Elsevier Applied Science, pp. 169-178.

Bressani. 1968. "The Use of Yeast in Human Foods," In *Single Cell Protein*. eds. Mateles, R.I. and Tannenbaum, S.R. The MIT Press, pp. 90-120.

Briand, F.J.P. 1975. "Effects of Power-plant Cooling Systems on Marine Phytoplankton," *Mar. Biol.* 33. pp. 135-146.

Broneske, J., Czierpinski, Krueger, I., and Pulz, O. 1995. "Cultivation of Phototrophic Microorganisms or Cells in Culture Medium Moving as Ultrathin Film," German Patent 4,441,486 (23 March, 1995).

Bruce, J.R., Knight, M., and Parke, M.W. 1939. "The Rearing of Oyster Larvae on an Algal Diet," *J. Mar. Biol. Assoc. U.K. (JMBA)* 24. pp. 237-274.

Burlew, J.S. ed. 1953. *Algal Culture — from Laboratory to Pilot Plant.* Carnegie Institution of Washington DC., p. 357.

Casadevall, E., Dif, D., Largeau, C., Gudin, C., Chaumont, D., and Desanti, O. 1985. "Studies on Batch and Continuous Cultures of *Botryococcus braunii*. Hydrogen Production in Relation to Physiological State, Cell Ultrastructure and Phosphate Nutrition," *Biotech. Bioeng*. 27. pp. 286-295.

Chelf, P. 1990. "Environmental Control of Lipid and Biomass Production in Two Diatom Species," *J. Appl. Phycol.* 2. pp. 121-129.

Copeland, B.S., Laney, R.W., and Pendelton, F.C. 1974. *Heat Influence in Estuarine Ecosystem.* eds. Gibbsons and Sharitz. pp. 423-437.

De, P.K. 1939. "The Role of Bluegreen Algae in Nitrogen Fixation in Rice Fields," *Proc. R. Soc. London Ser.* B 127. pp. 121-139.

Delente, J.J. 1987. "Perdeuterated Chemicals from D_2O Grown Microalgae," *Trends in Biotechn.* 5. pp. 159-160.

Edsall, T.A. and Yocum, T.G. 1972. "Review of Recent Technical Information Concerning the Adverse Effects of Once-through Cooling in Lake Michigan," *US Fish and Wildlife Service, Bureau of Sport Fishing and Wildlife*. Michigan: Am Arbor.

Espie, G.S., Miller, A.G., and Canvin, D.T. 1991. "High Affinity Transport of CO_2 in the Cyanobacterium *Synechococcus* UTEX 625," *Plant Physopl.* 97. pp. 943-953.

Farrar, W.V. 1966. "Tecuitlatl: A Glimpse of Aztec Food Industry," *Nature* 211. pp. 341-342.

Gaffron, H. and Rubin, J. 1942. "Fermentative and Photochemical Production of Hydrogen in

Algae," *J. Gen. Physiol.* 26. pp. 219-240.

Glasstone, S. and W.H. Jordan. 1980. "Nuclear Power and its Environmental Effects," *American Nuclear Society III*. p. 395.

Glazer, A.N. and Stryer, L. 1984. "Phycofluor Probes," *Trends Biochem. Sci.* 8. pp. 423-427.

Golueke, C.G., Oswald, W.J., and Gotaas, H.B. 1957. "Anaerobic Digestion of Algae," *Appl. Microbiol.* 5. pp. 47-55.

Haddering, R.H. 1978. "Mortality of Young Fish in the Cooling Water System of Bergum Power Station," *Proc. Int. Assoc. Theoret. Appl. Limnol.* 20. pp. 347-352.

Harder, R. and von Witsch, H. 1942. "Üer massen Kultur von Diatomeen," *Ber. Deutsche. Bot. Ges.* 60. pp. 146-152.

Harper, D.E., Jr., L.D. McKinney, and R.J. Case. 1981. "The Occurrence of Hypoxic Bottom Water off the Upper Texas Coast and its Effects on the Benthic Biota," *Cont. Mar. Sci.* 24. pp. 53-79.

Hunter-Cevera, J.C. and A. Belt. 1996. *Maintaining Cultures for Biotechnology and Industry*. New York: Academic Press, p. 263.

Jeong, H.J., C.W. Lee, W.H. Yih, and Kim, J.S. 1997. "*Fragilidium* cf. *mexicanum*, a Thecate Mixotrophic Dinoflagellate which is Prey for and a Predator on Co-occurring Thecate Heterotrophic Dinoflagellate *Protoperidinium* cf. *divergens*," *Mar. Ecol. Prog. Ser.* 151. pp. 299-305.

Kao, CY. 1966. "Tetrodotoxin, Saxitoxin and Their Significance in the Study of Excitation Phenomena," *Pharm. Rev.* 18. pp. 997-1049.

Kim, H.G., J.S. Park, Y. Fukuyo, H. Takayama, K.H. An, and J.M. Shim. 1993. "Noxious Dinoflagellate Bloom of an Undescribed Species of *Gyrodinium* in Chungmu Coastal Waters, Korea," In *Harmful Marine Algal Blooms*. eds. P. Lassus, G. Arzul, Erard, P. Gentien, and C. Marcaillou. Paris, New York: Lavoisier, Intercept Limited, pp. 59-63

Kim, W.-S. and M. Chang. 1992. "Zooplankton Grazing on Toxic Dinoflagellates: Focused on *Gonyaulax tamarensis*(= Protogonyaulax tamarensis)," *Korean J. Environ. Biol.* 10(1). pp. 66-76.

Korringa, P. 1952. "Recent Advances in Oyster Biology," *Quart. Rev. Biol.* 27. pp. 266-308, 339-365.

Kurano, N., Ikemoto, H., Miyashita, H., Hasegawa, T., and Miyachi, S. 1995. "Carbon Dioxide Uptake Rate of *Chlorococcus littorale*," *J. Mar. Biotechnol.* 3. pp. 108-110.

Largeau, C., Bailliez, C., Yang, L.W., Frenz, J., and Casadevall, E. 1988. "Immobilization of the Microalgae *Botryococcus braunii* in Calcium Alginate Gels and in Polyurethane Foams," In *Algal Biotechnology*. eds. Stadler, T., Mollion, J., Verdus, M.C., Karamanos, Y., Morvan, H., and Christiaen, D. Elsevier Applied Science, pp. 245-253.

Lawler, Matusky, and Skelly-engineers. 1979. "Ecosystem Effects of Phytoplankton and Zooplankton Entrainment," Electric Power Research Institute, EA-1038. Interim Report, April

1979. Palo Alto, CA.

Laws, E.E., 1981. "Thermal Pollution and Power Plants in "*Aquatic Pollution*" *A* Wiley-Intersci," *Publ*. p. 482.

Lee, R.E. 1989. *Phycology*. Cambridge University Press, p. 645.

Léonard, J. 1966. "The 1964-1965 Belgian Trans-saharan Expedition," *Nature* 209. pp. 126-128.

Lion Corp. 1989. "Adsorbents for Novel Metals — Containing Algae which are Preferentially Encapsulated," Japanese Patent 1,105,133.

Mahoney, J.B. 1989. "Detrimental Biological Effects of Phytoplankton Blooms Deserve Increased Attention," In *Novel Phytoplankton Blooms; Causes and Impacts of Recurrent Brown Tides and Other Unusual Blooms. Lecture Notes on Coastal and Estuarine Studies*. eds. E.M. Cosper, V.M. Bricelj, and E.J. Carpenter. Berlin: Spring-Verlag, pp. 575-597.

Mateles, R.I. and Tannenbaum, S.R. 1968. "Preface," In *Single Cell Protein*. eds. Mateles R.I. and Tannenbaum S.R. The MIT Press, pp. v-vi.

Matsunaga, T. and Pentel, K.K. "Phycocyanin Production Used as Blue Pigment for Foods," Japan Patent 7,046,993(21 Feb., 1995).

McNauhgt, D.C. 1976. "Recovery of Entrained Zooplankton Populations," *A Model to Predict Impact on Great Lakes Communities*. ed. Jensen. pp. 93-100.

Mitsui, A. 1987. "Photobiological Production of Hydrogen from Water and Waste," In *Hydrogen Photo-production Workshop Proceedings*. eds. Seki, A., Morgan, B., and Takahashi, P. Hawaii Natural Energy Institute Pub., pp. 32-39.

Mitsui, A. and Kumazawa, S. 1977. "Hydrogen Production by Marine Photosynthetic Organisms as a Potential Energy Source," In *Biological Solar Energy Conversion*. eds. Mitsui, A., Myachi, S., Pietro, and Tamura, S. Academic Press, pp. 23-51.

Miyashita, H., Ikemoto, H., Kurano, N., Adachi, K., Chihara, M., and Miyachi, S. "Chlorophyll-d as a Major Pigment," *Nature* 383. p. 402.

Moore, A.W. 1969. "*Azolla* Biology and Agronomic Significance," *Bot. Rev*. 35. pp. 17-34.

Moore, E.W. 1958. "Thermal Pollution of Streams," *Ind. Engng. Chem. ind. Edn.*

Murarka, I.P., Porcella, D.B., and Brockeen, R.W. 1981. *Ecosystem Models to Assess Impacts of Power Plant Cooling Systems*. eds. Mitsch *et al.*, pp. 165-172.

Ogata, T. and M. Kodama. 1986. "Ichthyotoxicity Found in Cultured Media of Protogonyaulax spp.," *Mar. Biol*. 92. pp. 31-34.

Okaichi and Nishio. 1977. "Paralytic Shellfish Poisoning in Eastern Seto Inland Sea," 『日水法』 43. 12251.

Oswald, W.J., Gotaas, H.B., Ludwig, H.F., and Lynch, V. 1953. "Algae Symbiosis in Oxidation Ponds. III. Photosynthetic Oxygenation," *Sewage Ind. Wastes* 25. pp. 692-705.

Provasoli, L. and Carlucci, A.F. 1974. "Vitamins and Growth Regulation," In *Agal Physiology and Biochemistry*. ed. Stewart, W.D.P. Oxford: Blackwells, pp. 741-787.

Rensman, D.G.F.M. and Rensaman, D.G.M. 1995. "Purification of Liquid Fraction of Manure,"

World Patent 9,505,347(23 Feb., 1995).

Roberts, L.P. 1953. "*Bact. coli* as a Food Supplement," *Nature* 172. pp. 351-352.

Ryther, J.H., Goldman, J.C., Gieford, C.E., Huguenin, J.E., Wing, J.S., Clarner, J.P., Williams, L.D., and Lapointe, B.E. 1975. "Physical Models of Integrated Waste Recycling — Marine Polyculture Systems," *Aquaculture* 5. pp. 163-177.

Schiedt, K., Leuenberger, F.J., Vecchi, M., and Glinz, E. 1985. "Absorption, Retention and Metabolic Transformation of Cartenoids in Rainbow Trout, Salmon and Chicken," *Pure & Applied Chemistry* 57. pp. 685-692.

Shelef, G., Oswald, W.J., and McGauhey, P.H. 1970. "Algal Reactor for Life Support System," *J. Sanit. Eng. Div. Am. Soc. Civil Eng.* 96(SAI). pp. 91-110.

Sode, K., Takada, S., Suzuki, H., Saeki, H., and Yamamoto, Y. 1997. "Construction and Characterization of an Artificial Symbiosis Composed of a Photoautotrophic Bacterium, *Anacystis nidulans* and a Heterotrophic Bacterium *Escherichia coli*," Abstract of 2nd APMBC & 3rd APCAB. 7-10 May, 1997, Thailand: Phuket, p. 87.

Soeder, C.J. 1986. "An Historical Outline of Applied Algology," In *CRC Handbook of Microalgal Mass Culture*. ed. Richmond, A. CRC Press, pp. 25-41.

Steidinger, K. and Baden, D.G. 1984. "Toxic Marine Dinoflagellates," In *Dinoflagellates*. ed. D. L. Spector. Orlando: Academic Press, pp. 201-261.

Suda, D., Schwartz, J., and Shklar, G. 1986. "Inhibition of Experimental Oral Carcinogenesis by a Topical Beta-carotene," *Carcinogenesis* 7. pp. 711-715.

Suzuki, T., Mitsuya, T., Imai, M., and Yamasaki, M. 1997. "DSP Toxin Contents in Dinophysis Fortii and Scallops Collected at Mutsu Bay, Japan," *J. Appl. Phycol.* 8. pp. 509-515.

Takahashi, J., Kobayashi, K., Kawabata, Y., and Yamada, K. 1963. "Studies on the Utilization of Hydrocarbons by Microorganisms. Part III. Production of Bacterial Cell from Hydrocarbons," *Agric. Biol. Chem.* 27. pp. 836-842.

Tamiya, H. 1956. "Growing *Chlorella* for Food and Feed," *Proc. World Symp. Appl. Solar Energy. Phoenix. Ariz.* Nov., 1955(Stanford Res. Inst. p. 304). pp. 231-241.

Teleki, G.C. 1976. "The Incidence and Effect of Once-through Cooling on Young -of -the -year Fishes of Long Point Bay, Lake Erie," In *A Preliminary Assessment*. eds. Esch and MxFarlane. pp. 387-393.

Thorpe, R.E. and Ratledge, C. 1972. "Fatty Acid Distribution in Triglycerides of Yeast Grown on Glucose or n-alkanes," *J. Gen. Microbiol.* 47. pp. 768-773.

Vachhani, A.K. and Vonshak, A. 1997. "Recombination Protein A Gene, *recA*, from *Spirulina platensis* IAM-M135," *J. Appl. Phycol.* 8. pp. 563-564.

Venkataraman, G.S. 1981. "Blue-green Algae: A Possible Remedy to Nitrogen Scarcity," *Current Science* 50. pp. 253-256.

Vonshak, A. 1997. "Microalgal Biotechnology; New Development in Production Facilities and Product," Abstract of 2nd APMBC & 3rd APCAB. 7-10 May, 1997. Thailand: Phuket, p. 21.

Watanabe, A., Nishigaki, S., and Konishi, C. 1951. "Effect of Nitrogen-fixing Blue-green Algae on the Growth of Rice Plants," *Nature* 168. pp. 748-749.

Waterbury, J.B., Watson, S.W., Glazer, A.N., and Ong, L.J. 1989. "New Phycoerythrin(s) Isolated from *Synechococcus*: Useful as Reagent for Flow Cytometry and Fluorescence Microscopy," U.S. Patent 4,857,474.

Yamaguchi, K. 1997. "Recent Advances in Microalgal Bioscience in Japan, with Special Reference to Utilization of Biomass and Metabolites: A Review," *J. Appl. Phycol.* 8. pp. 487-502.

Yoo, S.K. 1960. "Studies on the Food of Bivalves in Yong-Ho Inlet of Soo-Young Bay. I. *Mactra veneriformis* Reeve," *Bull. Pusan Fish. Coll.* 3. pp. 1-2, 43-52(in Korean).

찾아보기

[국문]

ㄱ

가로홈 25
가시 10
가시영역 89
가입량 283
각 18
갈색 방산충류 194
갈조 180
갑각류 10
강모 10
강물 플랑크톤 3
강장동물 12
거대 플랑크톤 3, 220
거품방산충목 194
겉보기 광합성 256
겉보기 산소소비량 136
경쟁 272
경쟁배제원칙 272
경쟁적 억제 134
고박테리아 153
고성능 액체 크로마토그라피 75
고속반복형광법 82
곤쟁이류 226, 227
공생관계 200
관해파리류 9, 10
괄약근 13
광수득률 99
광양자 88, 90
광양자계 91
광저해 79
광주기 5
광합성 4, 69
광합성 공생자 41
광합성 독립영양생물 256
광합성 박테리아 153, 154
광합성반응 98
광합성 식물 73
광합성 - 온도곡선 97
광합성 용량 79
광합성작용 69
광합성 탄소 환원사이클 70
광화학계 II 82
광화학적 분해과정 70
규각 129
규산 103, 127
규산질 침적낭 35
규소 127
규소입자 131
규소입자태 127
규조토 129
규질편모류 15, 32, 36, 51
극방산충목 194
극전선 110

극초미소 플랑크톤 2
극피동물 10
글루타메이트 117
글루탈알데하이드 완충용액 44
기강 10
기계적 자극감응 268
기생 272
기수 플랑크톤 3, 221
기억상실성 패독 327, 335, 338
기포실 12
기포체 9, 10, 12, 13
기하급수적 성장단계 59
깃돌말 21
깃편모충류 182, 203

ㄴ

난바다곤쟁이류 9, 226
난형 수축성 기포체 12
남세균 119, 154, 298
남세균류 15, 29, 30
남세균문 15
내생 포자 25
네트 플랑크톤 3
넥토키타 229
노플리우스 225, 229
녹색 황세균 154
녹조강 41
녹조류 32
녹조식물문 15
누적성장법 253
능동수송 98

ㄷ

다이아디노잰틴 50
다이아토잰틴 50
다중상 164
다중 인산염 124
다중 효소계 164
다포 방산충류 194
단각류 226
단세포 단백질 342
단세포 부유동물 186
단순 공기중 건조법 45
단일 인산염 123
담록조강 40
담록조류 40
담수 플랑크톤 3, 221
대기보정 알고리듬 87
대악 268
대형 플랑크톤 3, 220
독립영양 196
독립영양생물 4
독성효과 315
독포 섬모충류 189
돌말강 21
돌말류 5, 6, 15, 21
동결건조법 45
동물플랑크톤 2, 9
동원핵 편모충류 182, 203
동일 연급군 방법 253
동적 모델 105
동적 정보 105
동종포식 200
동형배우자 29
동화수 79
동화율 270
되돌림기작 135
뚜껑면 21

ㄹ

라멜라 19
랭뮤어 순환 6
레이저 플로우사이토미터 74
루골용액 43
룩스 91
Lambert-Beer의 법칙 92
Lotka-Volterra 방정식 266

ㅁ

마비성 패독 324, 335, 336
마찰저항 5
메갈로파 229
메탄생성 박테리아 153
면역형광현미경 기법 154
면적당 광합성 82
명반응과정 70
명암법 78
모악동물문 227
못 플랑크톤 3
무각류 27
무각편모류 32, 34
무산소층 328
무연막해파리 223
미량 금속류 138
미세생물 고리 151, 171
미세생물 먹이망 151, 171, 208, 209
미세조류은행 348
미세 플랑크톤 3
미소 부유동물 174
미소 편모충류 203
미소 플랑크톤 2
밀도약층 110
Michaelis-Menten 수식 97
Michaelis-Menten의 효소역학 131
Monad의 함수 65

ㅂ

바닥짐 용수 328
바닷물의 염분 301
바이러스 173
박테리아 152
박테리아 생산력 156, 159
박테리아 플랑크톤 2
반내생 휴면포자 25
반돈채수기 231
반사산란 92
반심해성 플랑크톤 221
반응중심 82
발생적 수직이동 249
방사극충류 194
방사성 동위원소 78
방사족충류 192
방산충류 10, 193
배양 53
배지 55
범세계종 242
베타-카로틴 50, 344
벨리저 229
보조영양 196
복사계 90
복족류 10
부낭 10
부유능력 6, 7
부유성 난 275
부유장치 9
부유조절 9

부표생물 9, 221
분광광도계 75
분광복사계 90
불균일 분포 242
브라키올라리아 229
비경쟁적 억제 134
비사상체형 30
비일정 상태 105
비타민 344
비피나리아 229
빈섬모류 188
Bongo 네트 234

ㅅ

사망 283
사상위족 192
사상체형 30
사이클로포이드목 225
사이프리스 229
사출포 34
산소 300
산소 발생성 광합성 69
산소 비발생성 광합성 69
산염 재생산 127
산화과정 117
산화-환원 전위 298
살파류 224
삼투영양 196, 198
상대적 성장률 59
상리공생 272
상자모델 106
상향조절 140
생리학적 방법 254
생물량 74
생물량 변화율 63
생물발광 224
생물비료 343
생물펌프 307
생물학적 독성물질 329
생식쵀소형 25
석회비늘편모류 15, 32, 38, 297
설사성 패독 327, 335
섬모 186
섬모충류 186, 205
섭식계수 269
섭식률 140
섭식영양 196, 199
섭식흐름 267
성분조절배양 54
성장상수 63
성장속도 131
성장제한요인 108
세키 투명도판 93
세포 내생공생자 35
세포벽 18
세포벽 판 27
세포부동화기술 346
세포 외 산물 258
세포 외 산물급원 259
세포함량 65
세포함량모델 66
소광계수 92
소구체목 30
소막구 섬모충류 189
소형 부유동물 174
소형 폐쇄생태계 141
소형 플랑크톤 2, 220
속도함수 105
수온 94
수의 피라미드 255
수중 알고리듬 87

수직분포 233
수직와류 확산 108, 110
수직이동 249
수직이류 110
수평이류 108
수표생물 221
순광합성 78
순일차 생산 78
순일차 생산량 256
순환속도 6
스칼라 피복사도 91
스토크스의 법칙 4
스트로마톨라이트 298
시구아테라독 327, 335
식물성장 24
식물플랑크톤 2, 15
식물플랑크톤 망 42
신경성 패독 324, 335
신생산 110
실리카렘마 129
실제성장률 59
심층 플랑크톤 3
심해산란층 249
심해새우류 9
심해성 플랑크톤 221
C3 광합성 73
C3 광합성 식물 73
C4 광합성 식물 73

ㅇ

아메바 195
아미노산 합성효소 116
아산화질소 304
아질산염 103, 112
아질산 환원효소 115
안정성 가설 284
암모니아 112, 114, 117
암모니아 분비과정 117
암모니아염 103
암모니아 재생산과정 117
암모니아 전이과정 117
암모니아 전이효소 117
암모니아화과정 117
암주기 5
암호흡 99
양광성 플랑크톤 3
양극 분포 244
양성 부력장치 12
양성영양 197
양자효율 82
어류 플랑크톤 273
억제기작 134
에브리아류 180
에키노플루테우스 230
에피형광현미경 기법 152, 155
여과법 43
여과식자 199
연막해파리 223
연속배양 53, 54
연속 플랑크톤 채집기 234
연안성 플랑크톤 3, 221
연체동물 10
열성 박테리아 153
열역학적 평형 304
열 오염 348
염기서열분석 166
염주체목 30
엽록소 92
엽록소 분해물질 75
엽록소 *a* 74
엽록체 18

엽체 11
영모류 188
영양생식 25
영양세포 321
영양염류 7, 102
영양염류 플럭스 107
영양염 흡수율 66
오리큘라리아 230
오스뮴산 45
오피오플루테우스 230
온도순화 100
온도효과 95
온배수 유출 350
와편모강 25
와편모류 5, 8, 15, 25, 175
외각층 21
외골격 10
외생 휴면포자 25
외양성 플랑크톤 3, 221
외피 18
요각류 9, 10, 224
요산 118
요소순환 118
용기효과 81
용존무기인 123
용존무기질소 112, 114
용존유기물 172
용존유기인 123
용존유기질소 112
용해펌프 306
우레탄 236
운동성 접합자 29
원격탐사 85
원록조문 15
원록조류 15
원생동물 174
원생생물 플랑크톤 2
원시료배양 43
원시홍조강 31
원심분리법 43
원액 57
원형질 자루 178
유각류 27
유강 10
유공충 190, 297
유구 13
유글레나 180
유글레나강 38
유글레나류 38, 203
유기독성물질 138
유기인 분해효소 126
유기 킬레이트 화합물 138
유성생식 25, 28
유영 9
유영속도 8
유입과정 103
유입플럭스 107
유종류 188
유포 10
유형류 224
육식성 동물플랑크톤 221
육질충류 204
은편모류 15, 32, 34, 184, 203
음광성 플랑크톤 3
이분법 24
이산화탄소 299, 304
이족목 228
이질세포 31
이차 생산 252
이차 생산량 256
이차 소비자 256
이차 아질산염 최대층 114

이형 편모류 185
익족목 228
인산염 103, 124, 125
인산염 재생산과정 127
일괄배양 53
일시성 포낭 29
일시 플랑크톤 2, 221
일정 상태 105
일주 수직이동 233, 249
일차 생산 73, 256
일차 소비자 256
일치-불일치 가설 284
임계점 건조법 45
임시 플랑크톤 2
입자유기인 123
입자유기질소 112
Arrhenius 수식 95
f-비율 88, 110
NR의 활성도 115

ㅈ

자가저해현상 62
자색 황세균 154
자연형광법 82
자외선대 89
자치어 275
자포 223
잡식성 동물플랑크톤 221
재생산 110
재생산과정 104
저서 플랑크톤 3
저층 플랑크톤 3
적외선대 89
적조 8, 202, 319
적조발생환경 322
적조현상 113
적충류 22
전기 자어 273
전달계수 266
전달효율 257
전모류 189
전자전달계 70
전자현미경 45
점액질 13
점염 혼성화 167
점착세포 223
점토 333
정단공 13
정단와편모류 27
정량채집 230
정성채집 230
제거과정 103
제거플럭스 107
제2광계 70
제2소악 268
제1광계 70
젤라틴질 동물플랑크톤 223
조도 91
조도계 91
조석전선 110
조에아 229
족판 9
종속영양 196
종속영양 박테리아 153, 154
종속영양 와편모류 175
종편모 25
주야 수직이동 250
주요 원소 102
중금속 310
중금속 오염 312
중금속의 독성 313

중성미자 88
중성 부력 10
중심돌말 21, 22
중추종 140
중층 플랑크톤 3, 221
중형 폐쇄생태계 141
중형 플랑크톤 3, 220
증대포자 25
지각류 226
지표종 227
진정세균 153
질산염 103, 112
질산염 부족현상 123
질산염 환원효소 115
질산화과정 114, 121
질산화 박테리아 120, 154
질소 112, 303
질소고정 113, 119, 120
질소고정능력 116
질소고정효소 119
질소기체 113
질소요구량 111
질소화합물 113
Janus Green B 용액 236

ㅊ

차광효과 62
착편모 19, 37
착편모류 32, 37
채찍 섬모충류 189
천이 248
철 298
초미소 플랑크톤 2, 220
초식성 동물플랑크톤 221
촉수 9
총광합성 77
총일차 생산 77
총일차 생산량 256
측와편모류 27
친생물원소 135
침강속도 4~6
침강플럭스 107
침전법 43
침편모강 37
침편모류 32

ㅋ

카로티노이드 8
카로틴계열 색소 50
카르복실화 반응 70
칼라노이드목 225
케토글루타레이트 117
코페포다이트 225
크기선택적 섭식 140
클로닝 166
클로랄 하이드레이트 크리스탈 236
킬레이트 311
Clarke-Bumpus 채집기 234
Coulter 계수기 74

ㅌ

탁도조절배양 54
탄산칼슘 303
탄소동화작용 95
탈각 29
탈수소효소 117
탈질산화과정 113, 114, 122
탈질소과정 303

탈질화 154
태양상수 89
태양 에너지 88
태양충류 193, 195
트로코포어 229
트리케인 236
틸라코이드 19
틸라코이드 구조체 70

ㅍ

판 배열식 28
패충류 226
펙틴 18
편리공생 272
편모충류 175
평생 플랑크톤 2, 221
평형모델 105
폐쇄실험생태계 141
포르말린 43
포르말린 용액 44
폴립 223
표면온도 85
표영 말미잘류 9
표영성 다모류 10
표재저서성 플랑크톤 221
표준호흡 에너지 270
표층수온 85
표층 플랑크톤 3, 221
퓨코잰틴 50
프로톤 70
피각 24
피레노이드 19
피막 10
피면자 유생 10
피복사도 91
필수 미량금속 102
P-I 곡선 78

ㅎ

하팍티코이드목 225
하향조절 140
해빙조류 260
해색센서 88
해색수온센서 88
해색원격탐사 86
해색위성센서 88
해설 224
해양관측위성 85
해양 광영양 플랑크톤 69
해양 플랑크톤 3, 221
해파리 11, 223
혐기성 미생물 122
형광계 75
형광양자수율 82
호소 플랑크톤 3
호수 플랑크톤 3
호염성 박테리아 153
혼합섭식영양 197
혼합영양 196, 197
혼합영양섭식 175
혼합영양 와편모류 175
홍조식물문 15, 31
화살벌레 227
화학독립영양 박테리아 153, 154
화학적 자극감응 268
화학합성 69
화학합성 독립영양생물 256
화학합성 무기영양생물 121
확산 98
황갈조강 21, 35

황갈조류 32
황갈조식물문 15
황갈편모류 203
황색조식물문 21, 25
황화이메틸 308
효소기작 134
효소촉매반응 95
효소촉매반응의 속도 97
후기 자어 273
후미홈 25
후벽포자 31
휴면접합자 29
휴면포자 25, 321
흡광 92
흡수기작 115
흡수스펙트럼 51
희석배양 43

[영문]

A

abyssopelagic plankton 221
Acantharia 194
Acartia 225
Acartia bifilosa 245
acridine orange 155
Actinopodea 192
active transport 98, 115
ADP 70
Agmenellum 31
akinete 31
Alexandrium catenella 324, 327, 335
Alexandrium hongi 245, 248
Alexandrium ostenfeldii 198
Alexandrium pacifica 248
Alexandrium tamarense 324, 327, 328, 336
alkaline phosphatase 126
Ameoba 195
ammonia excretion 117
ammonification 117
ammonotelism 118
amnesic shellfish poisoning: ASP 327
Amphidinium carterae 197, 339
Amphidinium celestinum 201
Amphipoda 226
Amphisolenia 200
amphitrophy 197
Anabaena 31
Anacystis nidulans 100
anisogamy 25
anoxygenic photosynthesis 69
antennae 9
Anthony van Leeuwenhoek 17
antifouling agent 139
apex 27
apical axis 24
apical pore 13
apparent oxygen utilization: AOU 136
apparent photosynthesis 256
appendicularians 224
archaebacteria 153
armoured 27
assimilation number 79
assimilation rate 270
atmospheric algorithm 87
ATP 70, 74
Aureococcus 180
auricularia 230
autotrophy 196
auxospore 25
auxotrophy 196

AVHRR 85, 88
Azam 159, 171
α-ketoglutarate 117

B

Bacillariales 21
Bacillariophyceae 21
backscatter 92
Bacteriastrum hyalinum 5
bacterioplankton 2
Bainbridge 9
ballast water 328
Bangiophyceae 31
batch culture 53
bathypelagic plankton 3, 221
Bdellovibrio 154
beam attenuation coefficient 92
benthic plankton 3
BHA(butylated hydroxyamisole) 235
BHT(butylated hydroxytoluene) 235
Biddulphiales 21
Bienfang 7
biological pump 307
bioluminescence 224
biomass 74
biotoxin 329
bipinnaria 229
bipolar distribution 245
blue-green algae 15
borax carmine 237
bottle effect 81
bottom-up control 140
box-model 106
B/P ratio method 254
brachiolaria 229
brackish water plankton 221
Brevetoxin 337
brown tide 180
β-carotene 50

C

Calanoida 225
Calanus 9, 225
Calanus finmarchicus 262
Calanus sinicus 246, 248
Calcofluor 45
Calvin cycle 70
CAM 73
cannibalism 200
carnivorous zooplankton 221
carotene 34
carotenoid 8, 46, 50
cell immobilization technique 346
centric diatom 21
Ceratium furca 197
Ceratium hirundinella 175, 197
Ceratium tripos 197, 329
Chaetoceros 320
Chatonella subsalsa 339
Chattonella 37, 324
Chattonella sp. 329
chelator 138
chemoautotrophic bacteria 154
chemoautotrophs 256
chemolithotroph 121
chemolithotrophic bacteria 154
chemoreception 268
chemostat 54
chloral hydrate crystal 236
Chlorella 342

Chlorophyceae 41
chlorophyll 46
chlorophyllide a 46
chlorophytes 32
choanoflagellates 182
Choreotrichs 188
Chromophyta 21, 25
Chroococales 30
Chryptopyceae 34
Chrysophyceae 21, 35
chrysophytes 32
Ciguatera 327
Ciguatoxin 337
cilia 186
Ciliates 186
cingulum 25
Cladocera 226
cloning 166
Coatsworth 66
coccolithophore 38
coccolithophorid 15, 32, 297
cohort method 253
colloblast 223
commensalism 272
competition 272
competitive exclusion principle 272
competitive inhibition 134
Conchoecia 226
contest competition 272
continuous culture 53
continuous plankton recorder: CPR 234
contractile float 12
Copepoda 224
copepodid 225
copepodite 225
copepods 9
Coscinodiscus wailesii 8
cosmopolitan species 242
co-transport 115
crassulacean acid metabolism 73
Creseis acicula 13
crptomonads 32
crude culture 43
Cryptobia bialata 204
cryptomonads 15, 184
Cullen and Horrigan 8
culture collection center 348
cumulative growth method 253
cyanobacteria 15, 29, 119, 154, 298
Cyanothece 31
Cyclopoida 225
Cyclotella cryptica 116
Cylindrotheca closterium 318
cypris 229
CZCS(Coastal Zone Color Scanner) 88

D

DAPI(4′, 6 diamidino-phenylindole) 155
dark period 5
deep scattering layer 249
DeLong 153, 169
demersal 221
denitrifica-tion 154, 303
Desmokont 27
DGGE(denaturing gradient gel electrophoresis) 166
diadinoxanthin 50
diarrhetic shellfish poisoning: DSP

327
diatomaceous ooze 129
diatom frustule 129
diatoms 5, 15
diatoxanthin 50
Dictyochophyceae 36
diel vertical migration 233, 249
dilution culture 43
dimethyl sulfide: DMS 308
DIN 112
dinoflagellates 8, 15, 175
Dinokont 27
Dinophyceae 25
Dinophysis 203
Dinophysis acuminata 327
Dinophysis fortii 327, 337
DIP 123
Dissodinium pseudocalani 202
Dissodinium pseudolunula 199, 202
dissolved organic matter: DOM 172
Ditylum brightwellii 5, 8, 130
diurnal vertical migration 250
domoic acid 338
DON 112
DOP 123
Droop 65
Dugdale 66
Dunaliella 98
Dunaliella salina 344

E

Ebria tripartia 180
ebriids 180
ecdysis 29
echinopluteus 230
Eh 311
Einstein 90
ejectosome 34
electronic excited state 70
Emiliania huxleyi 50
enclosed experimental ecosystem 141
endogenous resting spore 25
endosymbiont 35
Entosiphon 180
Environmental Protection Agency: EPA 350
epibenthic plankton 221
epifluorescence microscopy 152
epipelagic plankton 3, 221
epontic algae 260
Eppley 66
equilibrium model 105
eubacteria 153
euglenids 180
Euglenophyceae 38
eulimnoplankton 3
Euphausiacea 226
euphausiids 9
Evadne 226
exogenous resting spore 25
exoskeleton 10
extinction coefficient 92
extracelluar products 258
extracellular products pool 259

F

facultative anaerobes 122
fast repetition rate fluorometry 82
feedback control 135

feeding current 267
Fibrocapsa 37
filamentous 30
filopodium 192
filter feeder 199
flagellates 175
float 9
fluorescence in situ hybridization(FISH) 168
fluorescence quantum yield 82
fluorometer 75
Foraminifera 190, 297
Fragilidinium cf. *mexicanum* 200
f-ratio 88
freshwater plankton 3, 221
frustule 21, 24
fucoxanthin 35, 50

G

Gambierdiscus toxicus 327, 337
gas cavity 10
gas chamber 12
gelatinous zooplankton 223
GenBank 166
Gibbodiscus gemma 205
Globigerina 191
Gloeodinium montanum 197
glutamate 117
glutamate dehydrogenase: GDH 117
glutamate synthetase: GS 116
Gomphospaeria 31
Gonyaulax 116
Gonyaulax diegensis 198
Gonyaulax polyedra 8
Gonyaulax scruobae 321
Gonyaulax sp. 321
Gonyaulax spinifera complex 321
grazing coefficient 269
green sulfur bacteria 154
gross photosynthesis 77
gross primary production 77, 256
gullet 34
Gymnodinium breve 324, 337
Gymnodinium catenatum 328, 336
Gymnodinium eucyaneum 201
Gymnodinium granii 199
Gymnodinium inversum 197
Gymnodinium mikimotoi 339
Gymnodinium sanguineum 198
Gymnodinium splendens 8
Gymnodinium veneifcum 339
Gyrodinium aureolum 265, 324, 327, 339
Gyrodinium californicum 197
Gyrodinium fissum 175, 197
Gyrodinium lebourae 177, 178, 198
Gyrodinium pavillardii 175, 197
Gyrodinium sanguineum 197

H

haliplankton 221
halobacteria 153
haptonema 19, 37
Haptophyceae 37
haptophytes 32
Haptoria 189
Harpacticoida 225
heleoplankton 3
Heliozoans 193
Heliozoea 195

hemocytometer 237
Hensen 1
herbivorous zooplankton 221
Hermesinum 180
Heterocapsa niei 197
heterocyst 31
heterocystous group 31
Heterokont flagellates 185
Heteronema 180
Heteropoda 228
Heterosigma 320
heterotrophic bacteria 154
heterotrophy 196
high performance liquid chromatography 75
holoplankton 2, 221
Holotrichis 189
HPLC 75
hydromedusa 223
hyphalomyraplankton 3
hypnozygote 29
hypoplankton 3

I

ichthyoplankton 273
Ichthyotoxin 339
immunofluorescence microscopy 154
Indian ink 18
indicator species 227
Infusoria 22
inhibition 134
in-water algorithm 87

J

Janthina 10, 13

K

Katodinium fungiforme 199
keystone species 140
killer bacteria 154
kinetic information 105
kinetic model 105
Kinetoplastid flagellates 182
knephoplankton 3
Kofoidinium 179
Kofoidinium splendens 200
KPAR 93

L

lamella 19
Laminaria saccharina 100
Langmuir circulation 6
Laser flowcytometer 74
leaf-body 11
Leptocylindrus danicus 96
light and dark method 78
light period 5
lignin pink 238
limnoplankton 3, 221
longitudinal groove 25
lux 91

M

macroplankton 220

mandible 268
marine phototrophic plankton 69
marine plankton 3, 221
marine snow 224
Martin 306
match-mismatch hypothesis 284
mechano-reception 268
medusa 223
megalopa 229
megaloplankton 220
meroplankton 2, 221
Mesodinium rubrum 17, 35, 190, 201, 206
mesopelagic plankton 3, 221
mesoplankton 220
methanogenic bacteria 153
Methylene blue 238
microbial food web 151, 171, 210
microbial loop 151, 171
microcosm 141
Microcystis 31
microplankton 220
microzooplankton 174
minimal fertile size 25
mixotrophic dinoflagellates 175
mixotrophic phagotrophy 175, 197
mixotrophy 196
MOCNESS(Multiple Opening/Closing Net and Environmental Sensing System) 234
Montmorillonite 333
multiphasic 164
multiple enzyme kinetics 164
mutualism 272
Mysidacea 226
Mytilus edulis 338
myzocytosis 178

N

$NADP^+$ 70
naked flagellates 34
Nanomia 10
Nanomia bijuga 13
nanozooplankton 174
Nassellarida 194
natural fluorometry 82
nauplius 225, 229
nectochaeta 229
nematocyst 223
neritic plankton 3, 221
net photosynthesis 78
net plankton 3
net primary production 78, 256
neuro motor toxin 330
neurotoxic shellfish poisoning: NSP 324
neuston 221
neutral red 238
new production 110
nitrate deficit 123
nitrate reductase: NR 115
nitrifying bacteria 154
nitrite reductase: NiR 115
Nitrobacter 121
Nitrococcus 121
nitrogenase 119
Nitrosococcus 121
Nitrosomonas 121
Nitrospira 121
Nitzschia palea 62

NO_3^- 8
NOAA 85
Noctiluca 200
Noctiluca scintillans 5, 177, 198, 203
non-competitive inhibition 134
non-filamentous 30
non-heterocystous group 31
non-steady-state 105
non-thecate group 28
Nostoc 31
Nostocales 30
Notosolenus 180

O

Oblea 177
Oblea rotundata 203
obligate heterotrophic dinoflagellates 175
ocean color remote sensing 86
oceanic plankton 3, 221
Ochromonas 35
Ochromonas danica 186
OCTS (Ocean Color and Temperature Sensor) 88, 333
oil cavity 10
oil globules 13
oil vacuole 10
Oithona 226
Okadaic acid 336
Oligohymenophorea 189
Oligotrichs 188
omnivorous zooplankton 221
ontogenetic vertical migration 249
oogamy 25
ophiopluteus 230
organic toxins 138
orthophosphate 123
Oscillatoria 4, 6, 29, 31
Oscillatoria agardii 58
osmic acid 45
osmotrophy 196
OSMS(Ocean Scanning Multispectral Scanner) 88
OsO_4 44
Ostracoda 226
oxidative deamination 117
oxygenic photosynthesis 69
Oxyphysis oxytoxoides 203
Oxyrrhis marina 177, 179, 203

P

palytoxin 335
PAR(photosynthetically active radiation 90
Paracalanus 225
Paracalanus indicus 248
Paracalanus parvus 244
paralytic shellfish poisoning: PSP 324
parapodium 10
parasitism 272
Parsons 75
patchy 242
PCR cycle 70
pedal disc 9
pellicle 18
penducle 178
pennate diatom 21
Peranema 180
Peridinium 116

Peridinium balticum 197, 200
permanent plankton 221
Petalomomas 180
pH 311
Phaeocystis sp. 50
Phaeodarea 194
phaeophorbide a 46, 49
phaeophytin a 46, 49
phaeopigments 75
phagotrophy 196
phaoplankton 3
phloxine 237
phosphoglyceric acid 70
phospholipids 123
photoautotrophs 256
photoinhibition 79
photometer 91
photon 88
photosynthetic capacity 79
photosynthetic carbon reduction cycle 70
photosynthetic endosymbiont 41
Photosystem I 70
Photosystem II 70
Phototosynthesis-Irradiance curve 78
phycobilin 46, 51
phycobillisome 101
phycocyanin 34, 51
phycoerythrin 34, 51
Phycofluor 344
Phyllosoma 11
Physalia 12
physiological method 254
phytoplankton 2
phytoplankton net 42
picophytoplankton 29
plane irradiance 91
planozygote 29
plate formula 28
pleuston 9, 221
plumose setae 10
pneumatophore 9
PO_4^{3-} 8
Podon 226
Polycystinea 194
polymerase chain reaction 166
polyp 223
polyphosphate 124
Pomeroy 171
PON 112
POP 123
Porphyridiales 31
Porphyridium 31
Porphyridium cruentum 345
Porpita 12
post-larva 273
potamoplankton 3
Poterioochromonas malhamensis 186, 198
Prasinophyceae 20, 40
Pratjetella 179
pre-larva 273
premordial soup 29
primary consumers 256
primary production 256
prochlorophytes 15
Prorocentrum 320
Prorocentrum concavum 337
Prorocentrum lima 337
Prorocentrum micans 198, 329
Prorocentrum minimum 198, 339
protistan plankton 2

Protoperidinium 177, 199, 203
Protoperidinium cf. *divergens* 200
protozooplankton 174, 186
Prymnesin 339
Prymnesiophyceae 37
Prymnesium 324
Prymnesium parvum 339
Pseudonitzschia australis 338
Pseudonitzschia multiseries 338
Pseudonitzschia pseudodelicatissima 338
Pseudonitzschia sp. 327
Pseudonitzschia spp. 338
PSU(photosynthetic unit) 100
Pteropoda 228
Ptychodiscus breve 329
PUR(photosynthetically usable radiation 90
purple sulfur bacteria 154
pyramid of numbers 255
pyrenoid 19
Pyrocystis noctiluca 5
Pyrodinium bahamense var. *compressa* 336

Q

qualitative sampling 230
quantitative sampling 230
quantum efficiency 82
quantum meter 91

R

radiolaria 10
Radiolarians 193
radiometer 90
raphydophytes 32
reaction center 82
Redfield ratio 135, 295
regenerated production 110
remineralization 104
resting cyst 321
resting spore 25
Rhabdomonas 180
Rhaphydophyceae 37
Rhizosolenia 120
Rhizosolenia setigera 5, 6
Rhizosolenia stolterfothii 265
Rhodosorus 31
Rhychomonas nasuta 204
ribulose biphosphate 70
Richelia 29
Richelia intracellularis 120
rose bengal 237
Rubisco (ribulose-1, biphosphate carboxylase oxygenase) 70, 97
RuBP 70
RuBP carboxylase 70
Ruthemium red 18

S

Saccochrysis piriformis 186
Sagitta crassa 247, 248
Sagitta enflata 13
salps 224
saxitoxin(STX) 336
scalar irradiance 91
Scenedesmus 67
scramble competition 272
Scrippsiella trochoidea 197, 198

Scuticociliates 189
scyphomedusa 223
sea surface temperature: SST 85
SeaWiFS(Sea-viewing Wide Field-of-view Sensor) 88, 333
secchi disk 93
secondary consumers 256
second maxillae 268
secondary nitrite maximum layer 114
secondary production 256
Sedgwick-Rafter 237
semiendogenous resting spore 25
sergestids 9
Sieburth 2
silicalemma 129
silicoflagellate 15, 51
silicoflagellayes 32
single cell protein: SCP 342
SiO_2 8
siphonophore 9
size-selective feeding 140
Skeletonema 6, 320
Skeletonema costatum 5, 8, 68
skin temperature 85
Smayda 7
solubility pump 306
Sournia 43
spectrophotometer 75, 90
sphincter muscle 13
spine 10
Spirulina 31, 342, 345
Spumellarida 194
stability hypothesis 284
standard respiration energy 270
steady-state 105
stock solution 57
Stokes' law 4
strict anaerobes 122
stromatolite 298
Strombidium 175, 206
Sucrose 97
sugar phosphate 123
sulcus 25
Symbiodinium 201
Synechcoccus 31
Synechococcus 345
Synechococcos lividus 100
Synechocystis 31

T

tabulation 28
temporary cyst 29
temporary plankton 221
tetrodotoxin(TXT) 335, 336
Thalassiosira nana 5
Thalassiosira pseudonana 65, 66
theca 18
thecal plate 27
thecate group 27
thermal pollution 348
thermophilic bacteria 153
thylakoid 19
thymidine 156
tintinnids 188
Tintinnopsis 206
Tomopteris 10
top-down control 140
trace metals 138
transaminase 117
transamination 117
transfer coefficient 266

transfer efficiency 257
transitory 221
transverse groove 25
Tricane 236
trichocyst 34
Trichodesmium 6, 29, 31, 120
trochophore 229
turbidostat 54
turnover time method 254
tychopelagic plankton 2

U

ultrananoplankton 220
ultraplankton 3
unarmoured 27
un-competitive inhibition 135
Unda maris 205
Unda schaefferi 205
UNESCO Phytoplankton Manual 41
uranyl acetate 45
urea cycle 118
urethane 236
uric acid 118
urotelism 118
UV-A 89
UV-B 90
UV-C 90

V

valve surface 21
van Dorn sampler 231
vegetative cell 321
vegetative growth 24
veliger 10
Vellela 12, 13
velum 10
vertical migration 249
Vexillifera aurea 205

X

xanthophylls 34

Z

zoea 229
zooplankton 2

^{14}C 78
16S rRNA 166
19′-butanoyloxyfucoxanthin 51
^{3}H-(또는 14C-) leucine(Leu) 156

플랑크톤 생태학

초판 1쇄 발행 2003년 2월 25일
초판 6쇄 발행 2022년 10월 30일

지은이 심재형 외

펴낸곳 서울대학교출판문화원
주소 08826 서울 관악구 관악로 1
도서주문 02-889-4424, 02-880-7995
홈페이지 www.snupress.com
페이스북 @snupress1947
인스타그램 @snupress
이메일 snubook@snu.ac.kr
출판등록 제15-3호

ISBN 978-89-521-1136-4 93470